"新工科建设"教学探索成果

非线性方程组迭代解法

柯艺芬 编著

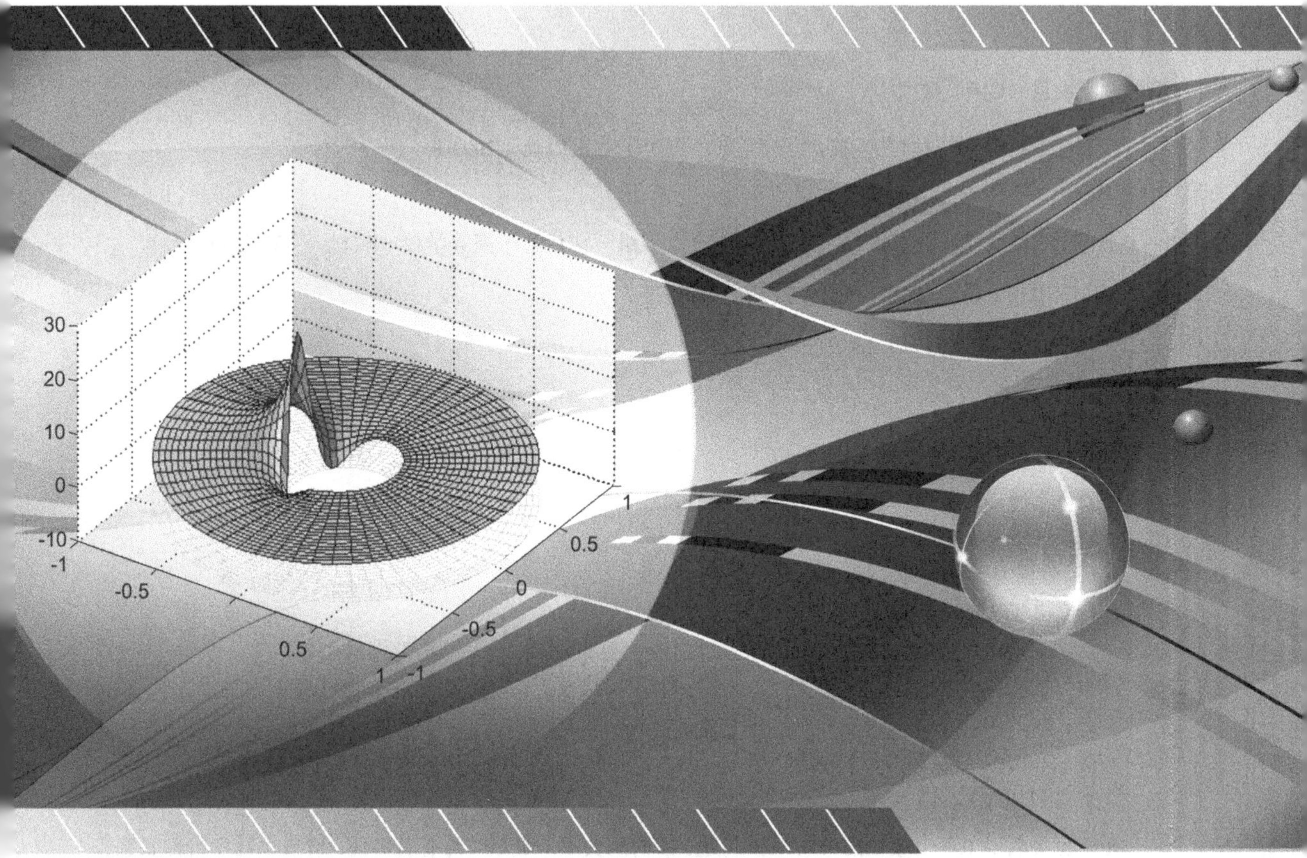

電子工業出版社
Publishing House of Electronics Industry
北京 · BEIJING

内容简介

本书较为系统地介绍了非线性方程组迭代求解的基本理论、方法及其主要算法的 MATLAB 程序实现. 全书共分为 7 章, 内容包括非线性分析理论基础、非线性迭代的基本理论、解非线性方程组的牛顿法、解非线性方程组的 LM 方法、解非线性方程组的拟牛顿法、解非线性方程组的非精确牛顿法及解张量方程的迭代方法. 本书既注重保持理论分析的严谨性, 又注重计算方法的实用性, 强调算法的 MATLAB 程序在计算机上的实现.

本书内容新颖、叙述流畅, 可作为高等学校数学与应用数学、信息与计算科学专业高年级本科生教材, 特别适合作为计算数学专业研究生"非线性数值分析"课程的教材或参考书, 也可供理工科其他有关专业的研究生和对非线性方程组迭代解法感兴趣的工程技术人员参考阅读.

图书在版编目（CIP）数据

非线性方程组迭代解法/柯艺芬编著. —北京：电子工业出版社，2021.8
ISBN 978-7-121-41524-1

I. ①非…　II. ①柯…　III. ①非线性方程－方程组－迭代解－高等学校－教材　IV. ①O175

中国版本图书馆 CIP 数据核字(2021)第 132374 号

责任编辑：牛晓丽
印　　刷：北京天宇星印刷厂
装　　订：北京天宇星印刷厂
出版发行：电子工业出版社
　　　　　北京市海淀区万寿路 173 信箱　　邮编：100036
开　　本：787 × 1092　1/16　　印张：14.5　　字数：348 千字
版　　次：2021 年 8 月第 1 版
印　　次：2022 年 9 月第 2 次印刷
定　　价：49.90 元

凡所购买电子工业出版社图书有缺损问题，请向购买书店调换。若书店售缺，请与本社发行部联系，联系及邮购电话：（010）88254888，88258888。

质量投诉请发邮件至 zlts@phei.com.cn，盗版侵权举报请发邮件至 dbqq@phei.com.cn。

本书咨询联系方式： QQ 9616328。

前 言

随着科学技术的迅猛发展和计算机应用的日益普及, 科学与工程计算已深入许多学科领域. 在科学与工程计算的众多领域, 通常需要求解大量的非线性数学物理问题 (包括非线性两点边值问题、非线性偏微分方程边值问题及非线性积分方程等), 这些问题经有限维离散化之后即得到非线性代数方程组的问题. 此外, 非线性最优化问题和数理经济学问题也常常归结为非线性方程组的求解. 因此, 对于从事科学与工程计算的大学生、研究生甚至工程技术人员来说, 系统地了解和掌握非线性方程组迭代求解的基本理论和方法, 特别是新近发展起来且较为成熟的算法是非常重要的.

本书系统地介绍了非线性方程组迭代求解的几类主要算法及其收敛性分析, 内容包括非线性分析理论基础、非线性迭代的基本理论、解非线性方程组的牛顿法、解非线性方程组的 LM 方法、解非线性方程组的拟牛顿法、解非线性方程组的非精确牛顿法及解张量方程的迭代方法. 对所讨论的方法, 除了对其收敛性及计算过程的稳定性有较详尽的论述, 还特别注重这些算法的 MATLAB 程序在计算机上的实现. 本书可作为高等学校数学与应用数学、信息与计算科学专业高年级本科生教材, 特别适合作为计算数学专业研究生 “非线性数值分析” 课程的教材或教学参考书, 也可供理工科其他有关专业的研究生和对非线性方程组迭代解法感兴趣的工程技术人员参考阅读. 读者只需具备数学分析、线性代数和 MATLAB 程序设计方面的初步知识, 即可顺畅阅读本书.

本书各章的主要算法都给出了 MATLAB 程序及相应的计算实例. 为了更好地配合教学或自学, 编著者还编制了与本书配套的电子课件 (PDF 格式的 PPT) 和全部算法的 MATLAB 程序, 读者可在华信教育资源网 (www.hxedu.com.cn) 上免费下载. 此外, 本书用符号 □ 表示证明结束.

感谢福建省分析数学及应用重点实验室为本书的顺利出版提供科研环境与经费支持.

由于编著者水平有限, 加之时间仓促, 书中的缺点和错误在所难免, 恳请读者不吝赐教.

编著者

2021 年 3 月

目　录

第 1 章　非线性分析理论基础 ········ 1

1.1　非线性问题举例 ········ 1

1.2　矩阵代数基础 ········ 5

1.2.1　向量和矩阵范数 ········ 5

1.2.2　谱半径和摄动引理 ········ 8

1.3　有限维凸分析基础 ········ 9

1.3.1　连续性与可微性 ········ 9

1.3.2　中值定理与二阶导数 ········ 16

1.3.3　凸泛函及其性质 ········ 20

1.3.4　梯度映射与单调映射 ········ 22

1.4　非线性优化问题的最优性条件 ········ 24

1.4.1　无约束优化问题的最优性条件 ········ 24

1.4.2　等式约束问题的最优性条件 ········ 25

1.4.3　不等式约束问题的最优性条件 ········ 28

1.4.4　混合约束问题的最优性条件 ········ 31

习题 1 ········ 33

第 2 章　非线性迭代的基本理论 ········ 35

2.1　非线性方程组的可解性 ········ 35

2.1.1　压缩映射与同胚映射 ········ 35

2.1.2　反函数定理与隐函数定理 ········ 40

2.2　不动点定理与迭代法 ········ 45

2.3　迭代法的收敛性理论 ········ 48

2.3.1　迭代格式的构造 ········ 48

2.3.2　收敛性与收敛速度 ········ 50

2.3.3　迭代法的效率及收敛准则 ········ 56

习题 2 ········ 57

第 3 章　解非线性方程组的牛顿法 ········ 59

3.1　牛顿法及其收敛性 ········ 59

3.1.1 算法构造 …… 59
3.1.2 局部收敛性 …… 62
3.2 牛顿法的变形 …… 66
3.2.1 修正牛顿法 …… 66
3.2.2 参数牛顿法 …… 73
3.3 牛顿法的半局部收敛性 …… 75
习题 3 …… 84
第 4 章 解非线性方程组的 LM 方法 …… 85
4.1 高斯–牛顿法 …… 85
4.2 LM 方法及其收敛性 …… 89
4.3 全局化 LM 方法 …… 97
4.4 信赖域 LM 方法 …… 102
4.5 高阶 LM 方法 …… 111
习题 4 …… 125
第 5 章 解非线性方程组的拟牛顿法 …… 127
5.1 拟牛顿法的基本思想 …… 127
5.2 秩 1 校正拟牛顿法 …… 128
5.2.1 Broyden 方法 …… 128
5.2.2 Broyden 方法的收敛性 …… 134
5.3 秩 2 校正拟牛顿法 …… 139
5.4 全局 Broyden 方法 …… 143
习题 5 …… 153
第 6 章 解非线性方程组的非精确牛顿法 …… 155
6.1 非精确牛顿法 …… 155
6.1.1 非精确牛顿法的一般框架 …… 155
6.1.2 控制阈值及其选取策略 …… 160
6.1.3 Newton–SOR 类方法 …… 163
6.1.4 Newton–Krylov 子空间方法 …… 167
6.1.5 JFNK 方法 …… 170
6.1.6 Newton–Krylov 方法中的预处理 …… 173
6.2 全局非精确牛顿法 …… 174
6.2.1 GIN 的一般框架 …… 174
6.2.2 NGECB 方法 …… 177
6.2.3 NGQCGB 方法 …… 178

6.2.4 NGLM 方法 …… 191
习题 6 …… 205
第 7 章　解张量方程的迭代方法 …… 207
7.1 张量的基本概念 …… 207
7.2 $\mathcal{M}$–张量方程的可解性 …… 210
7.3 半对称张量方程的 LM 方法 …… 213
习题 7 …… 222
参考文献 …… 223

第 1 章 非线性分析理论基础

科学与工程计算中的许多问题, 例如两点边值问题、椭圆型边值问题、积分方程以及极小化问题和二维变分问题等, 都可以归结为下列非线性方程组

$$\begin{cases} f_1(x_1,x_2,\cdots,x_n)=0, \\ f_2(x_1,x_2,\cdots,x_n)=0, \\ \qquad\vdots \\ f_n(x_1,x_2,\cdots,x_n)=0, \end{cases} \tag{1.1}$$

其中 $f_i\ (i=1,\cdots,n)$ 为给定的定义在区域 $\mathbb{D}\subset\mathbb{R}^n$ 上的 n 元实值函数. 若记

$$F(\boldsymbol{x})=(f_1(\boldsymbol{x}),\cdots,f_n(\boldsymbol{x}))^{\mathrm{T}},\quad \boldsymbol{x}=(x_1,\cdots,x_n)^{\mathrm{T}},\quad \mathbf{0}=(0,\cdots,0)^{\mathrm{T}},$$

则式 (1.1) 可写成

$$F(\boldsymbol{x})=\mathbf{0}, \tag{1.2}$$

这里 F 表示定义在 $\mathbb{D}\subset\mathbb{R}^n$ 上而取值于 $\mathbb{R}^n$ 上的非线性映射, 也称为向量值函数, 简记为

$$F:\ \mathbb{D}\subset\mathbb{R}^n\to\mathbb{R}^n.$$

若存在 $\boldsymbol{x}^*\in\mathbb{D}$, 满足 $F(\boldsymbol{x}^*)=\mathbf{0}$, 则称 $\boldsymbol{x}^*$ 是式 (1.2) 的解.

对于式 (1.2), 我们一般需要考虑下列问题:

(1) 解的存在性, 即方程是否有解?

(2) 解的唯一性, 如果不唯一, 有多少个解?

(3) 如果有解, 怎么求出方程的解?

(4) 算法的收敛性和数值稳定性.

(5) 算法的复杂性问题.

本书主要涉及求解式 (1.2) 的方法以及与方法的收敛性有关的理论.

1.1 非线性问题举例

非线性方程组有着广泛的应用背景. 非线性科学是近年来备受科学工作者和工程技术人员关注的科学, 而求解非线性数学物理问题 (包括常微分方程边值问题、偏微分方程边值问题、积分方程、积分–微分方程等) 、非线性力学问题、非线性最优化问题以及数理经济学问题等, 是非线性科学中最基本的问题. 上述问题最终都可归结为求解式 (1.2), 因此研究式 (1.2) 的求解方法具有十分重要的意义[1−5].

我们来看几个导出式 (1.2) 的例子.

例 1.1 非线性两点边值问题. 非线性两点边值问题的一般形式是

$$\begin{cases} u'' = f(t,u),\ 0 < t < 1, \\ u(0) = \alpha,\ u(1) = \beta, \end{cases} \tag{1.3}$$

其中 $f(t,u)$ 关于 u 是非线性的.

当 $f(t,u) = c\sin u + g(t)$ 时, 式 (1.3) 描述了强迫振动规律.

当 $f(t,u) = \lambda^2 \mathrm{e}^u$ 时, 式 (1.3) 描述了正的恒温源产生的温度扩散. 这里 λ 表示直流电流强度, e^u 表示恒温电阻.

对于式 (1.3), 若假定 f 在集合

$$\mathbb{S} = \{(t,u)\,|\,0 \leqslant t \leqslant 1,\ -\infty < u < +\infty\}$$

上二次连续可微, 则我们可以用差分法计算式 (1.3) 的近似解. 事实上, 取步长

$$h = \frac{1}{n+1},\ \ t_j = jh,\ \ j = 0, 1, \cdots, n+1,$$

则用二阶中心差商近似 $u''(t_j)$ 时, 便有

$$u''(t_j) \approx \frac{1}{h^2}[u(t_{j+1}) - 2u(t_j) + u(t_{j-1})],\ \ j = 1, \cdots, n. \tag{1.4}$$

这时得到式 (1.3) 的离散化方程

$$\frac{1}{h^2}[u(t_{j+1}) - 2u(t_j) + u(t_{j-1})] = f(t_j, u(t_j)) + r(t_j, h),\ j = 1, \cdots, n, \tag{1.5}$$

其中 $r(t_j, h)$ 是近似式 (1.4) 产生的误差, 当 u 满足一定光滑性条件时, 可得

$$\lim_{h\to 0} r(t_j, h) = 0.$$

舍去式 (1.5) 中的近似项 $r(t_j, h)$, 并以 x_j 表示 $u(t_j)$ $(j = 1, \cdots, n)$ 的近似值, 则得到式 (1.5) 的近似方程组

$$\begin{aligned} &x_{j+1} - 2x_j + x_{j-1} = h^2 f(t_j, x_j),\ \ j = 1, \cdots, n, \\ &x_0 = \alpha,\ \ x_{n+1} = \beta. \end{aligned} \tag{1.6}$$

如果引进 $n \times n$ 矩阵

$$\boldsymbol{A} = \begin{pmatrix} 2 & -1 & & \\ -1 & 2 & \ddots & \\ & \ddots & \ddots & -1 \\ & & -1 & 2 \end{pmatrix},$$

且定义如下映射 φ： $\mathbb{R}^n \to \mathbb{R}^n$

$$\varphi(\boldsymbol{x}) = \begin{pmatrix} h^2 f(t_1, x_1) - \alpha \\ h^2 f(t_2, x_2) \\ \vdots \\ h^2 f(t_{n-1}, x_{n-1}) \\ h^2 f(t_n, x_n) - \beta \end{pmatrix},$$

则式 (1.6) 可写成

$$F(\boldsymbol{x}) = \boldsymbol{A}\boldsymbol{x} + \varphi(\boldsymbol{x}) = \boldsymbol{0} \tag{1.7}$$

的形式.

例 1.2　考虑用投影法求解积分方程

$$u(t) = g(t) + \int_0^1 k(t, s, u(s))\mathrm{d}s, \quad 0 \leqslant t \leqslant 1, \tag{1.8}$$

其中 g 和 k 是已知函数, $k(t,s,u)$ 关于变元连续.

取空间 $\mathbb{X} = C([0,1])$, 将区间 $[0,1]$ 进行 $n-1$ 等分, 其分点记为 t_i $(i = 1, 2, \cdots, n)$, 取函数 $e_i(t)$ 为

$$e_i(t) = \begin{cases} 0, & \text{若 } 0 \leqslant t \leqslant t_{i-1}, \\ \dfrac{t - t_{i-1}}{t_i - t_{i-1}}, & \text{若 } t_{i-1} \leqslant t \leqslant t_i, \\ \dfrac{t_{i+1} - t}{t_{i+1} - t_i}, & \text{若 } t_i \leqslant t \leqslant t_{i+1}, \\ 0, & \text{若 } t_{i+1} \leqslant t, \end{cases} \qquad i = 2, 3, \cdots, n-1;$$

$$e_1(t) = \begin{cases} 0, & \text{若 } t \geqslant t_2, \\ \dfrac{t_2 - t}{t_2 - t_1}, & \text{若 } t_1 \leqslant t \leqslant t_2, \end{cases}$$

$$e_n(t) = \begin{cases} 0, & \text{若 } t \leqslant t_{n-1}, \\ \dfrac{t - t_{n-1}}{t_n - t_{n-1}}, & \text{若 } t_{n-1} \leqslant t \leqslant t_n. \end{cases}$$

注意, 此处有

$$t_{i+1} - t_i = \frac{1}{n-1}, \quad i = 1, 2, \cdots, n-1.$$

不难发现, $e_i(t)$ 是 $[0,1]$ 上的分段线性函数, 且 $\{e_i(t)\}_{i=1}^n$ 线性无关, 它们张成 n 维子空间 $\mathbb{X}_n$.

当 $n = 4$ 时, 基函数 $e_i(t)$ $(i = 1, 2, 3, 4)$ 的图形如图 1.1 所示.

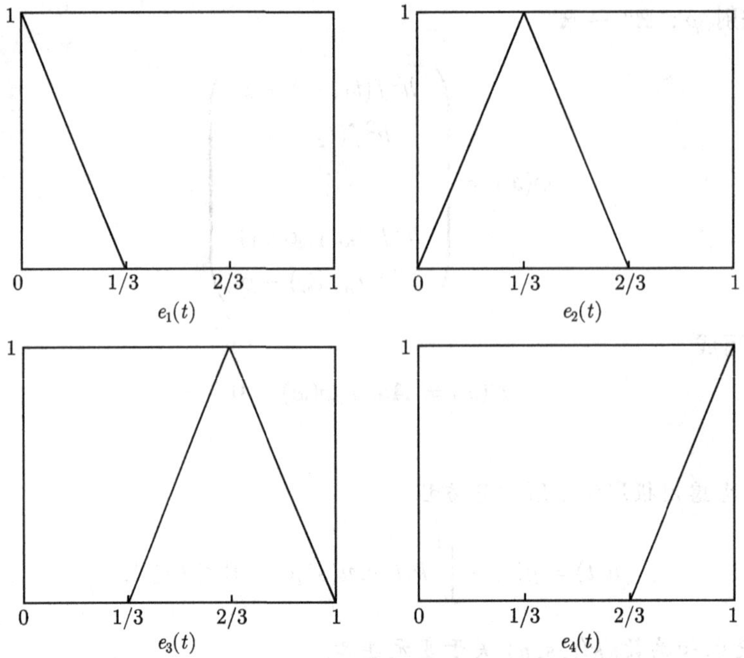

图 1.1 基函数的图形

令式 (1.8) 的近似解为

$$u_n(s) = \sum_{i=1}^{n} c_i e_i(s), \tag{1.9}$$

其中 c_i 为待定系数.

对任意 $f(x) \in \mathbb{X} = C([0,1])$, 它在 $\mathbb{X}_n$ 上的投影定义为

$$P_n(f) = \sum_{i=1}^{n} f(t_i) e_i(t), \tag{1.10}$$

即投影算子 $P_n : \mathbb{X} \to \mathbb{X}_n$ 是分段线性插值投影. 则式 (1.8) 的投影方程为

$$u_n(t) = P_n(g) + \int_0^1 P_n(k(t, s, u_n(s)))\mathrm{d}s. \tag{1.11}$$

若将式 (1.9) 代入式 (1.11), 并利用投影的定义——式 (1.10), 便得到如下非线性方程组

$$c_i - k_i(c_1, c_2, \cdots, c_n) = g(t_i), \quad i = 1, 2, \cdots, n, \tag{1.12}$$

其中

$$k_i(c_1, c_2, \cdots, c_n) = \int_0^1 k(t_i, s, u_n(s))\mathrm{d}s.$$

若用数值积分公式

$$I_n(f(t)) = \sum_{j=1}^{n} w_j f(t_j)$$

计算上述积分, 则式 (1.12) 可化为

$$c_i - \sum_{j=1}^{n} w_j k(t_i, s_j, c_j) - g(t_i) = 0, \quad i = 1, 2, \cdots, n,$$

这就化成了式 (1.1) 的形式.

例 1.3 非线性最小二乘逼近问题.

工程应用中的很多实际问题需要寻求所谓的极小点 $\boldsymbol{x}^*$, 它使得一个已给的泛函 $J : \mathbb{R}^n \to \mathbb{R}$ 取极小值, 即对 $\boldsymbol{x}^* \in \mathbb{R}^n$ 有

$$J(\boldsymbol{x}^*) = \min\{J(\boldsymbol{x}) \,|\, \boldsymbol{x} \in \mathbb{R}^n\}.$$

根据取极值的必要条件, J 的所有偏导数在 $\boldsymbol{x}^*$ 均为 0, 即 $\boldsymbol{x}^*$ 是下列非线性方程组的解

$$f_j(\boldsymbol{x}) = \frac{\partial}{\partial x_j} J(\boldsymbol{x}) = 0, \quad j = 1, \cdots, n. \tag{1.13}$$

此外, 最小二乘逼近问题是一个常见的极小化问题. 例如, 假定某个变量 y 满足关系式 $y(t) = f(t; \boldsymbol{x})$, 其中 f 是关于变量 t 和 $\boldsymbol{x}$ 的已知函数, t 是自变量 (通常表示时间), $\boldsymbol{x}$ 是一个未知的 n 维参数向量. 对于 t 的各个值 $t_1, \cdots, t_m$, 用可能具有误差的测量结果 y_i $(i = 1, \cdots, m)$ 作为 $y(t_i)$ 以估计向量 $\boldsymbol{x}$. 由于 y_i 通常带有误差, 因此, 一般来说有 $m > n$, 即观测结果的数目要大于未知量的个数. 此时, 我们需要寻找使偏差 $[y_i - f(t_i; \boldsymbol{x})]$ 的平方和为极小的 $\boldsymbol{x}$, 即求下列泛函的极小点

$$J(\boldsymbol{x}) = \sum_{i=1}^{m} [y_i - f(t_i; \boldsymbol{x})]^2.$$

由取极值的必要条件, 我们有

$$\sum_{i=1}^{m} [y_i - f(t_i; \boldsymbol{x})] \frac{\partial}{\partial x_j} f(t_i; \boldsymbol{x}) = 0, \quad j = 1, \cdots, n, \tag{1.14}$$

从而化成了式 (1.1) 的形式.

1.2 矩阵代数基础

1.2.1 向量和矩阵范数

在非线性数值分析中, 我们需要大量接触有关向量和矩阵的误差估计以及它们的序列的收敛性. 为此, 有必要先简单地复习一下范数的概念及其有关理论.

设 $\mathbb{R}^n$ 表示实 n 维向量空间, $\mathbb{R}^{n\times n}$ 表示实 n 阶矩阵全体所组成的线性空间. 在这两个空间中, 我们分别定义向量和矩阵的范数.

向量 $\boldsymbol{x} \in \mathbb{R}^n$ 的范数 $\|\boldsymbol{x}\|$ 是一个非负数, 它具有下列性质:

(1) $\|\boldsymbol{x}\| \geqslant 0$, $\|\boldsymbol{x}\| = 0 \Longleftrightarrow \boldsymbol{x} = \boldsymbol{0}$;

(2) $\|\lambda \boldsymbol{x}\| = |\lambda| \|\boldsymbol{x}\|$, $\lambda \in \mathbb{R}$;

(3) $\|\boldsymbol{x}+\boldsymbol{y}\| \leqslant \|\boldsymbol{x}\|+\|\boldsymbol{y}\|$.

向量 $\boldsymbol{x}=(x_1,\cdots,x_n)^{\mathrm{T}}$ 的 p–范数定义为

$$\|\boldsymbol{x}\|_p=\left(\sum_{i=1}^{n}|x_i|^p\right)^{\frac{1}{p}}.$$

常用的向量范数有

1–范数: $\|\boldsymbol{x}\|_1=\sum\limits_{i=1}^{n}|x_i|$;

2–范数: $\|\boldsymbol{x}\|_2=\left(\sum\limits_{i=1}^{n}|x_i|^2\right)^{\frac{1}{2}}$;

∞–范数: $\|\boldsymbol{x}\|_\infty=\max\limits_{1\leqslant i\leqslant n}|x_i|$.

矩阵 $\boldsymbol{A}\in\mathbb{R}^{n\times n}$ 的范数是一个非负实数, 它除了具有与向量范数相似的三个性质, 还必须具备乘法性质:

$$\|\boldsymbol{AB}\| \leqslant \|\boldsymbol{A}\|\|\boldsymbol{B}\|, \quad \boldsymbol{A},\boldsymbol{B}\in\mathbb{R}^{n\times n}.$$

如果矩阵范数 $\|\cdot\|_\nu$ 相对于某向量范数 $\|\cdot\|$ 满足下面的不等式

$$\|\boldsymbol{Ax}\| \leqslant \|\boldsymbol{A}\|_\nu\|\boldsymbol{x}\|, \quad \boldsymbol{x}\in\mathbb{R}^n,$$

则称矩阵范数 $\|\cdot\|_\nu$ 和向量范数 $\|\cdot\|$ 是相容的. 进一步, 若存在 $\boldsymbol{x}\neq\boldsymbol{0}$ 使得

$$\|\boldsymbol{A}\|_\nu=\max_{\boldsymbol{x}\neq\boldsymbol{0}}\frac{\|\boldsymbol{Ax}\|}{\|\boldsymbol{x}\|}=\max_{\|\boldsymbol{x}\|=1}\|\boldsymbol{Ax}\|, \quad \boldsymbol{A}\in\mathbb{R}^{n\times n}, \tag{1.15}$$

则称矩阵范数 $\|\cdot\|_\nu$ 是由向量范数 $\|\cdot\|$ 诱导出来的算子范数, 简称算子范数, 有时也称从属于向量范数 $\|\cdot\|$ 的矩阵范数. 此时, 向量范数和算子范数通常采用相同的符号 $\|\cdot\|$.

不难验证, 从属于向量范数 $\|\boldsymbol{x}\|_\infty$, $\|\boldsymbol{x}\|_1$, $\|\boldsymbol{x}\|_2$ 的矩阵范数分别为

$$\|\boldsymbol{A}\|_\infty=\max_{1\leqslant i\leqslant n}\sum_{j=1}^{n}|a_{ij}|,$$

$$\|\boldsymbol{A}\|_1=\max_{1\leqslant j\leqslant n}\sum_{i=1}^{n}|a_{ij}|,$$

$$\|\boldsymbol{A}\|_2=\max\left\{\sqrt{\lambda}\mid\lambda\in\lambda(\boldsymbol{A}^{\mathrm{T}}\boldsymbol{A})\right\}, \tag{1.16}$$

它们分别称为行和范数、列和范数和谱范数.

本书在讨论各种迭代算法的收敛性时, 通常采用谱范数和按下述方式定义的 F–范数

$$\|\boldsymbol{A}\|_{\mathrm{F}}=\left(\sum_{i=1}^{n}\sum_{j=1}^{n}a_{ij}^2\right)^{1/2}=\sqrt{\mathrm{tr}(\boldsymbol{A}^{\mathrm{T}}\boldsymbol{A})}. \tag{1.17}$$

谱范数和 F–范数具有下列性质:

(1) $\|\boldsymbol{A}\|_2 \leqslant \|\boldsymbol{A}\|_{\mathrm{F}}$;

(2) $\|\boldsymbol{A}\|_2 = \|\boldsymbol{A}^{\mathrm{T}}\|_2$, $\|\boldsymbol{A}\|_{\mathrm{F}} = \|\boldsymbol{A}^{\mathrm{T}}\|_{\mathrm{F}}$;

(3) $\|\boldsymbol{A}^{\mathrm{T}}\boldsymbol{A}\|_2 = \|\boldsymbol{A}\|_2^2 = \|\boldsymbol{A}\boldsymbol{A}^{\mathrm{T}}\|_2$;

(4) 设 $\boldsymbol{Q}$ 为正交矩阵, 则

$$\|\boldsymbol{QA}\|_2 = \|\boldsymbol{A}\|_2 = \|\boldsymbol{AQ}\|_2, \quad \|\boldsymbol{QA}\|_{\mathrm{F}} = \|\boldsymbol{A}\|_{\mathrm{F}} = \|\boldsymbol{AQ}\|_{\mathrm{F}};$$

(5) 如果 $\boldsymbol{A}$ 为对称矩阵, 则

$$\|\boldsymbol{A}\|_2 = \max|\lambda(\boldsymbol{A})|;$$

(6) 如果 $\boldsymbol{A}$ 为对称正定矩阵, 则

$$\|\boldsymbol{A}\|_2 = \max\lambda(\boldsymbol{A}), \quad \|\boldsymbol{A}^{\frac{1}{2}}\|_2^2 = \|\boldsymbol{A}\|_2, \quad \|\boldsymbol{A}^{-1}\|_2 = \max\frac{1}{\lambda(\boldsymbol{A})};$$

(7) 设 $\boldsymbol{x}, \boldsymbol{y} \in \mathbb{R}^n$, 则

$$\|\boldsymbol{x}\boldsymbol{y}^{\mathrm{T}}\|_2 = \|\boldsymbol{x}\|_2\|\boldsymbol{y}\|_2 = \|\boldsymbol{x}\boldsymbol{y}^{\mathrm{T}}\|_{\mathrm{F}};$$

(8) 如果 $\|\boldsymbol{A}\| < 1$, 则 $\boldsymbol{I}+\boldsymbol{A}$ 为非奇异矩阵, 且

$$1 - \frac{\|\boldsymbol{A}\|}{1-\|\boldsymbol{A}\|} \leqslant \|\boldsymbol{I}+\boldsymbol{A}\| \leqslant \frac{1}{1-\|\boldsymbol{A}\|}.$$

现在我们来讨论向量序列和矩阵序列的收敛性. 我们知道, 若 $\{\boldsymbol{x}^{(k)}\}_{k=1}^{\infty} \subset \mathbb{R}^n$, 则

$$\lim_{k\to\infty} \boldsymbol{x}^{(k)} = \boldsymbol{x} \Longleftrightarrow \lim_{k\to\infty} x_i^{(k)} = x_i, \quad i = 1, \cdots, n.$$

类似地, 若 $\{\boldsymbol{A}^{(k)}\}_{k=1}^{\infty} \subset \mathbb{R}^{n\times n}$, 则

$$\lim_{k\to\infty} \boldsymbol{A}^{(k)} = \boldsymbol{A} \Longleftrightarrow \lim_{k\to\infty} a_{ij}^{(k)} = a_{ij}, \quad i,\ j = 1, \cdots, n.$$

为了利用范数来描述上述极限, 必须建立向量范数的等价定理以及矩阵范数的等价定理.

定理 1.1　(1) 设 $\|\cdot\|$ 和 $\|\cdot\|'$ 是定义在 $\mathbb{R}^n$ 上的两个向量范数, 则存在两个正数 c_1, c_2, 对所有 $\boldsymbol{x} \in \mathbb{R}^n$ 均成立

$$c_1\|\boldsymbol{x}\|' \leqslant \|\boldsymbol{x}\| \leqslant c_2\|\boldsymbol{x}\|'. \tag{1.18}$$

(2) 设 $\|\cdot\|$ 和 $\|\cdot\|'$ 是定义在 $\mathbb{R}^{n\times n}$ 上的两个矩阵范数, 则存在两个正数 $\bar{c}_1$, $\bar{c}_2$, 对所有 $\boldsymbol{A} \in \mathbb{R}^{n\times n}$ 均成立

$$\bar{c}_1\|\boldsymbol{A}\|' \leqslant \|\boldsymbol{A}\| \leqslant \bar{c}_2\|\boldsymbol{A}\|'. \tag{1.19}$$

证　我们只证明 (1), 矩阵范数的等价可类似地证明. 只需证明当 $\|\cdot\|$ 为 2–范数时, 式 (1.18) 成立即可. 根据 Cauchy 不等式可得

$$\begin{aligned}\|\boldsymbol{x}\|' &= \Big\|\sum_{i=1}^n x_i\boldsymbol{e}_i\Big\|' \leqslant \sum_{i=1}^n \|x_i\boldsymbol{e}_i\|' = \sum_{i=1}^n |x_i|\cdot\|\boldsymbol{e}_i\|' \\ &\leqslant \Big[\sum_{i=1}^n |x_i|^2\Big]^{1/2}\Big[\sum_{i=1}^n(\|\boldsymbol{e}_i\|')^2\Big]^{1/2} = \|\boldsymbol{x}\|_2\Big[\sum_{i=1}^n(\|\boldsymbol{e}_i\|')^2\Big]^{1/2}.\end{aligned} \tag{1.20}$$

令 $c_1 = \left[\sum_{i=1}^{n}(\|\boldsymbol{e}_i\|')^2\right]^{-1/2}$, 则立即有 $c_1\|\boldsymbol{x}\|' \leqslant \|\boldsymbol{x}\|_2$. 于是有

$$\big|\|\boldsymbol{x}\|' - \|\boldsymbol{y}\|'\big| \leqslant \|\boldsymbol{x}-\boldsymbol{y}\|' \leqslant c_1^{-1}\|\boldsymbol{x}-\boldsymbol{y}\|_2.$$

该不等式表明 $\|\boldsymbol{x}\|'$ 对于 2–范数是连续函数. 另一方面, 由于单位球面 $\mathbb{S} = \{\boldsymbol{x} \mid \|\boldsymbol{x}\|_2 = 1\}$ 是有界紧集, 所以 $\|\boldsymbol{x}\|'$ 在 $\mathbb{S}$ 上可以达到最小值 $\alpha \geqslant 0$. 设 $\boldsymbol{x}^0 \in \mathbb{S}$ 使得 $\|\boldsymbol{x}^0\|' = \alpha$. 若 $\alpha = 0$, 则 $\boldsymbol{x}^0 = \boldsymbol{0}$, 矛盾, 因此必有 $\alpha > 0$. 这样, 对于所有的 $\boldsymbol{x} \in \mathbb{R}^n$ 有

$$\|\boldsymbol{x}\|' \geqslant \alpha\|\boldsymbol{x}\|_2.$$

再取 $c_2 = \alpha^{-1}$, 即得 $\|\boldsymbol{x}\|_2 \leqslant c_2\|\boldsymbol{x}\|'$. □

下面利用范数的概念来等价地定义向量序列和矩阵序列的收敛性.

定理 1.2 (1) 设 $\{\boldsymbol{x}^{(k)}\}$ 为 n 维向量序列, $\|\cdot\|$ 为定义在 $\mathbb{R}^n$ 上的向量范数, 则

$$\lim_{k\to\infty}\boldsymbol{x}^{(k)} = \boldsymbol{x} \Longleftrightarrow \lim_{k\to\infty}\|\boldsymbol{x}^{(k)} - \boldsymbol{x}\| = 0. \tag{1.21}$$

(2) 设 $\{\boldsymbol{A}^{(k)}\}$ 为 $n\times n$ 矩阵序列, $\|\cdot\|$ 为定义在 $\mathbb{R}^{n\times n}$ 上的矩阵范数, 则

$$\lim_{k\to\infty}\boldsymbol{A}^{(k)} = \boldsymbol{A} \Longleftrightarrow \lim_{k\to\infty}\|\boldsymbol{A}^{(k)} - \boldsymbol{A}\| = 0. \tag{1.22}$$

证 我们证明 (1). 若 $\lim\limits_{k\to\infty}\boldsymbol{x}^{(k)} = \boldsymbol{x}$, 则必有 $\lim\limits_{k\to\infty}\|\boldsymbol{x}^{(k)} - \boldsymbol{x}\|_\infty = 0$. 根据范数等价定理知, 存在常数 $c_1 > 0$ 使 $\|\boldsymbol{x}^{(k)} - \boldsymbol{x}\| \leqslant c_1\|\boldsymbol{x}^{(k)} - \boldsymbol{x}\|_\infty$, 因此, $\lim\limits_{k\to\infty}\|\boldsymbol{x}^{(k)} - \boldsymbol{x}\| = 0$. 反之, 若 $\lim\limits_{k\to\infty}\|\boldsymbol{x}^{(k)} - \boldsymbol{x}\| = 0$, 同样根据范数等价定理, 存在常数 $c_2 > 0$ 使得 $\|\boldsymbol{x}^{(k)} - \boldsymbol{x}\|_\infty \leqslant c_2\|\boldsymbol{x}^{(k)} - \boldsymbol{x}\|$, 因此必有 $\lim\limits_{k\to\infty}\|\boldsymbol{x}^{(k)} - \boldsymbol{x}\|_\infty = 0$. 从而 $\lim\limits_{k\to\infty}\boldsymbol{x}^{(k)} = \boldsymbol{x}$. □

1.2.2 谱半径和摄动引理

下面我们给出谱半径的定义.

定义 1.1 设 $\boldsymbol{A} \in \mathbb{R}^{n\times n}$, 则称

$$\rho(\boldsymbol{A}) = \max\{|\lambda| \mid \lambda \in \lambda(\boldsymbol{A})\} \tag{1.23}$$

为矩阵 $\boldsymbol{A}$ 的谱半径.

谱半径与矩阵范数之间有如下关系.

定理 1.3 设 $\boldsymbol{A} \in \mathbb{R}^{n\times n}$, 则

(1) 对 $\mathbb{R}^{n\times n}$ 上的任意矩阵范数 $\|\cdot\|$, 有

$$\rho(\boldsymbol{A}) \leqslant \|\boldsymbol{A}\|; \tag{1.24}$$

(2) 对于任给的 $\varepsilon > 0$, 存在 $\mathbb{R}^{n\times n}$ 上的算子范数 $\|\cdot\|$, 使得

$$\|\boldsymbol{A}\| \leqslant \rho(\boldsymbol{A}) + \varepsilon; \tag{1.25}$$

(3) 设 $\boldsymbol{A} \in \mathbb{R}^{n\times n}$, 则

$$\rho(\boldsymbol{A}) < 1 \Longleftrightarrow \lim_{k\to\infty}\boldsymbol{A}^k = \boldsymbol{O}. \tag{1.26}$$

从定理 1.3 容易看出, 谱半径是矩阵算子范数的下确界.

下面我们给出著名的 Neumann 引理和摄动引理.

引理 1.1 (Neumann 引理) 设 $\boldsymbol{B} \in \mathbb{R}^{n\times n}$, 且 $\rho(\boldsymbol{B}) < 1$. 则 $\boldsymbol{I}-\boldsymbol{B}$ 可逆, 且

$$(\boldsymbol{I}-\boldsymbol{B})^{-1} = \lim_{m\to\infty}\sum_{k=0}^{m}\boldsymbol{B}^k = \sum_{k=0}^{\infty}\boldsymbol{B}^k. \tag{1.27}$$

证 由于 $\rho(\boldsymbol{B}) < 1$, 则显然 0 不是 $\boldsymbol{I}-\boldsymbol{B}$ 的特征值, 故 $\boldsymbol{I}-\boldsymbol{B}$ 是可逆的. 根据恒等式 $(\boldsymbol{I}-\boldsymbol{B})(\boldsymbol{I}+\boldsymbol{B}+\cdots+\boldsymbol{B}^{k-1}) = \boldsymbol{I}-\boldsymbol{B}^k$, 可得

$$\boldsymbol{I}+\boldsymbol{B}+\cdots+\boldsymbol{B}^{k-1} = (\boldsymbol{I}-\boldsymbol{B})^{-1} - (\boldsymbol{I}-\boldsymbol{B})^{-1}\boldsymbol{B}^k.$$

由式 (1.26), 上式右端趋于 $(\boldsymbol{I}-\boldsymbol{B})^{-1}$. □

由引理 1.1 立即可以推出, 只要 $\|\boldsymbol{B}\| < 1$, $\boldsymbol{I}-\boldsymbol{B}$ 就是可逆的, 且成立

$$\|(\boldsymbol{I}-\boldsymbol{B})^{-1}\| \leqslant \sum_{k=0}^{\infty}\|\boldsymbol{B}\|^k = \frac{1}{1-\|\boldsymbol{B}\|}. \tag{1.28}$$

引理 1.2 (摄动引理) 设 $\boldsymbol{A}, \boldsymbol{B} \in \mathbb{R}^{n\times n}$, $\boldsymbol{A}$ 可逆, 且 $\|\boldsymbol{A}^{-1}\| \leqslant \alpha$. 如果 $\|\boldsymbol{A}-\boldsymbol{B}\| \leqslant \beta$ 且 $\alpha\beta < 1$, 则 $\boldsymbol{B}$ 也是可逆的, 且

$$\|\boldsymbol{B}^{-1}\| \leqslant \frac{\alpha}{1-\alpha\beta}. \tag{1.29}$$

证 因为 $\|\boldsymbol{I}-\boldsymbol{A}^{-1}\boldsymbol{B}\| = \|\boldsymbol{A}^{-1}(\boldsymbol{A}-\boldsymbol{B})\| \leqslant \alpha\beta < 1$, 且 $\boldsymbol{A}^{-1}\boldsymbol{B} = \boldsymbol{I}-(\boldsymbol{I}-\boldsymbol{A}^{-1}\boldsymbol{B})$, 由 Neumann 引理可知, $\boldsymbol{A}^{-1}\boldsymbol{B}$ 是可逆的, 故 $\boldsymbol{B}$ 也是可逆的. 进一步, 根据式 (1.28) 可得

$$\begin{aligned}\|\boldsymbol{B}^{-1}\| &= \|[\boldsymbol{I}-(\boldsymbol{I}-\boldsymbol{A}^{-1}\boldsymbol{B})]^{-1}\boldsymbol{A}^{-1}\| \\ &\leqslant \|[\boldsymbol{I}-(\boldsymbol{I}-\boldsymbol{A}^{-1}\boldsymbol{B})]^{-1}\|\|\boldsymbol{A}^{-1}\| \\ &\leqslant \frac{\alpha}{1-\|\boldsymbol{I}-\boldsymbol{A}^{-1}\boldsymbol{B}\|} \leqslant \frac{\alpha}{1-\alpha\beta}.\end{aligned}$$

证毕. □

1.3 有限维凸分析基础

本节介绍非线性映射 (多元向量值函数) 的连续性、可微性及其有关性质, 它们是有限维凸分析的理论基础.

1.3.1 连续性与可微性

先介绍几个基本概念. 对给定的 $\boldsymbol{x}^0 \in \mathbb{R}^n$, 集合

$$\mathbb{S}(\boldsymbol{x}^0, \delta) = \{\boldsymbol{x} \in \mathbb{R}^n \mid \|\boldsymbol{x}-\boldsymbol{x}^0\| < \delta\}$$

称为点 $\boldsymbol{x}^0$ 的 δ–邻域或开球, 用

$$\bar{\mathbb{S}}(\boldsymbol{x}^0,\delta)=\{\boldsymbol{x}\in\mathbb{R}^n \mid \|\boldsymbol{x}-\boldsymbol{x}^0\|\leqslant\delta\}$$

表示相应的闭球.

若存在 $\delta>0$, 使 $\mathbb{S}(\boldsymbol{x}^0,\delta)\subset\mathbb{D}$, 则称点 $\boldsymbol{x}^0$ 为 $\mathbb{D}$ 的内点. 由 $\mathbb{D}$ 的所有内点组成的集合称为 $\mathbb{D}$ 的内部, 记为 $\mathrm{int}(\mathbb{D})$. $\mathbb{D}$ 的所有元素与其所有极限点的总体, 称为 $\mathbb{D}$ 的闭包, 记为 $\bar{\mathbb{D}}$. 若 $\mathbb{D}=\mathrm{int}(\mathbb{D})$, 则称 $\mathbb{D}$ 为开集, 连通的开集称为区域.

若对于任意的 $\boldsymbol{x},\boldsymbol{y}\in\mathbb{D}$ 及 $\lambda\in[0,1]$, 有 $\lambda\boldsymbol{x}+(1-\lambda)\boldsymbol{y}\in\mathbb{D}$, 则称 $\mathbb{D}$ 为凸集.

若 $\mathbb{D}$ 是凸集, 则对于任意的正整数 m, 只要

$$\boldsymbol{x}^{(i)}\in\mathbb{D},\ \lambda_i\geqslant 0,\ \sum_{i=1}^{m}\lambda_i=1,$$

就有

$$\sum_{i=1}^{m}\lambda_i\boldsymbol{x}^{(i)}\in\mathbb{D}.$$

同时称 $\sum\limits_{i=1}^{m}\lambda_i\boldsymbol{x}^{(i)}$ 为向量组 $\boldsymbol{x}^{(1)},\boldsymbol{x}^{(2)},\cdots,\boldsymbol{x}^{(m)}$ 的凸组合.

设 $\mathbb{D}$ 是 $\mathbb{R}^n$ 中的任一集合, 包含 $\mathbb{D}$ 的 $\mathbb{R}^n$ 中的最小凸集称为 $\mathbb{D}$ 的凸包, 记为 $\mathrm{Co}(\mathbb{D})$, 即

$$\begin{aligned}\mathrm{Co}(\mathbb{D})&=\bigcap_{\alpha}\{\mathbb{D}_\alpha\ \text{是包含}\ \mathbb{D}\ \text{的任一凸集}\}\\&=\left\{\sum_{i=1}^{m}\lambda_i\boldsymbol{x}^{(i)}\,\Big|\,\boldsymbol{x}^{(i)}\in\mathbb{D},\ \lambda_i\geqslant 0\ \text{且}\ \sum_{i=1}^{m}\lambda_i=1,\ m\ \text{为任意正整数}\right\}.\end{aligned}$$

上式表明, 集合 $\mathbb{D}$ 的凸包是 $\mathbb{D}$ 中元素一切凸组合所构成的集合.

设 $\mathbb{D}$ 和 $\mathbb{G}$ 分别为 $\mathbb{R}^n$ 与 $\mathbb{R}^m$ 的非空子集, 映射 $F:\mathbb{D}\to\mathbb{G}$. 又设 $\mathbb{S}$ 为 $\mathbb{D}$ 的子集. 则 $\mathbb{S}$ 在 F 的作用下的像记为

$$F(\mathbb{S})=\{F(\boldsymbol{x})\,\big|\,\boldsymbol{x}\in\mathbb{S}\}.$$

显然 $F(\mathbb{S})$ 是 $\mathbb{G}$ 中的集合. 又若 $\mathbb{H}$ 为 $\mathbb{G}$ 的子集, 称集合

$$F^{-1}(\mathbb{H})=\{\boldsymbol{x}\in\mathbb{D}\,\big|\,F(\boldsymbol{x})\in\mathbb{H}\}$$

为 $\mathbb{H}$ 在 F 作用下的原像. 它是 $\mathbb{D}$ 中的集合.

定义 1.2 设映射 $F:\mathbb{D}\to\mathbb{G}$, 这里 $\mathbb{D}\subset\mathbb{R}^n$, $\mathbb{G}\subset\mathbb{R}^m$.

(1) 如果 $F(\boldsymbol{x})=F(\boldsymbol{x}')\implies\boldsymbol{x}=\boldsymbol{x}',\ \forall\boldsymbol{x},\boldsymbol{x}'\in\mathbb{D}$, 则称 F 为单射;

(2) 如果 $F(\mathbb{D})=\mathbb{G}$, 即对于任意的 $\boldsymbol{y}\in\mathbb{G}$, 至少存在一个 $\boldsymbol{x}\in\mathbb{D}$ 使得 $F(\boldsymbol{x})=\boldsymbol{y}$, 则称 F 为满射;

(3) 如果 F 既是单射又是满射, 则称 F 为双射.

现在我们来讨论多元向量值函数的连续性和可微性概念. 一般情形的多元向量值函数为 $F:\mathbb{D}\subset\mathbb{R}^n\to\mathbb{R}^m$, 即

$$F(\boldsymbol{x})=(f_1(\boldsymbol{x}),f_2(\boldsymbol{x}),\cdots,f_m(\boldsymbol{x}))^{\mathrm{T}},$$

这里 $f_i(\boldsymbol{x})$ 为 $F(\boldsymbol{x})$ 的第 i 个分量函数, $m=n$ 时为其特例.

称 $F:\mathbb{D}\subset\mathbb{R}^n\to\mathbb{R}^m$ 为仿射映射, 如果它的各分量函数均为线性的, 即

$$f_i(\boldsymbol{x})=\sum_{k=1}^{n}a_{ik}x_k+b_i,\quad i=1,2,\cdots,m.$$

此时 $F(\boldsymbol{x})$ 可表示为

$$F(\boldsymbol{x})=\boldsymbol{A}\boldsymbol{x}+\boldsymbol{b},$$

其中

$$\boldsymbol{A}=\begin{pmatrix}a_{11}&a_{12}&\cdots&a_{1n}\\a_{21}&a_{22}&\cdots&a_{2n}\\\vdots&\vdots&\ddots&\vdots\\a_{m1}&a_{m2}&\cdots&a_{mn}\end{pmatrix},\quad \boldsymbol{b}=\begin{pmatrix}b_1\\b_2\\\vdots\\b_m\end{pmatrix}.$$

定义 1.3　设 $F:\mathbb{D}\subset\mathbb{R}^n\to\mathbb{R}^m$. 若对任何固定的 $\boldsymbol{h}\in\mathbb{R}^n$, 恒有

$$\lim_{t\to0}\|F(\boldsymbol{x}^0+t\boldsymbol{h})-F(\boldsymbol{x}^0)\|=0,\tag{1.30}$$

则称 F 在点 $\boldsymbol{x}^0$ 是半连续的. 若有

$$\lim_{\|\boldsymbol{h}\|\to0}\|F(\boldsymbol{x}^0+\boldsymbol{h})-F(\boldsymbol{x}^0)\|=0,\tag{1.31}$$

则称 F 在点 $\boldsymbol{x}^0$ 是连续的.

由定义 1.3 可知, F 在点 $\boldsymbol{x}^0$ 连续蕴含了 F 在点 $\boldsymbol{x}^0$ 半连续.

映射 F 在 $\boldsymbol{x}^0$ 处连续也可表述为: 对任意 $\varepsilon>0$, 存在 $\delta=\delta(\varepsilon,\boldsymbol{x}^0)>0$, 使得对任何 $\boldsymbol{x}\in\mathbb{S}(\boldsymbol{x}^0,\delta)\subset\mathbb{D}$, 有

$$\|F(\boldsymbol{x})-F(\boldsymbol{x}^0)\|\leqslant\varepsilon.$$

对于有界闭区域 $\bar{\mathbb{D}}$ 的边界点 $\overline{\boldsymbol{x}}$, 如果对 $\forall\varepsilon>0,\exists\delta=\delta(\varepsilon,\overline{\boldsymbol{x}})>0$, 使对 $\forall\boldsymbol{x}\in\mathbb{S}(\overline{\boldsymbol{x}},\delta)\cap\mathbb{D}$, 有 $\|F(\boldsymbol{x})-F(\overline{\boldsymbol{x}})\|\leqslant\varepsilon$, 则称 F 在边界点 $\overline{\boldsymbol{x}}$ 处连续.

如果映射 F 在 $\mathbb{D}$ 内每一点都连续, 则称映射 F 在 $\mathbb{D}$ 上连续.

不难发现, F 在点 $\boldsymbol{x}^0\in\mathbb{D}$ (或在 $\mathbb{D}$ 上) 连续的充分必要条件是: F 的每个分量函数 f_i 在点 $\boldsymbol{x}^0\in\mathbb{D}$ (或在 $\mathbb{D}$ 上) 连续.

定义 1.4　设映射 $F:\mathbb{D}\subset\mathbb{R}^n\to\mathbb{R}^m$, $\boldsymbol{x}\in\mathrm{int}(\mathbb{D})$. 如果存在映射 $\boldsymbol{A}\in\mathbb{L}(\mathbb{R}^n,\mathbb{R}^m)$, 使对任何 $\boldsymbol{h}\in\mathbb{R}^n$, $\boldsymbol{x}+\boldsymbol{h}\in\mathbb{D}$, 有

$$\lim_{t\to0}\frac{1}{t}\|F(\boldsymbol{x}+t\boldsymbol{h})-F(\boldsymbol{x})-t\boldsymbol{A}\boldsymbol{h}\|=0,\tag{1.32}$$

则称 F 在 $\boldsymbol{x}$ 处 G–可导 (Gateaux–可导, 加托可导), 并称 $\boldsymbol{A}$ 为 F 在点 $\boldsymbol{x}$ 处的 G–导数, 记为 $F'(\boldsymbol{x})=\boldsymbol{A}$.

不难发现, 式 (1.32) 可以表示为

$$F'(\boldsymbol{x})\boldsymbol{h} = \lim_{t\to 0}\frac{1}{t}\big[F(\boldsymbol{x}+t\boldsymbol{h}) - F(\boldsymbol{x})\big].$$

此外, 应注意到 G–导数是按指定方向定义的, 可以认为是多元函数的方向导数的推广. 因此, F 在 $\boldsymbol{x}$ 处 G–可导并不能保证 F 在 $\boldsymbol{x}$ 处连续, 但能保证其在 $\boldsymbol{x}$ 处半连续.

现在我们来求式 (1.32) 中的线性映射 $F'(\boldsymbol{x}) = \boldsymbol{A}$ 的表达式. 设 $\boldsymbol{A} = (a_{ij})$, 取 $\boldsymbol{h} = \boldsymbol{e}_j$, 这里 $\boldsymbol{e}_j$ 是第 j 个坐标为 1、其余为 0 的列向量, 即 $\boldsymbol{e}_j = (0,\cdots,0,1,0,\cdots,0)^{\mathrm{T}}$. 由式 (1.32) 显然有

$$\lim_{t\to 0}\frac{1}{t}|f_i(\boldsymbol{x}+t\boldsymbol{e}_j) - f_i(\boldsymbol{x}) - ta_{ij}| = 0,$$

由此可见

$$a_{ij} \equiv \frac{\partial f_i(\boldsymbol{x})}{\partial x_j} = \partial_j f_i(\boldsymbol{x}),\quad i = 1,\cdots,m,\quad j = 1,\cdots,n. \tag{1.33}$$

于是, $F'(\boldsymbol{x})$ 为 $F(\boldsymbol{x})$ 在 $\boldsymbol{x}$ 处的 Jacobi 矩阵

$$F'(\boldsymbol{x}) = \big(\partial_j f_i(\boldsymbol{x})\big) = \begin{pmatrix} \partial_1 f_1(\boldsymbol{x}) & \partial_2 f_1(\boldsymbol{x}) & \cdots & \partial_n f_1(\boldsymbol{x}) \\ \partial_1 f_2(\boldsymbol{x}) & \partial_2 f_2(\boldsymbol{x}) & \cdots & \partial_n f_2(\boldsymbol{x}) \\ \vdots & \vdots & \ddots & \vdots \\ \partial_1 f_m(\boldsymbol{x}) & \partial_2 f_m(\boldsymbol{x}) & \cdots & \partial_n f_m(\boldsymbol{x}) \end{pmatrix}. \tag{1.34}$$

需要指出的是, 由 F 在点 $\boldsymbol{x}$ 处的 Jacobi 矩阵的存在并不能得出 F 在点 $\boldsymbol{x}$ 处 G–可导. 但当 $\partial_j f_i(\boldsymbol{x})$ 连续时, G–导数存在.

思考题 若映射 $F:\mathbb{R}^2\to\mathbb{R}$ 定义为

$$F(x_1,x_2) = \begin{cases} x_1, & 若\ x_2 = 0, \\ x_2, & 若\ x_1 = 0, \\ 1, & 其他. \end{cases}$$

证明: F 在点 $(0,0)$ 处两个偏导数均存在, 但其 G–导数不存在.

当 $m = 1$ 时, $F:\mathbb{D}\subset\mathbb{R}^n\to\mathbb{R}^1$ 为定义在 $\mathbb{R}^n$ 中的实值函数 $F(\boldsymbol{x}) \equiv f(\boldsymbol{x})$. 此时, $f'(\boldsymbol{x}) = (\partial_1 f(\boldsymbol{x}),\cdots,\partial_n f(\boldsymbol{x}))$, $f'(\boldsymbol{x})^{\mathrm{T}}$ 称为 f 在 $\boldsymbol{x}$ 处的梯度, 记为

$$\mathrm{grad} f(\boldsymbol{x}) = \nabla f(\boldsymbol{x}) = f'(\boldsymbol{x})^{\mathrm{T}}.$$

定义 1.5 设映射 $F:\mathbb{D}\subset\mathbb{R}^n\to\mathbb{R}^m$, $\boldsymbol{x}\in\mathrm{int}(\mathbb{D})$. 如果存在映射 $\boldsymbol{A}\in\mathbb{L}(\mathbb{R}^n,\mathbb{R}^m)$, 使对任何 $\boldsymbol{h}\in\mathbb{R}^n$, $\boldsymbol{x}+\boldsymbol{h}\in\mathbb{D}$, 有

$$\lim_{\|\boldsymbol{h}\|\to 0}\frac{\|F(\boldsymbol{x}+\boldsymbol{h}) - F(\boldsymbol{x}) - \boldsymbol{A}\boldsymbol{h}\|}{\|\boldsymbol{h}\|} = 0, \tag{1.35}$$

则称 F 在 $\boldsymbol{x}$ 处 F–可导 (Frechet–可导), 并称 $\boldsymbol{A}$ 为 F 在点 $\boldsymbol{x}$ 处的 F–导数, 仍记为 $F'(\boldsymbol{x}) = \boldsymbol{A}$.

容易发现, 若 F 在 $\boldsymbol{x}$ 处 F–可导, 则必然也 G–可导, 且 F–导数和 G–导数相等. 特别地, F–导数是唯一的, 其具体表达式仍是 Jacobi 矩阵 (1.34).

可以证明, F 在 $\boldsymbol{x}$ 处 F–可导的充分必要条件是它的每个分量函数 $f_i(\boldsymbol{x})$ $(i=1,\cdots,n)$ 在 $\boldsymbol{x}$ 处可导.

式 (1.35) 可以等价地写成下面的形式

$$F(\boldsymbol{x}+\boldsymbol{h})-F(\boldsymbol{x})=F'(\boldsymbol{x})\boldsymbol{h}+w(\boldsymbol{x},\boldsymbol{h}),$$

其中, $w(\boldsymbol{x},\boldsymbol{h})\in\mathbb{R}^m$, 且满足

$$\lim_{\|\boldsymbol{h}\|\to 0}\frac{\|w(\boldsymbol{x},\boldsymbol{h})\|}{\|\boldsymbol{h}\|}=0.$$

为了理论分析的方便, 式 (1.35) 也可等价地写成

$$\|F(\boldsymbol{x}+\boldsymbol{h})-F(\boldsymbol{x})-F'(\boldsymbol{x})\boldsymbol{h}\|=o(\|\boldsymbol{h}\|).$$

前面论及, 由 F 在 $\boldsymbol{x}$ 处 G–可导只能推出它在 $\boldsymbol{x}$ 处半连续. 但当 F 在 $\boldsymbol{x}$ 处 F–可导时, 则可推出它在 $\boldsymbol{x}$ 处连续. 于是, 我们有下面的结论.

定理 1.4　*若映射 $F:\mathbb{D}\subset\mathbb{R}^n\to\mathbb{R}^m$ 在点 $\boldsymbol{x}$ 处 F–可导, 则 F 在 $\boldsymbol{x}$ 处连续. 更确切地说, 存在 $\boldsymbol{x}$ 的闭球 $\bar{\mathbb{S}}(\boldsymbol{x},\delta)\subset\mathbb{D}$ 及常数 $C\geqslant 0$, 使得当 $\|\boldsymbol{h}\|\leqslant\delta$ 时, 有*

$$\|F(\boldsymbol{x}+\boldsymbol{h})-F(\boldsymbol{x})\|\leqslant C\|\boldsymbol{h}\|. \tag{1.36}$$

证　注意, 我们只是在 $\mathbb{D}$ 的内点定义了可导性, 故 $\boldsymbol{x}\in\mathrm{int}(\mathbb{D})$, 从而存在 $\delta_1>0$, 使得当 $\|\boldsymbol{h}\|\leqslant\delta_1$ 时, 有 $\boldsymbol{x}+\boldsymbol{h}\in\mathbb{D}$. 于是对于任意给定的 $\varepsilon>0$, 由式 (1.35), 存在正数 $\delta\leqslant\delta_1$, 使得当 $\|\boldsymbol{h}\|\leqslant\delta$ 时, 有

$$\|F(\boldsymbol{x}+\boldsymbol{h})-F(\boldsymbol{x})-\boldsymbol{A}\boldsymbol{h}\|\leqslant\varepsilon\|\boldsymbol{h}\|.$$

故

$$\|F(\boldsymbol{x}+\boldsymbol{h})-F(\boldsymbol{x})\|\leqslant\|\boldsymbol{A}\|\|\boldsymbol{h}\|+\varepsilon\|\boldsymbol{h}\|=(\|\boldsymbol{A}\|+\varepsilon)\|\boldsymbol{h}\|.$$

取 $C=\|\boldsymbol{A}\|+\varepsilon$, 立即得到式 (1.36).　□

定理 1.4 表明, 连续性是 F–可导的必要条件. 需要指出的是, 映射 F 即使处处存在偏导数映射, 也未必是 F–可导的. 但若各偏导数在某点连续, 则 F 在该点 F–可导. 我们有下面的结论.

定理 1.5　*设 $F=(f_1,f_2,\cdots,f_m)^{\mathrm{T}}:\mathbb{D}\subset\mathbb{R}^n\to\mathbb{R}^m$ 在点 $\boldsymbol{x}\in\mathbb{D}$ 的某邻域内存在偏导数 $\partial_j f_i(\boldsymbol{x})$ $(i=1,\cdots,m,\ j=1,\cdots,n)$, 且这些偏导数在点 $\boldsymbol{x}$ 处连续, 则 F 在点 $\boldsymbol{x}$ 处 F–可导.*

例 1.4　求下列函数的 G–导数 $F'(\boldsymbol{x})$

$$F(x_1,x_2,x_3)=\begin{pmatrix} x_1^2+x_1x_2 \\ 2x_1^3+3x_2^2-x_2x_3^2 \\ x_1^4x_2^2+x_3^2 \end{pmatrix}.$$

解 F 在 $\boldsymbol{x}$ 处的 Jacobi 矩阵为

$$\left(\frac{\partial F_i}{\partial x_j}\right)_{3\times3}=\begin{pmatrix}2x_1+x_2 & x_1 & 0\\ 6x_1^2 & 6x_2-x_3^2 & -2x_2x_3\\ 4x_1^3x_2^2 & 2x_1^4x_2 & 2x_3\end{pmatrix}.$$

容易看出, 上述矩阵的每个元素在 $\mathbb{R}^3$ 上连续, 故所求的 G–导数就是上述 Jacobi 矩阵. 同时可知它也是 F–导数.

下面给出一个在某一点存在 G–导数但不存在 F–导数的例子.

例 1.5 定义 $F:\mathbb{R}^2\to\mathbb{R}$ 为

$$F(\boldsymbol{x})=F(x_1,x_2)=\begin{cases}x_1+x_2+\dfrac{x_1^3x_2}{x_1^4+x_2^2}, & 若\ (x_1,x_2)\neq(0,0),\\ 0, & 若\ (x_1,x_2)=(0,0).\end{cases}$$

证明: $F(\boldsymbol{x})$ 在点 $\boldsymbol{x}^0=(0,0)^{\mathrm{T}}$ 处有 G–导数但无 F–导数.

证 取 $\boldsymbol{h}=(h_1,h_2)^{\mathrm{T}}$, 由于

$$\lim_{t\to0}\frac{1}{t}\|F(\mathbf{0}+t\boldsymbol{h})-F(\mathbf{0})-t(1,1)\boldsymbol{h}\|=0,$$

故 $F(\boldsymbol{x})$ 在 $\boldsymbol{x}^0$ 处的 G–导数为 $F'(\boldsymbol{x})=(1,1)$. 若 $F(\boldsymbol{x})$ 在 $\boldsymbol{x}^0$ 处有 F–导数, 则 F–导数 $F'(\boldsymbol{x})=(1,1)$. 由于

$$w(\mathbf{0},\boldsymbol{h})=F(\mathbf{0}+\boldsymbol{h})-F(\mathbf{0})-F'(\boldsymbol{x})\boldsymbol{h}=\frac{h_1^3h_2}{h_1^4+h_2^2},$$

故

$$\frac{\|w(\mathbf{0},\boldsymbol{h})\|}{\|\boldsymbol{h}\|}=\frac{|h_1^3h_2|}{(h_1^4+h_2^2)\sqrt{h_1^2+h_2^2}}.$$

令 $h_2=h_1^2$, $h_1\to0$, 则有

$$\lim_{\|\boldsymbol{h}\|\to0}\frac{\|w(\mathbf{0},\boldsymbol{h})\|}{\|\boldsymbol{h}\|}=\lim_{h_1\to0}\frac{|h_1|^5}{2h_1^4\sqrt{h_1^2+h_1^4}}=\frac{1}{2}\not\to0.$$

可见, $F(\boldsymbol{x})$ 在 $\boldsymbol{x}^0$ 处没有 F–导数. 证毕. □

下面我们给出复合映射的求导法则. 对映射 $F:\mathbb{D}_F\subset\mathbb{R}^n\to\mathbb{R}^m$ 和映射 $G:\mathbb{D}_G\subset\mathbb{R}^m\to\mathbb{R}^q$, 构造复合映射 $H=G\circ F$, 其定义域为 $\mathbb{D}_H=\{\boldsymbol{x}\in\mathbb{D}_F|F(\boldsymbol{x})\in\mathbb{D}_G\}$.

定理 1.6 设映射 $F:\mathbb{D}_F\subset\mathbb{R}^n\to\mathbb{R}^m$ 在 $\boldsymbol{x}$ 处存在 G–导数, 而映射 $G:\mathbb{D}_G\subset\mathbb{R}^m\to\mathbb{R}^q$ 在 $F(\boldsymbol{x})$ 处存在 F–导数, 则复合映射 $H=G\circ F$ 在 $\boldsymbol{x}$ 处一定存在 G–导数, 且

$$H'(\boldsymbol{x})=G'(F(\boldsymbol{x}))F'(\boldsymbol{x}).\tag{1.37}$$

如果 $F'(\boldsymbol{x})$ 是 F–导数, 则 $H'(\boldsymbol{x})$ 也是 F–导数.

证　取定 $\boldsymbol{h}$. 由定义可知, $\boldsymbol{x} \in \operatorname{int}(\mathbb{D}_F)$ 且 $F(\boldsymbol{x}) \in \operatorname{int}(\mathbb{D}_G)$. 而由 F 在 $\boldsymbol{x}$ 处有 G–导数可知, F 在 $\boldsymbol{x}$ 处半连续. 因 $\boldsymbol{x} \in \operatorname{int}(\mathbb{D}_F)$, 故存在 $\delta > 0$, 使得当 $|t| \leqslant \delta$ 时, $\boldsymbol{x} + t\boldsymbol{h} \in \mathbb{D}_F$, 同时 $F(\boldsymbol{x} + t\boldsymbol{h}) \in \mathbb{D}_G$. 因此, 对于 $0 < |t| < \delta$, 有

$$\begin{aligned}
&\frac{1}{t}\|H(\boldsymbol{x}+t\boldsymbol{h}) - H(\boldsymbol{x}) - tG'(F(\boldsymbol{x}))F'(\boldsymbol{x})\boldsymbol{h}\| \\
\leqslant\ &\frac{1}{t}\|G(F(\boldsymbol{x}+t\boldsymbol{h})) - G(F(\boldsymbol{x})) - G'(F(\boldsymbol{x}))[F(\boldsymbol{x}+t\boldsymbol{h}) - F(\boldsymbol{x})]\| + \\
&\frac{1}{t}\|G'(F(\boldsymbol{x}))[F(\boldsymbol{x}+t\boldsymbol{h}) - F(\boldsymbol{x}) - tF'(\boldsymbol{x})\boldsymbol{h}]\| = \boldsymbol{I}_1 + \boldsymbol{I}_2.
\end{aligned} \tag{1.38}$$

当 $t \to 0$ 时, 显然 $\boldsymbol{I}_2 \to 0$. 由于 F 是 G–可导的, 故 $\dfrac{1}{t}\|F(\boldsymbol{x}+t\boldsymbol{h}) - F(\boldsymbol{x})\|$ 有界. 从而对于 $0 < |t| < \delta$ 中使得 $F(\boldsymbol{x}+t\boldsymbol{h}) \neq F(\boldsymbol{x})$ 的任一 t 值, 我们有

$$\begin{aligned}
\boldsymbol{I}_1 = &\frac{\|F(\boldsymbol{x}+t\boldsymbol{h}) - F(\boldsymbol{x})\|}{t} \times \\
&\frac{\|G(F(\boldsymbol{x}+t\boldsymbol{h})) - G(F(\boldsymbol{x})) - G'(F(\boldsymbol{x}))[F(\boldsymbol{x}+t\boldsymbol{h}) - F(\boldsymbol{x})]\|}{\|F(\boldsymbol{x}+t\boldsymbol{h}) - F(\boldsymbol{x})\|} \to \\
&\frac{\|F(\boldsymbol{x}+t\boldsymbol{h}) - F(\boldsymbol{x})\|}{t} \times 0 = 0.
\end{aligned}$$

这便证明了第一个结论. 利用定理 1.4 类似可证 $F'(\boldsymbol{x})$ 是 F–导数时的结论. □

下面不加证明地引用如下定理的结论.

定理 1.7　设向量值函数 $\boldsymbol{F}_1, \boldsymbol{F}_2 : \mathbb{D} \subset \mathbb{R}^n \to \mathbb{R}^m$ 在内点 $\boldsymbol{x}_0$ 处 G–可微, $\lambda_1(\boldsymbol{x}), \lambda_2(\boldsymbol{x})$ 是多元实值函数, $\boldsymbol{F}(\boldsymbol{x}) = \lambda_1(\boldsymbol{x})\boldsymbol{F}_1(\boldsymbol{x}) + \lambda_2(\boldsymbol{x})\boldsymbol{F}_2(\boldsymbol{x})$, 则

$$\boldsymbol{F}'(\boldsymbol{x}_0) = \boldsymbol{F}_1(\boldsymbol{x}_0)[\nabla\lambda_1(\boldsymbol{x}_0)]^{\mathrm{T}} + \lambda_1(\boldsymbol{x}_0)\boldsymbol{F}_1'(\boldsymbol{x}_0) + \boldsymbol{F}_2(\boldsymbol{x}_0)[\nabla\lambda_2(\boldsymbol{x}_0)]^{\mathrm{T}} + \lambda_2(\boldsymbol{x}_0)\boldsymbol{F}_2'(\boldsymbol{x}_0).$$

例 1.6　仿射函数 $f(\boldsymbol{x}) = \boldsymbol{a}^{\mathrm{T}}\boldsymbol{x} + b$ 的梯度. 因为

$$\begin{aligned}
\nabla f(\boldsymbol{x})^{\mathrm{T}}\boldsymbol{h} &= \lim_{t\to 0^+} \frac{1}{t}[f(\boldsymbol{x}+t\boldsymbol{h}) - f(\boldsymbol{x})] \\
&= \lim_{t\to 0^+} \frac{1}{t}(t\boldsymbol{a}^{\mathrm{T}}\boldsymbol{h}) = \boldsymbol{a}^{\mathrm{T}}\boldsymbol{h},
\end{aligned}$$

所以

$$\nabla f(\boldsymbol{x}) = \nabla(\boldsymbol{a}^{\mathrm{T}}\boldsymbol{x} + b) = \boldsymbol{a}.$$

例 1.7　二次函数 $f(\boldsymbol{x}) = \boldsymbol{x}^{\mathrm{T}}\boldsymbol{A}\boldsymbol{x}$ 的梯度. 因为

$$\begin{aligned}
\nabla f(\boldsymbol{x})^{\mathrm{T}}\boldsymbol{h} &= \lim_{t\to 0^+} \frac{1}{t}[(\boldsymbol{x}+t\boldsymbol{h})^{\mathrm{T}}\boldsymbol{A}(\boldsymbol{x}+t\boldsymbol{h}) - \boldsymbol{x}^{\mathrm{T}}\boldsymbol{A}\boldsymbol{x}] \\
&= \lim_{t\to 0^+} \frac{1}{t}(t\boldsymbol{h}^{\mathrm{T}}\boldsymbol{A}\boldsymbol{x} + t\boldsymbol{x}^{\mathrm{T}}\boldsymbol{A}\boldsymbol{h} + t^2\boldsymbol{h}^{\mathrm{T}}\boldsymbol{A}\boldsymbol{h}) \\
&= \lim_{t\to 0^+} (\boldsymbol{h}^{\mathrm{T}}\boldsymbol{A}\boldsymbol{x} + \boldsymbol{x}^{\mathrm{T}}\boldsymbol{A}\boldsymbol{h} + t\boldsymbol{h}^{\mathrm{T}}\boldsymbol{A}\boldsymbol{h}) \\
&= \boldsymbol{h}^{\mathrm{T}}\boldsymbol{A}\boldsymbol{x} + \boldsymbol{x}^{\mathrm{T}}\boldsymbol{A}\boldsymbol{h} = \boldsymbol{x}^{\mathrm{T}}(\boldsymbol{A}^{\mathrm{T}} + \boldsymbol{A})\boldsymbol{h},
\end{aligned}$$

所以

$$\nabla f(\boldsymbol{x}) = \nabla(\boldsymbol{x}^{\mathrm{T}}\boldsymbol{A}\boldsymbol{x}) = (\boldsymbol{A}^{\mathrm{T}}+\boldsymbol{A})\boldsymbol{x}.$$

例 1.8 矩阵逆 $\boldsymbol{F}(\boldsymbol{X}) = \boldsymbol{X}^{-1}$ 的 G–导数, 此处 $\boldsymbol{X}$ 是一个非奇异的 n 阶矩阵. 事实上, 有

$$\begin{aligned}
\boldsymbol{F}'(\boldsymbol{X})\boldsymbol{H} &= \lim_{t\to 0^+}\frac{1}{t}\big[(\boldsymbol{X}+t\boldsymbol{H})^{-1}-\boldsymbol{X}^{-1}\big]\\
&= \lim_{t\to 0^+}\frac{1}{t}(\boldsymbol{X}+t\boldsymbol{H})^{-1}\big[\boldsymbol{X}-(\boldsymbol{X}+t\boldsymbol{H})\big]\boldsymbol{X}^{-1}\\
&= \lim_{t\to 0^+}\frac{1}{t}(\boldsymbol{X}+t\boldsymbol{H})^{-1}\big(-t\boldsymbol{H}\big)\boldsymbol{X}^{-1}\\
&= \lim_{t\to 0^+}(\boldsymbol{X}+t\boldsymbol{H})^{-1}\big(-\boldsymbol{H}\big)\boldsymbol{X}^{-1}\\
&= -\boldsymbol{X}^{-1}\boldsymbol{H}\boldsymbol{X}^{-1}.
\end{aligned}$$

例 1.9 二次矩阵函数 $\boldsymbol{F}(\boldsymbol{X}) = \boldsymbol{X}\boldsymbol{A}\boldsymbol{X}$ 的 G–导数, 此处 $\boldsymbol{A}, \boldsymbol{X}$ 均是 n 阶矩阵且 $\boldsymbol{A}$ 是常数矩阵. 事实上, 有

$$\begin{aligned}
\boldsymbol{F}'(\boldsymbol{X})\boldsymbol{H} &= \lim_{t\to 0^+}\frac{1}{t}\big[(\boldsymbol{X}+t\boldsymbol{H})\boldsymbol{A}(\boldsymbol{X}+t\boldsymbol{H})-\boldsymbol{X}\boldsymbol{A}\boldsymbol{X}\big]\\
&= \lim_{t\to 0^+}\frac{1}{t}\big[t\boldsymbol{H}\boldsymbol{A}\boldsymbol{X}+t\boldsymbol{X}\boldsymbol{A}\boldsymbol{H}+t^2\boldsymbol{H}\boldsymbol{A}\boldsymbol{H}\big]\\
&= \boldsymbol{H}\boldsymbol{A}\boldsymbol{X}+\boldsymbol{X}\boldsymbol{A}\boldsymbol{H}.
\end{aligned}$$

最后, 我们以下列定义结束本小节.

定义 1.6 设映射 $F:\mathbb{D}\subset\mathbb{R}^n\to\mathbb{R}^m$, $\mathbb{D}_0\subset\mathbb{D}$. 若存在常数 $C\geqslant 0$ 及 $0<p\leqslant 1$, 使得对一切 $\boldsymbol{x},\boldsymbol{y}\in\mathbb{D}_0$, 有

$$\|F(\boldsymbol{x})-F(\boldsymbol{y})\|\leqslant C\|\boldsymbol{x}-\boldsymbol{y}\|^p, \tag{1.39}$$

则称映射 F 在 $\mathbb{D}_0$ 上 Holder 连续. 特别地, 如果 $p=1$, 则称 F 在 $\mathbb{D}_0$ 上 Lipschitz 连续.

1.3.2 中值定理与二阶导数

与一元实函数的情形一样, 微分中值定理同样是多元函数微分学的基本定理. 不过当映射 F 的值域的维数大于 1 时, 中值公式不再以等式的形式给出, 而是以不等式或积分的形式给出.

定理 1.8 若 $f:\mathbb{D}\subset\mathbb{R}^n\to\mathbb{R}^1$ 在凸集 $\mathbb{D}_0\subset\mathbb{D}$ 上 G–可导, 则对任何两点 $\boldsymbol{x},\boldsymbol{y}\in\mathbb{D}_0$, 存在 $t\in(0,1)$, 使得

$$f(\boldsymbol{y})-f(\boldsymbol{x}) = \nabla f(\boldsymbol{x}+t(\boldsymbol{y}-\boldsymbol{x}))^{\mathrm{T}}(\boldsymbol{y}-\boldsymbol{x}). \tag{1.40}$$

证 令 $\varphi(s) = f(\boldsymbol{x}+s(\boldsymbol{y}-\boldsymbol{x}))$, 那么 $\varphi:(0,1)\to\mathbb{R}^1$ 可导, 且

$$\varphi'(s) = f'(\boldsymbol{x}+s(\boldsymbol{y}-\boldsymbol{x}))(\boldsymbol{y}-\boldsymbol{x}),\quad \forall s\in(0,1).$$

对实函数 φ 用拉格朗日中值公式可知, 存在 $t \in (0,1)$, 使得 $\varphi(1)-\varphi(0)=\varphi'(t)$, 即

$$f(\boldsymbol{y})-f(\boldsymbol{x})=f'(\boldsymbol{x}+t(\boldsymbol{y}-\boldsymbol{x}))(\boldsymbol{y}-\boldsymbol{x})=\nabla f(\boldsymbol{x}+t(\boldsymbol{y}-\boldsymbol{x}))^{\mathrm{T}}(\boldsymbol{y}-\boldsymbol{x}).$$

证毕. □

注意, 对于一般的映射 $F:\mathbb{D}\subset\mathbb{R}^n\to\mathbb{R}^m$ $(m>1)$, 定理 1.8 一般不成立, 但有如下结论.

推论 1.1　若 $F:\mathbb{D}\subset\mathbb{R}^n\to\mathbb{R}^m$ 在凸集 $\mathbb{D}_0\subset\mathbb{D}$ 上 G–可导, 则对任何两点 $\boldsymbol{x},\boldsymbol{y}\in\mathbb{D}_0$, 存在 $t_1,t_2,\cdots,t_m\in(0,1)$, 使得

$$F(\boldsymbol{y})-F(\boldsymbol{x})=\begin{pmatrix}\nabla f_1(\boldsymbol{x}+t_1(\boldsymbol{y}-\boldsymbol{x}))^{\mathrm{T}}\\ \nabla f_2(\boldsymbol{x}+t_2(\boldsymbol{y}-\boldsymbol{x}))^{\mathrm{T}}\\ \vdots\\ \nabla f_m(\boldsymbol{x}+t_m(\boldsymbol{y}-\boldsymbol{x}))^{\mathrm{T}}\end{pmatrix}(\boldsymbol{y}-\boldsymbol{x}). \tag{1.41}$$

此时, $t_1,t_2,\cdots,t_m$ 一般是互不相同的.

下面我们给出多元向量值映射的中值定理.

定理 1.9　若 $F:\mathbb{D}\subset\mathbb{R}^n\to\mathbb{R}^m$ 在凸集 $\mathbb{D}_0\subset\mathbb{D}$ 上 G–可导, 则对任意 $\boldsymbol{x},\boldsymbol{y},\boldsymbol{z}\in\mathbb{D}_0$, 有

$$(1)\ \|F(\boldsymbol{y})-F(\boldsymbol{x})\|\leqslant\sup_{0\leqslant t\leqslant 1}\|F'(\boldsymbol{x}+t(\boldsymbol{y}-\boldsymbol{x}))\|\|\boldsymbol{y}-\boldsymbol{x}\|; \tag{1.42}$$

$$(2)\ \|F(\boldsymbol{y})-F(\boldsymbol{z})-F'(\boldsymbol{x})(\boldsymbol{y}-\boldsymbol{z})\|\leqslant\sup_{0\leqslant t\leqslant 1}\|F'(\boldsymbol{z}+t(\boldsymbol{y}-\boldsymbol{z}))-F'(\boldsymbol{x})\|\|\boldsymbol{y}-\boldsymbol{z}\|. \tag{1.43}$$

证　(1) 不妨假定 $M_1=\sup\limits_{0\leqslant t\leqslant 1}\|F'(\boldsymbol{x}+t(\boldsymbol{y}-\boldsymbol{x}))\|<\infty$, 对任意给定的 $\varepsilon>0$, 定义集合 Γ 为

$$\Gamma:=\big\{t\in[0,1]\,\big|\,\|F(\boldsymbol{x}+t(\boldsymbol{y}-\boldsymbol{x}))-F(\boldsymbol{x})\|\leqslant M_1t\|\boldsymbol{y}-\boldsymbol{x}\|+\varepsilon t\|\boldsymbol{y}-\boldsymbol{x}\|\big\}. \tag{1.44}$$

显然 $0\in\Gamma$, 即 Γ 非空. 记 $\gamma=\sup\Gamma$, 由于 Γ 是闭集, 故 $\gamma\in\Gamma$. 因 F 是 G–可导的, 故 $F(\boldsymbol{x}+t(\boldsymbol{y}-\boldsymbol{x}))$ 是 t 的连续函数, 因此 (注意到式 (1.44)), 我们有

$$\boldsymbol{I}_1:=\|F(\boldsymbol{x}+\gamma(\boldsymbol{y}-\boldsymbol{x}))-F(\boldsymbol{x})\|\leqslant M_1\gamma\|\boldsymbol{y}-\boldsymbol{x}\|+\varepsilon\gamma\|\boldsymbol{y}-\boldsymbol{x}\|. \tag{1.45}$$

由于 ε 的任意性, 显然当 $\gamma=1$ 时, 结论成立. 现假设 $\gamma<1$, 此时, 因 $F'(\boldsymbol{x}+\gamma(\boldsymbol{y}-\boldsymbol{x}))$ 存在, 故必有 $\beta\in(\gamma,1)$, 使得

$$\begin{aligned}&\|F(\boldsymbol{x}+\beta(\boldsymbol{y}-\boldsymbol{x}))-F(\boldsymbol{x}+\gamma(\boldsymbol{y}-\boldsymbol{x}))-F'(\boldsymbol{x}+\gamma(\boldsymbol{y}-\boldsymbol{x}))(\beta-\gamma)(\boldsymbol{y}-\boldsymbol{x})\|\\ &\leqslant\varepsilon(\beta-\gamma)\|\boldsymbol{y}-\boldsymbol{x}\|.\end{aligned}$$

从而

$$\begin{aligned}\boldsymbol{I}_2:=&\|F(\boldsymbol{x}+\beta(\boldsymbol{y}-\boldsymbol{x}))-F(\boldsymbol{x}+\gamma(\boldsymbol{y}-\boldsymbol{x}))\|\\ \leqslant&\varepsilon(\beta-\gamma)\|\boldsymbol{y}-\boldsymbol{x}\|+\|F'(\boldsymbol{x}+\gamma(\boldsymbol{y}-\boldsymbol{x}))(\beta-\gamma)(\boldsymbol{y}-\boldsymbol{x})\|\\ \leqslant&\varepsilon(\beta-\gamma)\|\boldsymbol{y}-\boldsymbol{x}\|+M_1(\beta-\gamma)\|\boldsymbol{y}-\boldsymbol{x}\|.\end{aligned} \tag{1.46}$$

故由式 (1.45) 和式 (1.46) 可得

$$\|F(\boldsymbol{x}+\beta(\boldsymbol{y}-\boldsymbol{x}))-F(\boldsymbol{x})\| \leqslant \boldsymbol{I}_2+\boldsymbol{I}_1 \leqslant M_1\beta\|\boldsymbol{y}-\boldsymbol{x}\|+\varepsilon\beta\|\boldsymbol{y}-\boldsymbol{x}\|.$$

上式说明 $\beta \in \Gamma$, 这与 γ 的定义矛盾, 故必有 $\gamma=1$, 从而结论 (1) 成立.

(2) 对于取定的 $\boldsymbol{x} \in \mathbb{D}_0$, 定义映射

$$G(\boldsymbol{u})=F(\boldsymbol{u})-F'(\boldsymbol{x})\boldsymbol{u}, \quad \boldsymbol{u} \in \mathbb{D}_0,$$

则 $G'(\boldsymbol{u})=F'(\boldsymbol{u})-F'(\boldsymbol{x})$. 对映射 G 用结论 (1) 立得式 (1.43). □

例 1.10 设 $F(\boldsymbol{x})=(\mathrm{e}^{x_1}\sin x_2,\ \mathrm{e}^{x_1}\cos x_2)^{\mathrm{T}}$, 易知, F 是 G–可导的, 且

$$F'(\boldsymbol{x})=\begin{pmatrix} \mathrm{e}^{x_1}\sin x_2 & \mathrm{e}^{x_1}\cos x_2 \\ \mathrm{e}^{x_1}\cos x_2 & -\mathrm{e}^{x_1}\sin x_2 \end{pmatrix}.$$

若取 $\boldsymbol{x}=(1,0)^{\mathrm{T}}$, $\boldsymbol{y}=(1,2\pi)^{\mathrm{T}}$, 则有 $F(\boldsymbol{y})-F(\boldsymbol{x})=(0,0)^{\mathrm{T}}$. 显然, 对任何 $t\in(0,1)$, 不可能成立

$$(0,0)^{\mathrm{T}}=F(\boldsymbol{y})-F(\boldsymbol{x})=F'(\boldsymbol{x}+t(\boldsymbol{y}-\boldsymbol{x}))(\boldsymbol{y}-\boldsymbol{x}).$$

即不可能有定理 1.8 的结果——式 (1.40), 但有定理 1.9 的结果——式 (1.42).

对于单变量向量值函数 $W(t)=(w_1(t),w_2(t),\cdots,w_m(t))^{\mathrm{T}}$, 我们定义其积分为

$$\int_a^b W(t)\mathrm{d}t=\left(\int_a^b w_1(t)\mathrm{d}t,\ \int_a^b w_2(t)\mathrm{d}t,\cdots,\ \int_a^b w_m(t)\mathrm{d}t\right)^{\mathrm{T}}, \tag{1.47}$$

那么我们有下面的结果 (积分形式的中值定理).

定理 1.10 若 $F:\mathbb{D}\subset\mathbb{R}^n\to\mathbb{R}^m$ 在凸集 $\mathbb{D}_0\subset\mathbb{D}$ 上 G–可导, 且 F' 在 $\mathbb{D}_0$ 上半连续, 则对任何 $\boldsymbol{x},\boldsymbol{y}\in\mathbb{D}_0$, 有

$$F(\boldsymbol{y})-F(\boldsymbol{x})=\int_0^1 F'(\boldsymbol{x}+t(\boldsymbol{y}-\boldsymbol{x}))(\boldsymbol{y}-\boldsymbol{x})\mathrm{d}t. \tag{1.48}$$

下面的结果在收敛性分析中经常用到.

定理 1.11 设 $F:\mathbb{D}\subset\mathbb{R}^n\to\mathbb{R}^m$ 在凸集 $\mathbb{D}_0\subset\mathbb{D}$ 上连续可导, 且 F' 满足

$$\|F'(\boldsymbol{x})-F'(\boldsymbol{y})\|\leqslant\alpha\|\boldsymbol{x}-\boldsymbol{y}\|^p,\quad \forall\boldsymbol{x},\boldsymbol{y}\in\mathbb{D}_0, \tag{1.49}$$

其中 $\alpha\geqslant 0$, $p\geqslant 0$ 为常数, 则对任何 $\boldsymbol{x},\boldsymbol{y}\in\mathbb{D}_0$, 有

$$\|F(\boldsymbol{y})-F(\boldsymbol{x})-F'(\boldsymbol{x})(\boldsymbol{y}-\boldsymbol{x})\|\leqslant\frac{\alpha}{1+p}\|\boldsymbol{y}-\boldsymbol{x}\|^{1+p}. \tag{1.50}$$

证 由式 (1.48) 和式 (1.49), 有

$$\begin{aligned}\|F(\boldsymbol{y})-F(\boldsymbol{x})-F'(\boldsymbol{x})(\boldsymbol{y}-\boldsymbol{x})\| &= \left\|\int_0^1[F'(\boldsymbol{x}+t(\boldsymbol{y}-\boldsymbol{x}))-F'(\boldsymbol{x})](\boldsymbol{y}-\boldsymbol{x})\mathrm{d}t\right\| \\ &\leqslant \int_0^1\|F'(\boldsymbol{x}+t(\boldsymbol{y}-\boldsymbol{x}))-F'(\boldsymbol{x})\|\|\boldsymbol{y}-\boldsymbol{x}\|\mathrm{d}t \\ &\leqslant \alpha\|\boldsymbol{y}-\boldsymbol{x}\|^{1+p}\int_0^1 t^p\,\mathrm{d}t=\frac{\alpha}{1+p}\|\boldsymbol{y}-\boldsymbol{x}\|^{1+p}.\end{aligned}$$

证毕. □

由前述讨论可知, 当映射 $F:\mathbb{D}\subset\mathbb{R}^n\to\mathbb{R}^m$ 在开集 $\mathbb{D}_0\subset\mathbb{D}$ 上 G–可导时, 其 G–导数实际上就是 F 的 Jacobi 矩阵, 因此是 $\mathbb{L}(\mathbb{R}^n,\mathbb{R}^m)$ 中的一个元素. 这样我们就得到了一个映射 $F':\mathbb{D}_0\subset\mathbb{R}^n\to\mathbb{L}(\mathbb{R}^n,\mathbb{R}^m)$, 称为 F 的导映射. 因此可以研究导映射 F' 的可微性.

定义 1.7 设映射 $F:\mathbb{D}\subset\mathbb{R}^n\to\mathbb{R}^m$ 在开集 $\mathbb{D}_0\subset\mathbb{D}$ 上 G–可导. 若其导映射 $F':\mathbb{D}_0\subset\mathbb{R}^n\to\mathbb{L}(\mathbb{R}^n,\mathbb{R}^m)$ 在 $\boldsymbol{x}\in\mathbb{D}_0$ 处存在 G–导数, 则将 F' 在点 $\boldsymbol{x}$ 处的 G–导数 $(F')'(\boldsymbol{x})$ 记为 $F''(\boldsymbol{x})$, 并称为 F 在 $\boldsymbol{x}$ 处的二阶 G–导数. 类似地, 可以定义 F 在 $\boldsymbol{x}$ 处的二阶 F–导数, 仍记为 $F''(\boldsymbol{x})$.

由定义可知, $F''(\boldsymbol{x})\in\mathbb{L}(\mathbb{R}^n,\mathbb{L}(\mathbb{R}^n,\mathbb{R}^m))$, 即对每个 $\boldsymbol{h}\in\mathbb{R}^n$, 有

$$F''(\boldsymbol{x})\boldsymbol{h}\in\mathbb{L}(\mathbb{R}^n,\mathbb{R}^m).$$

从而对 $\boldsymbol{k}\in\mathbb{R}^n$, 有 $[F''(\boldsymbol{x})\boldsymbol{h}]\boldsymbol{k}\in\mathbb{R}^m$. 因此, $F''(\boldsymbol{x})$ 可视为从 $\mathbb{R}^n\times\mathbb{R}^n$ 到 $\mathbb{R}^m$ 的双线性映射. 按照定义, 应有

$$\lim_{t\to 0}\frac{1}{t}\|F'(\boldsymbol{x}+t\boldsymbol{h})-F'(\boldsymbol{x})-tF''(\boldsymbol{x})\boldsymbol{h}\|=0,$$

其中 $F''(\boldsymbol{x})\boldsymbol{h}=(H_1(\boldsymbol{x})\boldsymbol{h},\cdots,\ H_m(\boldsymbol{x})\boldsymbol{h})^{\mathrm{T}}$, 而

$$H_i(\boldsymbol{x})=\begin{pmatrix}\dfrac{\partial^2 f_i(\boldsymbol{x})}{\partial x_1^2} & \dfrac{\partial^2 f_i(\boldsymbol{x})}{\partial x_2\partial x_1} & \cdots & \dfrac{\partial^2 f_i(\boldsymbol{x})}{\partial x_n\partial x_1}\\ \dfrac{\partial^2 f_i(\boldsymbol{x})}{\partial x_1\partial x_2} & \dfrac{\partial^2 f_i(\boldsymbol{x})}{\partial x_2^2} & \cdots & \dfrac{\partial^2 f_i(\boldsymbol{x})}{\partial x_n\partial x_2}\\ \vdots & \vdots & \ddots & \vdots\\ \dfrac{\partial^2 f_i(\boldsymbol{x})}{\partial x_1\partial x_n} & \dfrac{\partial^2 f_i(\boldsymbol{x})}{\partial x_2\partial x_n} & \cdots & \dfrac{\partial^2 f_i(\boldsymbol{x})}{\partial x_n^2}\end{pmatrix},\quad i=1,\cdots,m. \tag{1.51}$$

$H_i(\boldsymbol{x})$ 称为 $F(\boldsymbol{x})$ 第 i 个分量函数 $f_i(\boldsymbol{x})$ 的 Hesse 阵. 这样, $[F''(\boldsymbol{x})\boldsymbol{h}]\boldsymbol{k}=F''(\boldsymbol{x})\boldsymbol{h}\boldsymbol{k}\in\mathbb{R}^m$ 可表示成

$$F''(\boldsymbol{x})\boldsymbol{h}\boldsymbol{k}=(\boldsymbol{k}^{\mathrm{T}}H_1(\boldsymbol{x})\boldsymbol{h},\ \boldsymbol{k}^{\mathrm{T}}H_2(\boldsymbol{x})\boldsymbol{h},\cdots,\ \boldsymbol{k}^{\mathrm{T}}H_m(\boldsymbol{x})\boldsymbol{h})^{\mathrm{T}}. \tag{1.52}$$

当 $F''(\boldsymbol{x})$ 是 F–导数或 $f_i(\boldsymbol{x})$ 的所有二阶偏导数连续时, 有

$$\frac{\partial^2 f_i(\boldsymbol{x})}{\partial x_j\partial x_l}=\frac{\partial^2 f_i(\boldsymbol{x})}{\partial x_l\partial x_j},\quad j,\ l=1,\cdots,n,\ i=1,\cdots,m.$$

从而 $H_i(\boldsymbol{x})$ 是对称矩阵. 此时称 $F''(\boldsymbol{x})$ 是对称的, 即对任何 $\boldsymbol{h},\boldsymbol{k}\in\mathbb{R}^n$, 有 $F''(\boldsymbol{x})\boldsymbol{h}\boldsymbol{k}=F''(\boldsymbol{x})\boldsymbol{k}\boldsymbol{h}$.

由于 $F''(\boldsymbol{x})\in\mathbb{L}(\mathbb{R}^n,\mathbb{L}(\mathbb{R}^n,\mathbb{R}^m))$, 故其范数为

$$\|F''(\boldsymbol{x})\|=\sup_{\|\boldsymbol{h}\|=1}\|F''(\boldsymbol{x})\boldsymbol{h}\|=\sup_{\|\boldsymbol{h}\|=1}\sup_{\|\boldsymbol{k}\|=1}\|F''(\boldsymbol{x})\boldsymbol{h}\boldsymbol{k}\|, \tag{1.53}$$

其中常用的有

$$\|F''(\boldsymbol{x})\|_\infty=\max_{1\leqslant i\leqslant m}\sum_{j=1}^{n}\sum_{l=1}^{n}\left|\frac{\partial^2 f_i(\boldsymbol{x})}{\partial x_j\partial x_l}\right|. \tag{1.54}$$

如果当 $\boldsymbol{y} \to \boldsymbol{x}$ 时, 有 $\|F''(\boldsymbol{y}) - F''(\boldsymbol{x})\| \to 0$, 则称 F'' 在 $\boldsymbol{x}$ 处连续. 不难验证: F'' 在 $\boldsymbol{x}$ 处连续, 当且仅当 F 的分量函数 $f_1, \cdots, f_m$ 的所有二阶偏导数在 $\boldsymbol{x}$ 处连续.

例 1.11 二次函数 $f(\boldsymbol{x}) = \boldsymbol{x}^{\mathrm{T}}\boldsymbol{A}\boldsymbol{x}$ 的二阶 G–导数. 由例 1.7 有

$$f'(\boldsymbol{x})\boldsymbol{h} = \boldsymbol{x}^{\mathrm{T}}(\boldsymbol{A}^{\mathrm{T}} + \boldsymbol{A})\boldsymbol{h}.$$

故

$$\begin{aligned} f''(\boldsymbol{x})\boldsymbol{h}\boldsymbol{k} &= \lim_{t\to 0^+} \frac{1}{t}\left[(\boldsymbol{x} + t\boldsymbol{k})^{\mathrm{T}}(\boldsymbol{A}^{\mathrm{T}} + \boldsymbol{A})\boldsymbol{h} - \boldsymbol{x}^{\mathrm{T}}(\boldsymbol{A}^{\mathrm{T}} + \boldsymbol{A})\boldsymbol{h}\right] \\ &= \boldsymbol{k}^{\mathrm{T}}(\boldsymbol{A}^{\mathrm{T}} + \boldsymbol{A})\boldsymbol{h}. \end{aligned}$$

例 1.12 矩阵函数 $\boldsymbol{F}(\boldsymbol{X}) = \boldsymbol{X}\boldsymbol{A}\boldsymbol{X}$ 的二阶 G–导数. 由例 1.9 有

$$\boldsymbol{F}'(\boldsymbol{X})\boldsymbol{H} = \boldsymbol{H}\boldsymbol{A}\boldsymbol{X} + \boldsymbol{X}\boldsymbol{A}\boldsymbol{H},$$

故

$$\begin{aligned} \boldsymbol{F}''(\boldsymbol{X})\boldsymbol{H}\boldsymbol{K} &= \lim_{t\to 0^+} \frac{1}{t}\left[(\boldsymbol{H}\boldsymbol{A}(\boldsymbol{X} + t\boldsymbol{K}) + (\boldsymbol{X} + t\boldsymbol{K})\boldsymbol{A}\boldsymbol{H}) - (\boldsymbol{H}\boldsymbol{A}\boldsymbol{X} + \boldsymbol{X}\boldsymbol{A}\boldsymbol{H})\right] \\ &= \boldsymbol{H}\boldsymbol{A}\boldsymbol{K} + \boldsymbol{K}\boldsymbol{A}\boldsymbol{H}. \end{aligned}$$

我们可以将前述中值定理推广到用二阶导数表示的情形.

定理 1.12 如果 $F : \mathbb{D} \subset \mathbb{R}^n \to \mathbb{R}^m$ 在凸集 $\mathbb{D}_0 \subset \mathbb{D}$ 的每一点都有二阶 G–导数, 那么对任何 $\boldsymbol{x}, \boldsymbol{y} \in \mathbb{D}_0$ 有

(1) $\|F'(\boldsymbol{y}) - F'(\boldsymbol{x})\| \leqslant \sup\limits_{0\leqslant t\leqslant 1} \|F''(\boldsymbol{x} + t(\boldsymbol{y} - \boldsymbol{x}))\|\|\boldsymbol{y} - \boldsymbol{x}\|;$ (1.55)

(2) $\|F(\boldsymbol{y}) - F(\boldsymbol{x}) - F'(\boldsymbol{x})(\boldsymbol{y} - \boldsymbol{x})\| \leqslant \sup\limits_{0\leqslant t\leqslant 1} \|F''(\boldsymbol{x} + t(\boldsymbol{y} - \boldsymbol{x}))\|\|\boldsymbol{y} - \boldsymbol{x}\|^2;$ (1.56)

(3) 若再设 $F''(\boldsymbol{x})$ 在 $\mathbb{D}_0$ 半连续, 那么

$$F'(\boldsymbol{y}) - F'(\boldsymbol{x}) = \int_0^1 F''(\boldsymbol{x} + t(\boldsymbol{y} - \boldsymbol{x}))(\boldsymbol{y} - \boldsymbol{x})\mathrm{d}t. \tag{1.57}$$

对于 $m = 1$ 的情形, 我们有如下结果.

定理 1.13 设 $f : \mathbb{D} \subset \mathbb{R}^n \to \mathbb{R}^1$ 在凸集 $\mathbb{D}_0 \subset \mathbb{D}$ 的每一点都有二阶 G–导数, 那么对任何 $\boldsymbol{x}, \boldsymbol{y} \in \mathbb{D}_0$, 存在 $t \in (0, 1)$, 使得

$$f(\boldsymbol{y}) - f(\boldsymbol{x}) - \nabla f(\boldsymbol{x})^{\mathrm{T}}(\boldsymbol{y} - \boldsymbol{x}) = \frac{1}{2}(\boldsymbol{y} - \boldsymbol{x})^{\mathrm{T}} f''(\boldsymbol{x} + t(\boldsymbol{y} - \boldsymbol{x}))(\boldsymbol{y} - \boldsymbol{x}).$$

1.3.3 凸泛函及其性质

我们将定义在 $\mathbb{D} \subset \mathbb{R}^n$ 上的 n 个变量的函数称为泛函, 用映射的记号表示为 $f : \mathbb{D} \subset \mathbb{R}^n \to \mathbb{R}^1$. 很多方程组的求解问题以及许多实际问题的数学模型都可以化为求泛函的极小值问题. 凸泛函是一类极为重要的泛函, 它具有许多好的性质.

定义 1.8 设泛函 $f:\mathbb{D}\subset\mathbb{R}^n\to\mathbb{R}^1$, $\mathbb{D}_0\subset\mathbb{D}$ 为凸集.

(1) 若对 $\forall\boldsymbol{x},\boldsymbol{y}\in\mathbb{D}_0$ 和 $\forall\lambda\in(0,1)$, 有

$$f(\lambda\boldsymbol{x}+(1-\lambda)\boldsymbol{y})\leqslant\lambda f(\boldsymbol{x})+(1-\lambda)f(\boldsymbol{y}),\tag{1.58}$$

则称 f 为 $\mathbb{D}_0$ 上的凸泛函.

(2) 若当 $\boldsymbol{x}\neq\boldsymbol{y}$ 时, 成立

$$f(\lambda\boldsymbol{x}+(1-\lambda)\boldsymbol{y})<\lambda f(\boldsymbol{x})+(1-\lambda)f(\boldsymbol{y}),\tag{1.59}$$

则称 f 在 $\mathbb{D}_0$ 上是严格凸的.

(3) 若存在常数 $c>0$, 使对 $\forall\boldsymbol{x},\boldsymbol{y}\in\mathbb{D}_0\ (\boldsymbol{x}\neq\boldsymbol{y})$ 和 $\forall\lambda\in(0,1)$, 有

$$f(\lambda\boldsymbol{x}+(1-\lambda)\boldsymbol{y})+c\lambda(1-\lambda)\|\boldsymbol{x}-\boldsymbol{y}\|^2\leqslant\lambda f(\boldsymbol{x})+(1-\lambda)f(\boldsymbol{y}),\tag{1.60}$$

则称 f 在 $\mathbb{D}_0$ 上是一致凸的.

显然有: 一致凸 $\Longrightarrow$ 严格凸 $\Longrightarrow$ 凸.

容易验证, 当 $\boldsymbol{A}$ 为对称半正定矩阵时, 二次泛函 $f(\boldsymbol{x})=\boldsymbol{x}^{\mathrm{T}}\boldsymbol{A}\boldsymbol{x}$ 是凸泛函; 而当 $\boldsymbol{A}$ 为对称正定矩阵时, $\boldsymbol{x}^{\mathrm{T}}\boldsymbol{A}\boldsymbol{x}$ 是一致凸泛函.

不等式 (1.58) 可以推广到有限多个点的情形, 即若 f 在凸集 $\mathbb{D}_0$ 上是凸的, 且 $\boldsymbol{x}^1,\boldsymbol{x}^2,\cdots,\boldsymbol{x}^m\in\mathbb{D}_0$, 则对 $\forall\lambda_i\geqslant 0\ (i=1,\cdots,m)$, $\sum\limits_{i=1}^{m}\lambda_i=1$, 有

$$f\Big(\sum_{i=1}^{m}\lambda_i\boldsymbol{x}^i\Big)\leqslant\sum_{i=1}^{m}\lambda_i f(\boldsymbol{x}^i).\tag{1.61}$$

我们将凸泛函的一些重要性质总结在下面几个定理之中.

定理 1.14 设 $f:\mathbb{D}\subset\mathbb{R}^n\to\mathbb{R}^1$ 在凸集 $\mathbb{D}_0\subset\mathbb{D}$ 上 G–可导, 则

(1) f 为 $\mathbb{D}_0$ 上凸泛函的充分必要条件是

$$f(\boldsymbol{y})-f(\boldsymbol{x})\geqslant f'(\boldsymbol{x})(\boldsymbol{y}-\boldsymbol{x}),\quad\forall\boldsymbol{x},\boldsymbol{y}\in\mathbb{D}_0;\tag{1.62}$$

(2) f 在 $\mathbb{D}_0$ 上严格凸的充分必要条件是, 当 $\boldsymbol{x}\neq\boldsymbol{y}$ 时, 成立

$$f(\boldsymbol{y})-f(\boldsymbol{x})>f'(\boldsymbol{x})(\boldsymbol{y}-\boldsymbol{x}),\quad\forall\boldsymbol{x},\boldsymbol{y}\in\mathbb{D}_0;\tag{1.63}$$

(3) f 在 $\mathbb{D}_0$ 上一致凸的充分必要条件是, 当 $\boldsymbol{x}\neq\boldsymbol{y}$ 时, 存在常数 $c>0$, 使

$$f(\boldsymbol{y})-f(\boldsymbol{x})\geqslant f'(\boldsymbol{x})(\boldsymbol{y}-\boldsymbol{x})+c\|\boldsymbol{y}-\boldsymbol{x}\|^2,\quad\forall\boldsymbol{x},\boldsymbol{y}\in\mathbb{D}_0.\tag{1.64}$$

定理 1.15 设 $f:\mathbb{D}\subset\mathbb{R}^n\to\mathbb{R}^1$ 在凸集 $\mathbb{D}_0\subset\mathbb{D}$ 上 G–可导, 则

(1) f 为 $\mathbb{D}_0$ 上凸泛函的充分必要条件是

$$[f'(\boldsymbol{y})-f'(\boldsymbol{x})](\boldsymbol{y}-\boldsymbol{x})\geqslant 0,\quad\forall\boldsymbol{x},\boldsymbol{y}\in\mathbb{D}_0;\tag{1.65}$$

(2) f 在 $\mathbb{D}_0$ 上严格凸的充分必要条件是, 当 $\boldsymbol{x} \neq \boldsymbol{y}$ 时, 成立

$$[f'(\boldsymbol{y}) - f'(\boldsymbol{x})](\boldsymbol{y} - \boldsymbol{x}) > 0, \quad \forall \boldsymbol{x}, \boldsymbol{y} \in \mathbb{D}_0; \tag{1.66}$$

(3) f 在 $\mathbb{D}_0$ 上一致凸的充分必要条件是, 当 $\boldsymbol{x} \neq \boldsymbol{y}$ 时, 存在常数 $c > 0$, 使

$$[f'(\boldsymbol{y}) - f'(\boldsymbol{x})](\boldsymbol{y} - \boldsymbol{x}) \geqslant 2c\|\boldsymbol{y} - \boldsymbol{x}\|^2, \tag{1.67}$$

其中 c 是式 (1.64) 中的正常数.

我们知道, 在一元函数中, 若 $f(t)$ 在区间 (a,b) 上二阶可微且 $f''(t) \geqslant 0$ (> 0), 则 $f(t)$ 在 (a,b) 内凸 (严格凸). 对于有二阶 G–导数的泛函 $f: \mathbb{D} \subset \mathbb{R}^n \to \mathbb{R}^1$, 也可以由其二阶导数给出凸性的一个近乎完整的表述.

定义 1.9 设泛函 $f: \mathbb{D} \subset \mathbb{R}^n \to \mathbb{R}^1$. 若对一切 $\boldsymbol{h} \in \mathbb{R}^n$, 有 $\boldsymbol{h}^{\mathrm{T}} f''(\boldsymbol{x})\boldsymbol{h} \geqslant 0$, 则称 f'' 在点 $\boldsymbol{x}$ 处是半正定的. 若对一切 $\boldsymbol{0} \neq \boldsymbol{h} \in \mathbb{R}^n$, 有 $\boldsymbol{h}^{\mathrm{T}} f''(\boldsymbol{x})\boldsymbol{h} > 0$, 则称 f'' 在点 $\boldsymbol{x}$ 处是正定的. 进一步, 若存在常数 $c > 0$, 使得

$$\boldsymbol{h}^{\mathrm{T}} f''(\boldsymbol{x})\boldsymbol{h} \geqslant c\|\boldsymbol{h}\|^2, \quad \forall \boldsymbol{h} \in \mathbb{R}^n,\ \boldsymbol{x} \in \mathbb{D}_0 \subset \mathbb{D},$$

则称 f'' 在 $\mathbb{D}_0$ 上是一致正定的.

有了定义 1.9, 我们可以把一元函数关于用二阶导数表述凸性的结果推广到泛函上.

定理 1.16 设泛函 $f: \mathbb{D} \subset \mathbb{R}^n \to \mathbb{R}^1$ 在凸集 $\mathbb{D}_0 \subset \mathbb{D}$ 中各点有二阶 G–导数, 则

(1) f 在 $\mathbb{D}_0$ 上凸的充分必要条件是 $f''(\boldsymbol{x})$ 对一切 $\boldsymbol{x} \in \mathbb{D}_0$ 为半正定的;

(2) f 在 $\mathbb{D}_0$ 上严格凸的充分条件是 $f''(\boldsymbol{x})$ 对一切 $\boldsymbol{x} \in \mathbb{D}_0$ 为正定的;

(3) f 在 $\mathbb{D}_0$ 上一致凸的充分必要条件是 $f''(\boldsymbol{x})$ 对一切 $\boldsymbol{x} \in \mathbb{D}_0$ 为一致正定的.

注意, f'' 正定是 f 严格凸的充分条件而非必要条件.

1.3.4 梯度映射与单调映射

我们知道, 若泛函 $f: \mathbb{D} \subset \mathbb{R}^n \to \mathbb{R}^1$ 在点 $\boldsymbol{x}$ 处存在 G–导数, 则称

$$\nabla f(\boldsymbol{x}) = f'(\boldsymbol{x})^{\mathrm{T}} = \left(\frac{\partial f(\boldsymbol{x})}{\partial x_1}, \frac{\partial f(\boldsymbol{x})}{\partial x_2}, \cdots, \frac{\partial f(\boldsymbol{x})}{\partial x_n}\right)^{\mathrm{T}}$$

为 f 在 $\boldsymbol{x}$ 处的梯度 (或称为斜量).

定义 1.10 设 $F: \mathbb{D} \subset \mathbb{R}^n \to \mathbb{R}^n$, $\mathbb{D}_0 \subset \mathbb{D}$. 若存在一个 G–可导的泛函 $f: \mathbb{D}_0 \subset \mathbb{R}^n \to \mathbb{R}^1$, 使得

$$F(\boldsymbol{x}) = \nabla f(\boldsymbol{x}), \quad \forall \boldsymbol{x} \in \mathbb{D}_0,$$

则称映射 F 是 $\mathbb{D}_0$ 上的梯度映射, 而称泛函 f 为 F 的位势.

一个映射在什么条件下才能成为梯度映射? 其相应的位势具有什么样的形式? 下面的定理做出了回答.

定理 1.17 设 $F: \mathbb{D} \subset \mathbb{R}^n \to \mathbb{R}^n$ 在一个开凸集 $\mathbb{D}_0 \subset \mathbb{D}$ 上连续可导, 则 F 在 $\mathbb{D}_0$ 上成为梯度映射的充分必要条件是: $F'(\boldsymbol{x})$ 对一切 $\boldsymbol{x} \in \mathbb{D}_0$ 是对称的.

下面我们给出单调映射的概念.

定义 1.11　设 $F:\mathbb{D}\subset\mathbb{R}^n\to\mathbb{R}^n$, $\mathbb{D}_0\subset\mathbb{D}$.

(1) 称映射 F 在 $\mathbb{D}_0$ 上是单调的, 如果 $\forall \boldsymbol{x},\boldsymbol{y}\in\mathbb{D}_0$, 有

$$[F(\boldsymbol{x})-F(\boldsymbol{y})]^{\mathrm{T}}(\boldsymbol{x}-\boldsymbol{y})\geqslant 0. \tag{1.68}$$

(2) 称映射 F 在 $\mathbb{D}_0$ 上是严格单调的, 如果 $\forall \boldsymbol{x},\boldsymbol{y}\in\mathbb{D}_0$, $\boldsymbol{x}\neq\boldsymbol{y}$, 有

$$[F(\boldsymbol{x})-F(\boldsymbol{y})]^{\mathrm{T}}(\boldsymbol{x}-\boldsymbol{y})> 0. \tag{1.69}$$

(3) 称映射 F 在 $\mathbb{D}_0$ 上是一致单调的, 如果 $\forall \boldsymbol{x},\boldsymbol{y}\in\mathbb{D}_0$, $\boldsymbol{x}\neq\boldsymbol{y}$, 存在常数 $c>0$, 使得

$$[F(\boldsymbol{x})-F(\boldsymbol{y})]^{\mathrm{T}}(\boldsymbol{x}-\boldsymbol{y})\geqslant c\|\boldsymbol{x}-\boldsymbol{y}\|^2. \tag{1.70}$$

从定义 1.11 可以看出, 单调映射概念是一元实函数中单调增函数概念的推广. 并且不难发现: 一致单调 $\Longrightarrow$ 严格单调 $\Longrightarrow$ 单调.

对于线性映射 (矩阵) $\boldsymbol{A}$ 而言, 上述单调性概念等价于矩阵的正定性概念, 即

$$\boldsymbol{A}\text{ 单调}\Longleftrightarrow\boldsymbol{A}\text{ 半正定};\ \boldsymbol{A}\text{ 严格单调}\Longleftrightarrow\boldsymbol{A}\text{ 一致单调}\Longleftrightarrow\boldsymbol{A}\text{ 正定}.$$

而对于非线性映射 F, 我们有下面的结论.

定理 1.18　设 $F:\mathbb{D}\subset\mathbb{R}^n\to\mathbb{R}^n$ 在开凸集 $\mathbb{D}_0\subset\mathbb{D}$ 上有连续的 G–导数, 则 F 在 $\mathbb{D}_0$ 上单调 (一致单调) 的充分必要条件是 : $F'(\boldsymbol{x})$ 在 $\mathbb{D}_0$ 上为半正定 (一致正定) 的. 若 $F'(\boldsymbol{x})$ 在 $\mathbb{D}_0$ 上正定, 则 F 在 $\mathbb{D}_0$ 上是严格单调的.

证　必要性. 根据 G–导数的定义, 对任何 $\boldsymbol{x}\in\mathbb{D}_0$, $\boldsymbol{h}\in\mathbb{R}^n$, 有

$$\begin{aligned}\boldsymbol{h}^{\mathrm{T}}F'(\boldsymbol{x})\boldsymbol{h}&=\boldsymbol{h}^{\mathrm{T}}\lim_{t\to0}\frac{1}{t}[F(\boldsymbol{x}+t\boldsymbol{h})-F(\boldsymbol{x})]\\&=\lim_{t\to0}\frac{1}{t^2}(t\boldsymbol{h})^{\mathrm{T}}[F(\boldsymbol{x}+t\boldsymbol{h})-F(\boldsymbol{x})]\\&=\lim_{t\to0}\frac{1}{t^2}[F(\boldsymbol{x}+t\boldsymbol{h})-F(\boldsymbol{x})]^{\mathrm{T}}(t\boldsymbol{h})\\&\geqslant c\|\boldsymbol{h}\|^2\quad(\text{由 }F\text{ 的一致单调性}),\end{aligned}$$

故若 $c=0$, 则 $F'(\boldsymbol{x})$ 为半正定的; 若 $c>0$, 则 $F'(\boldsymbol{x})$ 为一致正定的.

充分性. 因 $F'(\boldsymbol{x})$ 在 $\mathbb{D}_0$ 上连续, 由式 (1.48), 对任何 $\boldsymbol{x},\boldsymbol{y}\in\mathbb{D}_0$, 有

$$\begin{aligned}(\boldsymbol{x}-\boldsymbol{y})^{\mathrm{T}}(F(\boldsymbol{x})-F(\boldsymbol{y}))&=\int_0^1(\boldsymbol{x}-\boldsymbol{y})^{\mathrm{T}}F'(\boldsymbol{y}+t(\boldsymbol{x}-\boldsymbol{y}))(\boldsymbol{x}-\boldsymbol{y})\mathrm{d}t\\&:=\int_0^1P(t)\,\mathrm{d}t.\end{aligned}$$

由 $\mathbb{D}_0$ 的凸性可知, $\boldsymbol{z}=\boldsymbol{y}+t(\boldsymbol{x}-\boldsymbol{y})\in\mathbb{D}_0$, 故当 $F'(\boldsymbol{x})$ 在 $\mathbb{D}_0$ 上半正定 (正定、一致正定) 时, 有 $P(t)\geqslant0$ (当 $\boldsymbol{x}\neq\boldsymbol{y}$ 时, $P(t)>0$ 以及 $P(t)\geqslant c\|\boldsymbol{x}-\boldsymbol{y}\|^2$) . 于是, 式 (1.68)、式 (1.69)、式 (1.70) 成立, 即 F 在 $\mathbb{D}_0$ 上分别是单调、严格单调及一致单调的. □

最后指出, 单调映射与凸泛函、梯度映射有密切的关系: 设 F 是一个梯度映射, 于是, 存在 F 的位势 $f:\mathbb{R}^n\to\mathbb{R}^1$, 它是一个 G–可导的泛函, 满足 $\nabla f(\boldsymbol{x})=F(\boldsymbol{x})$. 此时, 当且仅当 f 是凸的、严格凸的和一致凸的时, 映射 F 分别是单调的、严格单调的和一致单调的.

1.4 非线性优化问题的最优性条件

1.4.1 无约束优化问题的最优性条件

首先讨论无约束优化问题

$$\min f(\boldsymbol{x}) \tag{1.71}$$

的最优性条件, 它包含一阶条件和二阶条件[6]. 首先给出极小点的定义, 它分为全局极小点和局部极小点.

定义 1.12 若对于任意的 $\boldsymbol{x} \in \mathbb{R}^n$, 都有

$$f(\boldsymbol{x}^*) \leqslant f(\boldsymbol{x}),$$

则称 $\boldsymbol{x}^*$ 为 f 的一个全局极小点. 若上述不等式严格成立且 $\boldsymbol{x} \neq \boldsymbol{x}^*$, 则称 $\boldsymbol{x}^*$ 为 f 的一个严格全局极小点.

定义 1.13 若对于任意的 $\boldsymbol{x} \in \mathbb{S}(\boldsymbol{x}^*, \delta) = \{\boldsymbol{x} \in \mathbb{R}^n \mid \|\boldsymbol{x} - \boldsymbol{x}^*\| < \delta\}$, 都有

$$f(\boldsymbol{x}^*) \leqslant f(\boldsymbol{x}),$$

则称 $\boldsymbol{x}^*$ 为 f 的一个局部极小点, 其中 $\delta > 0$ 为某个常数. 若上述不等式严格成立且 $\boldsymbol{x} \neq \boldsymbol{x}^*$, 则称 $\boldsymbol{x}^*$ 为 f 的一个严格局部极小点.

由定义 1.12 和定义 1.13 可知, 全局极小点一定是局部极小点, 反之则不然. 一般来说, 求全局极小点是相当困难的, 因此通常只求局部极小点 (在实际应用中, 有时求局部极小点已满足了问题的要求).

为了讨论和叙述的方便, 通篇引入下列记号:

$$g(\boldsymbol{x}) = \nabla f(\boldsymbol{x}), \quad g_k = \nabla f(\boldsymbol{x}_k), \quad G(\boldsymbol{x}) = \nabla^2 f(\boldsymbol{x}), \quad G_k = \nabla^2 f(\boldsymbol{x}_k).$$

定理 1.19 (一阶必要条件) 设 $f(\boldsymbol{x})$ 在开集 $\mathbb{D}$ 上一阶连续可微. 若 $\boldsymbol{x}^* \in \mathbb{D}$ 是式 (1.71) 的一个局部极小点, 则必有 $g(\boldsymbol{x}^*) = \boldsymbol{0}$.

证 取 $\boldsymbol{x} = \boldsymbol{x}^* - \alpha g(\boldsymbol{x}^*) \in \mathbb{D}$, 其中 $\alpha > 0$ 为某个常数. 则有

$$\begin{aligned} f(\boldsymbol{x}) &= f(\boldsymbol{x}^*) + g(\boldsymbol{x}^*)^{\mathrm{T}}(\boldsymbol{x} - \boldsymbol{x}^*) + o(\|\boldsymbol{x} - \boldsymbol{x}^*\|) \\ &= f(\boldsymbol{x}^*) - \alpha g(\boldsymbol{x}^*)^{\mathrm{T}} g(\boldsymbol{x}^*) + o(\alpha) \\ &= f(\boldsymbol{x}^*) - \alpha \|g(\boldsymbol{x}^*)\|^2 + o(\alpha). \end{aligned}$$

注意, $f(\boldsymbol{x}) \geqslant f(\boldsymbol{x}^*)$ 及 $\alpha > 0$, 我们有

$$0 \leqslant \|g(\boldsymbol{x}^*)\|^2 \leqslant \frac{o(\alpha)}{\alpha}.$$

上式两边令 $\alpha \to 0$ 得 $\|g(\boldsymbol{x}^*)\| = 0$, 即 $g(\boldsymbol{x}^*) = \boldsymbol{0}$. □

定理 1.20 (二阶必要条件) 设 $f(\boldsymbol{x})$ 在开集 $\mathbb{D}$ 上二阶连续可微. 若 $\boldsymbol{x}^* \in \mathbb{D}$ 是式 (1.71) 的一个局部极小点, 则必有 $g(\boldsymbol{x}^*) = \boldsymbol{0}$ 且 $G(\boldsymbol{x}^*)$ 是半正定矩阵.

证　设 $\boldsymbol{x}^*$ 是一个局部极小点, 那么由定理 1.19 可知 $g(\boldsymbol{x}^*)=\boldsymbol{0}$. 下面只需证明 $G(\boldsymbol{x}^*)$ 的半正定性. 任取 $\boldsymbol{x}=\boldsymbol{x}^*+\alpha\boldsymbol{d}\in\mathbb{D}$, 其中 $\alpha>0$ 且 $\boldsymbol{d}\in\mathbb{R}^n$. 由泰勒展开式得

$$0\leqslant f(\boldsymbol{x})-f(\boldsymbol{x}^*)=\frac{1}{2}\alpha^2\boldsymbol{d}^{\mathrm{T}}G(\boldsymbol{x}^*)\boldsymbol{d}+o(\alpha^2),$$

即

$$\boldsymbol{d}^{\mathrm{T}}G(\boldsymbol{x}^*)\boldsymbol{d}+\frac{o(2\alpha^2)}{\alpha^2}\geqslant 0.$$

对上式令 $\alpha\to 0$, 即得 $\boldsymbol{d}^{\mathrm{T}}G(\boldsymbol{x}^*)\boldsymbol{d}\geqslant 0$, 从而定理成立. □

定理 1.21 (二阶充分条件)　设 $f(\boldsymbol{x})$ 在开集 $\mathbb{D}$ 上二阶连续可微. 若 $\boldsymbol{x}^*\in\mathbb{D}$ 满足条件 $g(\boldsymbol{x}^*)=\boldsymbol{0}$ 及 $G(\boldsymbol{x}^*)$ 是正定矩阵, 则 $\boldsymbol{x}^*$ 是式 (1.71) 的一个局部极小点.

证　任取 $\boldsymbol{x}=\boldsymbol{x}^*+\alpha\boldsymbol{d}\in\mathbb{D}$, 其中 $\alpha>0$ 且 $\boldsymbol{d}\in\mathbb{R}^n$. 由泰勒公式得

$$f(\boldsymbol{x}^*+\alpha\boldsymbol{d})=f(\boldsymbol{x}^*)+\alpha g(\boldsymbol{x}^*)^{\mathrm{T}}\boldsymbol{d}+\frac{1}{2}\alpha^2\boldsymbol{d}^{\mathrm{T}}G(\boldsymbol{x}^*+\theta\alpha\boldsymbol{d})\boldsymbol{d},$$

其中 $\theta\in(0,1)$. 我们注意到 $g(\boldsymbol{x}^*)=\boldsymbol{0}$, $G(\boldsymbol{x}^*)$ 正定和 f 二阶连续可微, 故存在 $\delta>0$, 使得 $G(\boldsymbol{x}^*+\theta\alpha\boldsymbol{d})$ 在 $\|\theta\alpha\boldsymbol{d}\|<\delta$ 范围内正定. 因此由上式即得

$$f(\boldsymbol{x}^*+\alpha\boldsymbol{d})>f(\boldsymbol{x}^*),$$

从而定理成立. □

一般来说, 目标函数的稳定点不一定是极小点, 但对于目标函数是凸函数的无约束优化问题, 其稳定点、局部极小点和全局极小点三者是等价的.

定理 1.22　设 $f(\boldsymbol{x})$ 在 $\mathbb{R}^n$ 上是凸函数并且是一阶连续可微的. 则 $\boldsymbol{x}^*\in\mathbb{R}^n$ 是式 (1.71) 的全局极小点的充要条件是 $g(\boldsymbol{x}^*)=\boldsymbol{0}$.

证　只需证明充分性, 必要性是显然的. 设 $g(\boldsymbol{x}^*)=\boldsymbol{0}$. 由凸函数的判别定理 1.14 (1), 可得

$$f(\boldsymbol{x})-f(\boldsymbol{x}^*)\geqslant g(\boldsymbol{x}^*)^{\mathrm{T}}(\boldsymbol{x}-\boldsymbol{x}^*)=0,\quad\forall\,\boldsymbol{x}\in\mathbb{R}^n,$$

这表明 $\boldsymbol{x}^*$ 是全局极小点. □

1.4.2　等式约束问题的最优性条件

本小节讨论的最优性条件适合于下面的等式约束问题

$$\begin{aligned}&\min\ f(\boldsymbol{x}),\\&\text{s.t.}\ \ h_i(\boldsymbol{x})=0,\ i=1,2,\cdots,l.\end{aligned}\tag{1.72}$$

为了研究问题方便, 定义问题 (1.72) 的拉格朗日函数为

$$L(\boldsymbol{x},\boldsymbol{\lambda})=f(\boldsymbol{x})-\sum_{i=1}^{l}\lambda_i h_i(\boldsymbol{x})=f(\boldsymbol{x})-\boldsymbol{\lambda}^{\mathrm{T}}h(\boldsymbol{x}),\tag{1.73}$$

其中 $\boldsymbol{\lambda}=(\lambda_1,\lambda_2,\cdots,\lambda_l)^{\mathrm{T}}$ 称为乘子向量, $h(\boldsymbol{x})=(h_1(\boldsymbol{x}),h_2(\boldsymbol{x}),\cdots,h_l(\boldsymbol{x}))^{\mathrm{T}}$.

下面的拉格朗日定理描述了问题 (1.72) 取极小值的一阶必要条件, 也称 KKT 条件 (Karush–Kuhn–Tucker 条件).

定理 1.23 (拉格朗日定理) 假设 $\boldsymbol{x}^*$ 是问题 (1.72) 的局部极小点, $f(\boldsymbol{x})$ 和 $h_i(\boldsymbol{x})\,(i=1,2,\cdots,l)$ 在 $\boldsymbol{x}^*$ 的某邻域内连续可微. 若向量组 $\nabla h_i(\boldsymbol{x}^*)\,(i=1,2,\cdots,l)$ 线性无关, 则存在乘子向量 $\boldsymbol{\lambda}^*=(\lambda_1^*,\lambda_2^*,\cdots,\lambda_l^*)^{\mathrm{T}}$ 使得

$$\nabla_{\boldsymbol{x}} L(\boldsymbol{x}^*,\boldsymbol{\lambda}^*)=\boldsymbol{0},$$

即

$$\nabla f(\boldsymbol{x}^*)-\sum_{i=1}^{l}\lambda_i^*\nabla h_i(\boldsymbol{x}^*)=\boldsymbol{0}.$$

证 记

$$\boldsymbol{H}=\big(\nabla h_1(\boldsymbol{x}^*),\nabla h_2(\boldsymbol{x}^*),\cdots,\nabla h_l(\boldsymbol{x}^*)\big).$$

由定理的假设知 $\boldsymbol{H}$ 列满秩. 因此, 若 $l=n$, 则 $\boldsymbol{H}$ 是可逆方阵, 从而矩阵 $\boldsymbol{H}$ 的列构成 $\mathbb{R}^n$ 中的一组基, 故存在 $\boldsymbol{\lambda}^*\in\mathbb{R}^l\,(l=n)$ 使得

$$\nabla f(\boldsymbol{x}^*)=\sum_{i=1}^{l}\lambda_i^*\nabla h_i(\boldsymbol{x}^*),$$

此时结论得证.

下面设 $l<n$. 不失一般性, 可设 $\boldsymbol{H}$ 的前 l 行构成的 l 阶子矩阵 $\boldsymbol{H}_1$ 是非奇异的. 据此, 将 $\boldsymbol{H}$ 分块为

$$\boldsymbol{H}=\begin{pmatrix}\boldsymbol{H}_1\\ \boldsymbol{H}_2\end{pmatrix}.$$

令 $\boldsymbol{y}=(x_1,\cdots,x_l)^{\mathrm{T}}$, $\boldsymbol{z}=(x_{l+1},\cdots,x_n)^{\mathrm{T}}$, 并记 $h(\boldsymbol{x})=(h_1(\boldsymbol{x}),\cdots,h_l(\boldsymbol{x}))^{\mathrm{T}}$. 则有 $h(\boldsymbol{y}^*,\boldsymbol{z}^*)=\boldsymbol{0}$, 且 $h(\boldsymbol{y},\boldsymbol{z})$ 在点 $(\boldsymbol{y}^*,\boldsymbol{z}^*)$ 关于 $\boldsymbol{y}$ 的 Jacobi 矩阵 $\boldsymbol{H}_1^{\mathrm{T}}=\nabla_{\boldsymbol{y}}h(\boldsymbol{y}^*,\boldsymbol{z}^*)$ 可逆. 故由隐函数定理可知, 在 $\boldsymbol{z}^*$ 附近存在关于 $\boldsymbol{z}$ 的连续可微函数 $\boldsymbol{y}=u(\boldsymbol{z})$ 使得

$$h(u(\boldsymbol{z}),\boldsymbol{z})=\boldsymbol{0}.$$

对上式两边关于 $\boldsymbol{z}$ 求导得

$$\nabla_{\boldsymbol{y}}h(u(\boldsymbol{z}),\boldsymbol{z})\nabla u(\boldsymbol{z})+\nabla_{\boldsymbol{z}}h(u(\boldsymbol{z}),\boldsymbol{z})=\boldsymbol{0},$$

故

$$\nabla u(\boldsymbol{z}^*)=-\boldsymbol{H}_1^{-\mathrm{T}}\boldsymbol{H}_2^{\mathrm{T}}.\tag{1.74}$$

在 $\boldsymbol{z}^*$ 附近, 由 $h(u(\boldsymbol{z}),\boldsymbol{z})=\boldsymbol{0}$ 知 $\boldsymbol{z}^*$ 是无约束优化问题

$$\min_{\boldsymbol{z}\in\mathbb{R}^{n-l}} f(u(\boldsymbol{z}),\boldsymbol{z})$$

的局部极小点, 故有

$$\nabla_{\boldsymbol{z}} f(u(\boldsymbol{z}^*),\boldsymbol{z}^*)=\boldsymbol{0},$$

即

$$\nabla u(\boldsymbol{z}^*)^{\mathrm{T}}\nabla_{\boldsymbol{y}} f(\boldsymbol{y}^*, \boldsymbol{z}^*) + \nabla_{\boldsymbol{z}} f(\boldsymbol{y}^*, \boldsymbol{z}^*) = \boldsymbol{0}.$$

注意到 $\boldsymbol{x}^* = (\boldsymbol{y}^*, \boldsymbol{z}^*)$, 将 (1.74) 代入上式得

$$-\boldsymbol{H}_2\boldsymbol{H}_1^{-1}\nabla_{\boldsymbol{y}} f(\boldsymbol{x}^*) + \nabla_{\boldsymbol{z}} f(\boldsymbol{x}^*) = \boldsymbol{0}.$$

令 $\boldsymbol{\lambda}^* = \boldsymbol{H}_1^{-1}\nabla_{\boldsymbol{y}} f(\boldsymbol{x}^*)$, 则有

$$\nabla_{\boldsymbol{y}} f(\boldsymbol{x}^*) = \boldsymbol{H}_1\boldsymbol{\lambda}^*, \quad \nabla_{\boldsymbol{z}} f(\boldsymbol{x}^*) = \boldsymbol{H}_2\boldsymbol{\lambda}^*.$$

两式合起来即

$$\nabla f(\boldsymbol{x}^*) = \begin{pmatrix} \nabla_{\boldsymbol{y}} f(\boldsymbol{x}^*) \\ \nabla_{\boldsymbol{z}} f(\boldsymbol{x}^*) \end{pmatrix} = \begin{pmatrix} \boldsymbol{H}_1 \\ \boldsymbol{H}_2 \end{pmatrix} \boldsymbol{\lambda}^* = \sum_{i=1}^{l} \lambda_i \nabla h_i(\boldsymbol{x}^*).$$

至此, 已经证明了定理的结论. □

为了讨论等式约束问题的二阶必要条件, 需要用到式 (1.73) 定义的拉格朗日函数 $L(\boldsymbol{x}, \boldsymbol{\lambda})$ 的梯度和关于 $\boldsymbol{x}$ 的 Hesse 阵. 下面, 我们计算出它们的表达式如下:

$$\nabla L(\boldsymbol{x}, \boldsymbol{\lambda}) = \begin{pmatrix} \nabla_{\boldsymbol{x}} L(\boldsymbol{x}, \boldsymbol{\lambda}) \\ \nabla_{\boldsymbol{\lambda}} L(\boldsymbol{x}, \boldsymbol{\lambda}) \end{pmatrix} = \begin{pmatrix} \nabla f(\boldsymbol{x}) - \sum\limits_{i=1}^{l} \lambda_i \nabla h_i(\boldsymbol{x}) \\ -h(\boldsymbol{x}) \end{pmatrix} = \begin{pmatrix} \nabla f(\boldsymbol{x}) - \nabla h(\boldsymbol{x})\boldsymbol{\lambda} \\ -h(\boldsymbol{x}) \end{pmatrix},$$

$$\nabla_{\boldsymbol{xx}}^2 L(\boldsymbol{x}, \boldsymbol{\lambda}) = \nabla^2 f(\boldsymbol{x}) - \sum_{i=1}^{l} \lambda_i \nabla^2 h_i(\boldsymbol{x}) = \nabla^2 f(\boldsymbol{x}) - \nabla^2 h(\boldsymbol{x})\boldsymbol{\lambda}.$$

如果目标函数和约束函数都是二阶连续可微的, 则可考虑二阶充分条件.

定理 1.24 对于等式约束问题 (1.72), 假设 $f(\boldsymbol{x})$ 和 $h_i(\boldsymbol{x})\,(i = 1, 2, \cdots, l)$ 都是二阶连续可微的, 并且存在 $(\boldsymbol{x}^*, \boldsymbol{\lambda}^*) \in \mathbb{R}^n \times \mathbb{R}^l$ 使得 $\nabla L(\boldsymbol{x}^*, \boldsymbol{\lambda}^*) = \boldsymbol{0}$. 若对任意的 $\boldsymbol{0} \neq \boldsymbol{d} \in \mathbb{R}^n$, $\nabla h_i(\boldsymbol{x}^*)^{\mathrm{T}}\boldsymbol{d} = 0\,(i = 1, 2, \cdots, l)$, 均有 $\boldsymbol{d}^{\mathrm{T}}\nabla_{\boldsymbol{xx}}^2 L(\boldsymbol{x}^*, \boldsymbol{\lambda}^*)\boldsymbol{d} > 0$, 则 $\boldsymbol{x}^*$ 是问题 (1.72) 的一个严格局部极小点.

证 用反证法. 若 $\boldsymbol{x}^*$ 不是严格局部极小点, 则必存在邻域 $\mathbb{S}(\boldsymbol{x}^*, \delta)$ 及收敛于 $\boldsymbol{x}^*$ 的序列 $\{\boldsymbol{x}_k\}$, 使得 $\boldsymbol{x}_k \in \mathbb{S}(\boldsymbol{x}^*, \delta)$, $\boldsymbol{x}_k \neq \boldsymbol{x}^*$, 且有

$$f(\boldsymbol{x}^*) \geqslant f(\boldsymbol{x}_k), \ \ h_i(\boldsymbol{x}_k) = 0, \ \ i = 1, 2, \cdots, l, \ \ k = 1, 2, \cdots.$$

令 $\boldsymbol{x}_k = \boldsymbol{x}^* + \alpha_k\boldsymbol{z}_k$, 其中 $\alpha_k > 0$, $\|\boldsymbol{z}_k\| = 1$, 序列 $\{(\alpha_k, \boldsymbol{z}_k)\}$ 有子列收敛于 $(0, \boldsymbol{z}^*)$ 且 $\|\boldsymbol{z}^*\| = 1$.

由泰勒中值公式得

$$0 = h_i(\boldsymbol{x}_k) - h_i(\boldsymbol{x}^*) = \alpha_k\boldsymbol{z}_k^{\mathrm{T}}\nabla h_i(\boldsymbol{x}^* + \theta_{ik}\alpha_k\boldsymbol{z}_k),$$

其中 $\theta_{ik} \in (0, 1)$. 上式两边同除以 α_k, 并令 $k \to \infty$ 得

$$\nabla h_i(\boldsymbol{x}^*)^{\mathrm{T}}\boldsymbol{z}^* = 0, \ \ i = 1, 2, \cdots, l. \tag{1.75}$$

再由泰勒展开式得

$$L(\boldsymbol{x}_k,\boldsymbol{\lambda}^*)=L(\boldsymbol{x}^*,\boldsymbol{\lambda}^*)+\alpha_k\nabla_{\boldsymbol{x}}L(\boldsymbol{x}^*,\boldsymbol{\lambda}^*)^{\mathrm{T}}\boldsymbol{z}_k+\frac{1}{2}\alpha_k^2\boldsymbol{z}_k^{\mathrm{T}}\nabla_{\boldsymbol{xx}}^2L(\boldsymbol{x}^*,\boldsymbol{\lambda}^*)\boldsymbol{z}_k+o(\alpha_k^2).$$

由于 $\boldsymbol{x}_k$ 都满足等式约束, 故有

$$\begin{aligned}0\geqslant f(\boldsymbol{x}_k)-f(\boldsymbol{x}^*)&=L(\boldsymbol{x}_k,\boldsymbol{\lambda}^*)-L(\boldsymbol{x}^*,\boldsymbol{\lambda}^*)\\&=\frac{1}{2}\alpha_k^2\boldsymbol{z}_k^{\mathrm{T}}\nabla_{\boldsymbol{xx}}^2L(\boldsymbol{x}^*,\boldsymbol{\lambda}^*)\boldsymbol{z}_k+o(\alpha_k^2).\end{aligned}$$

上式两边同除以 $\alpha_k^2/2$, 可得

$$\boldsymbol{z}_k^{\mathrm{T}}\nabla_{\boldsymbol{xx}}^2L(\boldsymbol{x}^*,\boldsymbol{\lambda}^*)\boldsymbol{z}_k+\frac{o(2\alpha_k^2)}{\alpha_k^2}\leqslant 0.$$

对上式取极限 $(k\to\infty)$ 即得

$$(\boldsymbol{z}^*)^{\mathrm{T}}\nabla_{\boldsymbol{xx}}^2L(\boldsymbol{x}^*,\boldsymbol{\lambda}^*)\boldsymbol{z}^*\leqslant 0.$$

注意到 $\boldsymbol{z}^*$ 满足式 (1.75), 故与定理的条件矛盾. 因此 $\boldsymbol{x}^*$ 一定是严格局部极小点. □

1.4.3 不等式约束问题的最优性条件

本小节我们考虑不等式约束问题的最优性条件:

$$\begin{aligned}&\min\ f(\boldsymbol{x}),\\&\text{s.t.}\ \ g_i(\boldsymbol{x})\geqslant 0,\ i=1,2,\cdots,m.\end{aligned}\tag{1.76}$$

记可行域为 $\mathbb{D}=\{\boldsymbol{x}\in\mathbb{R}^n\,|\,g_i(\boldsymbol{x})\geqslant 0, i=1,2,\cdots,m\}$, 指标集 $\mathbb{I}=\{1,\cdots,m\}$.

不等式约束问题的最优性条件需要用到有效约束和非有效约束的概念. 对于一个可行点 $\bar{\boldsymbol{x}}$, 即 $\bar{\boldsymbol{x}}\in\mathbb{D}$, 此时可能会出现两种情形: 有些约束函数满足 $g_i(\bar{\boldsymbol{x}})=0$, 而另一些约束函数满足 $g_i(\bar{\boldsymbol{x}})>0$. 对于后一种情形, 在 $\bar{\boldsymbol{x}}$ 的某个邻域内仍然保持 $g_i(\bar{\boldsymbol{x}})>0$ 成立, 而前者则不具备这种性质. 因此有必要把这两种情形区分开来.

定义 1.14 若问题 (1.76) 的一个可行点 $\bar{\boldsymbol{x}}\in\mathbb{D}$ 使得 $g_i(\bar{\boldsymbol{x}})=0$, 则称不等式约束 $g_i(\boldsymbol{x})\geqslant 0$ 为 $\bar{\boldsymbol{x}}$ 的有效约束 (或积极约束); 反之, 若有 $g_i(\bar{\boldsymbol{x}})>0$, 则称不等式约束 $g_i(\boldsymbol{x})\geqslant 0$ 为 $\bar{\boldsymbol{x}}$ 的非有效约束 (或非积极约束), 称集合

$$\mathbb{I}(\bar{\boldsymbol{x}})=\{i\,|\,g_i(\bar{\boldsymbol{x}})=0\}\tag{1.77}$$

为 $\bar{\boldsymbol{x}}$ 处的有效约束指标集, 简称 $\bar{\boldsymbol{x}}$ 处的有效集 (或积极集).

下面的两个引理是研究不等式约束问题最优性条件的基础.

引理 1.3 (Farkas 引理) 设 $\boldsymbol{a},\boldsymbol{b}_i\in\mathbb{R}^n\ (i=1,\cdots,r)$, 则线性不等式组

$$\boldsymbol{b}_i^{\mathrm{T}}\boldsymbol{d}\geqslant 0,\ \ i=1,\cdots,r,\ \ \boldsymbol{d}\in\mathbb{R}^n$$

与不等式

$$\boldsymbol{a}^{\mathrm{T}}\boldsymbol{d}\geqslant 0$$

相容的充要条件是存在非负实数 $\alpha_1,\cdots,\alpha_r$, 使得 $\boldsymbol{a}=\sum\limits_{i=1}^{r}\alpha_i\boldsymbol{b}_i$.

证　充分性. 即存在非负实数 $\alpha_1,\cdots,\alpha_r$, 使得 $\boldsymbol{a}=\sum_{i=1}^{r}\alpha_i\boldsymbol{b}_i$. 设 $\boldsymbol{d}\in\mathbb{R}^n$ 满足 $\boldsymbol{b}_i^{\mathrm{T}}\boldsymbol{d}\geqslant 0\,(i=1,\cdots,r)$, 那么有

$$\boldsymbol{a}^{\mathrm{T}}\boldsymbol{d}=\sum_{i=1}^{r}\alpha_i\boldsymbol{b}_i^{\mathrm{T}}\boldsymbol{d}\geqslant 0.$$

必要性. 设所有满足 $\boldsymbol{b}_i^{\mathrm{T}}\boldsymbol{d}\geqslant 0\,(i=1,\cdots,r)$ 的向量 $\boldsymbol{d}$ 同时也满足 $\boldsymbol{a}^{\mathrm{T}}\boldsymbol{d}\geqslant 0$. 用反证法. 设结论不成立, 即

$$\boldsymbol{a}\notin\mathbb{C}=\left\{\boldsymbol{x}\in\mathbb{R}^n\,\middle|\,\boldsymbol{x}=\sum_{i=1}^{r}\alpha_i\boldsymbol{b}_i,\ \alpha_i\geqslant 0,\ i=1,\cdots,r\right\}.$$

设 $\boldsymbol{a}_0\in\mathbb{C}$ 是向量 $\boldsymbol{a}$ 在凸锥 $\mathbb{C}$ 上的投影, 即

$$\|\boldsymbol{a}_0-\boldsymbol{a}\|_2=\min_{\boldsymbol{x}\in\mathbb{C}}\|\boldsymbol{x}-\boldsymbol{a}\|_2,$$

则有 $\boldsymbol{a}_0^{\mathrm{T}}(\boldsymbol{a}_0-\boldsymbol{a})=0$.

(1)　先证明对于任意的 $\boldsymbol{u}\in\mathbb{C}$ 必有 $\boldsymbol{u}^{\mathrm{T}}(\boldsymbol{a}_0-\boldsymbol{a})\geqslant 0$. 事实上, 若不然, 则存在一个 $\boldsymbol{u}\in\mathbb{C}$, 使 $\boldsymbol{u}^{\mathrm{T}}(\boldsymbol{a}_0-\boldsymbol{a})<0$. 令 $\bar{\boldsymbol{u}}=\dfrac{\boldsymbol{u}}{\|\boldsymbol{u}\|}$, 则 $\bar{\boldsymbol{u}}^{\mathrm{T}}(\boldsymbol{a}_0-\boldsymbol{a})=-\tau,\ \tau>0$. 注意到 $\mathbb{C}$ 是凸锥且 $\boldsymbol{a}_0,\bar{\boldsymbol{u}}\in\mathbb{C}$, 故 $\boldsymbol{a}_0+\tau\bar{\boldsymbol{u}}\in\mathbb{C}$. 此时有

$$\|\boldsymbol{a}_0+\tau\bar{\boldsymbol{u}}-\boldsymbol{a}\|^2-\|\boldsymbol{a}_0-\boldsymbol{a}\|^2=-\tau^2<0,$$

这与 $\boldsymbol{a}_0$ 是投影的假设矛盾, 故必有 $\boldsymbol{u}^{\mathrm{T}}(\boldsymbol{a}_0-\boldsymbol{a})\geqslant 0,\ \forall\,\boldsymbol{u}\in\mathbb{C}$.

(2)　现取 $\boldsymbol{d}=\boldsymbol{a}_0-\boldsymbol{a}$. 由于 $\boldsymbol{b}_i\in\mathbb{C}$, 那么由 (1) 的结论可得 $\boldsymbol{b}_i^{\mathrm{T}}\boldsymbol{d}\geqslant 0$, 故由必要性的假设应有 $\boldsymbol{a}^{\mathrm{T}}\boldsymbol{d}\geqslant 0$. 但另一方面, 有

$$\begin{aligned}\boldsymbol{a}^{\mathrm{T}}\boldsymbol{d}&=\boldsymbol{a}^{\mathrm{T}}(\boldsymbol{a}_0-\boldsymbol{a})=\boldsymbol{a}^{\mathrm{T}}(\boldsymbol{a}_0-\boldsymbol{a})-\boldsymbol{a}_0^{\mathrm{T}}(\boldsymbol{a}_0-\boldsymbol{a})\\&=-(\boldsymbol{a}_0-\boldsymbol{a})^{\mathrm{T}}(\boldsymbol{a}_0-\boldsymbol{a})=-\|\boldsymbol{a}_0-\boldsymbol{a}\|^2<0,\end{aligned}$$

这与假设矛盾, 必要性得证. □

下面的 Gordan 引理可以认为是 Farkas 引理的一个推论.

引理 1.4 (Gordan 引理)　设 $\boldsymbol{b}_i\in\mathbb{R}^n\,(i=1,\cdots,r)$, 线性不等式组

$$\boldsymbol{b}_i^{\mathrm{T}}\boldsymbol{d}<0,\quad i=1,2,\cdots,r,\ \ \boldsymbol{d}\in\mathbb{R}^n \tag{1.78}$$

无解的充要条件是 $\boldsymbol{b}_i\,(i=1,\cdots,r)$ 线性相关, 即存在不全为 0 的非负实数 $\alpha_i\,(i=1,\cdots,r)$, 使得

$$\sum_{i=1}^{r}\alpha_i\boldsymbol{b}_i=\boldsymbol{0}. \tag{1.79}$$

证　充分性. 用反证法. 设式 (1.78) 有解, 即存在某个 $\boldsymbol{d}_0$, 使得 $\boldsymbol{b}_i^{\mathrm{T}}\boldsymbol{d}_0<0,\ i=1,\cdots,r$.

于是, 对于任意不全为 0 的非负实数 $\alpha_i\,(i=1,\cdots,r)$, 有 $\sum\limits_{i=1}^{r}\alpha_i\boldsymbol{b}_i^{\mathrm{T}}\boldsymbol{d}_0<0$. 另一方面, 由式 (1.79) 有 $\sum\limits_{i=1}^{r}\alpha_i\boldsymbol{b}_i^{\mathrm{T}}\boldsymbol{d}_0=0$, 矛盾, 故充分性得证.

必要性. 设式 (1.78) 无解, 故对于任意的 $\boldsymbol{d}\in\mathbb{R}^n$, 至少存在一个指标 i 满足 $\boldsymbol{b}_i^{\mathrm{T}}\boldsymbol{d}\geqslant 0$. 记 $\beta_0=\max\limits_{1\leqslant i\leqslant r}\{\boldsymbol{b}_i^{\mathrm{T}}\boldsymbol{d}\}$, 则必有 $\beta_0\geqslant 0$ 且

$$\beta_0-\boldsymbol{b}_i^{\mathrm{T}}\boldsymbol{d}\geqslant 0,\quad i=1,\cdots,r.$$

下面我们构造 $r+2$ 个 $n+1$ 维向量

$$\bar{\boldsymbol{d}}=\begin{pmatrix}\beta\\ \boldsymbol{d}\end{pmatrix},\quad \bar{\boldsymbol{a}}=\begin{pmatrix}1\\ \boldsymbol{0}\end{pmatrix},\quad \bar{\boldsymbol{b}}_i=\begin{pmatrix}1\\ -\boldsymbol{b}_i\end{pmatrix},\quad i=1,\cdots,r, \tag{1.80}$$

其中 $\beta\geqslant\beta_0$. 那么不难验证上述向量满足 Farkas 引理的条件, 即

$$\bar{\boldsymbol{b}}_i^{\mathrm{T}}\bar{\boldsymbol{d}}=\beta-\boldsymbol{b}_i^{\mathrm{T}}\boldsymbol{d}\geqslant\beta_0-\boldsymbol{b}_i^{\mathrm{T}}\boldsymbol{d}\geqslant 0,\quad i=1,\cdots,r,$$

且 $\bar{\boldsymbol{a}}^{\mathrm{T}}\bar{\boldsymbol{d}}=\beta\geqslant 0$. 故由 Farkas 引理, 存在非负实数 $\alpha_1,\cdots,\alpha_r$, 使得

$$\bar{\boldsymbol{a}}=\sum_{i=1}^{r}\alpha_i\bar{\boldsymbol{b}}_i.$$

将式 (1.80) 代入上式即得

$$\sum_{i=1}^{r}\alpha_i\boldsymbol{b}_i=\boldsymbol{0},\quad \sum_{i=1}^{r}\alpha_i=1.$$

必要性得证. □

下面的引理可认为是一个几何最优性条件.

引理 1.5 设 $\boldsymbol{x}^*$ 是不等式约束问题 (1.76) 的一个局部极小点, $\mathbb{I}(\boldsymbol{x}^*)=\{i\,|\,g_i(\boldsymbol{x}^*)=0,\ i=1,\cdots,m\}$. 假设 $f(\boldsymbol{x})$ 和 $g_i(\boldsymbol{x})\,(i\in\mathbb{I}(\boldsymbol{x}^*))$ 在 $\boldsymbol{x}^*$ 处可微, 且 $g_i(\boldsymbol{x})\,(i\in\mathbb{I}\backslash\mathbb{I}(\boldsymbol{x}^*))$ 在 $\boldsymbol{x}^*$ 处连续, 则问题 (1.76) 的可行方向集 $\mathbb{F}$ 与下降方向集 $\mathbb{S}$ 的交集是空集, 即 $\mathbb{F}\cap\mathbb{S}=\emptyset$, 其中

$$\mathbb{F}=\{\boldsymbol{d}\in\mathbb{R}^n\,|\,\nabla g_i(\boldsymbol{x}^*)^{\mathrm{T}}\boldsymbol{d}>0,\ i\in\mathbb{I}(\boldsymbol{x}^*)\},\quad \mathbb{S}=\{\boldsymbol{d}\in\mathbb{R}^n\,|\,\nabla f(\boldsymbol{x}^*)^{\mathrm{T}}\boldsymbol{d}<0\}. \tag{1.81}$$

证 用反证法. 设 $\mathbb{F}\cap\mathbb{S}\neq\emptyset$, 则存在 $\boldsymbol{d}\in\mathbb{F}\cap\mathbb{S}$. 显然 $\boldsymbol{d}\neq\boldsymbol{0}$. 由 $\mathbb{F},\mathbb{S}$ 的定义及函数的连续性知, 存在充分小的正数 $\bar{\varepsilon}$, 使得对任意的 $0<\varepsilon\ll\bar{\varepsilon}$, 有

$$f(\boldsymbol{x}^*+\varepsilon\boldsymbol{d})<f(\boldsymbol{x}^*),\quad g_i(\boldsymbol{x}^*+\varepsilon\boldsymbol{d})\geqslant 0,\quad i=1,\cdots,m.$$

这与假设矛盾. □

下面我们给出不等式约束问题 (1.76) 的一阶必要条件, 即著名的 KKT 条件.

定理 1.25 (KKT 条件) 设 $\boldsymbol{x}^*$ 是不等式约束问题 (1.76) 的局部极小点, 有效约束集 $\mathbb{I}(\boldsymbol{x}^*)=\{i\,|\,g_i(\boldsymbol{x}^*)=0,\ i=1,\cdots,m\}$, 并设 $f(\boldsymbol{x})$ 和 $g_i(\boldsymbol{x})\,(i=1,\cdots,m)$ 在 $\boldsymbol{x}^*$ 处可微. 若向量组 $\nabla g_i(\boldsymbol{x}^*)\,(i\in\mathbb{I}(\boldsymbol{x}^*))$ 线性无关, 则存在向量 $\boldsymbol{\lambda}^*=(\lambda_1^*,\cdots,\lambda_m^*)^{\mathrm{T}}$, 使得

$$\begin{cases}\nabla f(\boldsymbol{x}^*)-\displaystyle\sum_{i=1}^{m}\lambda_i^*\nabla g_i(\boldsymbol{x}^*)=0,\\ g_i(\boldsymbol{x}^*)\geqslant 0,\ \ \lambda_i^*\geqslant 0,\ \ \lambda_i^*g_i(\boldsymbol{x}^*)=0,\ i=1,\cdots,m.\end{cases}$$

证 因 $\boldsymbol{x}^*$ 是问题 (1.76) 的局部极小点, 故由引理 1.5 知, 不存在 $\boldsymbol{d}\in\mathbb{R}^n$, 使得

$$\nabla f(\boldsymbol{x}^*)^{\mathrm{T}}\boldsymbol{d}<0,\quad \nabla g_i(\boldsymbol{x}^*)^{\mathrm{T}}\boldsymbol{d}>0,\quad i\in\mathbb{I}(\boldsymbol{x}^*),$$

即线性不等式组

$$\nabla f(\boldsymbol{x}^*)^{\mathrm{T}}\boldsymbol{d}<0,\quad -\nabla g_i(\boldsymbol{x}^*)^{\mathrm{T}}\boldsymbol{d}<0,\quad i\in\mathbb{I}(\boldsymbol{x}^*)$$

无解. 于是由 Gordan 引理知, 存在不全为 0 的非负实数 $\mu_0\geqslant 0$ 及 $\mu_i\geqslant 0\,(i\in\mathbb{I}(\boldsymbol{x}^*))$, 使得

$$\mu_0\nabla f(\boldsymbol{x}^*)-\sum_{i\in\mathbb{I}(\boldsymbol{x}^*)}\mu_i\nabla g_i(\boldsymbol{x}^*)=\boldsymbol{0}.$$

不难证明 $\mu_0\neq 0$. 事实上, 若 $\mu_0=0$, 则有 $\displaystyle\sum_{i\in\mathbb{I}(\boldsymbol{x}^*)}\mu_i\nabla g_i(\boldsymbol{x}^*)=\boldsymbol{0}$, 由此可知 $\nabla g_i(\boldsymbol{x}^*)\,(i\in\mathbb{I}(\boldsymbol{x}^*))$ 线性相关, 这与假设矛盾. 因此必有 $\mu_0>0$. 于是可令

$$\lambda_i^*=\frac{\mu_i}{\mu_0},\quad i\in\mathbb{I}(\boldsymbol{x}^*);\quad \lambda_i^*=0,\quad i\in\mathbb{I}\backslash\mathbb{I}(\boldsymbol{x}^*),$$

则得

$$\nabla f(\boldsymbol{x}^*)-\sum_{i=1}^{m}\lambda_i^*\nabla g_i(\boldsymbol{x}^*)=\boldsymbol{0}$$

及

$$g_i(\boldsymbol{x}^*)\geqslant 0,\ \ \lambda_i^*\geqslant 0,\ \ \lambda_i^*g_i(\boldsymbol{x}^*)=0,\ \ i=1,\cdots,m.$$

定理得证. □

1.4.4 混合约束问题的最优性条件

我们现在考虑混合约束问题的最优性条件:

$$\begin{aligned}&\min\ f(\boldsymbol{x}),\\ &\text{s.t.}\ \ h_i(\boldsymbol{x})=0,\ i=1,2,\cdots,l,\\ &\qquad g_i(\boldsymbol{x})\geqslant 0,\ i=1,2,\cdots,m.\end{aligned}\tag{1.82}$$

记指标集 $\mathbb{E}=\{1,2,\cdots,l\}$, $\mathbb{I}=\{1,2,\cdots,m\}$, 可行域为 $\mathbb{D}=\{\boldsymbol{x}\in\mathbb{R}^n\,|\,h_i(\boldsymbol{x})=0,\ i\in\mathbb{E},\ g_i(\boldsymbol{x})\geqslant 0,\ i\in\mathbb{I}\}$.

把定理 1.23 和定理 1.25 结合起来即得到混合约束问题 (1.82) 的 KKT 一阶必要条件.

定理 1.26 (KKT 一阶必要条件) 设 $\boldsymbol{x}^*$ 是混合约束问题 (1.82) 的局部极小点, 在 $\boldsymbol{x}^*$ 处的有效约束集为

$$\mathbb{S}(\boldsymbol{x}^*) = \mathbb{E} \cup \mathbb{I}(\boldsymbol{x}^*) = \mathbb{E} \cup \{i \,|\, g_i(\boldsymbol{x}^*) = 0, i \in \mathbb{I}\}, \tag{1.83}$$

并设 $f(\boldsymbol{x})$, $h_i(\boldsymbol{x})\,(i \in \mathbb{E})$ 和 $g_i(\boldsymbol{x})\,(i \in \mathbb{I})$ 在 $\boldsymbol{x}^*$ 处可微. 若向量组 $\nabla h_i(\boldsymbol{x}^*)\,(i \in \mathbb{E})$, $\nabla g_i(\boldsymbol{x}^*)\,(i \in \mathbb{I}(\boldsymbol{x}^*))$ 线性无关, 则存在向量 $(\boldsymbol{\mu}^*, \boldsymbol{\lambda}^*) \in \mathbb{R}^l \times \mathbb{R}^m$, 其中 $\boldsymbol{\mu}^* = (\mu_1^*, \cdots, \mu_l^*)^{\mathrm{T}}$, $\boldsymbol{\lambda}^* = (\lambda_1^*, \cdots, \lambda_m^*)^{\mathrm{T}}$, 使得

$$\begin{cases} \nabla f(\boldsymbol{x}^*) - \displaystyle\sum_{i=1}^{l} \mu_i^* \nabla h_i(\boldsymbol{x}^*) - \sum_{i=1}^{m} \lambda_i^* \nabla g_i(\boldsymbol{x}^*) = \boldsymbol{0}, \\ h_i(\boldsymbol{x}^*) = 0,\ i \in \mathbb{E}, \\ g_i(\boldsymbol{x}^*) \geqslant 0,\ \ \lambda_i^* \geqslant 0,\ \ \lambda_i^* g_i(\boldsymbol{x}^*) = 0,\ i \in \mathbb{I}. \end{cases} \tag{1.84}$$

注 1.1 (1) 称式 (1.84) 为 KKT 条件, 满足这一条件的点 $\boldsymbol{x}^*$ 称为 KKT 点. 而把 $(\boldsymbol{x}^*, (\boldsymbol{\mu}^*, \boldsymbol{\lambda}^*))$ 称为 KKT 对, 其中 $(\boldsymbol{\mu}^*, \boldsymbol{\lambda}^*)$ 称为问题的拉格朗日乘子. 通常 KKT 点、KKT 对和 KKT 条件可以不加区别地使用.

(2) 称 $\lambda_i^* g_i(\boldsymbol{x}^*) = 0\,(i \in \mathbb{I}(\boldsymbol{x}^*))$ 为互补性松弛条件. 这意味着 λ_i^* 和 $g_i(\boldsymbol{x}^*)$ 中至少有一个必为 0. 若二者中的一个为 0, 而另一个严格大于 0, 则称之为满足严格互补性松弛条件.

与等式约束问题相仿, 可以定义问题 (1.82) 的拉格朗日函数

$$L(\boldsymbol{x}, \boldsymbol{\lambda}, \boldsymbol{\mu}) = f(\boldsymbol{x}) - \sum_{i=1}^{l} \mu_i h_i(\boldsymbol{x}) - \sum_{i=1}^{m} \lambda_i g_i(\boldsymbol{x}). \tag{1.85}$$

不难求出它关于变量 $\boldsymbol{x}$ 的梯度和 Hesse 阵分别为

$$\nabla_{\boldsymbol{x}} L(\boldsymbol{x}, \boldsymbol{\lambda}, \boldsymbol{\mu}) = \nabla f(\boldsymbol{x}) - \sum_{i=1}^{l} \mu_i \nabla h_i(\boldsymbol{x}) - \sum_{i=1}^{m} \lambda_i \nabla g_i(\boldsymbol{x}),$$

$$\nabla_{\boldsymbol{xx}}^2 L(\boldsymbol{x}, \boldsymbol{\lambda}, \boldsymbol{\mu}) = \nabla^2 f(\boldsymbol{x}) - \sum_{i=1}^{l} \mu_i \nabla^2 h_i(\boldsymbol{x}) - \sum_{i=1}^{m} \lambda_i \nabla^2 g_i(\boldsymbol{x}).$$

与定理 1.24 的证明相类似, 可证明问题 (1.82) 的二阶充分条件.

定理 1.27 对于约束优化问题 (1.82), 假设 $f(\boldsymbol{x})$, $g_i(\boldsymbol{x})\,(i \in \mathbb{I})$ 和 $h_i(\boldsymbol{x})\,(i \in \mathbb{E})$ 都是二阶连续可微的, 有效约束集 $\mathbb{I}(\boldsymbol{x}^*)$ 由式 (1.83) 定义, 且 $(\boldsymbol{x}^*, (\boldsymbol{\mu}^*, \boldsymbol{\lambda}^*))$ 是问题 (1.82) 的 KKT 点. 若对任意的 $\boldsymbol{0} \neq \boldsymbol{d} \in \mathbb{R}^n$, $\nabla g_i(\boldsymbol{x}^*)^{\mathrm{T}} \boldsymbol{d} = 0\,(i \in \mathbb{I}(\boldsymbol{x}^*))$, $\nabla h_i(\boldsymbol{x}^*)^{\mathrm{T}} \boldsymbol{d} = 0\,(i \in \mathbb{E})$, 均有 $\boldsymbol{d}^{\mathrm{T}} \nabla_{\boldsymbol{xx}}^2 L(\boldsymbol{x}^*, \boldsymbol{\lambda}^*) \boldsymbol{d} > 0$, 则 $\boldsymbol{x}^*$ 是问题 (1.82) 的一个严格局部极小点.

一般而言, 问题 (1.82) 的 KKT 点不一定是局部极小点, 但如果问题是下面的所谓“凸优化问题”, 则 KKT 点、局部极小点、全局极小点三者是等价的.

下面首先给出约束凸优化问题的定义.

定义 1.15 对于约束最优化问题

$$\begin{aligned} \min\ & f(\boldsymbol{x}),\quad \boldsymbol{x}\in\mathbb{R}^n, \\ \text{s.t.}\ & h_i(\boldsymbol{x})=0,\ i=1,2,\cdots,l, \\ & g_i(\boldsymbol{x})\geqslant 0,\ i=1,2,\cdots,m, \end{aligned} \tag{1.86}$$

若 $f(\boldsymbol{x})$ 是凸函数, $h_i(\boldsymbol{x})\,(i=1,2,\cdots,l)$ 是线性函数, $g_i(\boldsymbol{x})\,(i=1,2,\cdots,m)$ 是凹函数 (即 $-g_i(\boldsymbol{x})$ 是凸函数), 那么上述约束优化问题称为凸优化问题.

定理 1.28 设 $(\boldsymbol{x}^*,\boldsymbol{\mu}^*,\boldsymbol{\lambda}^*)$ 是凸优化问题 (1.86) 的 KKT 点, 则 $\boldsymbol{x}^*$ 必为该问题的全局极小点.

证 因对于凸优化问题, 其拉格朗日函数

$$L(\boldsymbol{x},\boldsymbol{\mu}^*,\boldsymbol{\lambda}^*)=f(\boldsymbol{x})-\sum_{i=1}^{l}\mu_i^*h_i(\boldsymbol{x})-\sum_{i=1}^{m}\lambda_i^*g_i(\boldsymbol{x})$$

关于 $\boldsymbol{x}$ 是凸函数, 故对于每一个可行点 $\boldsymbol{x}$, 我们有

$$\begin{aligned} f(\boldsymbol{x}) &\geqslant f(\boldsymbol{x})-\sum_{i=1}^{l}\mu_i^*h_i(\boldsymbol{x})-\sum_{i=1}^{m}\lambda_i^*g_i(\boldsymbol{x})=L(\boldsymbol{x},\boldsymbol{\mu}^*,\boldsymbol{\lambda}^*) \\ &\geqslant L(\boldsymbol{x}^*,\boldsymbol{\mu}^*,\boldsymbol{\lambda}^*)+\nabla_{\boldsymbol{x}}L(\boldsymbol{x}^*,\boldsymbol{\mu}^*,\boldsymbol{\lambda}^*)^{\mathrm{T}}(\boldsymbol{x}-\boldsymbol{x}^*) \\ &= L(\boldsymbol{x}^*,\boldsymbol{\mu}^*,\boldsymbol{\lambda}^*)=f(\boldsymbol{x}^*). \end{aligned}$$

故 $\boldsymbol{x}^*$ 为问题的全局极小点. □

习 题 1

1. $F:\mathbb{R}^2\to\mathbb{R}$ 定义为

$$F(\boldsymbol{x})=F(x_1,x_2)=\begin{cases}\dfrac{x_2(x_1^2+x_2^2)^{\frac{3}{2}}}{(x_1^2+x_2^2)^2+x_2^2}, & 若\ \boldsymbol{x}\neq\boldsymbol{0},\\ 0, & 若\ \boldsymbol{x}=\boldsymbol{0}.\end{cases}$$

试证明 F 在 $\boldsymbol{0}$ 处有 G–导数但无 F–导数.

2. 证明: 函数

$$F(\boldsymbol{x})=F(x_1,x_2)=\begin{cases}\dfrac{x_1x_2}{x_1^2+x_2^2}, & 若\ \boldsymbol{x}\neq\boldsymbol{0},\\ 0, & 若\ \boldsymbol{x}=\boldsymbol{0}.\end{cases}$$

在点 $(0,0)$ 处两个偏导数存在, 但无 F–导数.

3. $F(\boldsymbol{x})=(g_1(\boldsymbol{x}),g_2(\boldsymbol{x}))^{\mathrm{T}}:\mathbb{R}^3\to\mathbb{R}^2$ 定义为

$$g_1(\boldsymbol{x})=x_1^3x_2+4x_3,\quad g_2(\boldsymbol{x})=x_1^2+x_2^2+x_3^2.$$

求 $F'(\boldsymbol{x}^0)$, 其中 $\boldsymbol{x}^0=(1,0,-1)^{\mathrm{T}}$.

4. 设函数 $F:\mathbb{R}^3\to\mathbb{R}^2$ 定义为

$$F(x,y,z)=\begin{pmatrix} f_1(x,y,z)\\ f_2(x,y,z)\end{pmatrix}=\begin{pmatrix} x^3y+4z\\ x^2+y^2+z^2\end{pmatrix};$$

函数 $G:\mathbb{R}^2\to\mathbb{R}^2$ 定义为

$$G(u,v)=\begin{pmatrix} g_1(u,v)\\ g_2(u,v)\end{pmatrix}=\begin{pmatrix} u-2v\\ u+4v\end{pmatrix}.$$

记 $\boldsymbol{p}^0=(x_0,y_0,z_0)^{\mathrm{T}}$, $\boldsymbol{q}^0=(u_0,v_0)^{\mathrm{T}}$. $\boldsymbol{p}^0,\boldsymbol{q}^0$ 分别属于 F,G 的定义域.

(1) 求 $F'(\boldsymbol{p}^0)$, $G'(\boldsymbol{q}^0)$.

(2) 若复合映射 $G\circ F$ 在 $\mathbb{R}^3$ 上定义, 且 $F(\boldsymbol{p}^0)=\boldsymbol{q}^0$. 试求 $(G\circ F)'(\boldsymbol{p}^0)$.

5. 设 $F(\boldsymbol{x})=(a_{ij}(\boldsymbol{x}))_{n\times p}$, 这里 $a_{ij}(\boldsymbol{x})$ 在包含 $\boldsymbol{x}$ 和 $\boldsymbol{x}+\Delta\boldsymbol{x}$ 的某凸集中有一阶连续偏导数. 试证:

$$\|F(\boldsymbol{x}+\Delta\boldsymbol{x})-F(\boldsymbol{x})\|\leqslant p\|\Delta\boldsymbol{x}\|_\infty\|F'(\boldsymbol{\xi})\|_\infty,$$

其中 $\boldsymbol{\xi}=\boldsymbol{x}+\theta\Delta\boldsymbol{x}$, $0<\theta<1$.

6. 设 $\mathbb{D}\subset\mathbb{R}^n$ 为开集, $F:\mathbb{D}\to\mathbb{R}^n$ 是 C^r 映射 $(r\geqslant 1)$, $\boldsymbol{x}^0\in\mathbb{D}$. 若 $F'(\boldsymbol{x}^0)=\boldsymbol{A}$ 是可逆的线性映射, 则存在 $\boldsymbol{x}^0$ 的邻域 $\mathbb{S}(\boldsymbol{x}^0,\delta)\subset\mathbb{D}$ 和实数 $\lambda>0$, 使得

$$\|F(\boldsymbol{x})-F(\boldsymbol{y})\|\geqslant\lambda\|\boldsymbol{x}-\boldsymbol{y}\|,\quad\forall\,\boldsymbol{x},\boldsymbol{y}\in\mathbb{S}(\boldsymbol{x}^0,\delta).$$

因而, F 限制在 $\mathbb{S}(\boldsymbol{x}^0,\delta)$ 上是一个单射.

7. 设 $\mathbb{D}\subset\mathbb{R}^n$ 为开集, $F:\mathbb{D}\to\mathbb{R}^n$ 是 C^r 映射 $(r\geqslant 1)$. 若对任何 $\boldsymbol{x}\in\mathbb{D}$, 线性映射 $F'(\boldsymbol{x})$ 均可逆, 则 F 的值域 $F(\mathbb{D})$ 是 $\mathbb{R}^n$ 中的开集.

8. 设 $F:\mathbb{D}\subset\mathbb{R}^n\to\mathbb{R}^n$ 在开凸集 $\mathbb{D}_0\subset\mathbb{D}$ 上是连续和单调的, 则对任意 $\boldsymbol{b}\in\mathbb{R}^n$, 只要解集 $\mathbb{S}=\{\boldsymbol{x}\in\mathbb{D}_0\,|\,F(\boldsymbol{x})=\boldsymbol{b}\}$ 非空, 则 $\mathbb{S}$ 是凸集.

9. 对方程组

$$\begin{cases} \mathrm{e}^{x+u}-1+\sin(1+yz)=0,\\ 3xy+zu+5z=0,\end{cases}$$

判别在 $(0,0,0,0)^{\mathrm{T}}$ 的邻域是否定义了 u, z 为 x,y 的 C^1 类函数.

10. 设 $F:\mathbb{D}\subset\mathbb{R}^n\to\mathbb{R}^n$ 为 C^1 类映射, $\mathbb{D}$ 为开集, $\boldsymbol{x}^0\in\mathbb{D}$ 且 $F'(\boldsymbol{x}^0)\neq\mathbf{0}$. 试证明: 存在 $\delta>0$, 使得

(1) F 在 $\mathbb{S}(\boldsymbol{x}^0,\delta)\cap\mathbb{D}=\mathbb{U}_0$ 上可逆, 且 $F(\mathbb{U}_0)$ 是开集;

(2) $(F|_{\mathbb{U}_0})^{-1}$ 在 $F(\mathbb{U}_0)$ 上是 C^1 类映射, 且其在 $F(\boldsymbol{x}^0)$ 处的 Jacobi 矩阵等于 F 在 $\boldsymbol{x}^0$ 处的 Jacobi 矩阵的逆.

第 2 章 非线性迭代的基本理论

求解非线性问题, 无论是从理论上还是从计算方法上, 都比求解线性问题要复杂得多. 一般的非线性问题都很难求出精确解, 往往只能求其数值解, 且一般用迭代法进行求解. 本章我们将讨论非线性方程组的可解性、不动点理论与迭代法、迭代法的收敛性理论.

2.1 非线性方程组的可解性

求解非线性方程组是非线性数值分析中最基本的问题之一. 那么, 首先要解决的问题是: 所给的方程组是否有解? 进而是否有唯一解? 本节给出最基本的非线性方程组可解性定理.

2.1.1 压缩映射与同胚映射

本小节给出方程可解性的几个最基本定理. 我们先引入几个基本概念.

定义 2.1 设映射 $G:\mathbb{D}\subset\mathbb{R}^n\to\mathbb{R}^n$, 若存在 $\alpha\in(0,1)$, 使得对任何 $\boldsymbol{x},\boldsymbol{y}\in\mathbb{D}_0\subset\mathbb{D}$, 恒有

$$\|G(\boldsymbol{x})-G(\boldsymbol{y})\|\leqslant\alpha\|\boldsymbol{x}-\boldsymbol{y}\|,\tag{2.1}$$

则称 G 为 $\mathbb{D}_0$ 上的压缩映射, α 称为压缩系数.

若对任意的 $\boldsymbol{x},\boldsymbol{y}\in\mathbb{D}_0$, 有

$$\|G(\boldsymbol{x})-G(\boldsymbol{y})\|\leqslant\|\boldsymbol{x}-\boldsymbol{y}\|,\tag{2.2}$$

则称 G 为 $\mathbb{D}_0$ 上的非膨胀映射. 进一步, 若上式中当 $\boldsymbol{x}\neq\boldsymbol{y}$ 时严格不等式成立, 则称 G 为 $\mathbb{D}_0$ 上的严格非膨胀映射.

由定义 2.1 可知, 压缩映射必为非膨胀映射, 非膨胀映射必然是 Lipschitz 连续的. 进一步, 由上述定义可知, 仿射映射 $F(\boldsymbol{x})=\boldsymbol{A}\boldsymbol{x}+\boldsymbol{b}$ 是压缩映射的充分必要条件是 $\|\boldsymbol{A}\|\leqslant\alpha<1$.

下面我们介绍著名的压缩映射原理.

定理 2.1 (压缩映射原理) 设 $G:\mathbb{D}\subset\mathbb{R}^n\to\mathbb{R}^n$ 为闭集 $\mathbb{D}_0\subset\mathbb{D}$ 的压缩映射, $G(\mathbb{D}_0)\subset\mathbb{D}_0$, 则 G 在 $\mathbb{D}_0$ 有唯一的不动点.

证 存在性. 设 $\boldsymbol{x}^0$ 是 $\mathbb{D}_0$ 内任一点, 作序列

$$\boldsymbol{x}^{k+1}=G(\boldsymbol{x}^k),\quad k=0,1,\cdots.$$

因为 $G(\mathbb{D}_0)\subset\mathbb{D}_0$, 故 $\{\boldsymbol{x}^k\}$ 适定且在 $\mathbb{D}_0$ 内. 根据压缩映射的定义, 我们有

$$\|\boldsymbol{x}^{k+1}-\boldsymbol{x}^k\|=\|G(\boldsymbol{x}^k)-G(\boldsymbol{x}^{k-1})\|\leqslant\alpha\|\boldsymbol{x}^k-\boldsymbol{x}^{k-1}\|.$$

于是, 可得

$$
\begin{aligned}
\|\boldsymbol{x}^{k+p}-\boldsymbol{x}^{k}\| &\leqslant \sum_{i=1}^{p}\|\boldsymbol{x}^{k+i}-\boldsymbol{x}^{k+i-1}\| \\
&\leqslant (\alpha^{p-1}+\cdots+1)\|\boldsymbol{x}^{k+1}-\boldsymbol{x}^{k}\| \\
&\leqslant \frac{\alpha^{k}}{1-\alpha}\|\boldsymbol{x}^{1}-\boldsymbol{x}^{0}\|.
\end{aligned} \tag{2.3}
$$

因此, $\{\boldsymbol{x}^k\}$ 是一个 Cauchy 序列, 且在 $\mathbb{D}_0$ 内有极限 $\boldsymbol{x}^*$. 根据 G 的连续性可得

$$
\boldsymbol{x}^* = \lim_{k\to\infty}\boldsymbol{x}^{k+1} = \lim_{k\to\infty}G(\boldsymbol{x}^k) = G(\boldsymbol{x}^*).
$$

因此, $\boldsymbol{x}^*$ 是一个不动点.

唯一性. 假设还有 $\boldsymbol{y}^* = G(\boldsymbol{y}^*)$, 则有

$$
\|\boldsymbol{x}^*-\boldsymbol{y}^*\| = \|G(\boldsymbol{x}^*)-G(\boldsymbol{y}^*)\| \leqslant \alpha\|\boldsymbol{x}^*-\boldsymbol{y}^*\|.
$$

因 $\alpha<1$, 故 $\|\boldsymbol{x}^*-\boldsymbol{y}^*\|=0$. 从而有 $\boldsymbol{x}^*=\boldsymbol{y}^*$. □

注 2.1 在式 (2.3) 中, 令 $p\to\infty$, 得误差估计

$$
\|\boldsymbol{x}^*-\boldsymbol{x}^k\| \leqslant \frac{\alpha}{1-\alpha}\|\boldsymbol{x}^k-\boldsymbol{x}^{k-1}\|. \tag{2.4}
$$

上式表明, 可利用迭代过程前后两个值的差的范数来估计近似解的误差. 进一步, 我们有

$$
\|\boldsymbol{x}^*-\boldsymbol{x}^k\| \leqslant \frac{\alpha^k}{1-\alpha}\|\boldsymbol{x}^1-\boldsymbol{x}^0\|. \tag{2.5}
$$

下面我们引入同胚映射的概念.

定义 2.2 设 $F:\mathbb{D}\subset\mathbb{R}^n\to\mathbb{R}^n$ 在 $\mathbb{D}$ 上为双射, 且 F 和 F^{-1} 分别在 $\mathbb{D}$ 和 $F(\mathbb{D})$ 上连续, 则称 F 为从 $\mathbb{D}$ 到 $F(\mathbb{D})$ 上的同胚映射.

若存在 $\boldsymbol{x}\in\operatorname{int}(\mathbb{D})$ 和 $F(\boldsymbol{x})$ 的开邻域 $\mathbb{U}$ 和 $\mathbb{V}$, 使 $\mathbb{U}\subset\mathbb{D}$, $\mathbb{V}\subset F(\mathbb{D})$, 且映射 $F_{\mathbb{U}}(\boldsymbol{x}) = F(\boldsymbol{x})$ $(\boldsymbol{x}\in\mathbb{U})$ 是从 $\mathbb{U}$ 到 $\mathbb{V}$ 的同胚映射, 则称 F 在 $\boldsymbol{x}$ 处为局部同胚映射.

由定义 2.2 可知, 仿射映射 $F(\boldsymbol{x})=\boldsymbol{A}\boldsymbol{x}+\boldsymbol{b}$ 是同胚映射的充分必要条件是 $\boldsymbol{A}$ 非奇异.

定理 2.2 令 $F=I-G$, 其中 $G:\mathbb{R}^n\to\mathbb{R}^n$ 为 $\mathbb{R}^n$ 上的压缩映射, I 为 $\mathbb{R}^n$ 上的恒等映射, 则 F 为从 $\mathbb{R}^n$ 到 $\mathbb{R}^n$ 上的同胚映射.

证 对任意的 $\boldsymbol{y}\in\mathbb{R}^n$, 作 $G_{\boldsymbol{y}}(\boldsymbol{x})=G(\boldsymbol{x})+\boldsymbol{y}$, 则 $G_{\boldsymbol{y}}$ 为压缩映射. 由定理 2.1 知 $\boldsymbol{x}= G(\boldsymbol{x})+\boldsymbol{y}$ 在 $\mathbb{R}^n$ 中有唯一解, 即 $F(\boldsymbol{x})=\boldsymbol{y}$ 对任何 $\boldsymbol{y}\in\mathbb{R}^n$ 有唯一解, 从而 F 是从 $\mathbb{R}^n$ 到 $\mathbb{R}^n$ 上的双射. 另外, 因

$$
\|F(\boldsymbol{x})-F(\boldsymbol{y})\| \leqslant \|\boldsymbol{x}-\boldsymbol{y}\|+\alpha\|\boldsymbol{x}-\boldsymbol{y}\| = (1+\alpha)\|\boldsymbol{x}-\boldsymbol{y}\|,
$$

故 F 是连续的. 又由

$$
\|F(\boldsymbol{x})-F(\boldsymbol{y})\| = \|\boldsymbol{x}-\boldsymbol{y}-[G(\boldsymbol{x})-G(\boldsymbol{y})]\| \geqslant (1-\alpha)\|\boldsymbol{x}-\boldsymbol{y}\|,
$$

若记 $\boldsymbol{u}=F(\boldsymbol{x})$, $\boldsymbol{v}=F(\boldsymbol{y})$, 于是 $\boldsymbol{x}=F^{-1}(\boldsymbol{u})$, $\boldsymbol{y}=F^{-1}(\boldsymbol{v})$. 则由上式有

$$\|F^{-1}(\boldsymbol{u})-F^{-1}(\boldsymbol{v})\|\leqslant\frac{1}{1-\alpha}\|\boldsymbol{u}-\boldsymbol{v}\|,\quad\forall\boldsymbol{u},\boldsymbol{v}\in\mathbb{R}^n,$$

故 F^{-1} 连续. 根据定义 2.2, 定理得证. □

定理 2.3　设 $\boldsymbol{A}\in\mathbb{L}(\mathbb{R}^n)$ 非奇异, $G:\mathbb{R}^n\to\mathbb{R}^n$ 在闭球 $\bar{\mathbb{S}}_0=\bar{\mathbb{S}}(\boldsymbol{x}^0,\delta)\subset\mathbb{D}$ 上满足

$$\|G(\boldsymbol{x})-G(\boldsymbol{y})\|\leqslant\alpha\|\boldsymbol{x}-\boldsymbol{y}\|,\ \ \forall\boldsymbol{x},\boldsymbol{y}\in\bar{\mathbb{S}}_0,$$

其中 $0<\alpha<\beta^{-1}$, $\beta=\|\boldsymbol{A}^{-1}\|$, 则由 $F(\boldsymbol{x})=\boldsymbol{A}\boldsymbol{x}-G(\boldsymbol{x})$ 定义的映射 $F:\bar{\mathbb{S}}_0\to\mathbb{R}^n$ 是 $\bar{\mathbb{S}}_0$ 与 $F(\bar{\mathbb{S}}_0)$ 之间的一个同胚映射. 此外, 对 $\forall\boldsymbol{y}\in\bar{\mathbb{S}}_1=\bar{\mathbb{S}}(F(\boldsymbol{x}^0),\sigma)$, 其中 $\sigma=(\beta^{-1}-\alpha)\delta$, 方程 $F(\boldsymbol{x})=\boldsymbol{y}$ 在 $\bar{\mathbb{S}}_0$ 中有唯一解. 因此, 特别有 $\bar{\mathbb{S}}_1\subset F(\bar{\mathbb{S}}_0)$.

证　对固定的 $\boldsymbol{y}\in\bar{\mathbb{S}}_1$, 作映射 $H:\bar{\mathbb{S}}_0\to\mathbb{R}^n$:

$$H(\boldsymbol{x})=\boldsymbol{A}^{-1}(G(\boldsymbol{x})+\boldsymbol{y})=\boldsymbol{x}-\boldsymbol{A}^{-1}(F(\boldsymbol{x})-\boldsymbol{y}).$$

显然, $F(\boldsymbol{x})=\boldsymbol{y}$ 在 $\bar{\mathbb{S}}_0$ 中有唯一解的充分必要条件是: H 在 $\bar{\mathbb{S}}_0$ 中有唯一的不动点. 注意, 对 $\forall\ \boldsymbol{x},\boldsymbol{z}\in\bar{\mathbb{S}}_0$, 有

$$\|H(\boldsymbol{x})-H(\boldsymbol{z})\|=\|\boldsymbol{A}^{-1}[G(\boldsymbol{x})-G(\boldsymbol{z})]\|\leqslant\beta\alpha\|\boldsymbol{x}-\boldsymbol{z}\|.$$

因 $\beta\alpha<1$, 故 H 在 $\bar{\mathbb{S}}_0$ 上是压缩映射. 又对 $\forall\boldsymbol{x}\in\bar{\mathbb{S}}_0$, 有

$$\begin{aligned}\|H(\boldsymbol{x})-\boldsymbol{x}^0\|&\leqslant\|H(\boldsymbol{x})-H(\boldsymbol{x}^0)\|+\|H(\boldsymbol{x}^0)-\boldsymbol{x}^0\|\\&\leqslant\beta\alpha\|\boldsymbol{x}-\boldsymbol{x}^0\|+\beta\|F(\boldsymbol{x}^0)-\boldsymbol{y}\|\\&\leqslant\beta\alpha\cdot\delta+\beta\cdot\sigma=\delta,\end{aligned}$$

因此, H 将 $\bar{\mathbb{S}}_0$ 映入自身, 即 $H(\bar{\mathbb{S}}_0)\subset\bar{\mathbb{S}}_0$, 由压缩映射原理, H 在 $\bar{\mathbb{S}}_0$ 中有唯一不动点. 故方程 $F(\boldsymbol{x})=\boldsymbol{y}$ 在 $\bar{\mathbb{S}}_0$ 中有唯一解, 从而 F 在 $\bar{\mathbb{S}}_0$ 上为双射.

现证 F^{-1} 在 $F(\bar{\mathbb{S}}_0)$ 上是连续的. 事实上, 由于对 $\forall\boldsymbol{x},\boldsymbol{y}\in\bar{\mathbb{S}}_0$ 有

$$\begin{aligned}\|\boldsymbol{x}-\boldsymbol{y}\|&=\|\boldsymbol{A}^{-1}[F(\boldsymbol{x})-F(\boldsymbol{y})]+\boldsymbol{A}^{-1}[G(\boldsymbol{x})-G(\boldsymbol{y})]\|\\&\leqslant\beta\|F(\boldsymbol{x})-F(\boldsymbol{y})\|+\beta\alpha\|\boldsymbol{x}-\boldsymbol{y}\|,\end{aligned}$$

即

$$\|\boldsymbol{x}-\boldsymbol{y}\|\leqslant\frac{\beta}{1-\beta\alpha}\|F(\boldsymbol{x})-F(\boldsymbol{y})\|,\tag{2.6}$$

故 F^{-1} 连续. 显然, F 本身也是连续的, 因此, F 是同胚映射.

注意, $\forall\boldsymbol{y}\in\bar{\mathbb{S}}_1$, 根据上述分析, 存在唯一的 $\boldsymbol{x}\in\bar{\mathbb{S}}_0$, 使得 $F(\boldsymbol{x})=\boldsymbol{y}\in F(\bar{\mathbb{S}}_0)$, 此即 $\bar{\mathbb{S}}_1\subset F(\bar{\mathbb{S}}_0)$. □

注 2.2　定理 2.3 可以视为扰动定理. 对于线性映射 $\boldsymbol{A}\in\mathbb{L}(\mathbb{R}^n)$ 来说, 非奇异性意味着它是 $\mathbb{R}^n$ 上的同胚映射. 今对 $\boldsymbol{A}$ 作一非线性扰动 G, 使 $F=\boldsymbol{A}-G$, 则 F 仍为同胚映射 (当然, 定义域随 G 有所改变). 确保 F 仍为同胚映射的扰动量大小则由 G 的 Lipschitz 常数 α 满足 $0<\alpha<\|\boldsymbol{A}^{-1}\|^{-1}$ 来刻画.

推论 2.1 若 $F:\mathbb{D}\subset\mathbb{R}^n\to\mathbb{R}^n$ 对某个 $\boldsymbol{x}^0\in\mathbb{D}$ 存在非奇异矩阵 $\boldsymbol{A}\in\mathbb{L}(\mathbb{R}^n)$ 以及 $\delta>0$, 使得

$$\|F(\boldsymbol{x})-F(\boldsymbol{y})-\boldsymbol{A}(\boldsymbol{x}-\boldsymbol{y})\|\leqslant\alpha\|\boldsymbol{x}-\boldsymbol{y}\|,\ \ \forall\boldsymbol{x},\boldsymbol{y}\in\bar{\mathbb{S}}(\boldsymbol{x}^0,\delta),\tag{2.7}$$

其中 $\alpha<\|\boldsymbol{A}^{-1}\|^{-1}$, 则 F 在 $\boldsymbol{x}^0$ 处为局部同胚映射.

证 由定理 2.3 可知, F 是 $\bar{\mathbb{S}}_0$ 与 $F(\bar{\mathbb{S}}_0)$ 之间的同胚映射, 并且 $\bar{\mathbb{S}}_1\subset F(\bar{\mathbb{S}}_0)$. 取 $\mathbb{V}=\bar{\mathbb{S}}_1=\bar{\mathbb{S}}(F(\boldsymbol{x}^0),\sigma)$. 令 $\mathbb{U}=F^{-1}(\mathbb{V})\subset\bar{\mathbb{S}}_0$, 则 $F_{\mathbb{U}}(\boldsymbol{x})=F(\boldsymbol{x})$ $(\boldsymbol{x}\in\mathbb{U})$ 为 $\mathbb{U}$ 与 $\mathbb{V}$ 之间的同胚映射. □

如果扰动也是线性的, 则我们有如下结果.

定理 2.4 设 $\boldsymbol{A},\boldsymbol{B}\in\mathbb{L}(\mathbb{R}^n)$, $\boldsymbol{A}$ 非奇异, $\|\boldsymbol{A}^{-1}\|\leqslant\alpha$, $\|\boldsymbol{A}-\boldsymbol{B}\|\leqslant\beta$, 且 $\alpha\beta<1$, 则 $\boldsymbol{B}$ 也是非奇异的, 且

$$\|\boldsymbol{B}^{-1}\|\leqslant\frac{\alpha}{1-\alpha\beta}.$$

这个结果通常称为线性映射的扰动定理 (摄动引理).

定理 2.5 若映射 $F:\mathbb{R}^n\to\mathbb{R}^n$ 连续且一致单调, 则 F 为 $\mathbb{R}^n$ 到 $\mathbb{R}^n$ 上的同胚映射.

证 由一致单调的定义可知, F 是 $\mathbb{R}^n$ 上的单射. 下面分两步来证明 F 是满射.

(1) 先证明 $F(\boldsymbol{x})=\boldsymbol{0}$ 的解的存在唯一性. 唯一性是显然的, 因 F 在 $\mathbb{R}^n$ 上一致单调, 故若 $F(\boldsymbol{x})=\boldsymbol{0}$ 有解, 则必唯一. 下面对维数 n 用归纳法证明解的存在性. 我们注意到 F 的一致单调性意味着

$$[F(\boldsymbol{x})-F(\boldsymbol{y})]^{\mathrm{T}}(\boldsymbol{x}-\boldsymbol{y})\geqslant\alpha\|\boldsymbol{x}-\boldsymbol{y}\|^2.$$

当 $n=1$ 时, 在上式中取 $y=0$, 得

$$[F(x)-F(0)](x-0)\geqslant\alpha x^2,$$

亦即 $xF(x)\geqslant\alpha x^2+F(0)x$. 由此看出, 当 $x\to+\infty$ 时, $F(x)\to+\infty$; 而当 $x\to-\infty$ 时, $F(x)\to-\infty$. 由 F 的连续性可知, $F(x)=0$ 至少有一个解.

现假设命题对 $n=m-1$ 成立, 证 $n=m$ 时命题成立. 对 $F:\mathbb{R}^m\to\mathbb{R}^m$, 固定 $(x_1,\cdots,x_{m-1})^{\mathrm{T}}\in\mathbb{R}^{m-1}$, 定义 $f:\mathbb{R}\to\mathbb{R}$ 为

$$f(u)=f_m(x_1,\cdots,x_{m-1},u),$$

这里 f_m 为 $F=(f_1,f_2,\cdots,f_m)^{\mathrm{T}}$ 的第 m 个分量函数. 记 $\boldsymbol{x}=(x_1,\cdots,x_{m-1},u)^{\mathrm{T}}$, $\boldsymbol{y}=(x_1,\cdots,x_{m-1},v)^{\mathrm{T}}$, 则有

$$\begin{aligned}[f(u)-f(v)](u-v)&=[F(\boldsymbol{x})-F(\boldsymbol{y})]^{\mathrm{T}}(\boldsymbol{x}-\boldsymbol{y})\\&\geqslant\alpha\|\boldsymbol{x}-\boldsymbol{y}\|^2=\alpha(u-v)^2.\end{aligned}$$

从而 f 一致单调. 又显然 f_m 作为 F 的分量函数是连续的, 且由 $n=1$ 时的证明可知 $f(u)=0$ 有解 $u^*=\varphi(x_1,\cdots,x_{m-1})$. 为用归纳假设, 定义 $\Phi:\mathbb{R}^{m-1}\to\mathbb{R}^{m-1}$ 为

$$\forall\boldsymbol{s}=(x_1,\cdots,x_{m-1})^{\mathrm{T}}\in\mathbb{R}^{m-1},$$

$$\Phi_i(\boldsymbol{s}) = f_i(x_1,\cdots,x_{m-1},\varphi(x_1,\cdots,x_{m-1})),\quad i=1,\cdots,m-1,$$

其中 Φ_i, f_i 分别为 Φ, F 的第 i 个分量函数. 再记

$$\boldsymbol{x} = (x_1,\cdots,x_{m-1},\varphi(x_1,\cdots,x_{m-1}))^{\mathrm{T}},\quad \boldsymbol{y} = (y_1,\cdots,y_{m-1},\varphi(x_1,\cdots,x_{m-1}))^{\mathrm{T}},$$

则对任何 $\boldsymbol{s} = (x_1,\cdots,x_{m-1})^{\mathrm{T}}$, $\boldsymbol{t} = (y_1,\cdots,y_{m-1})^{\mathrm{T}}$ 有

$$\begin{aligned}[\Phi(\boldsymbol{s}) - \Phi(\boldsymbol{t})]^{\mathrm{T}}(\boldsymbol{s}-\boldsymbol{t}) &= [F(\boldsymbol{x}) - F(\boldsymbol{y})]^{\mathrm{T}}(\boldsymbol{x}-\boldsymbol{y}) \\ &\geqslant \alpha\|\boldsymbol{x}-\boldsymbol{y}\|^2 = \alpha\|\boldsymbol{s}-\boldsymbol{t}\|^2.\end{aligned}$$

故 Φ 在 $\mathbb{R}^{m-1}$ 上一致单调. 又由 Φ 的定义及 F 连续性知 Φ 在 $\mathbb{R}^{m-1}$ 上连续. 由归纳假设, $\Phi(\boldsymbol{s}) = \boldsymbol{0}$ 在 $\mathbb{R}^{m-1}$ 上有解

$$\boldsymbol{s}^* = (x_1^*,\cdots,x_{m-1}^*)^{\mathrm{T}},$$

从而存在 $\boldsymbol{x}^* = (x_1^*,\cdots,x_{m-1}^*,\varphi(x_1^*,\cdots,x_{m-1}^*))^{\mathrm{T}}$ 使 $F(\boldsymbol{x}^*) = \boldsymbol{0}$, 即 $\boldsymbol{x}^*$ 为 $F(\boldsymbol{x}) = \boldsymbol{0}$ 在 $\mathbb{R}^m$ 中的解, 存在性得证.

(2) 证 F^{-1} 在 $\mathbb{R}^n$ 上存在. 对任意的 $\boldsymbol{u} \in \mathbb{R}^n$, 定义映射

$$F_{\boldsymbol{u}}(\boldsymbol{x}) = F(\boldsymbol{x}) - \boldsymbol{u},$$

则显然 $F_{\boldsymbol{u}}(\boldsymbol{x})$ 在 $\mathbb{R}^n$ 上连续. 注意到

$$\begin{aligned}[F_{\boldsymbol{u}}(\boldsymbol{x}) - F_{\boldsymbol{u}}(\boldsymbol{y})]^{\mathrm{T}}(\boldsymbol{x}-\boldsymbol{y}) &= [F(\boldsymbol{x}) - \boldsymbol{u} - (F(\boldsymbol{y}) - \boldsymbol{u})]^{\mathrm{T}}(\boldsymbol{x}-\boldsymbol{y}) \\ &= [F(\boldsymbol{x}) - F(\boldsymbol{y})]^{\mathrm{T}}(\boldsymbol{x}-\boldsymbol{y}) \\ &\geqslant \alpha\|\boldsymbol{x}-\boldsymbol{y}\|^2,\quad \forall \boldsymbol{x},\boldsymbol{y} \in \mathbb{R}^n,\end{aligned}$$

即 $F_{\boldsymbol{u}}(\boldsymbol{x})$ 一致单调. 故由 (1) , $F_{\boldsymbol{u}}(\boldsymbol{x}) = \boldsymbol{0}$ 有唯一解, 即 $F(\boldsymbol{x}) - \boldsymbol{u} = \boldsymbol{0}$, 亦即 $F(\boldsymbol{x}) = \boldsymbol{u}$ 有唯一解. 这就证明了 F 是满射. 由于 $\boldsymbol{u} \in \mathbb{R}^n$ 为任意的, 可见 F^{-1} 在 $\mathbb{R}^n$ 上存在.

由定理的假设, F 是连续的, 故剩下只需证明 F^{-1} 在 $\mathbb{R}^n$ 上连续即可. 事实上, 对任意的 $\boldsymbol{u},\boldsymbol{v} \in \mathbb{R}^n$, 由 (2) 即知存在 $\boldsymbol{x},\boldsymbol{y} \in \mathbb{R}^n$, 使得 $\boldsymbol{x} = F^{-1}(\boldsymbol{u})$, $\boldsymbol{y} = F^{-1}(\boldsymbol{v})$. 由一致单调的定义, 有

$$\begin{aligned}\alpha\|F^{-1}(\boldsymbol{u}) - F^{-1}(\boldsymbol{v})\|^2 = \alpha\|\boldsymbol{x}-\boldsymbol{y}\|^2 &\leqslant [F(\boldsymbol{x}) - F(\boldsymbol{y})]^{\mathrm{T}}(\boldsymbol{x}-\boldsymbol{y}) \\ &\leqslant \|F(\boldsymbol{x}) - F(\boldsymbol{y})\|\|\boldsymbol{x}-\boldsymbol{y}\| \leqslant \|\boldsymbol{u}-\boldsymbol{v}\|\|\boldsymbol{x}-\boldsymbol{y}\|.\end{aligned}$$

于是,

$$\|F^{-1}(\boldsymbol{u}) - F^{-1}(\boldsymbol{v})\| \leqslant \frac{1}{\alpha}\|\boldsymbol{u}-\boldsymbol{v}\|,$$

可见, F^{-1} 在 $\mathbb{R}^n$ 上是连续的.

综合上述, 定理的结论成立. 证毕. □

根据上述讨论, 若 $\boldsymbol{x}^*$ 是方程 $F(\boldsymbol{x}) = \boldsymbol{y}$ 的解, 并且 F 在 $\boldsymbol{x}^*$ 的一个邻域内为双射, 则 $\boldsymbol{x}^*$ 是一个孤立解. 若 F 在 $\boldsymbol{x}^*$ 处为局部同胚, 则 $\boldsymbol{x}^*$ 是方程 $F(\boldsymbol{x}) = \boldsymbol{y}$ 的一个孤立解, 并

且对 $\boldsymbol{y}$ 的小扰动方程仍有解, 且解连续地依赖于 $\boldsymbol{y}$. 因此研究一个映射在 $\boldsymbol{x}$ 处何时为局部同胚映射, 对方程求解具有重要的意义. 而反映局部同胚的经典结果就是在下一小节即将阐述的反函数定理.

2.1.2 反函数定理与隐函数定理

本小节阐述反函数定理和隐函数定理. 首先给出强 F–可导的定义.

定义 2.3 设 $F:\mathbb{D}\subset\mathbb{R}^n\to\mathbb{R}^m$ 在 $\boldsymbol{x}^0$ 处 F–可导, 如果 $\forall\varepsilon>0$, $\exists\delta>0$, 使得 $\forall\boldsymbol{x},\boldsymbol{y}\in\bar{\mathbb{S}}(\boldsymbol{x}^0,\delta)\subset\mathbb{D}$, 有

$$\|F(\boldsymbol{x})-F(\boldsymbol{y})-F'(\boldsymbol{x}^0)(\boldsymbol{x}-\boldsymbol{y})\|\leqslant\varepsilon\|\boldsymbol{x}-\boldsymbol{y}\|, \tag{2.8}$$

则称映射 F 在 $\boldsymbol{x}^0$ 处的 F–导数是强的, 或称 F 在 $\boldsymbol{x}^0$ 处强 F–可导.

可以证明, 若 $F:\mathbb{D}\subset\mathbb{R}^n\to\mathbb{R}^m$ 在 $\boldsymbol{x}\in\mathbb{D}$ 的一个开邻域内的每一点都 F–可导, 则 $F'(\boldsymbol{x})$ 是强 F–导数等价于 $F'(\boldsymbol{x})$ 在 $\boldsymbol{x}$ 处连续.

定理 2.6 (反函数定理) 设 $F:\mathbb{D}\subset\mathbb{R}^n\to\mathbb{R}^n$ 在 $\boldsymbol{x}^0\in\mathrm{int}(\mathbb{D})$ 处有强 F–导数, 且 $F'(\boldsymbol{x}^0)$ 非奇异, 则 F 在 $\boldsymbol{x}^0$ 处为局部同胚映射. 并且, 如果 $\mathbb{U}$ 是 $\boldsymbol{x}^0$ 的任一开邻域, F 是 $\mathbb{U}$ 上的双射, $F_{\mathbb{U}}$ 是 F 在 $\mathbb{U}$ 上的限制, 那么, $F_{\mathbb{U}}^{-1}$ 在 $F(\boldsymbol{x}^0)$ 处有强 F–导数, 且

$$(F_{\mathbb{U}}^{-1})'(F(\boldsymbol{x}^0))=[F'(\boldsymbol{x}^0)]^{-1}. \tag{2.9}$$

又若 F' 在 $\boldsymbol{x}^0$ 的开邻域 $\mathbb{U}$ 内存在且连续, 则 $(F_{\mathbb{U}}^{-1})'$ 在 $F(\boldsymbol{x}^0)$ 的一个开邻域内存在且连续.

证 设 $\boldsymbol{A}=F'(\boldsymbol{x}^0)$, 因 $F'(\boldsymbol{x}^0)$ 非奇异, 故可设 $\|\boldsymbol{A}^{-1}\|=\beta$. 取 α 使满足 $0<\alpha<\beta^{-1}$. 由于 $F'(\boldsymbol{x}^0)$ 是强 F–导数, 故存在 $\delta>0$, 使得 $\bar{\mathbb{S}}_0=\bar{\mathbb{S}}(\boldsymbol{x}^0,\delta)\subset\mathbb{D}$, 且

$$\|F(\boldsymbol{x})-F(\boldsymbol{y})-\boldsymbol{A}(\boldsymbol{x}-\boldsymbol{y})\|\leqslant\alpha\|\boldsymbol{x}-\boldsymbol{y}\|,\ \ \forall\boldsymbol{x},\boldsymbol{y}\in\bar{\mathbb{S}}_0.$$

由推论 2.1 可知, F 在 $\boldsymbol{x}^0$ 处是一个局部同胚映射. 令 $\mathbb{U}$ 是 $\boldsymbol{x}^0$ 的任一开邻域且 F 在 $\mathbb{U}$ 上为双射. 注意到 $F'(\boldsymbol{x}^0)$ 是强 F–导数, 因此对于任意给定的 $\varepsilon>0$, 存在 $\delta'>0$, 使得 $\bar{\mathbb{S}}'=\bar{\mathbb{S}}'(\boldsymbol{x}^0,\delta')\subset\mathbb{D}$ 且

$$\|F(\boldsymbol{x})-F(\boldsymbol{y})-\boldsymbol{A}(\boldsymbol{x}-\boldsymbol{y})\|\leqslant\varepsilon\|\boldsymbol{x}-\boldsymbol{y}\|,\ \ \forall\boldsymbol{x},\boldsymbol{y}\in\bar{\mathbb{S}}'.$$

又 $\mathbb{V}=F(\bar{\mathbb{S}}')$ 是 $F(\boldsymbol{x}^0)$ 的一个开邻域, 故对任何 $\boldsymbol{u},\boldsymbol{v}\in\mathbb{V}$, 存在 $\boldsymbol{x},\boldsymbol{y}\in\bar{\mathbb{S}}'$, 使得 $F(\boldsymbol{x})=\boldsymbol{u}$, $F(\boldsymbol{y})=\boldsymbol{v}$, 且

$$\begin{aligned}
&\|F_{\mathbb{U}}^{-1}(\boldsymbol{u})-F_{\mathbb{U}}^{-1}(\boldsymbol{v})-[F'(\boldsymbol{x}^0)]^{-1}(\boldsymbol{u}-\boldsymbol{v})\|\\
=&\|\boldsymbol{x}-\boldsymbol{y}-\boldsymbol{A}^{-1}[F(\boldsymbol{x})-F(\boldsymbol{y})]\|\\
\leqslant&\|\boldsymbol{A}^{-1}\|\cdot\|\boldsymbol{A}(\boldsymbol{x}-\boldsymbol{y})-[F(\boldsymbol{x})-F(\boldsymbol{y})]\|\\
\leqslant&\beta\varepsilon\|\boldsymbol{x}-\boldsymbol{y}\|\leqslant\frac{\varepsilon\beta^2}{1-\beta\alpha}\|\boldsymbol{u}-\boldsymbol{v}\|.
\end{aligned}$$

此处最后一个不等式由式 (2.6) 得到. 根据强 F–导数的定义可知, F_{U}^{-1} 在 $F(\boldsymbol{x}^0)$ 处有强 F–导数, 且式 (2.9) 成立.

最后, 若 F' 在 $\boldsymbol{x}^0$ 的一个开邻域存在且连续, 则由扰动定理 2.3 可知, 存在一个开球 $\mathbb{S}_1=\mathbb{S}(\boldsymbol{x}^0,\delta_1)$, 使得 $F'(\boldsymbol{x})$ 对 $\boldsymbol{x}\in\mathbb{S}_1$ 是非奇异的, 且 $[F'(\boldsymbol{x})]^{-1}$ 在 $\mathbb{S}_1$ 内连续. 于是 $F'(\boldsymbol{x})$ 对每一个 $\boldsymbol{x}$ 为强 F–导数. 因而可利用定理前半部分得到 $(F_{\mathrm{U}}^{-1})'$ 在 $F(\boldsymbol{x})$ 处存在、连续且 $(F_{\mathrm{U}}^{-1})'(F(\boldsymbol{x}))=[F'(\boldsymbol{x})]^{-1}$. □

注 2.3　反函数定理给出了 F 的反函数 F^{-1} 存在、可导及导数连续性的充分条件. 从解方程的角度来看, 反函数定理说的是: 从线性方程组的可解性能导出非线性方程组的局部可解性. 所以反函数定理是非线性方程组解的存在唯一性定理. 从映射的角度来看, 反函数定理指出: 连续可导映射的局部状态, 在微分同胚的意义下由其导函数 (导映射) 的性态完全决定. 在有限维情形, 映射是否局部微分同胚归结为其导数即其 Jacobi 矩阵是否非奇异.

下面阐述隐函数定理. 讨论更一般的情形. 设 F 是两个变量的映射: $F:\mathbb{D}\subset\mathbb{R}^n\times\mathbb{R}^q\to\mathbb{R}^n$ (或者 $F:\mathbb{W}\subset\mathbb{X}\times\mathbb{Y}\to\mathbb{Z}$, 这里 $\mathbb{X},\mathbb{Y},\mathbb{Z}$ 为一般 Banach 空间, $\mathbb{W}$ 是乘积空间 $\mathbb{X}\times\mathbb{Y}$ 的开子集). 如果已知对某个给定的 $\boldsymbol{y}^0\in\mathbb{R}^q$, 方程 $F(\boldsymbol{x},\boldsymbol{y}^0)=\boldsymbol{0}$ 有一个解 $\boldsymbol{x}^0\in\mathbb{R}^n$, 要考察当 $\boldsymbol{y}$ 接近 $\boldsymbol{y}^0$ 时, 这个方程是否还有解? 若有解 $\boldsymbol{x}$, 它作为 $\boldsymbol{y}$ 的函数有什么样的性质? 这就是下面要介绍的隐函数定理所要解决的问题. 为此, 先引入子空间偏导数的概念. 在一般 Banach 空间架构下介绍这一概念, 对于有限维情形自然适用.

定义 2.4　设 $\mathbb{X},\mathbb{Y},\mathbb{Z}$ 是 Banach 空间, $\mathbb{W}\subset\mathbb{X}\times\mathbb{Y}$ 是开子集, $(\boldsymbol{x}^0,\boldsymbol{y}^0)\in\mathbb{W}$. 称映射 $F:\mathbb{W}\to\mathbb{Z}$ 在 $(\boldsymbol{x}^0,\boldsymbol{y}^0)$ 关于第一个变元 $\boldsymbol{x}$ 是 F–可微的, 若偏映射 $\boldsymbol{x}\to F(\boldsymbol{x},\boldsymbol{y}^0)$ 在 $\boldsymbol{x}^0$ 是 F–可微的, 即存在 $U\in\mathbb{L}(\mathbb{X},\mathbb{Z})$, 使得

$$\lim_{\boldsymbol{x}\to\boldsymbol{x}^0}\frac{\|F(\boldsymbol{x},\boldsymbol{y}^0)-F(\boldsymbol{x}^0,\boldsymbol{y}^0)-U(\boldsymbol{x}-\boldsymbol{x}^0)\|}{\|\boldsymbol{x}-\boldsymbol{x}^0\|}=0,\tag{2.10}$$

称映射 U 为 F 关于 $\boldsymbol{x}$ 的偏 F–导数, 记为 $\partial_1F(\boldsymbol{x}^0,\boldsymbol{y}^0)$ 或 $D_1F(\boldsymbol{x}^0,\boldsymbol{y}^0)$ 及 $F'_{\boldsymbol{x}}(\boldsymbol{x}^0,\boldsymbol{y}^0)$. 相应地, 若偏映射 $\boldsymbol{y}\to F(\boldsymbol{x}^0,\boldsymbol{y})$ 在 $\boldsymbol{y}^0$ 是 F–可微的, 即存在 $V\in\mathbb{L}(\mathbb{Y},\mathbb{Z})$, 使得

$$\lim_{\boldsymbol{y}\to\boldsymbol{y}^0}\frac{\|F(\boldsymbol{x}^0,\boldsymbol{y})-F(\boldsymbol{x}^0,\boldsymbol{y}^0)-V(\boldsymbol{y}-\boldsymbol{y}^0)\|}{\|\boldsymbol{y}-\boldsymbol{y}^0\|}=0,\tag{2.11}$$

则称 F 在 $(\boldsymbol{x}^0,\boldsymbol{y}^0)$ 关于第二个变元 $\boldsymbol{y}$ 是 F–可微的, V 称为 F 关于 $\boldsymbol{y}$ 的偏 F–导数, 记为 $\partial_2F(\boldsymbol{x}^0,\boldsymbol{y}^0)$ 或 $D_2F(\boldsymbol{x}^0,\boldsymbol{y}^0)$ 及 $F'_{\boldsymbol{y}}(\boldsymbol{x}^0,\boldsymbol{y}^0)$.

定义 2.5　若存在线性映射 $U\in\mathbb{L}(\mathbb{X},\mathbb{Z})$, 使得

$$F(\boldsymbol{x}^0+\boldsymbol{h},\boldsymbol{y}^0)-F(\boldsymbol{x}^0+\boldsymbol{k},\boldsymbol{y}^0)=U(\boldsymbol{h}-\boldsymbol{k})+o(\|\boldsymbol{h}-\boldsymbol{k}\|),$$

则称 U (也记为 $\partial_1F(\boldsymbol{x}^0,\boldsymbol{y}^0)$) 为 F 在 $(\boldsymbol{x}^0,\boldsymbol{y}^0)$ 处关于第一个变元的强偏 F–导数. 关于第二个变元的强偏 F–导数可类似定义.

下面的充分必要条件可看作数学分析中的相关结果的推广.

定理 2.7　设 $\mathbb{X},\mathbb{Y},\mathbb{Z}$ 是 Banach 空间, $\mathbb{W}\subset\mathbb{X}\times\mathbb{Y}$ 是开子集. 若映射 $F:\mathbb{W}\to\mathbb{Z}$ 为连续映射, 则 F 在 $\mathbb{W}$ 中是连续可微映射的充分必要条件是 F 关于第一、第二个变元都是

可微的, 且 D_1F 和 D_2F 都在 $\mathbb{W}$ 中连续. 此时, 还成立下面的公式

$$F'(\boldsymbol{x},\boldsymbol{y})(\boldsymbol{h},\boldsymbol{k})=F'_{\boldsymbol{x}}(\boldsymbol{x},\boldsymbol{y})\boldsymbol{h}+F'_{\boldsymbol{y}}(\boldsymbol{x},\boldsymbol{y})\boldsymbol{k}=(F'_{\boldsymbol{x}},F'_{\boldsymbol{y}})\cdot(\boldsymbol{h},\boldsymbol{k})^{\mathrm{T}},$$

其中 $(\boldsymbol{x},\boldsymbol{y})$ 为 $\mathbb{W}$ 中任一点, $(\boldsymbol{h},\boldsymbol{k})\in\mathbb{X}\times\mathbb{Y}$.

例 2.1 设映射 $F:\mathbb{R}^2\times\mathbb{R}\to\mathbb{R}^2$ 定义为

$$F(x_1,x_2;y)=\begin{pmatrix} f_1(x_1,x_2;y)\\ f_2(x_1,x_2;y)\end{pmatrix}=\begin{pmatrix} x_1^2y+x_2+x_2y\\ x_1y^3+x_2y\end{pmatrix}.$$

此时定义 2.4 中的 $\mathbb{X}$ 和 $\mathbb{Y}$ 分别相当于此处的 $\mathbb{R}^2$ 和 $\mathbb{R}$, 因此有

$$D_1F(x_1,x_2;y)=\begin{pmatrix} \dfrac{\partial f_1}{\partial x_1} & \dfrac{\partial f_1}{\partial x_2}\\ \dfrac{\partial f_2}{\partial x_1} & \dfrac{\partial f_2}{\partial x_2}\end{pmatrix}=\begin{pmatrix} 2x_1y & y+1\\ y^3 & y\end{pmatrix},$$

$$D_2F(x_1,x_2;y)=\begin{pmatrix} \dfrac{\partial f_1}{\partial y}\\ \dfrac{\partial f_2}{\partial y}\end{pmatrix}=\begin{pmatrix} x_1^2+x_2\\ 3x_1y^2+x_2\end{pmatrix}.$$

特别地, 有

$$D_1F(0,0;0)=\begin{pmatrix} 0 & 1\\ 0 & 0\end{pmatrix},\quad D_2F(0,0;0)=\begin{pmatrix} 0\\ 0\end{pmatrix}.$$

例 2.2 设 $H:\mathbb{R}^n\times\mathbb{R}\times[0,1]\to\mathbb{R}^n\times\mathbb{R}$ 定义为

$$\begin{aligned}H(\boldsymbol{x},\lambda,t)&=(1-t)G(\boldsymbol{x},\lambda)+tF(\boldsymbol{x},\lambda)\\&=\begin{pmatrix}\lambda\boldsymbol{x}-\boldsymbol{A}(t)\boldsymbol{x}\\ \boldsymbol{x}^{\mathrm{T}}\boldsymbol{x}-1\end{pmatrix},\quad(\boldsymbol{x},\lambda,t)\in\mathbb{R}^n\times\mathbb{R}\times[0,1],\end{aligned}$$

其中 $\boldsymbol{A}(t)=\boldsymbol{D}+t(\boldsymbol{A}-\boldsymbol{D})$, $\boldsymbol{A}$ 与 $\boldsymbol{D}$ 为 n 阶数值矩阵. 则有

$$\begin{aligned}H'(\boldsymbol{x},\lambda,t)&=(H'_{\boldsymbol{x}},H'_{\lambda},H'_t)|_{(\boldsymbol{x},\lambda,t)}\\&=\begin{pmatrix}\lambda\boldsymbol{I}-\boldsymbol{A}(t) & \boldsymbol{x} & -(\boldsymbol{A}-\boldsymbol{D})\boldsymbol{x}\\ 2\boldsymbol{x}^{\mathrm{T}} & \boldsymbol{0} & \boldsymbol{0}\end{pmatrix}\in\mathbb{R}^{(n+1)\times(n+2)},\end{aligned}$$

其中 $\boldsymbol{I}$ 为 n 阶单位矩阵.

定理 2.8 (隐函数定理) 设 $F:\mathbb{D}\subset\mathbb{R}^n\times\mathbb{R}^q\to\mathbb{R}^n$ 在点 $(\boldsymbol{x}^0,\boldsymbol{y}^0)$ 的开邻域 $\mathbb{D}_0\subset\mathbb{D}$ 上连续, $F(\boldsymbol{x}^0,\boldsymbol{y}^0)=\boldsymbol{0}$. 又设 $F'_{\boldsymbol{x}}$ 在点 $(\boldsymbol{x}^0,\boldsymbol{y}^0)$ 存在且是强的 (或者 $F'_{\boldsymbol{x}}$ 在 $(\boldsymbol{x}^0,\boldsymbol{y}^0)$ 的一个邻域内存在, 并且在点 $(\boldsymbol{x}^0,\boldsymbol{y}^0)$ 连续), 同时 $F'_{\boldsymbol{x}}(\boldsymbol{x}^0,\boldsymbol{y}^0)$ 是非奇异的. 那么, 分别有 $\boldsymbol{x}^0$ 与 $\boldsymbol{y}^0$ 的开邻域 $\mathbb{S}_1\subset\mathbb{R}^n$, $\mathbb{S}_2\subset\mathbb{R}^q$, 使得对任何 $\boldsymbol{y}\in\bar{\mathbb{S}}_2$, 方程 $F(\boldsymbol{x},\boldsymbol{y})=\boldsymbol{0}$ 有唯一解 $\boldsymbol{x}=H(\boldsymbol{y})\in\bar{\mathbb{S}}_1$, 并且映射 $H:\mathbb{S}_2\to\mathbb{R}^n$ 是连续的. 此外, 若 $F'_{\boldsymbol{y}}$ 在 $(\boldsymbol{x}^0,\boldsymbol{y}^0)$ 存在, 那么 H 在 $\boldsymbol{y}^0$ 处是 F–可导的, 且

$$H'(\boldsymbol{y}^0)=-[F'_{\boldsymbol{x}}(\boldsymbol{x}^0,\boldsymbol{y}^0)]^{-1}F'_{\boldsymbol{y}}(\boldsymbol{x}^0,\boldsymbol{y}^0).\tag{2.12}$$

证　(1) 记 $\boldsymbol{A} = F'_{\boldsymbol{x}}(\boldsymbol{x}^0, \boldsymbol{y}^0)$, $\beta = \|\boldsymbol{A}^{-1}\|$, 设 $\alpha \in (0, \beta^{-1})$. 由于 $F'_{\boldsymbol{x}}(\boldsymbol{x}^0, \boldsymbol{y}^0)$ 是强偏导数, 故可选取适当小的 $\delta_1, \delta_2 > 0$, 使得对一切 $\boldsymbol{x}$, 存在 $\boldsymbol{z} \in \bar{\mathbb{S}}_1 = \bar{\mathbb{S}}(\boldsymbol{x}^0, \delta_1)$ 和 $\boldsymbol{y} \in \bar{\mathbb{S}}_2 = \bar{\mathbb{S}}(\boldsymbol{y}^0, \delta_2)$ $(\bar{\mathbb{S}}_1 \times \bar{\mathbb{S}}_2 \subset \mathbb{D}_0)$ 有

$$\|F(\boldsymbol{x}, \boldsymbol{y}) - F(\boldsymbol{z}, \boldsymbol{y}) - \boldsymbol{A}(\boldsymbol{x} - \boldsymbol{z})\| \leqslant \alpha \|\boldsymbol{x} - \boldsymbol{z}\|. \tag{2.13}$$

对固定的 $\boldsymbol{y} \in \bar{\mathbb{S}}_2$, 定义映射 $G_{\boldsymbol{y}} : \bar{\mathbb{S}}_1 \to \mathbb{R}^n$ 为

$$G_{\boldsymbol{y}}(\boldsymbol{x}) = \boldsymbol{A}\boldsymbol{x} - F(\boldsymbol{x}, \boldsymbol{y}) - F(\boldsymbol{x}^0, \boldsymbol{y}).$$

由式 (2.13) 可得

$$\|G_{\boldsymbol{y}}(\boldsymbol{x}) - G_{\boldsymbol{y}}(\boldsymbol{z})\| \leqslant \alpha \|\boldsymbol{x} - \boldsymbol{z}\|, \quad \forall \boldsymbol{x}, \boldsymbol{z} \in \bar{\mathbb{S}}_1.$$

又由 F 在 $(\boldsymbol{x}^0, \boldsymbol{y}^0)$ 的连续性, 可设 δ_2 取得适当小, 使

$$\|F(\boldsymbol{x}^0, \boldsymbol{y})\| = \|F(\boldsymbol{x}^0, \boldsymbol{y}) - F(\boldsymbol{x}^0, \boldsymbol{y}^0)\| \leqslant \sigma \equiv (\beta^{-1} - \alpha)\delta_1.$$

注意到此处的 $F(\boldsymbol{x}^0, \boldsymbol{y})$ 相当于定理 2.3 中的 $\boldsymbol{y}$, 于是由定理 2.3 可知, 方程 $\boldsymbol{A}\boldsymbol{x} - G_{\boldsymbol{y}}(\boldsymbol{x}) = F(\boldsymbol{x}^0, \boldsymbol{y})$ 在 $\bar{\mathbb{S}}_1$ 中有唯一解, 亦即 $F(\boldsymbol{x}, \boldsymbol{y}) = \boldsymbol{0}$ 在 $\bar{\mathbb{S}}_1$ 中有唯一解, 不妨记此解为 $\boldsymbol{x} = H(\boldsymbol{y})$.

(2) 证明 $H : \mathbb{S}_2 \to \mathbb{R}^n$ 的连续性. 设 $\boldsymbol{y}, \bar{\boldsymbol{y}} \in \mathbb{S}_2$. 由 H 定义可知

$$F(H(\boldsymbol{y}), \boldsymbol{y}) = F(H(\bar{\boldsymbol{y}}), \bar{\boldsymbol{y}}) = \boldsymbol{0}.$$

利用式 (2.13) 可得

$$\begin{aligned}\|H(\boldsymbol{y}) - H(\bar{\boldsymbol{y}})\| \leqslant & \|\boldsymbol{A}^{-1}[F(H(\boldsymbol{y}), \boldsymbol{y}) - F(H(\bar{\boldsymbol{y}}), \boldsymbol{y}) - \boldsymbol{A}(H(\boldsymbol{y}) - H(\bar{\boldsymbol{y}}))]\| + \\ & \|\boldsymbol{A}^{-1}[F(H(\bar{\boldsymbol{y}}), \boldsymbol{y}) - F(H(\bar{\boldsymbol{y}}), \bar{\boldsymbol{y}})]\| \\ \leqslant & \beta\alpha \|H(\boldsymbol{y}) - H(\bar{\boldsymbol{y}})\| + \beta \|F(H(\bar{\boldsymbol{y}}), \boldsymbol{y}) - F(H(\bar{\boldsymbol{y}}), \bar{\boldsymbol{y}})\|.\end{aligned}$$

注意到 $\alpha\beta < 1$, 故由上式可得

$$\|H(\boldsymbol{y}) - H(\bar{\boldsymbol{y}})\| \leqslant \frac{\beta}{1 - \alpha\beta} \|F(H(\bar{\boldsymbol{y}}), \boldsymbol{y}) - F(H(\bar{\boldsymbol{y}}), \bar{\boldsymbol{y}})\|. \tag{2.14}$$

于是, 由 F 的连续性立即可得 H 的连续性.

(3) 最后证明式 (2.12) 成立. 因 $F'_{\boldsymbol{y}}(\boldsymbol{x}^0, \boldsymbol{y}^0)$ 存在, 故对任意给定的 $\varepsilon > 0$, 可选取 $\delta > 0$, 使式 (2.14) 变为

$$\|H(\boldsymbol{y}) - H(\boldsymbol{y}^0)\| \leqslant \theta \|\boldsymbol{y} - \boldsymbol{y}^0\|, \quad \forall \boldsymbol{y} \in \mathbb{S}(\boldsymbol{y}^0, \delta),$$

其中

$$\theta = \frac{\beta}{1 - \alpha\beta}(\|F'_{\boldsymbol{y}}(\boldsymbol{x}^0, \boldsymbol{y}^0)\| + \varepsilon).$$

于是

$$
\begin{aligned}
&\|H(\boldsymbol{y})-H(\boldsymbol{y}^0)-\{-[F'_{\boldsymbol{x}}(\boldsymbol{x}^0,\boldsymbol{y}^0)]^{-1}F'_{\boldsymbol{y}}(\boldsymbol{x}^0,\boldsymbol{y}^0)\}(\boldsymbol{y}-\boldsymbol{y}^0)\|\\
\leqslant{}&\beta\|F'_{\boldsymbol{x}}(\boldsymbol{x}^0,\boldsymbol{y}^0)[H(\boldsymbol{y})-H(\boldsymbol{y}^0)]+F'_{\boldsymbol{y}}(\boldsymbol{x}^0,\boldsymbol{y}^0)(\boldsymbol{y}-\boldsymbol{y}^0)\|\\
\leqslant{}&\beta\|F(H(\boldsymbol{y}),\boldsymbol{y})-F(H(\boldsymbol{y}^0),\boldsymbol{y})-F'_{\boldsymbol{x}}(\boldsymbol{x}^0,\boldsymbol{y}^0)[H(\boldsymbol{y})-H(\boldsymbol{y}^0)]\|+\\
&\beta\|F(H(\boldsymbol{y}^0),\boldsymbol{y})-F(\boldsymbol{x}^0,\boldsymbol{y}^0)-F'_{\boldsymbol{y}}(\boldsymbol{x}^0,\boldsymbol{y}^0)(\boldsymbol{y}-\boldsymbol{y}^0)\|\\
\leqslant{}&\beta\varepsilon\|H(\boldsymbol{y})-H(\boldsymbol{y}^0)\|+\beta\varepsilon\|\boldsymbol{y}-\boldsymbol{y}^0\|\\
\leqslant{}&\beta(\theta+1)\varepsilon\|\boldsymbol{y}-\boldsymbol{y}^0\|,
\end{aligned}
$$

其中第二个不等式用到了 $F(H(\boldsymbol{y}),\boldsymbol{y})=\mathbf{0}$ 和 $F(\boldsymbol{x}^0,\boldsymbol{y}^0)=\mathbf{0}$. 可见, H 在 $\boldsymbol{y}^0$ 是 F–可微的且其 F–导数由式 (2.12) 给出. □

注 2.4 (1) 跟反函数定理一样, 隐函数定理仍然是局部的. 在此定理的条件下, 若再假设 F 在 $(\boldsymbol{x}^0,\boldsymbol{y}^0)$ 的某邻域内是 $C^r\ (r>1)$ 类映射, 则相应的隐函数 $\boldsymbol{x}=H(\boldsymbol{y})$ (亦即映射 H) 在 $\boldsymbol{y}^0$ 的某个邻域中也是 C^r 类映射.

(2) 隐函数定理是反函数定理的推广. 事实上, 若令 $G(\boldsymbol{x},\boldsymbol{y})=F(\boldsymbol{x})-\boldsymbol{y}$, 对 $G(\boldsymbol{x},\boldsymbol{y})$ 应用隐函数定理即得到反函数定理的结果.

(3) 从解方程的角度来看, 隐函数定理是求解带参数的非线性方程组的理论基础, 可以将 $\mathbb{R}^q$ 视为参数所在的空间. 实际问题中, 参数可能是方程所描述的问题中的某种物理量, 随着参数的改变, 方程组解的性态也随之变化.

例 2.3 设 $F=(f_1,f_2)^{\mathrm{T}}:\mathbb{R}^2\times\mathbb{R}^2\to\mathbb{R}^2$ 定义为

$$
\begin{aligned}
f_1(x_1,x_2;y_1,y_2)&=4x_1x_2y_1^2+y_1^2-5y_2,\\
f_2(x_1,x_2;y_1,y_2)&=-3x_1^2x_2^2+2x_2^2y_1+y_2.
\end{aligned}
$$

取 $(\boldsymbol{x}^0,\boldsymbol{y}^0)=(1,1;1,1)$, 则 $F(\boldsymbol{x}^0,\boldsymbol{y}^0)=\mathbf{0}$. 又

$$
\begin{aligned}
\det(F'_{\boldsymbol{x}}(\boldsymbol{x}^0,\boldsymbol{y}^0))&=\left|\frac{\partial(f_1,f_2)}{\partial(x_1,x_2)}\right|_{(\boldsymbol{x}^0,\boldsymbol{y}^0)}=\begin{vmatrix}4x_2y_1^2 & 4x_1y_1^2\\ -6x_1x_2^2 & 4x_2y_1-6x_1^2x_2\end{vmatrix}_{(\boldsymbol{x}^0,\boldsymbol{y}^0)}\\
&=\begin{vmatrix}4 & 4\\ -6 & -2\end{vmatrix}=16\neq 0.
\end{aligned}
$$

显然, 各偏导数在每一点均存在且连续. 故 F 在 $(\boldsymbol{x}^0,\boldsymbol{y}^0)$ 满足定理 2.8 的所有条件. 又

$$
F'_{\boldsymbol{y}}(\boldsymbol{x}^0,\boldsymbol{y}^0)=\begin{pmatrix}8x_1x_2y_1+2y_1 & -5\\ 2x_2^2 & 1\end{pmatrix}\Bigg|_{(\boldsymbol{x}^0,\boldsymbol{y}^0)}=\begin{pmatrix}10 & -5\\ 2 & 1\end{pmatrix},
$$

于是求得隐函数 $H(y_1,y_2)$ 在 $\boldsymbol{y}^0=(1,1)^{\mathrm{T}}$ 的 F–导数

$$
\begin{aligned}
H'(\boldsymbol{y}^0)&=-[F'_{\boldsymbol{x}}(\boldsymbol{x}^0,\boldsymbol{y}^0)]^{-1}F'_{\boldsymbol{y}}(\boldsymbol{x}^0,\boldsymbol{y}^0)\\
&=-\begin{pmatrix}4 & 4\\ -6 & -2\end{pmatrix}^{-1}\begin{pmatrix}10 & -5\\ 2 & 1\end{pmatrix}=\frac{1}{8}\begin{pmatrix}14 & -3\\ -34 & 13\end{pmatrix}.
\end{aligned}
$$

2.2 不动点定理与迭代法

考虑非线性方程组

$$F(\boldsymbol{x}) = \boldsymbol{0}, \tag{2.15}$$

其中 $F:\mathbb{D}\subset\mathbb{R}^n\to\mathbb{R}^n$. 若存在 $\boldsymbol{x}^*$ 满足 $F(\boldsymbol{x}^*)=\boldsymbol{0}$, 则称 $\boldsymbol{x}^*$ 为式 (2.15) 的解. 所谓用迭代法求解式 (2.15), 就是将其转化为等价的不动点方程

$$\boldsymbol{x} = G(\boldsymbol{x}) \tag{2.16}$$

来求解, 其中映射 $G:\mathbb{D}\subset\mathbb{R}^n\to\mathbb{R}^n$. 例如可取 $G(\boldsymbol{x})=\boldsymbol{x}+\boldsymbol{B}F(\boldsymbol{x})$, 其中 $\boldsymbol{B}\in\mathbb{L}(\mathbb{R}^n)$ 为非奇异矩阵. 显然此时式 (2.16) 与式 (2.15) 是等价的.

容易发现, 式 (2.16) 的解就是映射 G 的不动点, 因此用迭代法求解式 (2.15) 就转化为求式 (2.16) 中定义的映射 G 的不动点. 这样, 研究 G 是否存在不动点自然成了所关心的问题. 前面已经给出了压缩映射原理 (定理 2.1) , 这一原理指出, 如果 G 是闭集 $\mathbb{D}_0$ 上的压缩映射, 且 $G(\mathbb{D}_0)\subset\mathbb{D}_0$, 则 G 在 $\mathbb{D}_0$ 上有唯一的不动点. 这里需要满足三个条件: (1) $\mathbb{D}_0$ 的闭性, (2) G 的压缩性, (3) G 将 $\mathbb{D}_0$ 映入自身, 这三个条件缺一不可. 在后面讨论的迭代法中, 很多情况都是构造 G, 使之成为压缩映射, 再验证条件 (3) (条件 (1) 一般容易满足), 从而确定 G 在某个闭球中有唯一的不动点.

本节将介绍几个不动点定理. 首先引入关于严格非膨胀映射和非膨胀映射的不动点定理. 对于严格非膨胀映射, 有下面的结论.

定理 2.9 设映射 $G:\mathbb{D}\subset\mathbb{R}^n\to\mathbb{R}^n$ 在有界闭集 $\mathbb{D}_0\subset\mathbb{D}$ 上是严格非膨胀的, 且 $G(\mathbb{D}_0)\subset\mathbb{D}_0$, 则 G 在 $\mathbb{D}_0$ 中有唯一的不动点.

证 唯一性易证, 只证明存在性. 记 $\theta(\boldsymbol{x})=\|\boldsymbol{x}-G(\boldsymbol{x})\|$. 显然 $\theta:\mathbb{D}\subset\mathbb{R}^n\to\mathbb{R}^1$ 在 $\mathbb{D}_0$ 上连续. 因 $\mathbb{D}_0$ 为有界闭集, 故 θ 在 $\mathbb{D}_0$ 上有最小值, 设 $\boldsymbol{x}^*$ 为最小点, 即

$$\theta(\boldsymbol{x}^*)=\min_{x\in\mathbb{D}_0}\|\boldsymbol{x}-G(\boldsymbol{x})\|.$$

若 $\boldsymbol{x}^*\neq G(\boldsymbol{x}^*)$, 则由于 G 是严格非膨胀映射, 有

$$\theta(G(\boldsymbol{x}^*))=\|G(\boldsymbol{x}^*)-G(G(\boldsymbol{x}^*))\|<\|\boldsymbol{x}^*-G(\boldsymbol{x}^*)\|=\theta(\boldsymbol{x}^*),$$

这与 $\theta(\boldsymbol{x}^*)$ 为最小值矛盾, 故 $\boldsymbol{x}^*=G(\boldsymbol{x}^*)$ 是 G 的不动点. □

关于非膨胀映射, 有如下的不动点定理.

定理 2.10 设 $G:\mathbb{D}\subset\mathbb{R}^n\to\mathbb{R}^n$ 在闭凸集 $\mathbb{D}_0\subset\mathbb{D}$ 上是非膨胀的, 且 $G(\mathbb{D}_0)\subset\mathbb{D}_0$, 则 G 在 $\mathbb{D}_0$ 有一个不动点当且仅当至少存在一个 $\boldsymbol{x}^0\in\mathbb{D}_0$, 使得序列 $\boldsymbol{x}^{k+1}=G(\boldsymbol{x}^k)$ $(k=0,1,\cdots)$ 有界.

证 必要性. 设 G 有不动点 $\boldsymbol{x}^*\in\mathbb{D}_0$, 取 $\boldsymbol{x}^0=\boldsymbol{x}^*$, 则有

$$\boldsymbol{x}^1=G(\boldsymbol{x}^0)=G(\boldsymbol{x}^*)=\boldsymbol{x}^*.$$

由归纳法可得, $\boldsymbol{x}^{k+1} = G(\boldsymbol{x}^k) = G(\boldsymbol{x}^*) = \boldsymbol{x}^*$ 对所有 $k = 0,1,\cdots$ 都成立. 显然, 序列 $\boldsymbol{x}^{k+1} = G(\boldsymbol{x}^k)$ 有界.

充分性. 设 $\boldsymbol{x}^0 \in \mathbb{D}_0$, $\boldsymbol{x}^{k+1} = G(\boldsymbol{x}^k)$ $(k = 0,1,\cdots)$ 有界, 且 $\{\boldsymbol{x}^k\} \subset \mathbb{D}_0$, 并有 $C > 0$, 使 $\|\boldsymbol{x}^k - \boldsymbol{x}^0\| \leqslant C$, $k = 1,2,\cdots$. 下面先证明在 $\mathbb{D}_0$ 中包含一个有界闭凸集 $\bar{\mathbb{Z}}$, 使 $G(\bar{\mathbb{Z}}) \subset \bar{\mathbb{Z}}$. 为此, 令

$$\mathbb{Z}_k = \{\boldsymbol{x} \in \mathbb{D}_0 \,|\, \|\boldsymbol{x} - \boldsymbol{x}^j\| \leqslant C,\ j = k, k+1, \cdots\},$$

则 $\mathbb{Z}_k \subset \mathbb{Z}_{k+1}$, 且 $\boldsymbol{x}^0 \in \mathbb{Z}_k$ 对所有 k 都成立. 取

$$\mathbb{Z} = \bigcup_{k=0}^{\infty} \mathbb{Z}_k \subset \mathbb{D}_0.$$

如果 $\boldsymbol{x} \in \mathbb{Z}_k$, 则 $\|\boldsymbol{x} - \boldsymbol{x}^k\| \leqslant C$, 且

$$\|\boldsymbol{x} - \boldsymbol{x}^0\| \leqslant \|\boldsymbol{x} - \boldsymbol{x}^k\| + \|\boldsymbol{x}^k - \boldsymbol{x}^0\| \leqslant 2C.$$

故对 $\forall \boldsymbol{x} \in \mathbb{Z}$, 有 $\|\boldsymbol{x} - \boldsymbol{x}^0\| \leqslant 2C$. 由于 $\mathbb{D}_0$ 是闭的, 故 $\bar{\mathbb{Z}} = \mathbb{Z} + \partial\mathbb{Z} \subset \mathbb{D}_0$, 且对 $\forall \boldsymbol{x} \in \bar{\mathbb{Z}}$, 仍有 $\|\boldsymbol{x} - \boldsymbol{x}^0\| \leqslant 2C$, 即 $\bar{\mathbb{Z}}$ 是有界闭集. 又因为每个 $\mathbb{Z}_k$ 是凸的, 故 $\bar{\mathbb{Z}}$ 也是凸的.

现在来证明 $G(\bar{\mathbb{Z}}) \subset \bar{\mathbb{Z}}$. 设 $\widetilde{\boldsymbol{x}} \in \mathbb{Z}$, 则存在某个 k 使 $\widetilde{\boldsymbol{x}} \in \mathbb{Z}_k$, 即 $\|\widetilde{\boldsymbol{x}} - \boldsymbol{x}^j\| \leqslant C$ 对 $j = k, k+1, \cdots$ 成立, 从而有

$$\|G(\widetilde{\boldsymbol{x}}) - \boldsymbol{x}^{j+1}\| = \|G(\widetilde{\boldsymbol{x}}) - G(\boldsymbol{x}^j)\| \leqslant \|\widetilde{\boldsymbol{x}} - \boldsymbol{x}^j\| \leqslant C, \quad j = k, k+1, \cdots,$$

即 $G(\widetilde{\boldsymbol{x}}) \in \mathbb{Z}_{k+1} \subset \mathbb{Z} \subset \bar{\mathbb{Z}}$. 若 $\widetilde{\boldsymbol{x}} \in \partial\mathbb{Z}$, 则由 $\bar{\mathbb{Z}}$ 的闭性可知, 必存在 $\{\widetilde{\boldsymbol{x}}^k\} \in \mathbb{Z}$ 收敛到 $\widetilde{\boldsymbol{x}}$, 于是有 $\{G(\widetilde{\boldsymbol{x}}^k)\} \subset \mathbb{Z} \subset \bar{\mathbb{Z}}$. 由 G 的连续性以及 $\bar{\mathbb{Z}}$ 为有界闭凸集, 得

$$G(\widetilde{\boldsymbol{x}}) = \lim_{k\to\infty} G(\widetilde{\boldsymbol{x}}^k) \in \bar{\mathbb{Z}}.$$

从而 $G(\bar{\mathbb{Z}}) \subset \bar{\mathbb{Z}}$.

下面只需证明 G 在 $\bar{\mathbb{Z}}$ 中有不动点即可. 事实上, 令 $\alpha \in (0,1)$ 且 $\boldsymbol{z} \in \bar{\mathbb{Z}}$ 是一个固定点, 定义

$$G_\alpha(\boldsymbol{x}) = \alpha G(\boldsymbol{x}) + (1-\alpha)\boldsymbol{z}, \quad \forall \boldsymbol{x} \in \bar{\mathbb{Z}}.$$

因 $\bar{\mathbb{Z}}$ 是凸的, 且 $G(\bar{\mathbb{Z}}) \subset \bar{\mathbb{Z}}$, 故 $G_\alpha(\bar{\mathbb{Z}}) \subset \bar{\mathbb{Z}}$, 并有

$$\|G_\alpha(\boldsymbol{x}) - G_\alpha(\boldsymbol{y})\| = \alpha\|G(\boldsymbol{x}) - G(\boldsymbol{y})\| \leqslant \alpha\|\boldsymbol{x} - \boldsymbol{y}\|, \quad \forall \boldsymbol{x}, \boldsymbol{y} \in \bar{\mathbb{Z}},$$

故 G_α 是 $\bar{\mathbb{Z}}$ 上的压缩映射. 根据压缩映射原理, 存在唯一的不动点 $\boldsymbol{x}^\alpha \in \bar{\mathbb{Z}}$, 即

$$\boldsymbol{x}^\alpha = G_\alpha(\boldsymbol{x}^\alpha) = \alpha G(\boldsymbol{x}^\alpha) + (1-\alpha)\boldsymbol{z}.$$

由此可得

$$\lim_{\alpha\to1}\left[\frac{1}{\alpha}\boldsymbol{x}^\alpha - G(\boldsymbol{x}^\alpha)\right] = \lim_{\alpha\to1}\frac{1-\alpha}{\alpha}\boldsymbol{z} = \boldsymbol{0}. \tag{2.17}$$

令 $\{\alpha_k\} \subset (0,1)$ 是使 $\lim\limits_{k\to\infty} \alpha_k = 1$ 的任一序列, 并设 $\boldsymbol{x}^k = \boldsymbol{x}^{\alpha_k}$. 因为 $\bar{\mathbb{Z}}$ 是有界闭集, 故存在以 $\boldsymbol{x}^*$ 为极限点的收敛子序列 $\{\boldsymbol{x}^{k_i}\}$, 于是有 $\lim\limits_{k\to\infty}(1/\alpha_{k_i})\boldsymbol{x}^{k_i} = \boldsymbol{x}^*$. 故由 G 的连续性及 (2.17), 可得 $\boldsymbol{x}^* = G(\boldsymbol{x}^*)$. 证毕. □

下面再介绍几个应用很广的不动点定理.

定理 2.11 (Brouwer 不动点定理) 设 $G: \mathbb{D} \subset \mathbb{R}^n \to \mathbb{R}^n$ 在有界闭凸集 $\mathbb{D}_0 \subset \mathbb{D}$ 上连续, 且 $G(\mathbb{D}_0) \subset \mathbb{D}_0$, 则 G 在 $\mathbb{D}_0$ 中至少有一个不动点.

证 本定理的证明比较复杂, 证明方法也多种多样, 下面只就 $n = 1$ 的情形给出证明. 此时, $\mathbb{D}_0 = [a,\ b]$, 若 $G(a) \neq a$, $G(b) \neq b$, 则由定理的假设, 必有 $G(a) > a$, $G(b) < b$. 令 $F(x) = x - G(x)$, 则 $F(x)$ 在闭区间 $[a,\ b]$ 上连续, 且

$$F(a) = a - G(a) < 0, \quad F(b) = b - G(b) > 0,$$

故存在 $x^* \in [a,\ b]$, 使得 $F(x^*) = x^* - G(x^*) = 0$, 即 $x^* = G(x^*)$. □

定理 2.1 (压缩映射原理) 表明了有限维空间上的压缩映射存在唯一的不动点. 这一结论可以推广到一般的 Banach 空间.

定理 2.12 (Banach 不动点定理) 设 $\mathbb{B}$ 为 Banach 空间 $\mathbb{X}$ 中的非空闭子集, $T: \mathbb{B} \to \mathbb{B}$ 为具有压缩系数 α $(0 \leqslant \alpha < 1)$ 的压缩映射, 则

(1) 存在唯一的 $\boldsymbol{x}^* \in \mathbb{B}$, 使得 $\boldsymbol{x}^* = T(\boldsymbol{x}^*)$;

(2) 对任意的 $\boldsymbol{x}^0 \in \mathbb{B}$, 迭代 $\boldsymbol{x}^{k+1} = T(\boldsymbol{x}^k)$ $(k = 0, 1, \cdots)$ 产生的迭代序列 $\{\boldsymbol{x}^k\} \subset \mathbb{B}$ 收敛于 $\boldsymbol{x}^*$, 即

$$\|\boldsymbol{x}^k - \boldsymbol{x}^*\| \to 0, \quad (k \to \infty),$$

并有如下误差估计

$$\|\boldsymbol{x}^k - \boldsymbol{x}^*\| \leqslant \frac{\alpha^k}{1-\alpha}\|\boldsymbol{x}^0 - \boldsymbol{x}^1\|, \tag{2.18}$$

$$\|\boldsymbol{x}^k - \boldsymbol{x}^*\| \leqslant \frac{\alpha}{1-\alpha}\|\boldsymbol{x}^{k-1} - \boldsymbol{x}^k\|, \tag{2.19}$$

$$\|\boldsymbol{x}^k - \boldsymbol{x}^*\| \leqslant \alpha\|\boldsymbol{x}^{k-1} - \boldsymbol{x}^*\|. \tag{2.20}$$

式 (2.19) 说明, 当前后两次迭代结果的距离 $\|\boldsymbol{x}^{k-1} - \boldsymbol{x}^k\|$ 充分小时, 可取 $\boldsymbol{x}^k$ 作为 $\boldsymbol{x}^*$ 的近似结果.

将定理 2.11 推广到无限维空间, 便得到下面的 Schauder 定理.

定理 2.13 (Schauder, 肖德尔定理) 设 G 为 Banach 空间中集合 $\mathbb{D}$ 上的连续映射, $\mathbb{D}_0 \subset \mathbb{D}$ 为紧凸集, 且 $G(\mathbb{D}_0) \subset \mathbb{D}_0$, 则 G 在 $\mathbb{D}_0$ 中有不动点.

将定理 2.12 和定理 2.13 结合起来, 便有如下结论.

定理 2.14 (Krasnoselskii, 克拉斯诺谢尔斯基定理) 设 $\mathbb{K}$ 是 Banach 空间 $\mathbb{X}$ 的一个有界闭凸集, 而 T 和 G 是 $\mathbb{K} \to \mathbb{X}$ 的两个映射, 满足条件:

(1) 对任意的 $\boldsymbol{x}, \boldsymbol{y} \in \mathbb{K}$, 有 $T(\boldsymbol{x}) + G(\boldsymbol{y}) \in \mathbb{K}$;

(2) T 在 $\mathbb{K}$ 上为压缩映射 (压缩系数为 α);

(3) G 在 $\mathbb{K}$ 上为全连续映射.

则组合映射 $T + G$ 在 $\mathbb{K}$ 上有不动点.

证 由条件 (1) 知, 对任意的 $\boldsymbol{z} \in G(\mathbb{K})$, $T(\boldsymbol{x})+\boldsymbol{z}$ 定义了一个 $\mathbb{K} \to \mathbb{K}$ 的映射. 又由条件 (2) 和定理 2.12 知, 方程

$$T(\boldsymbol{x}) + \boldsymbol{z} = \boldsymbol{x}$$

有且仅有一个解 $\boldsymbol{x} = \sigma(\boldsymbol{z}) \in \mathbb{K}$.

现任取两个元素 $\boldsymbol{z}$, $\hat{\boldsymbol{z}} \in G(\mathbb{K})$. 由上面的结果知, 应有

$$T(\sigma(\boldsymbol{z})) + \boldsymbol{z} = \sigma(\boldsymbol{z}), \quad T(\sigma(\hat{\boldsymbol{z}})) + \hat{\boldsymbol{z}} = \sigma(\hat{\boldsymbol{z}}). \tag{2.21}$$

再由条件 (2) 得

$$\begin{aligned}\|\sigma(\boldsymbol{z}) - \sigma(\hat{\boldsymbol{z}})\| &\leqslant \|T(\sigma(\boldsymbol{z})) - T(\sigma(\hat{\boldsymbol{z}}))\| + \|\boldsymbol{z} - \hat{\boldsymbol{z}}\| \\ &\leqslant \alpha\|\sigma(\boldsymbol{z}) - \sigma(\hat{\boldsymbol{z}})\| + \|\boldsymbol{z} - \hat{\boldsymbol{z}}\|.\end{aligned}$$

从而有

$$\|\sigma(\boldsymbol{z}) - \sigma(\hat{\boldsymbol{z}})\| \leqslant \frac{1}{1-\alpha}\|\boldsymbol{z} - \hat{\boldsymbol{z}}\|.$$

可见 $\sigma(\boldsymbol{z})$ 在 $G(\mathbb{K})$ 上连续. 由于 G 在 $\mathbb{K}$ 上为全连续映射, 从而 $\sigma \circ G$ 在 $\mathbb{K}$ 上也为全连续映射. 由定理 2.13 知, $\sigma \circ G$ 在 $\mathbb{K}$ 上有不动点 $\boldsymbol{x}^*$, 即有 $\boldsymbol{x}^* \in \mathbb{K}$, 使得

$$\sigma \circ G(\boldsymbol{x}^*) = \boldsymbol{x}^*.$$

从而由式 (2.21) 得

$$T(\sigma(G(\boldsymbol{x}^*))) + G(\boldsymbol{x}^*) = \sigma(G(\boldsymbol{x}^*)),$$

即 $T(\boldsymbol{x}^*) + G(\boldsymbol{x}^*) = \boldsymbol{x}^*$. 证毕. □

2.3 迭代法的收敛性理论

对于非线性方程组的研究远不如线性方程组那样成熟，除特殊方程组外，一般很难求出非线性方程组的精确解，往往只能借助迭代法求其数值解. 本节将讨论迭代法的基本原理、迭代格式的构造以及迭代收敛速度的衡量指标.

2.3.1 迭代格式的构造

前一节谈到用迭代法求解式 (2.15), 是先将这个方程化为等价的不动点方程——式 (2.16), 然后求映射 G 的不动点. 通常是构造如下迭代序列

$$\boldsymbol{x}^k = G(\boldsymbol{x}^{k-1}), \quad k = 1, 2, \cdots. \tag{2.22}$$

希望这个迭代序列 $\{\boldsymbol{x}^k\}$ 收敛到 G 的不动点 $\boldsymbol{x}^*$, 亦即方程 $F(\boldsymbol{x}) = \boldsymbol{0}$ 的解. 如果 G 是压缩的, 则可望迭代序列收敛. 图 2.1 是一维时迭代序列收敛情形的示意图.

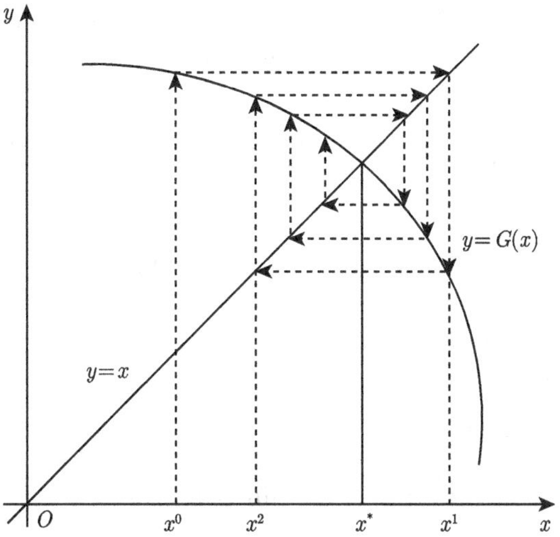

图 2.1　迭代序列收敛情形

对于式 (2.22) 的迭代形式, G 可以有各种表示方式.

(1) 单步定常迭代. 如果 G 不依赖于迭代步数 k, 且 $\boldsymbol{x}^k$ 只依赖于 $\boldsymbol{x}^{k-1}$, 此时称式 (2.22) 为单步定常迭代.

(2) 单步非定常迭代. 如果 G 依赖于迭代步数 k, 但 $\boldsymbol{x}^k$ 只依赖于 $\boldsymbol{x}^{k-1}$, 此时迭代形式可表示为

$$\boldsymbol{x}^k = G_k(\boldsymbol{x}^{k-1}), \quad k = 1, 2, \cdots. \tag{2.23}$$

称式 (2.23) 为单步非定常迭代.

(3) m 步定常迭代. 如果 G 不依赖于迭代步数 k, 但 $\boldsymbol{x}^k$ 依赖于前 m 次迭代值

$$\boldsymbol{x}^{k-1}, \boldsymbol{x}^{k-2}, \cdots, \boldsymbol{x}^{k-m},$$

此时迭代格式可表述为

$$\boldsymbol{x}^k = G(\boldsymbol{x}^{k-1}, \boldsymbol{x}^{k-2}, \cdots, \boldsymbol{x}^{k-m}), \quad k = m, m+1, \cdots. \tag{2.24}$$

称式 (2.24) 为 m 步定常迭代.

(4) m 步非定常迭代. 如果 G 依赖于迭代步数 k, 且 $\boldsymbol{x}^{k+1}$ 依赖于前 m 次迭代值

$$\boldsymbol{x}^{k}, \boldsymbol{x}^{k-1}, \cdots, \boldsymbol{x}^{k-m},$$

此时迭代格式可表述为

$$\boldsymbol{x}^k = G_k(\boldsymbol{x}^{k-1}, \boldsymbol{x}^{k-2}, \cdots, \boldsymbol{x}^{k-m}), \quad k = m, m+1, \cdots. \tag{2.25}$$

称式 (2.25) 为 m 步非定常迭代.

通常称 G 或 G_k 为迭代函数. 若迭代函数 G 或 (对任意的 k) G_k 为 $\boldsymbol{x}^{k-1}, \boldsymbol{x}^{k-2}, \cdots, \boldsymbol{x}^{k-m}$ $(k = m, m+1, \cdots)$ 的线性函数, 则称迭代法为线性的; 否则, 称迭代法为非线性的.

依此定义, 又可将迭代法分为四类: 线性定常迭代法、线性非定常迭代法、非线性定常迭代法、非线性非定常迭代法. 一般来说, 构造求解非线性方程组的迭代法通常都是非线性迭代法.

可以说, 用不同的方法构造出不同的迭代函数即可得到不同的迭代法. 设 $G:\mathbb{D}\subset\mathbb{R}^n\to\mathbb{R}^n$, 如果一个迭代法产生的序列

$$\{\boldsymbol{x}^k\,|\,k=0,1,\cdots\}\subset\mathbb{D},$$

则称该迭代序列是适定的. 因为只有当 $\{\boldsymbol{x}^k\}$ 适定时, G 在其上才有意义, 故而对任意迭代法, 适定性是最起码的要求.

若 $\boldsymbol{x}^*\in\mathbb{D}\subset\mathbb{R}^n$ 是式 (2.15) 的解, 且序列 $\{\boldsymbol{x}^k\,|\,k=0,1,\cdots\}$ 满足

$$\lim_{k\to\infty}\boldsymbol{x}^k=\boldsymbol{x}^* \quad \text{或} \quad \lim_{k\to\infty}\|\boldsymbol{x}^k-\boldsymbol{x}^*\|=0,$$

则称迭代序列收敛于 $\boldsymbol{x}^*$. 一个迭代法, 只有当它的迭代序列 $\{\boldsymbol{x}^k\,|\,k=0,1,\cdots\}$ 是适定的且收敛于 $\boldsymbol{x}^*$ 时, 才有实用价值.

定义 2.6 设 $F:\mathbb{D}\subset\mathbb{R}^n\to\mathbb{R}^n$, $\boldsymbol{x}^*\in\mathbb{D}$ 是方程 $F(\boldsymbol{x})=\boldsymbol{0}$ 的一个解. 若存在 $\boldsymbol{x}^*$ 的一个邻域 $\mathbb{S}\subset\mathbb{D}$, 对任何初始近似 $\boldsymbol{x}^0\in\mathbb{S}$ (对于 m 步迭代法, 初值为 $\boldsymbol{x}^0,\cdots,\boldsymbol{x}^{m-1}\in\mathbb{S}$), 迭代序列 $\{\boldsymbol{x}^k\,|\,k=0,1,\cdots\}$ 总是适定的且收敛于 $\boldsymbol{x}^*$, 则称 $\boldsymbol{x}^*$ 是迭代序列的吸引点.

不少迭代法都设法使迭代函数 G 是压缩的, 此时迭代序列的吸引点恰是 G 的不动点; 或使 G 具有某种单调性, 使之成为单调迭代法.

2.3.2 收敛性与收敛速度

前面谈到, 一个迭代法, 只有在其产生的迭代序列适定且收敛的前提下才有意义. 现在来考察收敛性的情况. 首先给出式 (2.22) 的收敛性结果.

定理 2.15 设 $\boldsymbol{x}^*$ 是式 (2.16) 的解, $G:\mathbb{D}\subset\mathbb{R}^n\to\mathbb{R}^n$. 若存在一个开球 $\mathbb{S}=\mathbb{S}(\boldsymbol{x}^*,\delta)=\{\boldsymbol{x}\,|\,\|\boldsymbol{x}-\boldsymbol{x}^*\|<\delta,\delta>0\}\subset\mathbb{D}$ 和常数 $\alpha\in(0,1)$, 使得对一切 $\boldsymbol{x}\in\mathbb{D}$, 有

$$\|G(\boldsymbol{x})-G(\boldsymbol{x}^*)\|\leqslant\alpha\|\boldsymbol{x}-\boldsymbol{x}^*\|, \tag{2.26}$$

则对任意 $\boldsymbol{x}^0\in\mathbb{S}$, $\boldsymbol{x}^*$ 是式 (2.22) 的吸引点.

证 先证适定性. 对任何 $\boldsymbol{x}^0\in\mathbb{S}$, 由式 (2.22) 和式 (2.26) 得

$$\|\boldsymbol{x}^1-\boldsymbol{x}^*\|=\|G(\boldsymbol{x}^0)-G(\boldsymbol{x}^*)\|\leqslant\alpha\|\boldsymbol{x}^0-\boldsymbol{x}^*\|<\delta,$$

因此, $\boldsymbol{x}^1\in\mathbb{S}$. 若已知 $\boldsymbol{x}^{k-1}\in\mathbb{S}$, 则由

$$\begin{aligned}\|\boldsymbol{x}^k-\boldsymbol{x}^*\|&=\|G(\boldsymbol{x}^{k-1})-G(\boldsymbol{x}^*)\|\leqslant\alpha\|\boldsymbol{x}^{k-1}-\boldsymbol{x}^*\|\leqslant\cdots\\&\leqslant\alpha^k\|\boldsymbol{x}^0-\boldsymbol{x}^*\|<\delta\end{aligned} \tag{2.27}$$

知 $\boldsymbol{x}^k\in\mathbb{S}$, 这说明迭代序列 $\{\boldsymbol{x}^k\,|\,k=0,1,\cdots\}$ 是适定的.

又因 $0<\alpha<1$, 于是由式 (2.27) 立刻可得 $\lim\limits_{k\to\infty}\|\boldsymbol{x}^k-\boldsymbol{x}^*\|=0$, 即 $\lim\limits_{k\to\infty}\boldsymbol{x}^k=\boldsymbol{x}^*$. 故 $\boldsymbol{x}^*$ 是式 (2.22) 的吸引点. □

式 (2.26) 是一个压缩条件. 若 G 在 $\boldsymbol{x}^*$ 可导, 则可用另一个较易实现的条件替代, 此即下面所谓的 Ostrowski (奥斯特洛夫斯基) 定理.

定理 2.16 (Ostrowski 定理) 设映射 $G:\mathbb{D}\subset\mathbb{R}^n\to\mathbb{R}^n$ 有一个不动点 $\boldsymbol{x}^*\in\text{int}(\mathbb{D})$, 且在 $\boldsymbol{x}^*$ 处为 F–可导, $G'(\boldsymbol{x}^*)$ 的谱半径

$$\rho(G'(\boldsymbol{x}^*))=\sigma<1. \tag{2.28}$$

则存在开球 $\mathbb{S}=\mathbb{S}(\boldsymbol{x}^*,\delta)\subset\mathbb{D}$, 对任意初值 $\boldsymbol{x}^0\in\mathbb{S}$, $\boldsymbol{x}^*$ 是式 (2.22) 的吸引点.

证 只需验证式 (2.26) 成立即可. 因 $\sigma<1$, 故可取 $\varepsilon>0$, 使 $\sigma+2\varepsilon<1$. 根据定理 1.3 的结论 (2), 对 $\varepsilon>0$, 存在一种范数 $\|\cdot\|_\varepsilon$, 使

$$\|G'(\boldsymbol{x}^*)\|_\varepsilon\leqslant\sigma+\varepsilon.$$

另一方面, 由 G 在 $\boldsymbol{x}^*$ 处 F–可导和 F–导数的定义可知, 对上述 $\varepsilon>0$, 存在 $\delta>0$, 使 $\mathbb{S}=\mathbb{S}(\boldsymbol{x}^*,\delta)\subset\mathbb{D}$, 且 $\forall\boldsymbol{x}\in\mathbb{S}$, 有

$$\|G(\boldsymbol{x})-G(\boldsymbol{x}^*)-G'(\boldsymbol{x}^*)(\boldsymbol{x}-\boldsymbol{x}^*)\|\leqslant\varepsilon\|\boldsymbol{x}-\boldsymbol{x}^*\|.$$

于是

$$\begin{aligned}\|G(\boldsymbol{x})-G(\boldsymbol{x}^*)\|_\varepsilon\leqslant&\|G(\boldsymbol{x})-G(\boldsymbol{x}^*)-G'(\boldsymbol{x}^*)(\boldsymbol{x}-\boldsymbol{x}^*)\|_\varepsilon+\\&\|G'(\boldsymbol{x}^*)(\boldsymbol{x}-\boldsymbol{x}^*)\|_\varepsilon\\\leqslant&(\sigma+2\varepsilon)\|\boldsymbol{x}-\boldsymbol{x}^*\|_\varepsilon.\end{aligned}$$

由于 $\sigma+2\varepsilon<1$, 故式 (2.26) 成立. 根据定理 2.15 可知, $\boldsymbol{x}^*$ 是式 (2.22) 的吸引点. □

值得注意的是, 式 (2.28) 只是式 (2.22) 收敛的充分条件而非必要条件. 例如, 当 $n=1$, $G(x)=x-x^3$, 有不动点 $x^*=0$. 这时, $G'(x)=1-3x^2$, $\rho(G'(0))=1$. 但当任何初值 $|x^0|<1$, 迭代序列 $x^{k+1}=x^k-(x^k)^3$ 收敛于 0, 故 $x^*=0$ 是 $\{x^k\,|\,k=0,1,\cdots\}$ 的一个吸引点. 这说明 $\rho(G'(\boldsymbol{x}^*))<1$ 并非式 (2.22) 局部收敛的必要条件. 但在线性情形, 即当 $G(\boldsymbol{x})=\boldsymbol{A}\boldsymbol{x}+\boldsymbol{b}$, $\boldsymbol{A}\in\mathbb{L}(\mathbb{R}^n)$, 此时式 (2.28) 变为 $\rho(\boldsymbol{A})<1$, 根据式 (2.22), 它是用简单迭代法解线性方程组 $\boldsymbol{x}=\boldsymbol{A}\boldsymbol{x}+\boldsymbol{b}$ 收敛的充分必要条件. 这正是线性问题与非线性问题的不同之处.

不难发现, 定理 2.15 和定理 2.16 所阐明的收敛性, 只是满足一定条件下的迭代序列在解的一个充分小的邻域内收敛, 这种收敛称为局部收敛, 它是在已知式 (2.15) 的解存在的前提下进行讨论的. 如果在不知道式 (2.15) 的解是否存在的情形下, 只根据迭代初值 $\boldsymbol{x}^0$ 满足的条件就能证明迭代序列 $\{\boldsymbol{x}^k\,|\,k=0,1,\cdots\}$ 收敛到式 (2.15) 的解 $\boldsymbol{x}^*$, 则称这种迭代法具有半局部收敛性. 局部收敛和半局部收敛的迭代法都要求迭代初值 $\boldsymbol{x}^0$ 充分接近解 $\boldsymbol{x}^*$, 这给实际计算带来了很大的困难.

如果一个迭代法对求解区域 $\mathbb{D}$ 中任一点 $\boldsymbol{x}^0$ 作为迭代初值, 迭代序列 $\{\boldsymbol{x}^k\,|\,k=0,1,\cdots\}$ 收敛到所求方程的解, 这种收敛称为全局收敛或大范围收敛. 构造具有全局收敛性的迭代法对实际计算很有意义.

Ostrowski 定理在分析迭代序列的收敛性时起着重要的作用. 下面介绍一个使用起来更为简单方便的收敛性判定定理.

定理 2.17 设集合

$$\mathbb{D} = \{\boldsymbol{x} = (x_1, x_2, \cdots, x_n)^{\mathrm{T}} \mid a_i \leqslant x_i \leqslant b_i,\ i = 1, 2, \cdots, n\},$$

这里 $a_i, b_i\ (i = 1, \cdots, n)$ 都是常数. 假定映射 $G: \mathbb{D} \subset \mathbb{R}^n \to \mathbb{R}^n$ 具有一阶连续偏导数且 $G(\mathbb{D}) \subset \mathbb{D}$, 其中 $G(\boldsymbol{x}) = (g_1(\boldsymbol{x}), \cdots, g_n(\boldsymbol{x}))^{\mathrm{T}}$. 若存在常数 $\beta < 1$, 满足

$$\left|\frac{\partial g_i(\boldsymbol{x})}{\partial x_j}\right| \leqslant \frac{\beta}{n},\quad \forall \boldsymbol{x} \in \mathbb{D},\ i,\ j = 1, 2, \cdots, n, \tag{2.29}$$

则式 (2.22) 对任意初值 $\boldsymbol{x}^0 \in \mathbb{D}$ 收敛于 G 的不动点 $\boldsymbol{x}^* \in \mathbb{D}$, 并且有下面的迭代误差估计式

$$\|\boldsymbol{x}^k - \boldsymbol{x}^*\|_\infty \leqslant \frac{\beta^k}{1-\beta}\|\boldsymbol{x}^1 - \boldsymbol{x}^0\|_\infty.$$

定理 2.17 的证明从略. 顺便指出, 式 (2.29) 实际上给出了 G 的压缩性条件.

例 2.4 用式 (2.22) 求下列方程组的近似解

$$\begin{cases} 6x_1 - 2\cos x_2 x_3 - 1 = 0, \\ x_1^2 - 81(x_2 + 0.1)^2 + \sin x_3 + 1.06 = 0, \\ 3\mathrm{e}^{-x_1 x_2} + 60x_3 + 10\pi - 3 = 0, \end{cases} \tag{2.30}$$

其中求解区域为闭立方体 $\mathbb{D} = [-1,\ 1]^3$.

解 首先将式 (2.30) 写成形如式 (2.16) 的等价形式

$$\begin{cases} x_1 = g_1(\boldsymbol{x}) = \dfrac{1}{3}\cos x_2 x_3 + \dfrac{1}{6}, \\ x_2 = g_2(\boldsymbol{x}) = \dfrac{1}{9}\sqrt{x_1^2 + \sin x_3 + 1.06} - 0.1, \\ x_3 = g_3(\boldsymbol{x}) = -\dfrac{1}{20}\mathrm{e}^{-x_1 x_2} - \dfrac{10\pi - 3}{60}. \end{cases} \tag{2.31}$$

这里 $\boldsymbol{x} = (x_1, x_2, x_3)^{\mathrm{T}}$. 容易发现 $G(\boldsymbol{x}) = (g_1(\boldsymbol{x}), g_2(\boldsymbol{x}), g_3(\boldsymbol{x}))^{\mathrm{T}}$ 具有一阶连续偏导数. 同时不难验证满足式 (2.29). 于是, 根据定理 2.17, G 在 $\mathbb{D}$ 中有唯一的不动点且式 (2.22) 收敛于这个不动点.

由定理 2.17 知, 对任意初值 $\boldsymbol{x}^0 \in \mathbb{D}$, 迭代序列均收敛于 G 的不动点. 用下列具体的迭代格式

$$\begin{cases} x_1^{k+1} = \dfrac{1}{3}\cos x_2^k x_3^k + \dfrac{1}{6}, \\ x_2^{k+1} = \dfrac{1}{9}\sqrt{(x_1^k)^2 + \sin x_3^k + 1.06} - 0.1, \\ x_3^{k+1} = -\dfrac{1}{20}\mathrm{e}^{-x_1^k x_2^k} - \dfrac{10\pi - 3}{60}. \end{cases}$$

并用准则

$$\|\boldsymbol{x}^k-\boldsymbol{x}^{k-1}\|_\infty \leqslant 10^{-5}$$

控制迭代次数. 注意到式 (2.30) 的精确解为 $\boldsymbol{x}^*=\left(0.5,\ 0,\ -\dfrac{\pi}{6}\right)^{\mathrm{T}}$. 编制 MATLAB 计算程序, 对于不同的初始点 $\boldsymbol{x}^0$, 计算结果如表 2.1 所示.

表 2.1 例 2.4 的数值结果

初始点 ($\boldsymbol{x}^0$)	迭代次数 (k)	$\Vert\boldsymbol{x}^k-\boldsymbol{x}^{k-1}\Vert_\infty$	$\Vert\boldsymbol{x}^k-\boldsymbol{x}^*\Vert_\infty$
$(0.0,0.0,0.0)^{\mathrm{T}}$	5	4.6465e-07	2.4839e-08
$(0.1,0.1,-0.1)^{\mathrm{T}}$	5	3.0756e-07	1.6487e-08
$(0.5,0.5,0.5)^{\mathrm{T}}$	5	1.4141e-06	7.5515e-08
$(-0.5,-0.5,-0.5)^{\mathrm{T}}$	4	1.7003e-06	5.3355e-08
$(100,100,100)^{\mathrm{T}}$	7	7.6528e-07	4.0933e-08
$(-10,70,-10)^{\mathrm{T}}$	6	8.2036e-06	2.0619e-07

从表 2.1 可见 $\|\boldsymbol{x}^k-\boldsymbol{x}^*\|_\infty \leqslant 10^{-6}$, 这一实际计算结果验证了理论结果.

现在来讨论迭代序列的收敛速度. 收敛速度一般是指迭代序列 $\{\boldsymbol{x}^k\}$ 与解点 $\boldsymbol{x}^*$ 之间的距离范数所确定的数列 $\{\|\boldsymbol{x}^k-\boldsymbol{x}^*\|\}$ 趋于零的速度. 显然, 数列 $\{\|\boldsymbol{x}^k-\boldsymbol{x}^*\|\}$ 趋于零的速度越快, 相应算法的效率就越高. 对此, 有两种衡量的尺度: 商式收敛 (简称 Q–收敛) 和根式收敛 (简称 R–收敛）.

Q–收敛是通过前后两个迭代点与解点 $\boldsymbol{x}^*$ 的靠近程度之比 (商) 来定义的. 有下面的定义.

定义 2.7 假定迭代序列 $\{\boldsymbol{x}^k\}_{k=0}^{\infty}$ 收敛到 $\boldsymbol{x}^*$. 若存在 $p\geqslant 1$ 及与 k 无关的常数 $c\geqslant 0$, 使得

$$\lim_{k\to\infty}\frac{\|\boldsymbol{x}^{k+1}-\boldsymbol{x}^*\|}{\|\boldsymbol{x}^k-\boldsymbol{x}^*\|^p}=c, \tag{2.32}$$

则称序列 $\{\boldsymbol{x}^k\}$ 具有 Q–p 阶收敛速度. 特别地,

(a) 当 $p=2,\ c>0$ 时, 称为 Q–平方收敛;

(b) 当 $p=1,\ 0<c<1$ 时, 称为 Q–线性收敛;

(c) 当 $p=1,\ c\geqslant 1$ 时, 称为 Q–次线性收敛.

若对 $k\geqslant k_0$, 有 $\boldsymbol{x}^k\equiv\boldsymbol{x}^*$, 或者 $\boldsymbol{x}^k\neq\boldsymbol{x}^*$, 但

$$\lim_{k\to\infty}\frac{\|\boldsymbol{x}^{k+1}-\boldsymbol{x}^*\|}{\|\boldsymbol{x}^k-\boldsymbol{x}^*\|^p}=0, \tag{2.33}$$

则称序列 $\{\boldsymbol{x}^k\}$ Q–超 p 阶收敛. 特别地, 当 $p=1$ 时, 称为 Q–超线性收敛. 当 $p=2$ 时, 称为 Q–超平方收敛.

由上述定义可知, 满足式 (2.26) 或式 (2.28) 的式 (2.22) 至少是 Q–线性收敛的.

与 Q–收敛不同, R–收敛借助于一个收敛于零的数列来度量 $\{\|\boldsymbol{x}^k-\boldsymbol{x}^*\|\}$ 趋于零的速度.

定义 2.8 假定迭代序列 $\{\boldsymbol{x}^k\}_{k=0}^{\infty}$ 收敛到 $\boldsymbol{x}^*$. 设

$$R_p \equiv \begin{cases} \limsup\limits_{k\to\infty} \|\boldsymbol{x}^k - \boldsymbol{x}^*\|^{\frac{1}{k}}, & 若\ p=1, \\ \limsup\limits_{k\to\infty} \|\boldsymbol{x}^k - \boldsymbol{x}^*\|^{\frac{1}{p^k}}, & 若\ p>1. \end{cases} \tag{2.34}$$

如果

(a) $0 < R_1 < 1$, 则称序列 $\{\boldsymbol{x}^k\}$ R–线性收敛于 $\boldsymbol{x}^*$;

(b) $R_1 = 0$, 则称序列 $\{\boldsymbol{x}^k\}$ R–超线性收敛于 $\boldsymbol{x}^*$;

(c) $R_1 = 1$, 则称序列 $\{\boldsymbol{x}^k\}$ R–次线性收敛于 $\boldsymbol{x}^*$.

类似地, 如果

(a′) $0 < R_2 < 1$, 则称序列 $\{\boldsymbol{x}^k\}$ R–平方收敛于 $\boldsymbol{x}^*$;

(b′) $R_2 = 0$, 则称序列 $\{\boldsymbol{x}^k\}$ R–超平方收敛于 $\boldsymbol{x}^*$;

(c′) $R_2 = 1$, 则称序列 $\{\boldsymbol{x}^k\}$ R–次平方收敛于 $\boldsymbol{x}^*$.

容易发现, 若一个序列 $\{\boldsymbol{x}^k\}$ Q–(超) 线性收敛, 则它必 R–(超) 线性收敛. 此外, 关于 R–(超) 线性收敛, 还有如下等价的定义.

定义 2.9 假定迭代序列 $\{\boldsymbol{x}^k \,|\, k=0,1,\cdots\}$ 收敛到 $\boldsymbol{x}^*$.

(a) 若存在 $c \in (0,+\infty)$ 及常数 $q \in (0,1)$, 使得

$$\|\boldsymbol{x}^k - \boldsymbol{x}^*\| \leqslant cq^k, \tag{2.35}$$

则称序列 $\{\boldsymbol{x}^k\}$ R–线性收敛到 $\boldsymbol{x}^*$.

(b) 若存在 $c \in (0,+\infty)$ 及收敛到零的整数列 $\{q_k\}$, 使得

$$\|\boldsymbol{x}^k - \boldsymbol{x}^*\| \leqslant c\prod_{i=0}^{k} q_i, \tag{2.36}$$

则称序列 $\{\boldsymbol{x}^k\}$ R–超线性收敛到 $\boldsymbol{x}^*$.

下面引入收敛因子的概念. 首先定义商收敛因子 (Q–收敛因子).

定义 2.10 设迭代序列 $\{\boldsymbol{x}^k\}$ 收敛于 $\boldsymbol{x}^*$. 则称

$$Q_p(\boldsymbol{x}^k) = \begin{cases} 0, & 当\ \boldsymbol{x}^k = \boldsymbol{x}^*,\ k \geqslant k_0,\ p \geqslant 1, \\ \limsup\limits_{k\to\infty} \dfrac{\|\boldsymbol{x}^{k+1} - \boldsymbol{x}^*\|}{\|\boldsymbol{x}^k - \boldsymbol{x}^*\|^p}, & 当\ \boldsymbol{x}^k \neq \boldsymbol{x}^*,\ k \geqslant k_0, \\ +\infty, & 其他, \end{cases} \tag{2.37}$$

为序列 $\{\boldsymbol{x}^k\}$ 的 Q–收敛因子, 简称 Q–因子. 设 $\mathbb{S}(\mathcal{F}, \boldsymbol{x}^*)$ 表示由迭代过程 $\mathcal{F}$ 生成且以 $\boldsymbol{x}^*$ 为极限的所有序列 $\{\boldsymbol{x}^k\}$ 的集合. 令

$$Q_p(\boldsymbol{x}^*) = \sup\left\{Q_p(\boldsymbol{x}^k) \,|\, \{\boldsymbol{x}^k\} \in \mathbb{S}(\mathcal{F}, \boldsymbol{x}^*)\right\}, \quad \forall p \in [1,+\infty),$$

则称 $Q_p(\boldsymbol{x}^*)$ 为迭代法在 $\boldsymbol{x}^*$ 的 Q–因子.

由定义 2.10 可知, 在下面三个结论中, 有且只有一个成立:

(a) $Q_p(\boldsymbol{x}^*) = 0, \forall p \in [1, +\infty)$;

(b) $Q_p(\boldsymbol{x}^*) = +\infty, \forall p \in [1, +\infty)$;

(c) 存在一个 $p_0 \in [1, +\infty)$ 使得 $Q_p(\boldsymbol{x}^*) = 0, \forall p \in [1, p_0)$, 并且 $Q_p(\boldsymbol{x}^*) = +\infty, \forall p \in (p_0, +\infty)$.

利用 Q–因子可以确定 Q–收敛阶, 有如下定义.

定义 2.11　设 $Q_p(\boldsymbol{x}^*)$ 为迭代法在 $\boldsymbol{x}^*$ 的 Q–因子. 定义 Q–收敛阶为

$$\mathcal{O}_Q(\boldsymbol{x}^*) = \begin{cases} +\infty, & \text{如果 } Q_p(\boldsymbol{x}^*) = 0,\ \forall p \in [1, \infty), \\ \inf\{p \in [1, \infty) \mid Q_p(\boldsymbol{x}^*) = \infty\}, & \text{其他}. \end{cases}$$

由定义可知, 对于迭代序列 $\{\boldsymbol{x}^k\}$, 若存在某个 $p \geqslant 1$, 有 Q–因子 $Q_p \equiv 0$, 则此序列为 Q–超 p 阶收敛. 若对一切 $p \geqslant 1$, 均有 $Q_p = 0$, 则 (2.32) 对一切 p 成立, 于是 Q–收敛阶为 $\bar{p} = +\infty$.

下面再给出根收敛因子 (R–收敛因子) 的定义.

定义 2.12　假定迭代序列 $\{\boldsymbol{x}^k\}_{k=0}^{\infty}$ 收敛到 $\boldsymbol{x}^*$. 对于 $p \geqslant 1$, 定义

$$R_p(\boldsymbol{x}^k) = \begin{cases} \limsup\limits_{k\to\infty} \|\boldsymbol{x}^k - \boldsymbol{x}^*\|^{\frac{1}{k}}, & \text{若 } p = 1, \\ \limsup\limits_{k\to\infty} \|\boldsymbol{x}^k - \boldsymbol{x}^*\|^{\frac{1}{p^k}}, & \text{若 } p > 1, \end{cases} \tag{2.38}$$

称 $R_p(\boldsymbol{x}^k)$ 为序列 $\{\boldsymbol{x}^k\}$ 的 R–收敛因子, 简称 R–因子. 进一步, 令

$$R_p(\boldsymbol{x}^*) = \sup\left\{R_p(\boldsymbol{x}^k) \mid \{\boldsymbol{x}^k\} \in \mathbb{S}(\mathcal{F}, \boldsymbol{x}^*)\right\}, \quad \forall p \in [1, +\infty),$$

则称 $R_p(\boldsymbol{x}^*)$ 为迭代法在 $\boldsymbol{x}^*$ 的 R–因子.

与 Q–因子类似, 在下面三个结论中, 也有且只有一个成立:

(a) $R_p(\boldsymbol{x}^*) = 0, \forall p \in [1, +\infty)$;

(b) $R_p(\boldsymbol{x}^*) = 1, \forall p \in [1, +\infty)$;

(c) 存在一个 $p_0 \in [1, +\infty)$ 使得 $R_p(\boldsymbol{x}^*) = 0, \forall p \in [1, p_0)$, 并且 $R_p(\boldsymbol{x}^*) = 1, \forall p \in (p_0, +\infty)$.

利用 R–因子可以确定 R–收敛阶, 有如下定义.

定义 2.13　设 $R_p(\boldsymbol{x}^*)$ 为迭代过程 $\mathcal{F}$ 在 $\boldsymbol{x}^*$ 的 R–因子. 定义 R–收敛阶为

$$\mathcal{O}_R(\boldsymbol{x}^*) = \begin{cases} +\infty, & \text{如果 } R_p(\boldsymbol{x}^*) = 0,\ \forall p \in [1, \infty), \\ \inf\{p \in [1, \infty) \mid R_p(\boldsymbol{x}^*) = 1\}, & \text{其他}. \end{cases}$$

有了收敛因子和收敛阶的概念, 就可以比较两个收敛于 $\boldsymbol{x}^*$ 的迭代序列 $\{\boldsymbol{x}^k\}$ 和 $\{\boldsymbol{y}^k\}$ 的收敛速度. 若 $\{\boldsymbol{x}^k\}$ 和 $\{\boldsymbol{y}^k\}$ 的收敛阶分别为 p_1 和 p_2, 其收敛因子分别为 α_{p_1} 和 α_{p_2}, 则当 $p_1 > p_2$ 时, 可知 $\{\boldsymbol{x}^k\}$ 收敛到 $\boldsymbol{x}^*$ 比 $\{\boldsymbol{y}^k\}$ 快; 当 $p_1 = p_2$, 但 $\alpha_{p_1} < \alpha_{p_2}$ 时, $\{\boldsymbol{x}^k\}$ 仍比 $\{\boldsymbol{y}^k\}$ 较快地收敛到 $\boldsymbol{x}^*$. 更明确地说,

(a) 比较两种算法的收敛阶. 收敛阶大者, 收敛速度更快;

(b) 若两种算法收敛阶相同, 则比较其收敛因子. 收敛因子小者, 收敛速度更快.

2.3.3 迭代法的效率及收敛准则

前一小节论及, 两个收敛序列如果收敛阶不同, 则可以说一个比另一个收敛要快. 但对于两个不同的迭代法, 有时候光使用收敛阶还不能完全说明问题. 例如, 由式 (2.22) 产生一个收敛于 $\boldsymbol{x}^*$ 的序列 $\{\boldsymbol{x}^k \mid k=0,1,\cdots\}$. 而由

$$\boldsymbol{x}^{k+1}=G[G(\boldsymbol{x}^k)],\ k=0,1,\cdots$$

也产生一个收敛于 $\boldsymbol{x}^*$ 的序列. 若前者的收敛阶为 p, 则后者的收敛阶为 p^2. 但实际上后者只是把前者两步合为一步, 在本质上是一样的. 因此, 衡量一个迭代法的好坏, 即效率问题, 除了考虑收敛阶, 还应该考虑每步迭代计算量的大小. 从本质上讲, 一个最好的迭代法应该是一个最经济实用的方法, 即用最少的时间求出满足精度要求的解 $\boldsymbol{x}^*$. 它实际上包含了以下三个问题:

(1) 每步迭代的工作量;

(2) 迭代序列的收敛速度;

(3) 稳定性问题, 即对初值和迭代误差的敏感性问题.

这里, 除了收敛速度有明确的定义, 第一个问题和第三个问题均无完整、适当的定义. 实际上, 它们涉及计算的复杂性问题. 对于第三个问题, 在线性方程组数值解理论中已有广泛的研究, 但在非线性方程组中则研究甚少且远非完善, 故本书不做专门讨论. 对第一个问题, 可以引入每步工作量的概念. 通常用 W 表示每一步的工作量: 若以计算 F 的一个分量值定为 1 个单位, 则求一次 F 共用 n 个单位; 求 F' 的一个偏导数 $\partial_j f_i$ 的值为 τ, 则求一个 F' 共需 $n^2\tau$ 的工作量单位; 等等. 把每一步计算所需的工作量总和记作 W.

有了工作量的概念, 就可以对第一个问题和第二个问题给出迭代效率的定义.

定义 2.14 若一个收敛于 $\boldsymbol{x}^*$ 的迭代序列 $\{\boldsymbol{x}^k\}$ 的收敛阶为 $p>1$, 每一步的工作量为 W, 则称

$$e=\frac{\ln p}{W} \tag{2.39}$$

为迭代法的效率. 在 $p=1$ 时, 可定义效率为

$$e=\frac{\ln\alpha_1}{W}, \tag{2.40}$$

这里 α_1 是收敛因子, $0<\alpha_1<1$.

显然, 这样定义的效率 e 依赖于每步工作量 W 和收敛阶 p 两个因素: 与每步工作量 W 成反比, 与收敛阶的对数 $\ln p$ 成正比. 用这种标准衡量一个迭代法的好坏比单纯根据收敛阶衡量要合理一些. 例如, 若迭代 $\boldsymbol{x}^{k+1}=G(\boldsymbol{x}^k)$ 的收敛阶为 $p>1$, 每步工作量为 W, 则迭代 $\boldsymbol{x}^{k+1}=G[G(\boldsymbol{x}^k)]$ 的收敛阶为 p^2, 每步工作量为 $2W$, 于是效率

$$e_2=\frac{\ln p^2}{2W}=\frac{\ln p}{W}=e_1,$$

说明两个迭代格式的效率相同.

最后, 我们讨论非线性迭代的收敛准则问题. 由于非线性方程组的精确解通常是未知的, 因此误差 $\|\boldsymbol{x}^k-\boldsymbol{x}^*\|$ 也就无从计算. 但是, 如果 $F'(\boldsymbol{x}^*)$ 是良态的 (即条件数 $\kappa(F'(\boldsymbol{x}^*))$ 比较小), 那么迭代法的收敛速度可以通过残差下降程度来反映. 事实上, 由于

$$\frac{1}{4\kappa(F'(\boldsymbol{x}^*))}\frac{\|\boldsymbol{x}^k-\boldsymbol{x}^*\|}{\|\boldsymbol{x}^0-\boldsymbol{x}^*\|}\leqslant\frac{\|F(\boldsymbol{x}^k)\|}{\|F(\boldsymbol{x}^0)\|}\leqslant 4\kappa(F'(\boldsymbol{x}^*))\frac{\|\boldsymbol{x}^k-\boldsymbol{x}^*\|}{\|\boldsymbol{x}^0-\boldsymbol{x}^*\|},\tag{2.41}$$

因此, 如果 $4\kappa(F'(\boldsymbol{x}^*))$ 不大, 则随着迭代的推进, 误差 $\|\boldsymbol{x}^k-\boldsymbol{x}^*\|$ 与残差 $\|F(\boldsymbol{x}^k)\|$ 的下降量级是相同的. 故而, 关于非线性迭代的收敛准则 (终止准则), 通常采用

$$\|F(\boldsymbol{x}^k)\|\leqslant\max\{\tau_r\|F(\boldsymbol{x}^0)\|,\tau_a\}\tag{2.42}$$

作为标准, 这里 τ_r 和 τ_a 分别表示相对残差和绝对残差的收敛阈值. 采用式 (2.42) 作为收敛准则, 具有如下特点:

(1) 当 $\|F(\boldsymbol{x}^0)\|$ 较大时, $\|F(\boldsymbol{x}^k)\|\leqslant\tau_r\|F(\boldsymbol{x}^0)\|$ 起作用;

(2) 当 $\|F(\boldsymbol{x}^0)\|$ 较小时, $\|F(\boldsymbol{x}^k)\|\leqslant\tau_a$ 起作用.

注意, 在 $F'(\boldsymbol{x}^*)$ 是良态的情形下, 结合式 (2.41), 采用式 (2.42) 作为收敛准则是合适的. 此时, 如果残差减小, 则误差也会减小.

注 2.5 如果迭代序列 $\{\boldsymbol{x}^k\}$ 是超线性收敛的, 则可采用 $\|\boldsymbol{x}^{k+1}-\boldsymbol{x}^k\|$ 作为收敛准则. 作为本节的结束, 我们证明序列超线性收敛的一个必要条件. 事实上, 由于

$$\lim_{k\to\infty}\frac{\|\boldsymbol{x}^{k+1}-\boldsymbol{x}^*\|}{\|\boldsymbol{x}^k-\boldsymbol{x}^*\|}=0,$$

故对任意的 $k\geqslant k_0$, 均有

$$\left|\frac{\|\boldsymbol{x}^{k+1}-\boldsymbol{x}^k\|}{\|\boldsymbol{x}^k-\boldsymbol{x}^*\|}-\frac{\|\boldsymbol{x}^k-\boldsymbol{x}^*\|}{\|\boldsymbol{x}^k-\boldsymbol{x}^*\|}\right|\leqslant\frac{\|\boldsymbol{x}^{k+1}-\boldsymbol{x}^*\|}{\|\boldsymbol{x}^k-\boldsymbol{x}^*\|}\to 0,$$

即有

$$\lim_{k\to\infty}\frac{\|\boldsymbol{x}^{k+1}-\boldsymbol{x}^k\|}{\|\boldsymbol{x}^k-\boldsymbol{x}^*\|}=1.$$

这表明, 用 $\|\boldsymbol{x}^{k+1}-\boldsymbol{x}^k\|$ 作为误差的度量是合适的. 因此, 如果迭代是超线性收敛的, 则既可以采用残差作为收敛准则, 也可以采用误差作为收敛准则. 但一般采用残差作为收敛准则更可靠. 因为误差变小, 只能表示迭代序列收敛, 而不能保证收敛到方程组的解.

习　题　2

1. 设映射 $F:\mathbb{R}^2\to\mathbb{R}^2$ 为

$$F(x_1,x_2)=(2x_1-x_1^2+x_2^2,\ 2x_2-2x_1x_2)^{\mathrm{T}},\quad\forall\,(x_1,x_2)^{\mathrm{T}}\in\mathbb{R}^2.$$

试证: F 是由 $\mathbb{R}^2\backslash\partial\mathbb{S}$ 到 $\mathbb{R}^2$ 的局部同胚映射, 其中 $\partial\mathbb{S}=\{\boldsymbol{x}\in\mathbb{R}^2\,|\,\|\boldsymbol{x}\|_2=1\}$.

2. 设 $F_1,F_2:\mathbb{R}^n\to\mathbb{R}^n$ 都是连续可微的和单调的, 且 F_1 是一致单调的, 则 $F=F_1+F_2$ 是 $\mathbb{R}^n$ 上的同胚. 特别地, 若 $\boldsymbol{A}$ 是 n 阶正定矩阵, 则 $F=\boldsymbol{A}+F_2$ 是 $\mathbb{R}^n$ 上的同胚.

3. 设 $F:\mathbb{R}^n\to\mathbb{R}^n$ 连续可微, $F'(\boldsymbol{x})$ 对一切 $\boldsymbol{x}\in\mathbb{R}^n$ 是对称半正定的, 且存在 $c<+\infty$, 使得

$$\|F'(\boldsymbol{x})\|\leqslant c,\quad \forall \boldsymbol{x}\in\mathbb{R}^n,$$

设 $\boldsymbol{A}\in\mathbb{L}(\mathbb{R}^n)$ 为对称正定矩阵. 证明:

(1) 方程 $\boldsymbol{A}\boldsymbol{x}+F(\boldsymbol{x})=\boldsymbol{0}$ 有唯一解 $\boldsymbol{x}^*$;

(2) 对任取的初值 $\boldsymbol{x}^0\in\mathbb{R}^n$, 迭代

$$(\boldsymbol{A}+\gamma\boldsymbol{I})\boldsymbol{x}^{k+1}=\gamma\boldsymbol{x}^k-F(\boldsymbol{x}^k),\quad k=0,1,2,\cdots$$

产生的序列 $\{\boldsymbol{x}^k\}$ 收敛于 $\boldsymbol{x}^*$, 这里 $\boldsymbol{I}$ 为 n 阶单位阵, $\gamma=\dfrac{c}{2}$.

4. 设 $F:\mathbb{D}\subset\mathbb{R}^n\to\mathbb{R}^n$ 在 $\mathbb{D}$ 上满足 Lipschitz 条件与强单调条件, 即对任意的 $\boldsymbol{x},\boldsymbol{y}\in\mathbb{D}$, 存在两个正数 L,μ, 使得

$$\|F(\boldsymbol{y})-F(\boldsymbol{x})\|\leqslant L\|\boldsymbol{y}-\boldsymbol{x}\|,$$
$$[F(\boldsymbol{y})-F(\boldsymbol{x})]^{\mathrm{T}}(\boldsymbol{y}-\boldsymbol{x})\geqslant\mu\|\boldsymbol{y}-\boldsymbol{x}\|^2.$$

试证: 当 λ 满足 $0<\lambda<\dfrac{2\mu}{L^2}$ 时, $\boldsymbol{I}-\lambda F$ 是 $\mathbb{D}$ 上的压缩映射, 此处 $\boldsymbol{I}$ 为 n 阶单位阵.

5. 用迭代法求解方程组

$$\begin{cases}3x_1-\cos x_1-\sin x_2=0,\\4x_2-\sin x_1-\cos x_2=0.\end{cases}$$

(1) 证明所采用的迭代格式收敛.

(2) 取初值 $\boldsymbol{x}^0=(1,1)$, 迭代 3 次.

6. 给定方程组

$$\begin{cases}x^3+y^3-6x+3=0,\\x^3-y^3-6y+2=0.\end{cases}$$

(1) 构造迭代格式, 并证明其迭代函数 (映射) 在正方形 $0\leqslant x\leqslant 1$, $0\leqslant y\leqslant 1$ 中有唯一不动点.

(2) 证明所构造的迭代格式是收敛的, 并取初值 $x^0=\dfrac{1}{2}$, $y^0=\dfrac{1}{2}$, 迭代 3 次.

7. 已知非线性方程组

$$\begin{cases}3x_1-x_2^2=0,\\3x_1x_2^2-x_1^3-1=0\end{cases}$$

在 $\left(\dfrac{1}{2},\dfrac{3}{4}\right)$ 附近有解.

(1) 求迭代函数 G 与集合 $\mathbb{D}\subset\mathbb{R}^2$, 使 $G:\mathbb{D}\to\mathbb{R}^2$ 在 $\mathbb{D}$ 上有唯一不动点.

(2) 用上述迭代函数 G 构造不动点迭代法求精确到 10^{-2} 的近似解, 取范数为 $\|\cdot\|_\infty$.

第 3 章 解非线性方程组的牛顿法

前面已经谈及, 我们一般使用迭代法求解非线性方程组

$$F(\boldsymbol{x})=\mathbf{0}, \tag{3.1}$$

其中 $F:\mathbb{D}\subset\mathbb{R}^n\to\mathbb{R}^n$. 而本章所要讨论的牛顿法是求解式 (3.1) 最基本的迭代方法之一, 目前使用的许多方法都以牛顿法为基础, 是牛顿法的变形或修正.

3.1 牛顿法及其收敛性

3.1.1 算法构造

牛顿法的算法程序构造过程实际上是对式 (3.1) 左端的非线性函数逐步线性化的过程. 假定 $F:\mathbb{D}\subset\mathbb{R}^n\to\mathbb{R}^n$ 在开凸集内二次 G–可导, 且 $F''(\boldsymbol{x})$ 在 $\mathbb{D}$ 内连续.

设 $\boldsymbol{x}^*\in\mathbb{D}$ 是式 (3.1) 的解, $\boldsymbol{x}^0\in\mathbb{D}$ 是 $\boldsymbol{x}^*$ 的初始近似. 利用泰勒公式, 我们有

$$F(\boldsymbol{x})=F(\boldsymbol{x}^0)+F'(\boldsymbol{x}^0)(\boldsymbol{x}-\boldsymbol{x}^0)+\int_0^1 F''\big(\boldsymbol{x}^0+t(\boldsymbol{x}-\boldsymbol{x}^0)\big)(\boldsymbol{x}-\boldsymbol{x}^0)^2(1-t)\mathrm{d}t.$$

如果 $\boldsymbol{x}^0$ 充分接近 $\boldsymbol{x}^*$, 略去上式中的高阶小量 (即带积分的项), 则可用线性方程组

$$F(\boldsymbol{x}^0)+F'(\boldsymbol{x}^0)(\boldsymbol{x}-\boldsymbol{x}^0)=\mathbf{0} \tag{3.2}$$

近似代替式 (3.1). 设式 (3.2) 的解为 $\boldsymbol{x}^1$, 则

$$\boldsymbol{x}^1=\boldsymbol{x}^0-[F'(\boldsymbol{x}^0)]^{-1}F(\boldsymbol{x}^0).$$

一般来说, $\boldsymbol{x}^1$ 应该比 $\boldsymbol{x}^0$ 更接近 $\boldsymbol{x}^*$, 因此又可以将 $\boldsymbol{x}^1$ 作为新的初始近似, 得到类似于式 (3.2) 的线性方程组

$$F(\boldsymbol{x}^1)+F'(\boldsymbol{x}^1)(\boldsymbol{x}-\boldsymbol{x}^1)=\mathbf{0}.$$

设其解为 $\boldsymbol{x}^2$, 于是有

$$\boldsymbol{x}^2=\boldsymbol{x}^1-[F'(\boldsymbol{x}^1)]^{-1}F(\boldsymbol{x}^1).$$

一般地, 我们有

$$\boldsymbol{x}^{k+1}=\boldsymbol{x}^k-[F'(\boldsymbol{x}^k)]^{-1}F(\boldsymbol{x}^k),\quad k=0,1,\cdots, \tag{3.3}$$

这就是求解式 (3.1) 著名的牛顿迭代法.

图 3.1 所示的是一维情形的牛顿法. 它以点 $(x^k, f(x^k))$ 处曲线 $f(x)$ 的切线与 x 轴的交点 x^k 去逼近曲线 $y=f(x)$ 与 x 轴的交点 x^*, 即 $f(x)=0$ 的解.

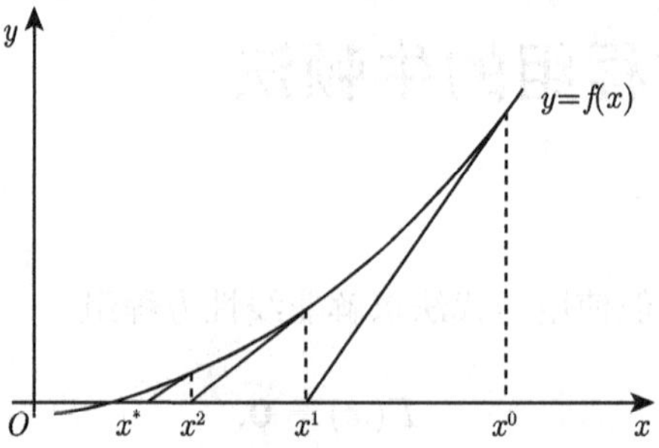

图 3.1　一维情形的牛顿迭代逼近

因此, 牛顿法又称切线法. 逐次线性化方程就是切线方程

$$f'(x^k)(x-x^k)+f(x^k)=0.$$

从图 3.1 可以看出, 牛顿法的收敛速度是相当快的.

式 (3.3) 中的 $F'(\boldsymbol{x}^k)$ 是 F 在 $\boldsymbol{x}^k$ 处的 Jacobi 矩阵. 式 (3.3) 的几何意义是: 利用 n 个超切平面

$$z=f_i(\boldsymbol{x}^k)+\nabla f_i(\boldsymbol{x}^k)^{\mathrm{T}}(\boldsymbol{x}-\boldsymbol{x}^k),\quad i=1,\cdots,n$$

与超平面 $z=0$ 的交点 $\boldsymbol{x}^{k+1}$ 作为超曲面 $z=f_i(\boldsymbol{x})$ $(i=1,\cdots,n)$ 与超平面 $z=0$ 交点的新近似.

从式 (3.3) 发现, 牛顿法的每一步迭代都需要计算逆矩阵 $[F'(\boldsymbol{x}^k)]^{-1}$, 在 n 很大的情况下, 计算量是非常巨大的. 在实际操作中可采用下列形式:

$$\begin{cases} F'(\boldsymbol{x}^k)\boldsymbol{s}^k=-F(\boldsymbol{x}^k), \\ \boldsymbol{x}^{k+1}=\boldsymbol{x}^k+\boldsymbol{s}^k, \end{cases}\quad k=0,1,\cdots, \tag{3.4}$$

即牛顿法的每一步需要解一个 n 阶线性方程组, 而将这个方程组的解 $\boldsymbol{s}^k$ 作为前一步迭代向量 $\boldsymbol{x}^k$ 的修正量, 即 $\boldsymbol{x}^k$ 加上修正量 $\boldsymbol{s}^k$ 就是新的近似 $\boldsymbol{x}^{k+1}$.

不难看出, 牛顿法的计算程序是非常简单的, 将其计算步骤叙述如下.

算法 3.1 (牛顿法)

给定初值 $\boldsymbol{x}^0\in\mathbb{R}^n$, 容许误差 ε, 正整数 N. 置 $k:=0$.

while $(k\leqslant N)$

　　计算 $F(\boldsymbol{x}^k)$ 和 Jacobi 矩阵 $F'(\boldsymbol{x}^k)$;

　　if $(\|F(\boldsymbol{x}^k)\|\leqslant\varepsilon)$, break; **end**

　　解方程组 $F'(\boldsymbol{x}^k)\boldsymbol{s}=-F(\boldsymbol{x}^k)$ 得解 $\boldsymbol{s}^k$;

　　置 $\boldsymbol{x}^{k+1}:=\boldsymbol{x}^k+\boldsymbol{s}^k$; $k:=k+1$;

end

下面给出算法 3.1 的 MATLAB 程序.

```
%牛顿法程序
function [x,k,time,res]=newton(x,tol,max_it)
tic; k=0;
while (k<=max_it)
    F=Fk(x);  %计算函数值
    Jk=JFk(x);  %计算Jacobi矩阵
    if (norm(F)<=tol), break; end  %检验终止准则
    s=-Jk\F;  %解方程组
    x=x+s; k=k+1;
end
res=norm(F); time=toc;
```

例 3.1　用牛顿法求解下列方程组[7]

$$F(x) = (F_1(x), F_2(x), \cdots, F_n(x))^{\mathrm{T}} = \mathbf{0},$$

其中, $x = (x_1, x_2, \cdots, x_n)^{\mathrm{T}}$,

$$\begin{cases} F_i(x) = 2x_i - x_{i-1} - x_{i+1} + h^2(x_i + ih + 1)^3/2, \\ x_0 = x_{n+1} = 0, \end{cases}$$

这里 $h = 1/(n+1)$. 取 $n = 10^3$, 初始点 $x^0 = (\xi_1, \xi_2, \cdots, \xi_n)^{\mathrm{T}}$, $\xi_i = ih(ih-1)$.

解　编写 3 个 MATLAB 文件:

```
%函数F(x)%文件名Fk.m
function F=Fk(x)
n=length(x);F=zeros(n,1);
h=1/(n+1);
F(1)=2*x(1)-x(2)+h^2*(x(1)+h+1)^3/2;
F(n)=2*x(n)-x(n-1)+h^2*(x(n)+n*h+1)^3/2;
for i=2:n-1
    F(i)=2*x(i)-x(i-1)-x(i+1)+h^2*(x(i)+i*h+1)^3/2;
end
%函数F(x)的Jacobi矩阵%文件名JFk.m
function JF=JFk(x)
n=length(x);JF=zeros(n,n);
h=1.0/(n+1);
JF(1,1)=2+3*h^2*(x(1)+h+1)^2/2;JF(1,2)=-1;
JF(n,n)=2+3*h^2*(x(n)+n*h+1)^2/2;JF(n,n-1)=-1;
```

```
for i=2:n-1
    JF(i,i-1)=-1;JF(i,i+1)=-1;
    JF(i,i)=2+3*h^2*(x(i)+i*h+1)^2/2;
end
%ex31.m
clear all
n=1000; h=1.0/(n+1); x1=zeros(n,1);
for i=1:n
    x1(i)=i*h*(i*h-1);
end
x2=10*ones(n,1); x3=20*ones(n,1);
x4=-ones(n,1); x5=-5*ones(n,1);
tol=1.e-10; max_it=100;
[x1,k1,time1,res1]=newton(x1,tol,max_it);
[x2,k2,time2,res2]=newton(x2,tol,max_it);
[x3,k3,time3,res3]=newton(x3,tol,max_it);
[x4,k4,time4,res4]=newton(x4,tol,max_it);
[x5,k5,time5,res5]=newton(x5,tol,max_it);
fid = 1;
fprintf(fid, '初始点      IT     CPU     RES\n' ); fprintf('\n');
fprintf(fid, ' 1    %4i    %4.4f    %11.4e\n', k1,time1,res1);
fprintf(fid, ' 2    %4i    %4.4f    %11.4e\n', k2,time2,res2);
fprintf(fid, ' 3    %4i    %4.4f    %11.4e\n', k3,time3,res3);
fprintf(fid, ' 4    %4i    %4.4f    %11.4e\n', k4,time4,res4);
fprintf(fid, ' 5    %4i    %4.4f    %11.4e\n', k5,time5,res5);
```

在 MATLAB 命令窗口键入 “ex31”, 得到如表 3.1 所示的数值结果.

表 3.1　例 3.1 ($n = 1000$) 的数值结果

初始点 ($\boldsymbol{x}^0$)	迭代次数 (k)	CPU 时间 (单位为 s)	残差 ($\Vert F(\boldsymbol{x}^k)\Vert$)
$(\xi_1,\xi_2,\cdots,\xi_n)^{\mathrm{T}}$	2	0.0790	3.4434e-11
$(10,10,\cdots,10)^{\mathrm{T}}$	7	0.2161	1.3218e-13
$(20,20,\cdots,20)^{\mathrm{T}}$	9	0.2784	4.7366e-16
$(-1,-1,\cdots,-1)^{\mathrm{T}}$	4	0.1225	4.7277e-16
$(-5,-5,\cdots,-5)^{\mathrm{T}}$	5	0.1720	1.6665e-14

3.1.2　局部收敛性

为了讨论式 (3.3) 的收敛性, 我们从更一般的迭代法

$$\boldsymbol{x}^{k+1} = \boldsymbol{x}^k - [\boldsymbol{A}(\boldsymbol{x}^k)]^{-1}F(\boldsymbol{x}^k), \quad k = 0, 1, \cdots \tag{3.5}$$

出发. 为使上述的 $\boldsymbol{x}^k$ 能逼近式 (3.1) 的解 $\boldsymbol{x}^*$, 自然要求 $\boldsymbol{A}(\boldsymbol{x})$ 近似于 $F'(\boldsymbol{x}^*)$. 当式 (3.5) 中的矩阵 $\boldsymbol{A}(\boldsymbol{x}^k)$ 取为 F 在 $\boldsymbol{x}^k$ 的 Jacobi 矩阵 $F'(\boldsymbol{x}^k)$ 时, 式 (3.5) 就是式 (3.3), 即牛顿迭代. 根据不同的情形, 适当选取 $\boldsymbol{A}(\boldsymbol{x})$ 就得到牛顿法的各种变形, 这类方法称为牛顿型迭代法.

现在我们来讨论式 (3.5) 的收敛性, 为此, 将式 (3.5) 改写为

$$\boldsymbol{x}^{k+1} = G(\boldsymbol{x}^k), \quad k = 0, 1, \cdots, \tag{3.6}$$

其中

$$G(\boldsymbol{x}) = \boldsymbol{x} - [\boldsymbol{A}(\boldsymbol{x})]^{-1} F(\boldsymbol{x}) \tag{3.7}$$

为迭代函数.

定理 3.1　若 $F: \mathbb{D} \subset \mathbb{R}^n \to \mathbb{R}^n$ 在 $\boldsymbol{x}^*$ 处 F–可导, $\boldsymbol{x}^*$ 是式 (3.1) 的解. $\mathbb{S}_0 \subset \mathbb{D}$ 是 $\boldsymbol{x}^*$ 的邻域. 又设 $\boldsymbol{A}: \mathbb{S}_0 \subset \mathbb{D} \to \mathbb{L}(\mathbb{R}^n)$ 在 $\boldsymbol{x}^*$ 处连续且 $\boldsymbol{A}(\boldsymbol{x}^*)$ 非奇异, 则

(1) 存在闭球 $\mathbb{S} = \bar{\mathbb{S}}(\boldsymbol{x}^*, \delta) \subset \mathbb{S}_0$, 使得由式 (3.7) 定义的映射 G 在 $\mathbb{S}$ 上有定义, 且在 $\boldsymbol{x}^*$ 处有 F–导数

$$G'(\boldsymbol{x}^*) = \boldsymbol{I} - [\boldsymbol{A}(\boldsymbol{x}^*)]^{-1} F'(\boldsymbol{x}^*). \tag{3.8}$$

(2) 若 $\rho(G'(\boldsymbol{x}^*)) < 1$, 则 $\boldsymbol{x}^*$ 是式 (3.5) 的吸引点.

证　(1) 要证明 G 在 $\mathbb{S}$ 上有定义, 只需验证 $\boldsymbol{A}(\boldsymbol{x})$ 在 $\mathbb{S}$ 上非奇异即可. 事实上, 由于 $\boldsymbol{A}(\boldsymbol{x}^*)$ 非奇异, 故可设 $\beta = \|\boldsymbol{A}(\boldsymbol{x}^*)^{-1}\| > 0$, 注意到 $\boldsymbol{A}(\boldsymbol{x})$ 于 $\boldsymbol{x}^*$ 处连续, 因此, 对 $\forall\, 0 < \varepsilon < 1/(2\beta)$, $\exists\, \delta > 0$, 使当 $\boldsymbol{x} \in \mathbb{S} \subset \mathbb{S}_0$ 时, 有

$$\|\boldsymbol{A}(\boldsymbol{x}) - \boldsymbol{A}(\boldsymbol{x}^*)\| \leqslant \varepsilon,$$

则由摄动引理可知, 对 $\forall\, \boldsymbol{x} \in \mathbb{S}$, $[\boldsymbol{A}(\boldsymbol{x})]^{-1}$ 存在, 且

$$\|\boldsymbol{A}(\boldsymbol{x})^{-1}\| \leqslant \frac{\beta}{1 - \varepsilon\beta} < 2\beta.$$

因此, 映射 $G(\boldsymbol{x}) = \boldsymbol{x} - [\boldsymbol{A}(\boldsymbol{x})]^{-1} F(\boldsymbol{x})$ 在 $\boldsymbol{x} \in \mathbb{S}$ 上有定义.

下证式 (3.8) 成立. 由于 F 在 $\boldsymbol{x}^*$ 处 F–可导, 故存在充分小的 $\delta > 0$, 使对任何 $\boldsymbol{x} \in \mathbb{S} = \bar{\mathbb{S}}(\boldsymbol{x}^*, \delta)$, 有

$$\|F(\boldsymbol{x}) - F(\boldsymbol{x}^*) - F'(\boldsymbol{x}^*)(\boldsymbol{x} - \boldsymbol{x}^*)\| \leqslant \varepsilon \|\boldsymbol{x} - \boldsymbol{x}^*\|.$$

于是利用 $\boldsymbol{x}^* = G(\boldsymbol{x}^*)$ 和上面的三个不等式可得

$$\begin{aligned}
&\big\|G(\boldsymbol{x}) - G(\boldsymbol{x}^*) - \big\{\boldsymbol{I} - [\boldsymbol{A}(\boldsymbol{x}^*)]^{-1} F'(\boldsymbol{x}^*)\big\}(\boldsymbol{x} - \boldsymbol{x}^*)\big\| \\
&= \| - [\boldsymbol{A}(\boldsymbol{x})]^{-1} F(\boldsymbol{x}) + [\boldsymbol{A}(\boldsymbol{x}^*)]^{-1} F'(\boldsymbol{x}^*)(\boldsymbol{x} - \boldsymbol{x}^*)\| \\
&= \big\| - [\boldsymbol{A}(\boldsymbol{x})]^{-1}[F(\boldsymbol{x}) - F(\boldsymbol{x}^*) - F'(\boldsymbol{x}^*)(\boldsymbol{x} - \boldsymbol{x}^*)] - \\
&\quad [\boldsymbol{A}(x)^{-1} - \boldsymbol{A}(\boldsymbol{x}^*)^{-1}] F'(\boldsymbol{x}^*)(\boldsymbol{x} - \boldsymbol{x}^*)\big\| \\
&\leqslant 2\beta \|F(\boldsymbol{x}) - F(\boldsymbol{x}^*) - F'(\boldsymbol{x}^*)(\boldsymbol{x} - \boldsymbol{x}^*)\| + \\
&\quad 2\beta \|\boldsymbol{A}(\boldsymbol{x}^*) - \boldsymbol{A}(\boldsymbol{x})\|\, \|[\boldsymbol{A}(\boldsymbol{x}^*)]^{-1} F'(\boldsymbol{x}^*)(\boldsymbol{x} - \boldsymbol{x}^*)\| \\
&\leqslant [\, 2\beta\varepsilon + 2\beta^2 \varepsilon \|F'(\boldsymbol{x}^*)\|\,]\, \|\boldsymbol{x} - \boldsymbol{x}^*\| \\
&\leqslant 2\beta(1 + \beta\|F'(\boldsymbol{x}^*)\|)\varepsilon\, \|\boldsymbol{x} - \boldsymbol{x}^*\|.
\end{aligned}$$

由于 β 和 $\|F'(\boldsymbol{x}^*)\|$ 为常数, 而 ε 可以任意小, 于是根据 F–导数的定义立刻知道, G 在 $\boldsymbol{x}^*$ 的 F–导数为 $G'(\boldsymbol{x}^*) = \boldsymbol{I} - [\boldsymbol{A}(\boldsymbol{x}^*)]^{-1}F'(\boldsymbol{x}^*)$.

(2) 由于 $\rho(G'(\boldsymbol{x}^*)) < 1$, 故由 Ostrowski 定理 2.16 知 $\boldsymbol{x}^*$ 是式 (3.6) 亦即式 (3.5) 的吸引点. □

因为定理 3.1 只是在 $\boldsymbol{x}^*$ 的某个邻域内成立, 所以称为局部收敛性定理.

由于式 (3.3) 是式 (3.5) 的特例, 故容易由定理 3.1 得到牛顿法的局部收敛性定理如下.

定理 3.2 (1) 设 $F : \mathbb{D} \subset \mathbb{R}^n \to \mathbb{R}^n$ 在 $\boldsymbol{x}^*$ 的开邻域 $\mathbb{S}_0 \subset \mathbb{D}$ 上 F–可导, 且 $F'(\boldsymbol{x}^*)$ 非奇异, $\boldsymbol{x}^*$ 是式 (3.1) 的解. 那么, 存在闭球 $\mathbb{S} = \bar{\mathbb{S}}(\boldsymbol{x}^*, \delta) \subset \mathbb{S}_0$, 使得映射 $G(\boldsymbol{x}) = \boldsymbol{x} - [F'(\boldsymbol{x})]^{-1}F(\boldsymbol{x})$ 在 $\mathbb{S}$ 上有定义, 且式 (3.3) 生成的序列 $\{\boldsymbol{x}^k\}$ 超线性收敛到 $\boldsymbol{x}^*$.

(2) 进一步, 若成立

$$\|F'(\boldsymbol{x}) - F'(\boldsymbol{x}^*)\| \leqslant \alpha\|\boldsymbol{x} - \boldsymbol{x}^*\|, \quad \forall \boldsymbol{x} \in \mathbb{S}, \tag{3.9}$$

其中 $\alpha > 0$ 为常数, 则牛顿迭代序列至少二阶收敛.

证 由定理 3.1, 取 $\boldsymbol{A}(\boldsymbol{x}) = F'(\boldsymbol{x})$, 则映射

$$G(\boldsymbol{x}) = \boldsymbol{x} - [F'(\boldsymbol{x})]^{-1}F(\boldsymbol{x})$$

在闭球 $\mathbb{S} \subset \mathbb{S}_0$ 上有定义且 $G'(\boldsymbol{x}^*) = \boldsymbol{I} - [F'(\boldsymbol{x}^*)]^{-1}F'(\boldsymbol{x}^*) = \boldsymbol{O}$, 于是 $\rho(G'(\boldsymbol{x}^*)) = 0 < 1$, 由定理 3.1 知 $\{\boldsymbol{x}^k\}$ 收敛到 $\boldsymbol{x}^*$. 注意到当 $\boldsymbol{x}^k \neq \boldsymbol{x}^*$ 时, 根据中值定理 1.9, 有

$$\begin{aligned}
\lim_{k\to\infty} \frac{\|\boldsymbol{x}^{k+1} - \boldsymbol{x}^*\|}{\|\boldsymbol{x}^k - \boldsymbol{x}^*\|} &= \lim_{k\to\infty} \frac{\|G(\boldsymbol{x}^k) - G(\boldsymbol{x}^*)\|}{\|\boldsymbol{x}^k - \boldsymbol{x}^*\|} \\
&\leqslant \lim_{k\to\infty} \frac{\sup\limits_{0\leqslant t\leqslant 1} \|G'(\boldsymbol{x}^* + t(\boldsymbol{x}^k - \boldsymbol{x}^*))\| \, \|\boldsymbol{x}^k - \boldsymbol{x}^*\|}{\|\boldsymbol{x}^k - \boldsymbol{x}^*\|} = 0,
\end{aligned}$$

故牛顿迭代序列 $\{\boldsymbol{x}^k\}$ 是超线性收敛的.

现假定式 (3.9) 成立, 根据定理 1.11 的式 (1.50) 可知

$$\|F(\boldsymbol{x}) - F(\boldsymbol{x}^*) - F'(\boldsymbol{x}^*)(\boldsymbol{x} - \boldsymbol{x}^*)\| \leqslant \frac{1}{2}\alpha\|\boldsymbol{x} - \boldsymbol{x}^*\|^2.$$

记 $\beta = \|[F'(\boldsymbol{x}^*)]^{-1}\|$, 与定理 3.1 的证明类似, 可得

$$\|[F'(\boldsymbol{x})]^{-1}\| \leqslant 2\beta, \quad \forall \boldsymbol{x} \in \mathbb{S} \subset \mathbb{S}_0.$$

于是, 有

$$\begin{aligned}
&\|G(\boldsymbol{x}) - G(\boldsymbol{x}^*)\| \\
&= \|\boldsymbol{x} - [F'(\boldsymbol{x})]^{-1}F(\boldsymbol{x}) - \boldsymbol{x}^*\| \\
&= \| - [F'(\boldsymbol{x})]^{-1}[F(\boldsymbol{x}) - F(\boldsymbol{x}^*) - F'(\boldsymbol{x})(\boldsymbol{x} - \boldsymbol{x}^*)]\| \\
&\leqslant 2\beta\big[\|F'(\boldsymbol{x}) - F'(\boldsymbol{x}^*)\| \, \|\boldsymbol{x} - \boldsymbol{x}^*\| + \|F(\boldsymbol{x}) - F(\boldsymbol{x}^*) - F'(\boldsymbol{x}^*)(\boldsymbol{x} - \boldsymbol{x}^*)\|\big] \\
&\leqslant 2\beta\Big(\alpha\|\boldsymbol{x} - \boldsymbol{x}^*\|^2 + \frac{1}{2}\alpha\|\boldsymbol{x} - \boldsymbol{x}^*\|^2\Big) = 3\alpha\beta\|\boldsymbol{x} - \boldsymbol{x}^*\|^2.
\end{aligned}$$

在上式中取 $\boldsymbol{x}=\boldsymbol{x}^k$, $G(\boldsymbol{x})=\boldsymbol{x}^{k+1}$, 即得

$$\|\boldsymbol{x}^{k+1}-\boldsymbol{x}^*\|\leqslant 3\alpha\beta\|\boldsymbol{x}^k-\boldsymbol{x}^*\|^2.$$

由此可见, 式 (3.3) 至少二阶收敛. □

推论3.1 设定理 3.2 (1) 的条件成立, 假定 F 在 $\boldsymbol{x}^*$ 处二阶 F–可导, 且对任何 $\|\boldsymbol{h}\|\neq 0$, $\boldsymbol{h}\in\mathbb{R}^n$ 有

$$F''(\boldsymbol{x}^*)\boldsymbol{h}\boldsymbol{h}\neq\boldsymbol{0}, \tag{3.10}$$

则式 (3.3) 为二阶收敛.

证 因式 (3.10) 及 $[F'(\boldsymbol{x})]^{-1}$ 在 $\boldsymbol{x}\in\mathbb{S}$ 上连续, 故

$$[F'(\boldsymbol{x})]^{-1}F''(\boldsymbol{x}^*)\boldsymbol{h}\boldsymbol{h}\neq\boldsymbol{0},\ \forall\,\boldsymbol{h}\in\mathbb{R}^n,\ \boldsymbol{h}\neq\boldsymbol{0},\ \forall\,\boldsymbol{x}\in\mathbb{S}.$$

因 $\mathbb{S}$ 是紧集, 从而存在常数 $c>0$, 使得

$$\|[F'(\boldsymbol{x})]^{-1}F''(\boldsymbol{x}^*)\boldsymbol{h}\boldsymbol{h}\|\geqslant c\|\boldsymbol{h}\|^2,\ \forall\,\boldsymbol{x}\in\mathbb{S}$$

以及

$$\|F'(\boldsymbol{x})-F'(\boldsymbol{x}^*)-F''(\boldsymbol{x}^*)(\boldsymbol{x}-\boldsymbol{x}^*)\|\leqslant c(8\beta)^{-1}\|\boldsymbol{x}-\boldsymbol{x}^*\|,\quad\forall\,\boldsymbol{x}\in\mathbb{S}' \tag{3.11}$$

成立, 其中 $\mathbb{S}'=\bar{\mathbb{S}}(\boldsymbol{x}^*,\delta')\subset\mathbb{S}\ (\delta'>0), \beta=\|[F'(\boldsymbol{x}^*)]^{-1}\|$. 式 (3.11) 也表明式 (3.9) 成立, 故式 (3.3) 的收敛阶 $p\geqslant 2$.

我们只需再证明 $p\leqslant 2$ 即可. 事实上, 令

$$R(\boldsymbol{x})=F(\boldsymbol{x})-F(\boldsymbol{x}^*)-F'(\boldsymbol{x}^*)(\boldsymbol{x}-\boldsymbol{x}^*)-\frac{1}{2}F''(\boldsymbol{x}^*)(\boldsymbol{x}-\boldsymbol{x}^*)(\boldsymbol{x}-\boldsymbol{x}^*),\ \forall\,\boldsymbol{x}\in\mathbb{S},$$

则

$$R'(\boldsymbol{x})=F'(\boldsymbol{x})-F'(\boldsymbol{x}^*)-F''(\boldsymbol{x}^*)(\boldsymbol{x}-\boldsymbol{x}^*)$$

在 $\mathbb{S}'$ 上连续, 并且由式 (3.11), 有

$$\begin{aligned}\|R(\boldsymbol{x})\|=\|R(\boldsymbol{x})-R(\boldsymbol{x}^*)\|&=\left\|\int_0^1 R'\big(\boldsymbol{x}^*+t(\boldsymbol{x}-\boldsymbol{x}^*)\big)(\boldsymbol{x}-\boldsymbol{x}^*)\mathrm{d}t\right\|\\&\leqslant\int_0^1 c(8\beta)^{-1}t\|\boldsymbol{x}-\boldsymbol{x}^*\|^2\mathrm{d}t=c(16\beta)^{-1}\|\boldsymbol{x}-\boldsymbol{x}^*\|^2,\quad\forall\,\boldsymbol{x}\in\mathbb{S}'.\end{aligned}$$

因此, 对 $\forall\,\boldsymbol{x}\in\mathbb{S}'$, 有

$$\begin{aligned}&\|G(\boldsymbol{x})-\boldsymbol{x}^*\|\\=&\Big\|[F'(\boldsymbol{x})]^{-1}\Big\{-\frac{1}{2}F''(\boldsymbol{x}^*)(\boldsymbol{x}-\boldsymbol{x}^*)(\boldsymbol{x}-\boldsymbol{x}^*)+\\&R(\boldsymbol{x})-[F'(\boldsymbol{x})-F'(\boldsymbol{x}^*)-F''(\boldsymbol{x}^*)(\boldsymbol{x}-\boldsymbol{x}^*)](\boldsymbol{x}-\boldsymbol{x}^*)\Big\}\Big\|\\\geqslant&\frac{1}{2}\Big\|[F'(\boldsymbol{x})]^{-1}F''(\boldsymbol{x}^*)(\boldsymbol{x}-\boldsymbol{x}^*)(\boldsymbol{x}-\boldsymbol{x}^*)\Big\|-\frac{1}{8}c\|\boldsymbol{x}-\boldsymbol{x}^*\|^2-\frac{1}{4}c\|\boldsymbol{x}-\boldsymbol{x}^*\|^2\\\geqslant&\frac{1}{2}c\|\boldsymbol{x}-\boldsymbol{x}^*\|^2-\frac{3}{8}c\|\boldsymbol{x}-\boldsymbol{x}^*\|^2=\frac{1}{8}c\|\boldsymbol{x}-\boldsymbol{x}^*\|^2.\end{aligned}$$

取 $\boldsymbol{x}=\boldsymbol{x}^k, G(\boldsymbol{x})=\boldsymbol{x}^{k+1}$, 于是当 $k\geqslant k_0$ 时, 有

$$\|\boldsymbol{x}^{k+1}-\boldsymbol{x}^*\|\geqslant\frac{1}{8}c\|\boldsymbol{x}^k-\boldsymbol{x}^*\|^2,$$

即 $\{\boldsymbol{x}^k\}$ 的收敛阶 $p\leqslant 2$, 从而结论得证. □

定理 3.2 及其推论说明, 在一定条件下总存在一个吸引域 $\mathbb{S}$, 只要初始近似 $\boldsymbol{x}^0\in\mathbb{S}$, 式 (3.3) 生成的序列 $\{\boldsymbol{x}^k\}$ 总在 $\mathbb{S}$ 中收敛到 $\boldsymbol{x}^*$, 并且具有超线性收敛速度. 如果再满足式 (3.9) 或式 (3.10), 则牛顿法具有二阶收敛速度. 粗略地说, 用牛顿法迭代一次, 有效数字增加大约一倍, 例如, 如果 $\boldsymbol{x}^0$ 准确到一位, 则迭代 3 次就可得到准确到 8 位的近似解. 这意味着牛顿迭代收敛很快. 同时, 我们还不难发现, 牛顿法是自校正的, 即 $\boldsymbol{x}^{k+1}$ 仅依赖于 F 和 $\boldsymbol{x}^k$, 前面迭代产生的舍入误差不会一步步地传播下去, 这是它的主要优点. 由于牛顿法具有这些优点, 因此至今仍然是求解非线性方程组的一个常用重要方法.

3.2 牛顿法的变形

牛顿法虽然具有收敛速度快和自校正等优点, 但应用到实际计算中仍存在不少问题: (1) 迭代初值 $\boldsymbol{x}^0$ 要求与解 $\boldsymbol{x}^*$ 很接近 (才收敛); (2) 每一次迭代需要计算 Jacobi 矩阵 $F'(\boldsymbol{x}^k)$ 和求解一个线性方程组 $F'(\boldsymbol{x}^k)\Delta\boldsymbol{x}=-F(\boldsymbol{x}^k)$, 工作量较大; (3) 当 $F'(\boldsymbol{x}^k)$ 奇异或病态时, 计算过程无法进行下去或产生严重的数值困难. 为了解决这些问题, 下面从不同角度讨论牛顿法的几个变形.

3.2.1 修正牛顿法

修正牛顿法主要是针对牛顿法计算量较大而做出的简化和改进. 由于牛顿法每步迭代都需要计算 n 个分量函数值 $f_i(\boldsymbol{x}^k)$ 和 n^2 个偏导数值 $\partial_j f_i(\boldsymbol{x}^k)$ $(i,j=1,\cdots,n)$, 并求解一次线性方程组, 工作量较大. 为了减少计算量, 如果每步计算 $F'(\boldsymbol{x}^k)$ 改为固定的 $F'(\boldsymbol{x}^0)$, 则只需要计算一次 $F'(\boldsymbol{x}^0)$, 这时的迭代公式为

$$\boldsymbol{x}^{k+1}=\boldsymbol{x}^k-[F'(\boldsymbol{x}^0)]^{-1}F(\boldsymbol{x}^k),\quad k=0,1,2,\cdots.$$

这就是所谓的简化牛顿法, 它大大减少了计算量, 每步迭代仅需计算 n 个分量函数值. 但已经证明这种迭代法只有线性收敛速度, 失去了牛顿法收敛速度快的优点, 因而在实际应用中不可取. 一种可行的策略是将牛顿法收敛速度快和减少牛顿法计算量的优点结合起来, 即把 m 次简化牛顿步组成一次牛顿步, 则可得到如下迭代程序

$$\begin{cases}\boldsymbol{x}_0^k=\boldsymbol{x}^k,\\ \boldsymbol{x}_i^k=\boldsymbol{x}_{i-1}^k-[F'(\boldsymbol{x}^k)]^{-1}F(\boldsymbol{x}_{i-1}^k),\ i=1,\cdots,m,\\ \boldsymbol{x}^{k+1}=\boldsymbol{x}_m^k,\ k=0,1,\cdots.\end{cases}\tag{3.12}$$

这种方法称为修正牛顿法, 也称为萨马斯基技巧. 从 $\boldsymbol{x}^k$ 计算到 $\boldsymbol{x}^{k+1}$ 中间做 m 次简化牛顿步, 只需计算一次 Jacobi 矩阵 $F'(\boldsymbol{x}^k)$ 和求一次逆矩阵 $[F'(\boldsymbol{x}^k)]^{-1}$. 也已证明, 这种修正牛顿法具有 $m+1$ 阶收敛速度. 下面是式 (3.12) 的计算步骤.

算法 3.2 (修正牛顿法)　给定初值 $x^0 \in \mathbb{R}^n$, 容许误差 ε, 正整数 N. 根据方程阶数 n 计算 m 或由使用者给定 m, 置 $k := 0$.

while $(k \leqslant N)$

　　计算 $F(\boldsymbol{x}^k)$ 和 Jacobi 矩阵 $F'(\boldsymbol{x}^k)$;

　　if $(\|F(\boldsymbol{x}^k)\| \leqslant \varepsilon)$, break; **end**

　　置 $\boldsymbol{x}_1^k := \boldsymbol{x}^k; i := 0$;

　　while $(i < m)$

　　　　$i := i + 1$;

　　　　$F'(\boldsymbol{x}^k)\boldsymbol{s}^k = -F(\boldsymbol{x}_i^k)$;

　　　　$\boldsymbol{x}_{i+1}^k = \boldsymbol{x}_i^k + \boldsymbol{s}^k$;

　　end

　　$\boldsymbol{x}^{k+1} := \boldsymbol{x}_m^k$; $k := k + 1$;

end

下面给出算法 3.2 的 MATLAB 程序.

```
%修正牛顿法程序(萨马斯基技巧)
function [k,NF,time,res,rvec]=snewton(x,m,tol,max_it)
tic; k=0; NF=0;
while (k<=max_it)
    Jk=JFk(x); %计算Jacobi阵
    xi=x; i=0;
    while i<m
        i=i+1;
        Fi=Fk(xi); %计算函数值
        NF=NF+1;   %记录计算函数值的次数
        resi=norm(Fi);
        rvec(k*m+i)=resi;
        if resi<=tol, break; end
        s=-Jk\Fi; %解方程组
        xi=xi+s;
    end
    if resi<=tol, k=k+1; break; end
    x=xi; k=k+1;
end
res=rvec(end); time=toc;
```

显然, 在算法 3.2 中, 当 $m=1$ 时就是式 (3.3), 当 $m=2$ 时, 上述修正牛顿法可以写成

$$\begin{aligned}\boldsymbol{x}^{k+1} &= \underbrace{\boldsymbol{x}^k-(F'(\boldsymbol{x}^k))^{-1}F(\boldsymbol{x}^k)}-(F'(\boldsymbol{x}^k))^{-1}F\big(\underbrace{\boldsymbol{x}^k-(F'(\boldsymbol{x}_k))^{-1}F(\boldsymbol{x}^k)}\big)\\ &= N(\boldsymbol{x}^k)-(F'(\boldsymbol{x}^k))^{-1}F(N(\boldsymbol{x}^k)),\ k=0,1,\cdots,\end{aligned} \tag{3.13}$$

其中 $N(\boldsymbol{x})=\boldsymbol{x}-(F'(\boldsymbol{x}))^{-1}F(\boldsymbol{x})$. 上面的迭代序列具有 3 阶收敛速度, 下面我们来证明这个结论.

定理 3.3 若 $F:\mathbb{D}\subset\mathbb{R}^n\to\mathbb{R}^n$ 在 $\mathbb{S}=\mathbb{S}(\boldsymbol{x}^*,\delta)\subset\mathbb{D}$ 上 F–可微, 且 $F'(\boldsymbol{x}^*)$ 非奇异, $\boldsymbol{x}^*$ 是 $F(\boldsymbol{x})=\boldsymbol{0}$ 的解. 再假定对任意的 $\boldsymbol{x}\in\mathbb{S}$, 存在常数 $\alpha>0$, 使得

$$\|F'(\boldsymbol{x})-F'(\boldsymbol{x}^*)\|\leqslant\alpha\|\boldsymbol{x}-\boldsymbol{x}^*\|,$$

那么, $\boldsymbol{x}^*$ 是式 (3.13) 生成的迭代序列 $\{\boldsymbol{x}^k\}$ 的吸引点, 且

$$\|\boldsymbol{x}^{k+1}-\boldsymbol{x}^*\|\leqslant C_1\|\boldsymbol{x}^k-\boldsymbol{x}^*\|^3,$$

其中 $C_1>0$ 为不依赖于 k 的常数.

证 记 $\beta=\|[F'(x^*)]^{-1}\|$, $\eta=3\alpha\beta$. 由定理 3.2 可知, 存在闭球 $\mathbb{S}_1=\bar{\mathbb{S}}(\boldsymbol{x}^*,\delta_1)\subset\mathbb{S}$ 使得映射 $N(\boldsymbol{x})=\boldsymbol{x}-[F'(\boldsymbol{x})]^{-1}F(\boldsymbol{x})$ 在闭球 $\mathbb{S}_1$ 上有定义, 并且满足

$$\|N(\boldsymbol{x})-\boldsymbol{x}^*\|\leqslant\eta\|\boldsymbol{x}-\boldsymbol{x}^*\|^2,\quad\forall\boldsymbol{x}\in\mathbb{S}_1.$$

因此, 存在闭球 $\mathbb{S}_2=\bar{\mathbb{S}}(\boldsymbol{x}^*,\delta_2)\subset\mathbb{S}_1$, 其中 $\delta_2^2\leqslant\delta_1/\eta$, 使得映射 $G(\boldsymbol{x})=N(\boldsymbol{x})-[F'(\boldsymbol{x})]^{-1}F(N(\boldsymbol{x}))$ 在闭球 $\mathbb{S}_2$ 上也有定义, 且

$$G'(\boldsymbol{x}^*)=\boldsymbol{I}-[F'(\boldsymbol{x}^*)]^{-1}F'(\boldsymbol{x}^*)=\boldsymbol{O},$$

故 $\rho(G'(\boldsymbol{x}^*))=0<1$, 由定理 2.16 知 $\boldsymbol{x}^*$ 是式 (3.13) 的吸引点.

另一方面, 因 $F'(\boldsymbol{x}^*)$ 非奇异, 故对 $\boldsymbol{x}\in\mathbb{S}_2$ 有 $\|[F'(\boldsymbol{x})]^{-1}\|\leqslant2\beta$, 于是对 $\boldsymbol{x}\in\mathbb{S}_2$, 由假设及定理 1.11 的式 (1.50) 可知

$$\begin{aligned}\|G(\boldsymbol{x})-\boldsymbol{x}^*\| &=\|N(\boldsymbol{x})-[F'(\boldsymbol{x})]^{-1}F(N(\boldsymbol{x}))-\boldsymbol{x}^*\|\\ &\leqslant\big\|[F'(\boldsymbol{x})]^{-1}\big\|\,\big\|F'(\boldsymbol{x})[N(\boldsymbol{x})-\boldsymbol{x}^*]-F(N(\boldsymbol{x}))\big\|\\ &\leqslant2\beta\big[\|F(N(\boldsymbol{x}))-F(\boldsymbol{x}^*)-F'(\boldsymbol{x}^*)(N(\boldsymbol{x})-\boldsymbol{x}^*)\|+\\ &\qquad\|(F'(\boldsymbol{x}^*)-F'(\boldsymbol{x}))(N(\boldsymbol{x})-\boldsymbol{x}^*)\|\big]\\ &\leqslant2\beta\Big(\frac{1}{2}\alpha\|N(\boldsymbol{x})-\boldsymbol{x}^*\|^2+\alpha\|\boldsymbol{x}-\boldsymbol{x}^*\|\,\|N(\boldsymbol{x})-\boldsymbol{x}^*\|\Big)\\ &\leqslant2\alpha\beta\Big(\frac{1}{2}\eta^2\|\boldsymbol{x}-\boldsymbol{x}^*\|+\eta\Big)\|\boldsymbol{x}-\boldsymbol{x}^*\|^3\\ &\leqslant2\alpha\beta\eta\Big(\frac{1}{2}\eta\delta_2+1\Big)\|\boldsymbol{x}-\boldsymbol{x}^*\|^3.\end{aligned}$$

取 $C_1=2\alpha\beta\eta\Big(\frac{1}{2}\eta\delta_2+1\Big)$ 为不依赖于 k 的常数, 则当 $\boldsymbol{x}^{k+1}=G(\boldsymbol{x}^k)$ 时, 有

$$\|\boldsymbol{x}^{k+1}-\boldsymbol{x}^*\|\leqslant C_1\|\boldsymbol{x}^k-\boldsymbol{x}^*\|^3.$$

证毕. □

注 3.1 类似可证式 (3.12) 的收敛阶至少为 $m+1$. 事实上, 定理 3.3 证明了 $\|\boldsymbol{x}_2^k-\boldsymbol{x}^*\|\leqslant C_1\|\boldsymbol{x}^k-\boldsymbol{x}^*\|^3$, 于是

$$\begin{aligned}\|\boldsymbol{x}_3^k-\boldsymbol{x}^*\|\leqslant&\|[F'(\boldsymbol{x}^k)]^{-1}\|\{\|F(\boldsymbol{x}_2^k)-F(\boldsymbol{x}^*)-F'(\boldsymbol{x}^*)(\boldsymbol{x}_2^k-\boldsymbol{x}^*)\|+\\&\|[F'(\boldsymbol{x}^*)-F'(\boldsymbol{x}^k)](\boldsymbol{x}_2^k-\boldsymbol{x}^*)\|\}\\\leqslant&2\beta\left(\frac{1}{2}\alpha\|\boldsymbol{x}_2^k-\boldsymbol{x}^*\|^2+\alpha\|\boldsymbol{x}^k-\boldsymbol{x}^*\|\,\|\boldsymbol{x}_2^k-\boldsymbol{x}^*\|\right)\\\leqslant&2\alpha\beta\left(\frac{1}{2}\delta_2^2C_1+1\right)C_1\|\boldsymbol{x}^k-\boldsymbol{x}^*\|^4=C_2\|\boldsymbol{x}^k-\boldsymbol{x}^*\|^4,\end{aligned}$$

其中 $C_2=2C_1\alpha\beta\left(\frac{1}{2}\delta_2^2C_1+1\right)$ 为常数. 用这种归纳方法可以证明

$$\|\boldsymbol{x}_m^k-\boldsymbol{x}^*\|\leqslant C_{m-1}\|\boldsymbol{x}^k-\boldsymbol{x}^*\|^{m+1}.$$

式 (3.12) 是苏联数学家萨马斯基 1967 年提出的, 也称为萨马斯基技巧, 它的思想也可以用于其他方法. 这一方法是基于减少工作量而提出的, 那么, 它是否比式 (3.3) 效率高呢？假定计算一次分量函数值 $f_i(\boldsymbol{x}^k)$ 和一次分量偏导数值 $\partial_j f_i(\boldsymbol{x}^k)$ 均定为 $1/n$, 求一次逆矩阵 $[F'(\boldsymbol{x}^k)]^{-1}$ 的工作量为 ν, 于是用式 (3.3) 计算一步的工作量为 $W=n+1+\nu$, 而收敛阶为 $p=2$, 故由式 (2.39) 可知式 (3.3) 的效率为

$$e(N_1)=\frac{\ln 2}{n+1+\nu}. \tag{3.14}$$

按同样算法, 式 (3.12) 每步的工作量为 $W'=n+m+\nu$, 而 $p=m+1$, 故效率为

$$e(N_m)=\frac{\ln(m+1)}{n+m+\nu}. \tag{3.15}$$

于是

$$\frac{e(N_m)}{e(N_1)}=\frac{n+1+\nu}{n+m+\nu}\,\frac{\ln(m+1)}{\ln 2}, \tag{3.16}$$

显然, 当 $m\geqslant 2$ 时, 对任何正整数 n 都有

$$\frac{e(N_m)}{e(N_1)}>1,$$

说明修正牛顿法比牛顿法效率高.

另外, 对于不同的 n (方程个数), 还可以由式 (3.16) 得到最佳的 m, 使 m 次修正牛顿法具有最高效率. 下面列出某些 n 的最优 m 值及相应的效率比 $e(N_m)/e(N_1)$, 见表 3.2.

表 3.2 某些 n 的最优 m 值及相应的效率比

n (方程个数)	2	3	4	5	10	50	100	1000
最优 m 值	3	3	4	5	7	22	37	225
效率比	1.20	1.33	1.45	1.55	1.94	3.20	3.87	6.39

上述讨论说明用式 (3.12) 比式 (3.3) 效率高, 而计算程序只比式 (3.3) 增加一次循环, 并且当 $m=1$ 时, 它包含了式 (3.3) 的程序. 因此, 当解 (3.1) 时, 用式 (3.12) 显然比式 (3.3) 更有效.

例 3.2 考虑如下的积分方程

$$G(t)-\left(1-\frac{c}{2}\int_0^1\frac{tG(s)}{t+s}\mathrm{d}s\right)^{-1}=0,\ t\in[0,1],$$

其中 $G(t)$ 是未知函数. 将积分区间 $[0,1]$ 等分为 n 份, 用最简单的中点格式离散该方程中的积分, 得到非线性方程组

$$F_i(\boldsymbol{x})=x_i-\left(1-\frac{c}{2n}\sum_{k=1}^{n}\frac{t_ix_k}{t_i+t_k}\right)^{-1}=0,\quad i=1,2,\cdots,n,$$

其中 $t_i=(i-0.5)/n$, 且 x_i 是 $G(t_i)$ 的近似. 不难计算出 $F(\boldsymbol{x})$ 的 Jacobi 矩阵

$$\frac{\partial F_i(\boldsymbol{x})}{\partial x_j}=\begin{cases}1-\dfrac{c}{4n}\left(1-\dfrac{c}{2n}\displaystyle\sum_{k=1}^{n}\frac{t_ix_k}{t_i+t_k}\right)^{-2}, & j=i,\\ -\dfrac{c}{2n}\dfrac{t_i}{t_i+t_j}\left(1-\dfrac{c}{2n}\displaystyle\sum_{k=1}^{n}\frac{t_ix_k}{t_i+t_k}\right)^{-2}, & j\neq i.\end{cases}$$

解 取参数 $c=0.9999$, 分点数 $n=100$, 初始点取为零向量. 先编写两个 MATLAB 文件:

```
%函数F(x)%文件名Fk.m
function F=Fk(x)
n=length(x); F=zeros(n,1); c=0.9999;
for i=1:n, t(i)=(i-0.5)/n; end
for i=1:n, s=0;
    for k=1:n,
        s=s+t(i)*x(k)/(t(i)+t(k));
    end
    s=1-c*s/(2*n); F(i)=x(i)-1.0/s;
end
%函数F(x)的Jacobi矩阵%文件名JFk.m
function JF=JFk(x)
n=length(x); JF=zeros(n,n); c=0.9999;
for i=1:n, t(i)=(i-0.5)/n; end
for i=1:n
     for j=1:n
         s=0;
         for k=1:n
```

```
            s=s+t(i)*x(k)/(t(i)+t(k));
        end
        s=1-c*s/(2*n);
        if (j==i)
            JF(i,j)=1-c/(4*n*s^2);
        else
            JF(i,j)=-c/(2*n)*t(i)/(t(i)+t(j))/(s^2);
        end
    end
end
```

再编写 MATLAB 脚本文件 ex32.m 如下:

```
%ex32.m
clear all
c=0.9999; n=100; x0=zeros(n,1);
tol=1.e-8; max_it=100; m=[1,2:2:24];
for i=1:13
   [k(i),NF(i),t(i),res(i)]=snewton(x0,m(i),tol,max_it);
end
plot(m,t,'k*-'); xlabel('内迭代次数m'), ylabel('CPU时间'),
title('n=100时不同内迭代m的CPU曲线图')
fid=1; %格式化显示
fprintf(fid,   'm    k    NF   CPU    RES\n' );  fprintf('\n');
for i=1:13
    fprintf(fid,  '%3i    %3i    %3i    %8.4f    %10.4e \n',...
        m(i),k(i),NF(i),t(i),res(i));
end
fprintf('\n');
%m=10时的误差曲线
[k1,NF,time1,res1,rvec1]=snewton(x0,10,tol,max_it);
t=1:length(rvec1); rv=rvec1(t); figure,
semilogy(t,rv,'k*-'); xlabel('总迭代次数'), ylabel('绝对残差'),
title('n=100,m=10时的残差曲线图')
```

在命令窗口键入 “ex32”, 可得到如表 3.3 所示的计算结果, 其中 NF 表示计算函数值 $F(\boldsymbol{x})$ 的次数.

当 $n = 100$ 时, 不同内迭代次数 m 的 CPU 时间曲线如图 3.2 所示. 当 $n = 100$, $m = 10$ 时, 修正牛顿法求解例 3.2 的残差曲线如图 3.3 所示.

表 3.3 修正牛顿法 ($c = 0.9999,\ n = 100$)

m 值	迭代次数 (k)	NF	CPU 时间 (单位为 s)	残差 ($\|F(\boldsymbol{x}^k)\|$)
1	10	10	0.2518	9.0158e-12
2	7	13	0.1662	3.0641e-10
4	5	18	0.1321	8.2382e-13
6	3	21	0.1085	1.2469e-10
8	3	26	0.1134	8.9808e-14
10	3	27	0.0938	3.1656e-09
12	3	29	0.0895	2.0698e-09
14	3	32	0.0974	5.5388e-10
16	3	35	0.0919	7.4335e-10
18	3	38	0.0966	8.0951e-09
20	3	42	0.1138	3.7657e-10
22	3	46	0.1004	1.2507e-11
24	3	50	0.1027	2.9469e-13

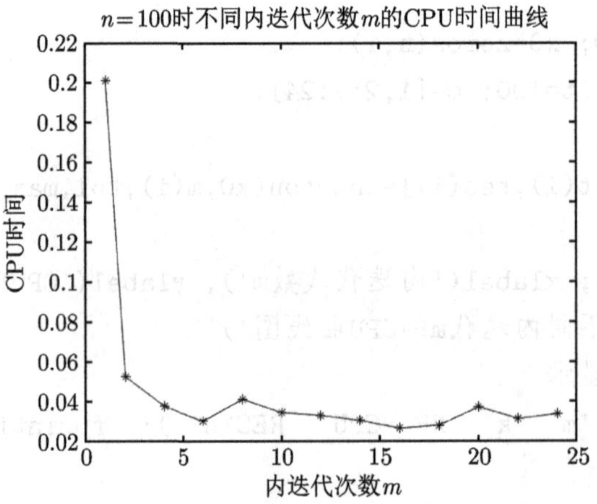

图 3.2 $n = 100$ 时不同内迭代次数 m 的 CPU 时间曲线

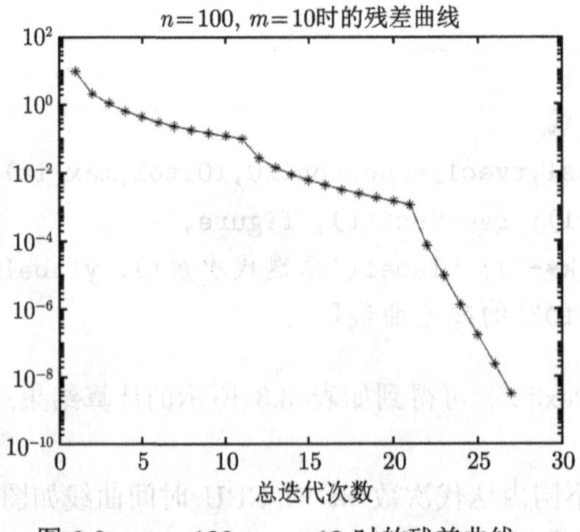

图 3.3 $n = 100,\ m = 10$ 时的残差曲线

3.2.2 参数牛顿法

修正牛顿法是兼顾收敛速度和计算量而提出的, 但牛顿法的另一个缺点是, 当矩阵 $F'(\boldsymbol{x}^k)$ 奇异或严重病态时, 式 (3.3) 无法进行或很难奏效. 如何保证每一步迭代中的 $F'(\boldsymbol{x}^k)$ 非奇异甚至非病态呢? 一种行之有效的方法是引入所谓的阻尼因子 λ_k, 使 $F'(\boldsymbol{x}^k)+\lambda_k\boldsymbol{I}$ (这里 $\boldsymbol{I}$ 为 n 阶单位矩阵) 非病态, 此时得到迭代程序

$$\boldsymbol{x}^{k+1}=\boldsymbol{x}^k-[F'(\boldsymbol{x}^k)+\lambda_k\boldsymbol{I}]^{-1}F(\boldsymbol{x}^k),\quad k=0,1,\cdots. \tag{3.17}$$

只要 λ_k 选得足够大就可以使矩阵 $F'(\boldsymbol{x}^k)+\lambda_k\boldsymbol{I}$ 对角占优, 从而消除 $F'(\boldsymbol{x}^k)$ 的奇异性. 可以证明, 式 (3.17) 具有局部收敛性.

定理 3.4 设 $\boldsymbol{x}^*$ 是式 (3.1) 的解, $F:\mathbb{D}\subset\mathbb{R}^n\to\mathbb{R}^n$ 在 $\boldsymbol{x}^*$ 的邻域 $\mathbb{S}_0\subset\mathbb{D}$ 上连续可微且 $F'(\boldsymbol{x}^*)$ 非奇异, 又设 $\mu_1,\cdots,\mu_n$ 为矩阵 $F'(\boldsymbol{x}^*)$ 的特征值, 令

$$\beta=\min_i\left\{\frac{|\mu_i|^2}{2\mathrm{Re}(\mu_i)}\,\middle|\,\mathrm{Re}(\mu_i)>0\right\},\quad \eta=\min_i\left\{\frac{|\mu_i|^2}{-2\mathrm{Re}(\mu_i)}\,\middle|\,\mathrm{Re}(\mu_i)<0\right\},$$

这里 $\mathrm{Re}(\mu_i)$ 为 μ_i 的实部. 若不存在 $\mathrm{Re}(\mu_i)>0$ 或 $\mathrm{Re}(\mu_i)<0$ 的特征值, 可分别取 $\beta=+\infty$ 或 $\eta=+\infty$, 则对 $\forall\lambda\in(-\beta,\eta)$, 由式 (3.17) 产生的序列 $\{\boldsymbol{x}^k\}$ 是适定的, 即

$$\{\boldsymbol{x}^k\}\subset\mathbb{S}_0,$$

且收敛于 $\boldsymbol{x}^*$.

证 对固定的 $\lambda\in(-\beta,\eta)$, 定义

$$\boldsymbol{A}(\boldsymbol{x})=F'(\boldsymbol{x})+\lambda\boldsymbol{I},\quad \forall\boldsymbol{x}\in\mathbb{S}_0.$$

由于 $F'(\boldsymbol{x})$ 在 $\mathbb{S}_0$ 上连续, 因此 $\boldsymbol{A}(\boldsymbol{x})$ 在 $\boldsymbol{x}^*$ 处连续. 下面证明 $\boldsymbol{A}(\boldsymbol{x}^*)$ 非奇异. 用反证法, 假定 $\boldsymbol{A}(\boldsymbol{x}^*)$ 奇异, 则必存在 μ_j 使 $\mu_j+\lambda=0,\lambda\neq0$. 若 $\lambda>0$, 则 $\mu_j<0$. 因 $\lambda\in(-\beta,\eta)$, 故有

$$\lambda<\eta\leqslant\frac{\mu_j^2}{-2\mathrm{Re}(\mu_j)}=\frac{\lambda}{2},$$

这是不可能的. 若 $\lambda<0$, 则 $\mu_j>0$, 故

$$\lambda>-\beta\geqslant-\frac{\mu_j^2}{2\mathrm{Re}(\mu_j)}=-\frac{\mu_j}{2}=\frac{\lambda}{2},$$

这也是不可能的, 从而 $\boldsymbol{A}(\boldsymbol{x}^*)$ 必然非奇异. 于是映射

$$G(\boldsymbol{x})=\boldsymbol{x}-[F'(\boldsymbol{x})+\lambda\boldsymbol{I}]^{-1}F(\boldsymbol{x})$$

在球 $\mathbb{S}=\mathbb{S}(\boldsymbol{x}^*,\delta)\subset\mathbb{S}_0$ 中适定且在 $\boldsymbol{x}^*$ 处可导, 并有

$$G'(\boldsymbol{x}^*)=\boldsymbol{I}-[F'(\boldsymbol{x}^*)+\lambda\boldsymbol{I}]^{-1}F'(\boldsymbol{x}^*),$$

它的特征值为

$$\nu_i = 1 - \frac{\mu_i}{\mu_i + \lambda} = \frac{\lambda}{\mu_i + \lambda}, \quad i = 1, \cdots, n.$$

由此可知, 条件 $|\nu_i|^2 < 1$ 等价于

$$\lambda^2 < \lambda^2 + |\mu_i|^2 + 2\lambda \mathrm{Re}(\mu_i),$$

即

(1) 当 $\mathrm{Re}(\mu_i) > 0$ 时, 有 $\lambda > -\dfrac{|\mu_i|^2}{2\mathrm{Re}(\mu_i)}$;

(2) 当 $\mathrm{Re}(\mu_i) < 0$ 时, 有 $\lambda < \dfrac{|\mu_i|^2}{-2\mathrm{Re}(\mu_i)}$.

这就表明当 $\lambda \in (-\beta, \eta)$ 时 $\rho(G'(\boldsymbol{x}^*)) < 1$, 从而只要式 (3.17) 中的 $\lambda_k \in (-\beta, \eta)$, 则它产生的序列 $\{\boldsymbol{x}^k\}$ 收敛于 $\boldsymbol{x}^*$. □

牛顿法的另一个问题是局部收敛, 它要求初始点 $\boldsymbol{x}^0$ 很靠近解 $\boldsymbol{x}^*$. 由于这个条件很难界定, 从而使得牛顿法不便应用. 为了解决这一问题, 可以引入迭代步长参数, 利用下降法思想得到具有大范围收敛的牛顿下降法. 具体迭代程序为

$$\boldsymbol{x}^{k+1} = \boldsymbol{x}^k - \omega_k [F'(\boldsymbol{x}^k)]^{-1} F(\boldsymbol{x}^k), \quad k = 0, 1, \cdots, \tag{3.18}$$

其中 $0 < \omega_k \leqslant 1$ 是迭代步长参数.

对于式 (3.18), 有下面的收敛性定理.

定理3.5 设 $F: \mathbb{D} \subset \mathbb{R}^n \to \mathbb{R}^n$ 满足条件 $\|F(\boldsymbol{x}^0)\| \leqslant \eta$, 且在区域 $\mathbb{D}_0 = \{\boldsymbol{x} \mid \|\boldsymbol{x} - \boldsymbol{x}^0\| \leqslant \rho\beta\eta\} \subset \mathbb{D}$ 上 F–可导, $F'(\boldsymbol{x})$ 非奇异, 且

$$\|[F'(\boldsymbol{x})]^{-1}\| \leqslant \beta, \quad \|F'(\boldsymbol{x}) - F'(\boldsymbol{y})\| \leqslant \gamma \|\boldsymbol{x} - \boldsymbol{y}\|, \quad \forall \boldsymbol{x}, \boldsymbol{y} \in \mathbb{D}_0, \tag{3.19}$$

则当 $\rho \geqslant 2\alpha/\varepsilon^2 > 1$ 时方程 (3.1) 在 $\mathbb{D}_0$ 中有解 $\boldsymbol{x}^*$, 且当

$$0 < \omega_k \leqslant 1, \quad 0 < \varepsilon \leqslant \alpha\omega_k \leqslant 2 - \varepsilon, \quad \alpha = \gamma\beta^2\eta$$

时, 由式 (3.18) 产生的序列 $\{\boldsymbol{x}^k\}$ 收敛于 $\boldsymbol{x}^*$.

证 根据定理的条件, 显然 $\boldsymbol{x}^0, \boldsymbol{x}^1 \in \mathbb{D}_0$. 现假定 $\boldsymbol{x}^k, \boldsymbol{x}^{k+1} \in \mathbb{D}_0$, 利用式 (3.18) 及式 (3.19) 得

$$\begin{aligned}
\|F(\boldsymbol{x}^{k+1})\| &= \|F(\boldsymbol{x}^{k+1}) - F'(\boldsymbol{x}^k)(\boldsymbol{x}^{k+1} - \boldsymbol{x}^k) - \omega_k F(\boldsymbol{x}^k)\| \\
&= \|F(\boldsymbol{x}^{k+1}) - F(\boldsymbol{x}^k) - F'(\boldsymbol{x}^k)(\boldsymbol{x}^{k+1} - \boldsymbol{x}^k) + (1 - \omega_k) F(\boldsymbol{x}^k)\| \\
&\leqslant \frac{1}{2}\gamma \|\boldsymbol{x}^{k+1} - \boldsymbol{x}^k\|^2 + (1 - \omega_k)\|F(\boldsymbol{x}^k)\| \\
&\leqslant \Big(\frac{1}{2}\omega_k^2 \gamma\beta^2 \|F(\boldsymbol{x}^k)\| + 1 - \omega_k\Big)\|F(\boldsymbol{x}^k)\|.
\end{aligned} \tag{3.20}$$

于是, 当 $k=0$ 时, 根据式 (3.20) 有

$$\begin{aligned}\|F(\boldsymbol{x}^1)\| &\leqslant \Big(1-\omega_0+\frac{1}{2}\omega_0^2\gamma\beta^2\eta\Big)\|F(\boldsymbol{x}^0)\| \\ &= \Big[1-\omega_0\big(1-\frac{1}{2}\omega_0\alpha\big)\Big]\|F(\boldsymbol{x}^0)\| \quad (\alpha=\gamma\beta^2\eta) \\ &\leqslant \Big(1-\frac{\varepsilon^2}{2\alpha}\Big)\|F(\boldsymbol{x}^0)\| \quad (\varepsilon\leqslant\alpha\omega_0\leqslant 2-\varepsilon) \\ &\leqslant \eta\Big(1-\frac{\varepsilon^2}{2\alpha}\Big).\end{aligned}$$

利用式 (3.19) 可得

$$\begin{aligned}\|\boldsymbol{x}^2-\boldsymbol{x}^1\| &\leqslant \omega_1\|[F'(\boldsymbol{x}^1)]^{-1}\|\,\|F(\boldsymbol{x}^1)\| \leqslant \beta\eta\big(1-\frac{\varepsilon^2}{2\alpha}\big), \\ \|\boldsymbol{x}^2-\boldsymbol{x}^0\| &\leqslant \|\boldsymbol{x}^2-\boldsymbol{x}^1\|+\|\boldsymbol{x}^1-\boldsymbol{x}^0\| \leqslant \beta\eta\big[1+\big(1-\frac{\varepsilon^2}{2\alpha}\big)\big] \\ &< \frac{2\alpha}{\varepsilon^2}\beta\eta \leqslant \rho\beta\eta \quad \Big(\text{利用不等式 } \frac{\varepsilon^2}{2\alpha}+\frac{2\alpha}{\varepsilon^2}>2\Big),\end{aligned}$$

即 $\boldsymbol{x}^2\in\mathbb{D}_0$, 由归纳法可证明对 $k=0,1,\cdots$ 均有 $\boldsymbol{x}^k\in\mathbb{D}_0$, 且

$$\begin{aligned}\|F(\boldsymbol{x}^k)\| &\leqslant \Big(\frac{1}{2}\omega_{k-1}^2\gamma\beta^2\eta+1-\omega_{k-1}\Big)\|F(\boldsymbol{x}_{k-1})\| \leqslant \eta\Big(1-\frac{\varepsilon^2}{2\alpha}\Big)^k, \\ \|\boldsymbol{x}^{k+1}-\boldsymbol{x}^k\| &\leqslant \beta\eta\Big(1-\frac{\varepsilon^2}{2\alpha}\Big)^k,\end{aligned}$$

于是立即导出 $\{\boldsymbol{x}^k\}$ 有极限 $\boldsymbol{x}^*\in\mathbb{D}_0$, 且

$$\|\boldsymbol{x}^*-\boldsymbol{x}^k\| \leqslant \frac{2\alpha}{\varepsilon^2}\beta\eta\Big(1-\frac{\varepsilon^2}{2\alpha}\Big)^k.$$

根据式 (3.18) 及 $\|[F'(\boldsymbol{x}^k)]^{-1}\|\leqslant\beta$ 和 $0<\omega_k\leqslant 1$, 当 $k\to\infty$ 时, $F(\boldsymbol{x}^k)\to F(\boldsymbol{x}^*)=\boldsymbol{0}$, 即 $\boldsymbol{x}^*$ 为式 (3.1) 的解. □

定理 3.5 说明式 (3.18) 具有大范围收敛性, 但是按照定理的条件选择 ω_k 仍然比较困难. 实际计算时一般先取 $\omega_k=1$, 按照式 (3.18) 求出 $\boldsymbol{x}^{k+1}$, 若 $\|F(\boldsymbol{x}^{k+1})\|\geqslant\|F(\boldsymbol{x}^k)\|$, 则将 ω_k 减半, 重新计算, 直到 $\|F(\boldsymbol{x}^{k+1})\|<\|F(\boldsymbol{x}^k)\|$ 为止, 这样做可以改善牛顿法对初始近似的限制, 不过会增加工作量.

总之, 牛顿法的各种变形都是针对牛顿法的某一缺陷而考虑的, 但都得付出相应的代价. 实际应用时, 只能根据要解决的主要矛盾是什么而采取相应的策略.

3.3 牛顿法的半局部收敛性

前面讨论的牛顿法及其变形的收敛性都是局部收敛性, 它是在假定原方程的解存在的前提下证明的. 但实际计算时并不知道式 (3.1) 的解是否存在. 因此自然希望寻求这样一种迭代法, 使得: (1) 能直接从迭代过程的收敛性确定解的存在性; (2) 对于给定的迭代初始

值 $\boldsymbol{x}^0$, 能给出保证迭代收敛的条件; (3) 如果迭代在第 k 步终止, 能估计出 $\boldsymbol{x}^k-\boldsymbol{x}^*$ 的误差界. 这种事先不假定解存在的收敛性称为半局部收敛性.

讨论牛顿法的半局部收敛性, 最著名的定理是康托洛维奇定理.

定理 3.6 (康托洛维奇定理) 设 $F:\mathbb{D}\subset\mathbb{R}^n\to\mathbb{R}^n$, 初始点 $\boldsymbol{x}^0$ 满足下列条件:

(1) $[F'(\boldsymbol{x}^0)]^{-1}$ 存在, 且

$$\|[F'(\boldsymbol{x}^0)]^{-1}\|\leqslant\beta, \tag{3.21}$$

$$\|[F'(\boldsymbol{x}^0)]^{-1}F(\boldsymbol{x}^0)\|\leqslant\eta; \tag{3.22}$$

(2) 在 $\boldsymbol{x}^0$ 的邻域 $\mathbb{S}(\boldsymbol{x}^0,\delta)$ 内, $F'(\boldsymbol{x}^k)$ 存在并满足 Lipschitz 条件

$$\|F'(\boldsymbol{x})-F'(\boldsymbol{y})\|\leqslant\gamma\|\boldsymbol{x}-\boldsymbol{y}\|,\ \forall\,\boldsymbol{x},\boldsymbol{y}\in\mathbb{S}(\boldsymbol{x}^0,\delta), \tag{3.23}$$

并且

$$\rho=\beta\eta\gamma\leqslant\frac{1}{2}, \tag{3.24}$$

$$\delta\geqslant\frac{1-\sqrt{1-2\rho}}{\rho}\eta, \tag{3.25}$$

则式 (3.1) 至少有一个解 $\boldsymbol{x}^*\in\mathbb{S}(\boldsymbol{x}^0,\delta)$, 且由式 (3.3) 产生的序列 $\{\boldsymbol{x}^k\}$ 收敛于 $\boldsymbol{x}^*$, 并有估计式

$$\|\boldsymbol{x}^k-\boldsymbol{x}^*\|\leqslant\frac{\theta^{2^k-1}}{\sum\limits_{i=0}^{2^k-1}\theta^{2i}}\eta, \tag{3.26}$$

其中

$$\theta=\frac{1-\sqrt{1-2\rho}}{1+\sqrt{1-2\rho}}. \tag{3.27}$$

证 考虑方程

$$f(t)=\frac{\gamma}{2}t^2-\frac{1}{\beta}t+\frac{\eta}{\beta}=0, \tag{3.28}$$

其根为

$$t^*=\frac{1-\sqrt{1-2\rho}}{\rho}\eta,\qquad t^{**}=\frac{1+\sqrt{1-2\rho}}{\rho}\eta.$$

用 $\{t_k\}$ 表示求解式 (3.28) 的牛顿迭代序列, 即

$$t_{k+1}=t_k-\frac{f(t_k)}{f'(t_k)},\quad k=0,1,2,\cdots,t_0=0.$$

容易验证: $t_k\to t^*$. 我们将证明 $\|\boldsymbol{x}^k-\boldsymbol{x}^*\|\leqslant t^*-t_k$.

记

$$\eta_k=t_{k+1}-t_k=-\frac{f(t_k)}{f'(t_k)},\ \beta_k=-\frac{1}{f'(t_k)},\ \rho_k=\beta_k\eta_k\gamma,$$

我们有 $\eta_0=\eta$, $\beta_0=\beta$, $\rho_0=\rho$. 注意到 $f'(t)=\gamma t-\dfrac{1}{\beta}$, 得出

$$\begin{aligned}
&f'(t_{k+1})-f'(t_k)=\gamma(t_{k+1}-t_k)=\gamma\eta_k,\\
&f(t_{k+1})=f(t_k)+f'(t_k)(t_{k+1}-t_k)+\frac{1}{2}\gamma(t_{k+1}-t_k)^2=\frac{1}{2}\gamma\eta_k^2,\\
&f'(t_{k+1})=\gamma\eta_k+f'(t_k)=\gamma\eta_k-\frac{1}{\beta_k}=\frac{\gamma\eta_k\beta_k-1}{\beta_k}=\frac{\rho_k-1}{\beta_k}.
\end{aligned}$$

从而

$$\begin{cases}
\beta_{k+1}=-\dfrac{1}{f'(t_{k+1})}=\dfrac{\beta_k}{1-\rho_k},\\
\eta_{k+1}=-\dfrac{f(t_{k+1})}{f'(t_{k+1})}=\dfrac{1}{2}\dfrac{\gamma\beta_k\eta_k^2}{1-\rho_k}=\dfrac{1}{2}\dfrac{\rho_k}{1-\rho_k}\eta_k,\\
\rho_{k+1}=\gamma\beta_{k+1}\eta_{k+1}=\dfrac{1}{2}\dfrac{\rho_k^2}{(1-\rho_k)^2}.
\end{cases}\tag{3.29}$$

注意到当 $0<\rho\leqslant\dfrac{1}{2}$ 时, $1<\dfrac{1-\sqrt{1-2\rho}}{\rho}\leqslant 2$, 故有

$$\|\boldsymbol{x}^1-\boldsymbol{x}^0\|=\|[F'(\boldsymbol{x}^0)]^{-1}F(\boldsymbol{x}^0)\|\leqslant\eta=t_1-t_0,$$

且 $\boldsymbol{x}^1\in\mathbb{S}(\boldsymbol{x}^0,\delta)$, 于是利用式 (3.23) 得

$$\begin{aligned}
\|F(\boldsymbol{x}^1)\|&=\|F(\boldsymbol{x}^1)-F(\boldsymbol{x}^0)-F'(\boldsymbol{x}^0)(\boldsymbol{x}^1-\boldsymbol{x}^0)\|\\
&\leqslant\frac{1}{2}\gamma\|\boldsymbol{x}^1-\boldsymbol{x}^0\|^2\leqslant\frac{1}{2}\gamma\eta_0^2,
\end{aligned}\tag{3.30}$$

$$\|F'(\boldsymbol{x}^1)-F'(\boldsymbol{x}^0)\|\leqslant\gamma\|\boldsymbol{x}^1-\boldsymbol{x}^0\|\leqslant\gamma\eta_0.\tag{3.31}$$

由式 (3.21) 和式 (3.31) 以及线性映射扰动定理, 可推出 $[F'(\boldsymbol{x}^1)]^{-1}$ 存在, 且

$$\|[F'(\boldsymbol{x}^1)]^{-1}\|\leqslant\frac{\beta_0}{1-\gamma\eta_0\beta_0}=\frac{\beta_0}{1-\rho_0}=\beta_1,\tag{3.32}$$

从而

$$\begin{aligned}
\|[F'(\boldsymbol{x}^1)]^{-1}F(\boldsymbol{x}^1)\|&\leqslant\frac{\beta_0}{1-\rho_0}\cdot\frac{1}{2}\gamma\eta_0^2=\frac{1}{2}\frac{\rho_0}{1-\rho_0}\eta_0\\
&=\eta_1=t_2-t_1.
\end{aligned}\tag{3.33}$$

再注意 $\boldsymbol{x}^2$ 的定义, 从上式可得

$$\begin{aligned}
\|\boldsymbol{x}^2-\boldsymbol{x}^1\|&=\|[F'(\boldsymbol{x}^1)]^{-1}F(\boldsymbol{x}^1)\|\leqslant t_2-t_1=\eta_1\\
&\leqslant\frac{1-\sqrt{1-2\rho_1}}{\rho_1}\eta_1\leqslant\Big(\frac{1-\sqrt{1-2\rho}}{\rho}-1\Big)\eta,\\
\|\boldsymbol{x}^2-\boldsymbol{x}^0\|&\leqslant\|\boldsymbol{x}^2-\boldsymbol{x}^1\|+\|\boldsymbol{x}^1-\boldsymbol{x}^0\|\leqslant\frac{1-\sqrt{1-2\rho}}{\rho}\eta\leqslant\delta,
\end{aligned}$$

即 $\boldsymbol{x}^2 \in \mathbb{S}(\boldsymbol{x}^0, \delta)$.

仿照上面的推导过程, 用数学归纳法容易证明, 对 $k = 0, 1, \cdots$, 有 $\boldsymbol{x}^k \in \mathbb{S}(\boldsymbol{x}^0, \delta)$, 且

$$\begin{cases} \|F(\boldsymbol{x}^k)\| \leqslant \dfrac{1}{2}\gamma\eta_{k-1}^2, \\ \|[F'(\boldsymbol{x}^k)]^{-1}\| \leqslant \beta_k, \\ \|[F'(\boldsymbol{x}^k)]^{-1}F(\boldsymbol{x}^k)\| \leqslant \eta_k, \\ \|\boldsymbol{x}^{k+1} - \boldsymbol{x}^k\| \leqslant t_{k+1} - t_k. \end{cases} \tag{3.34}$$

对任意的正整数 m, 利用式 (3.34) 的最后一个不等式可得

$$\begin{aligned} \|\boldsymbol{x}^{k+m} - \boldsymbol{x}^k\| &\leqslant \|\boldsymbol{x}^{k+m} - \boldsymbol{x}^{m+k-1}\| + \cdots + \|\boldsymbol{x}^{k+1} - \boldsymbol{x}^k\| \\ &\leqslant (t_{k+m} - t_{k+m-1}) + \cdots + (t_{k+1} - t_k) = t_{k+m} - t_k. \end{aligned}$$

由 $\{t_k\}$ 的收敛性得出 $\{\boldsymbol{x}^k\}$ 是 Cauchy 序列, 因而 $\{\boldsymbol{x}^k\}$ 有极限, 设其为 $\boldsymbol{x}^*$. 于是, 在上式中令 $m \to \infty$, 可推出

$$\|\boldsymbol{x}^* - \boldsymbol{x}^k\| \leqslant t^* - t_k. \tag{3.35}$$

再利用式 (3.34) 的第一个不等式并注意到 $\eta_k \to 0$ 以及 $F(\boldsymbol{x})$ 的连续性, 立即得到 $F(\boldsymbol{x}^*) = \boldsymbol{0}$, 即 $\boldsymbol{x}^*$ 是式 (3.1) 的解. 下面只需证明

$$t^* - t_k \leqslant \frac{\theta^{2^k-1}}{\displaystyle\sum_{i=0}^{2^k-1} \theta^{2i}}\eta. \tag{3.36}$$

事实上, 根据泰勒公式, 有

$$\begin{aligned} f(t^*) &= f(t_k) + f'(t_k)(t^* - t_k) + \frac{\gamma}{2}(t^* - t_k)^2 \\ &= [f(t_k) + f'(t_k)(t_{k+1} - t_k)] + f'(t_k)(t^* - t_{k+1}) + \frac{\gamma}{2}(t^* - t_k)^2 \\ &= 0 + f'(t_k)(t^* - t_{k+1}) + \frac{\gamma}{2}(t^* - t_k)^2 \\ &= f'(t_k)(t^* - t_{k+1}) + \frac{\gamma}{2}(t^* - t_k)^2. \end{aligned}$$

注意到 $f(t^*) = 0$, 于是由上式可得

$$t^* - t_{k+1} = -\frac{\gamma}{2f'(t_k)}(t^* - t_k)^2 = \frac{\gamma\beta_k}{2}(t^* - t_k)^2 = \frac{\rho_k}{2\eta_k}(t^* - t_k)^2.$$

反复利用上式可得

$$t^* - t_{k+1} = \prod_{i=0}^{k}\left(\frac{\rho_{k-i}}{2\eta_{k-i}}\right)^{2^i}(t^*)^{2^{k+1}}.$$

根据式 (3.29), 有

$$\frac{\rho_i}{2\eta_i}=\frac{\eta_i}{\eta_{i-1}^2},\quad i=1,2,\cdots.$$

由上面两式可推出

$$\begin{aligned}
t^*-t_{k+1}&=\prod_{i=0}^{k-1}\left(\frac{\eta_{k-i}}{\eta_{k-i-1}^2}\right)^{2^i}\left(\frac{\rho}{2\eta}\right)^{2^k}(t^*)^{2^{k+1}}\\
&=\frac{\eta_k}{\eta_0^{2^k}}\left(\frac{\rho}{2\eta}\right)^{2^k}\left(\frac{1-\sqrt{1-2\rho}}{\rho}\right)^{2^{k+1}}\eta^{2^{k+1}}\\
&=\eta_k\left(\frac{\rho}{2}\right)^{2^k}\left(\frac{1-\sqrt{1-2\rho}}{\rho}\right)^{2^{k+1}}\\
&=\eta_k\left(\frac{2\rho}{2^2}\right)^{2^k}\left(\frac{1-\sqrt{1-2\rho}}{\rho}\right)^{2^{k+1}}\\
&\leqslant\eta_k\cdot\frac{1}{2^{2^{k+1}}}\cdot 2^{2^{k+1}}=\eta_k.
\end{aligned}\tag{3.37}$$

此外, 若记

$$\theta_k=\frac{1-\sqrt{1-2\rho_k}}{1+\sqrt{1-2\rho_k}},$$

容易验证 $\theta_k=\theta_{k-1}^2=\cdots=\theta^{2^k}$, 并且

$$\rho_k=\frac{2\theta_k}{(1+\theta_k)^2},$$

从而由式 (3.29) 的第 2 式得

$$\begin{aligned}
\eta_k&=\frac{1}{2}\frac{\rho_{k-1}}{1-\rho_{k-1}}\eta_{k-1}=\frac{\theta_{k-1}}{1+\theta_{k-1}^2}\eta_{k-1}\\
&=\frac{\theta^{2^{k-1}}}{1+\theta^{2^k}}\eta_{k-1}=\prod_{i=0}^{k-1}\frac{\theta^{2^i}}{1+\theta^{2^{i+1}}}\eta\\
&=\frac{\theta^{1+2+2^2+\cdots+2^{k-1}}}{(1+\theta^2)(1+\theta^{2^2})\cdots(1+\theta^{2^k})}\eta=\frac{\theta^{2^k-1}}{\sum\limits_{i=0}^{2^k-1}\theta^{2i}}\eta,
\end{aligned}\tag{3.38}$$

上式中的最后一个等式是根据

$$
\begin{aligned}
&(1+\theta^2)(1+\theta^{2^2})+\cdots+(1+\theta^{2^k})\\
&=\frac{1}{1-\theta^2}(1-\theta^2)(1+\theta^2)(1+\theta^{2^2})+\cdots+(1+\theta^{2^k})\\
&=\frac{1-(\theta^{2^k})^2}{1-\theta^2}=\frac{1-(\theta^2)^{2^k}}{1-\theta^2}\\
&=1+\theta^2+(\theta^2)^2+\cdots+(\theta^2)^{2^k-1}\\
&=\sum_{i=0}^{2^k-1}(\theta^2)^i=\sum_{i=0}^{2^k-1}\theta^{2i}
\end{aligned}
$$

得到的. 将式 (3.38) 代入式 (3.37) 即得式 (3.36). 将式 (3.36) 代入式 (3.35) 即得式 (3.26). 证毕. □

注 3.2 (1) 定理 3.6 中的条件 (1) 是对初始值的要求, 条件 (2) 是对 F 的导数的要求. 式 (3.24) 则是 3 个参数的制约条件.

(2) 收敛速度式 (3.26) 是最佳的. 特别地, 当 $n=1$ 且 $F=f$ (这里 f 由 (3.28) 定义) 时, 定理的条件全部满足, 而式 (3.26) 将成为恒等式.

(3) 当 $\rho<\dfrac{1}{2}$ 时, $\theta<1$, 得到牛顿法二阶收敛; 而当 $\rho=\dfrac{1}{2}$ 时, $\theta=1$, 从而式 (3.26) 变成

$$\|\boldsymbol{x}^k-\boldsymbol{x}^*\|\leqslant\frac{1}{2^k}\eta,$$

即此时为线性收敛. 在这种情形下, 式 (3.28) 的根为重根 $t^*=t^{**}=2\eta$.

定理 3.6 只证明了式 (3.1) 在球 $\mathbb{S}(\boldsymbol{x}^0,\delta)$ 内存在解, 下面的结果给出了解的唯一性.

定理 3.7 (唯一性定理) 在定理 3.6 的条件下, 当 $\rho<\dfrac{1}{2}$ 且

$$\delta<t^{**}=\frac{1+\sqrt{1-2\rho}}{\rho}\eta \tag{3.39}$$

时, 式 (3.1) 的解 $\boldsymbol{x}^*$ 是 $\mathbb{S}(\boldsymbol{x}^0,\delta)$ 中的唯一解. 当 $\rho=\dfrac{1}{2}$ 时, δ 可取成 t^{**}, 即

$$\delta=t^{**}=\frac{1+\sqrt{1-2\rho}}{\rho}\eta=2\eta. \tag{3.40}$$

证 先考虑 $\rho<\dfrac{1}{2}$ 的情形. 设 $\tilde{\boldsymbol{x}}$ 是式 (3.1) 的某一解, 由式 (3.39) 有

$$\|\tilde{\boldsymbol{x}}-\boldsymbol{x}^0\|=\xi t^{**},\ 0\leqslant\xi<1.$$

从式 (3.3) 知

$$
\begin{aligned}
\boldsymbol{x}^1-\tilde{\boldsymbol{x}}&=\boldsymbol{x}^0-\tilde{\boldsymbol{x}}-[F'(\boldsymbol{x}^0)]^{-1}F(\boldsymbol{x}^0)\\
&=[F'(\boldsymbol{x}^0)]^{-1}[F(\tilde{\boldsymbol{x}})-F(\boldsymbol{x}^0)-F'(\boldsymbol{x}^0)(\tilde{\boldsymbol{x}}-\boldsymbol{x}^0)].
\end{aligned}
$$

利用式 (3.21) 与式 (3.23), 由上式得出

$$\|\boldsymbol{x}^1-\tilde{\boldsymbol{x}}\|\leqslant\frac{1}{2}\beta\gamma\|\tilde{\boldsymbol{x}}-\boldsymbol{x}^0\|^2=\frac{1}{2}\beta\gamma\xi^2(t^{**})^2. \tag{3.41}$$

而

$$
\begin{aligned}
t_1 - t^{**} &= t_0 - t^{**} - [f'(t_0)]^{-1} f(t_0) \\
&= [f'(t_0)]^{-1}[f(t^{**}) - f(t_0) - f'(t_0)(t^{**} - t_0)] \\
&= [f'(t_0)]^{-1}\frac{\gamma}{2}(t^{**})^2 = -\frac{\beta\gamma}{2}(t^{**})^2, \quad (\text{注意此处 } t_0 = 0)
\end{aligned}
$$

代入式 (3.41) 得到

$$\|\boldsymbol{x}^1 - \tilde{\boldsymbol{x}}\| \leqslant \xi^2(t^{**} - t_1).$$

用数学归纳法容易推出

$$\|\boldsymbol{x}^k - \tilde{\boldsymbol{x}}\| \leqslant \xi^{2^k}(t^{**} - t_k). \tag{3.42}$$

由于 $0 \leqslant \xi < 1$, 故有 $\boldsymbol{x}^k \to \tilde{\boldsymbol{x}}$, 从而 $\tilde{\boldsymbol{x}} = \boldsymbol{x}^*$.

当 $\rho = \dfrac{1}{2}$ 时, ξ 可以等于 1. 然而, 此时 $t^* = t^{**}$, $t_k \to t^{**}$, 于是由式 (3.42) 推出 $\boldsymbol{x}^k \to \tilde{\boldsymbol{x}}$, 故 $\tilde{\boldsymbol{x}} = \boldsymbol{x}^*$. □

例 3.3 设

$$F(x_1, x_2) = \begin{pmatrix} 4x_1 - x_2 + \dfrac{1}{10}e^{x_1} - 1 \\ -x_1 + 4x_2 + \dfrac{1}{8}x_1^2 \end{pmatrix}.$$

对初始值 $\boldsymbol{x}^0 = (x_1, x_2)^{\mathrm{T}} = (0, 0)^{\mathrm{T}}$, 试验证: 在

$$\mathbb{S} = \left\{(x_1, x_2) \in \mathbb{R}^2 \,\Big|\, |x_1| < \frac{1}{2}, |x_2| < \frac{1}{2}\right\}$$

中用牛顿法解方程 $F(x_1, x_2) = \mathbf{0}$ 是可行的.

解 F 的导数为

$$F'(\boldsymbol{x}) = \begin{pmatrix} 4 + \dfrac{1}{10}e^{x_1} & -1 \\ -1 + \dfrac{1}{4}x_1 & 4 \end{pmatrix}.$$

显然, $F'(\boldsymbol{x})$ 在 $\mathbb{S}$ 上连续, 又 $\forall \boldsymbol{x}, \boldsymbol{y} \in \mathbb{S}$,

$$
\begin{aligned}
\|F'(\boldsymbol{x}) - F'(\boldsymbol{y})\|_\infty &= \left\| \begin{pmatrix} \dfrac{1}{10}e^{x_1} - \dfrac{1}{10}e^{y_1} & 0 \\ \dfrac{1}{4}(x_1 - y_1) & 0 \end{pmatrix} \right\|_\infty \\
&= \frac{1}{4}|x_1 - y_1| \leqslant \frac{1}{4}\|\boldsymbol{x} - \boldsymbol{y}\|_\infty,
\end{aligned}
$$

$$F'(\boldsymbol{x}^0) = \begin{pmatrix} \dfrac{41}{10} & -1 \\ -1 & 4 \end{pmatrix}, \qquad F'(\boldsymbol{x}^0)^{-1} = \begin{pmatrix} \dfrac{20}{77} & \dfrac{5}{77} \\ \dfrac{5}{77} & \dfrac{41}{154} \end{pmatrix},$$

故

$$\|[F'(\boldsymbol{x}^0)]^{-1}\|_\infty = \frac{51}{154} \leqslant \frac{1}{3}.$$

而 $F(\boldsymbol{x}^0) = \left(-\dfrac{9}{10}, 0\right)^{\mathrm{T}}$,

$$F'(\boldsymbol{x}^0)^{-1}F(\boldsymbol{x}^0) = \begin{pmatrix} \dfrac{20}{77} & \dfrac{5}{77} \\ \dfrac{5}{77} & \dfrac{41}{154} \end{pmatrix} \begin{pmatrix} -\dfrac{9}{10} \\ 0 \end{pmatrix} = \begin{pmatrix} -\dfrac{18}{77} \\ -\dfrac{9}{154} \end{pmatrix},$$

所以 $\|[F'(\boldsymbol{x}^0)]^{-1}F(\boldsymbol{x}^0)\|_\infty = \dfrac{18}{77} \leqslant \dfrac{1}{4}$. 于是

$$\rho = \beta\eta\gamma = \frac{1}{3} \times \frac{1}{4} \times \frac{1}{4} = \frac{1}{48} < \frac{1}{2},$$

其中, $\beta = \dfrac{1}{3}$, $\eta = \dfrac{1}{4}$, $\gamma = \dfrac{1}{4}$. 注意到

$$\begin{aligned} \frac{1-\sqrt{1-2\rho}}{\rho}\eta &= \frac{1-\sqrt{1-\dfrac{2}{48}}}{\dfrac{1}{48}} \cdot \frac{1}{4} = \frac{1-\left(1-\dfrac{2}{48}\right)}{\dfrac{1}{48}\left(1+\sqrt{1-\dfrac{2}{48}}\right)} \cdot \frac{1}{4} \\ &= \frac{2}{1+\sqrt{1-\dfrac{1}{24}}} \cdot \frac{1}{4} < \frac{1}{2}\ (=\delta), \end{aligned}$$

故由康托洛维奇定理 (即定理 3.6) 知用牛顿法求解是可行的. □

注 3.3 (1) 康托洛维奇定理给出了方程解的存在性与唯一性的范围, 也得到了误差估计, 同时使我们知道从初始近似出发是否可保证收敛到方程的解 $\boldsymbol{x}^*$. β, η, γ 3 个参数有一个制约关系, 即乘积要小于 1/2. 这些条件虽然不便于验证, 但它在理论上仍有重要意义, 是牛顿法中一个最基本、最重要的结果.

(2) 这个定理之所以称为半局部收敛定理, 是因为方程的解不是预先设定的, 而是由定理条件证出有解的. 另一方面, 从初始值 $\boldsymbol{x}^0$ 所要满足的式 (3.21) 到式 (3.25) 看出, $\boldsymbol{x}^0$ 仍需限制在 $\boldsymbol{x}^*$ 的邻域中才可能使定理的结论成立.

(3) 式 (3.24) (3 个参数的制约关系) 似乎过于"精巧", 但我们仍然可从一维情形给出解释. 考虑单变量方程 $g(x) = 0$ 的求解问题. 为了简便, 不妨设 g 有连续的二阶导数且 $g(x^0) > 0$. 这时导函数 $g'(x)$ 在某闭球 $\bar{\mathbb{S}}(x^0, \delta)$ (实际上是闭区间) 上满足 Lipschitz 条件, 即式 (3.23) 满足. 构造二次函数

$$f_\pm(x) = \pm\frac{1}{2}\gamma(x-x^0)^2 + g'(x^0)(x-x^0) + g(x^0),$$

其中, $\gamma = \max\limits_{x\in\bar{\mathbb{S}}} |g''(x)|$, 则

$$f_-(x) \leqslant g(x) \leqslant f_+(x).$$

于是, 若 f_+ (因而 f_-) 有实根, 则 $g(x)=0$ 有解. 而且, 这一结论的充分必要条件是判别式

$$\Delta \equiv [g'(x^0)]^2 - 2\gamma g(x^0) \geqslant 0,$$

即

$$[g'(x^0)]^2 \geqslant 2\gamma g(x^0).$$

上式可改写为

$$|[g'(x^0)]^{-1}|\,|[g'(x^0)]^{-1}g(x^0)|\cdot\gamma \leqslant \frac{1}{2},$$

此即

$$\rho = \beta\eta\gamma \leqslant \frac{1}{2}.$$

因此, 这时 $\beta = |[g'(x^0)]^{-1}|$, $\eta = |[g'(x^0)]^{-1}g(x^0)|$, $\gamma = \max\limits_{x\in\bar{\mathbb{S}}}|g''(x)|$. 利用以上记号, $f_+(x)$ 实际上可表示为

$$f_+(x) = \frac{1}{2}\gamma(x-x^0)^2 - \frac{1}{\beta}(x-x^0) + \frac{\eta}{\beta}.$$

这就是在定理 3.6 证明中取 $f(t)$ 为式 (3.28) 的意图. 而且, 式 (3.28) 表示的二次方程的牛顿近似对原方程 $F(\boldsymbol{x})=\boldsymbol{0}$ 的解起着控制作用 (见式 (3.35)).

注 3.4　定理中的条件是充分条件, 因此难免保守. 例如, 考虑在区间 $[\sqrt{2}-1, \sqrt{2}+1]$ 上解方程

$$f(x) = \frac{1}{6}x^3 - \frac{2\sqrt{2}}{6} - 0.23 = 0.$$

若初始值 $x^0=\sqrt{2}$, 则可算得 $\rho=\beta\eta\gamma>\dfrac{1}{2}$ (从而依据定理, x^0 作为初始近似不能保证收敛). 事实上, 我们求得 $f'(x)=\dfrac{1}{2}x^2$, 故 $f'(x^0)=1$, $[f'(x^0)]^{-1}=1$, 即 $\beta=1$. 又

$$|[f'(x^0)]^{-1}f(x^0)| = \left|1\times\left[\frac{1}{6}(\sqrt{2})^3 - \frac{2\sqrt{2}}{6} - 0.23\right]\right| = 0.23,$$

即 $\eta=0.23$. 又

$$\begin{aligned}|f'(x)-f'(y)| &= \left|\frac{1}{2}x^2 - \frac{1}{2}y^2\right| = \frac{1}{2}|x+y|\,|x-y| \\ &\leqslant (\sqrt{2}+1)|x-y|,\quad \forall x,y\in(\sqrt{2}-1,\sqrt{2}+1),\end{aligned}$$

从而 $\gamma=\sqrt{2}+1$. 故

$$\rho = \beta\eta\gamma = 1\times 0.23\times(\sqrt{2}+1) > 0.23\times 2.414 > \frac{1}{2},$$

即康托洛维奇定理条件不满足, 但是容易得出初始值 $x^0=\sqrt{2}$ 是可行的 (可用图示法看出这一点. 注意, 这时牛顿法就是切线法), 方程 $f(x)=0$ 具有 7 位有效数字的解为 $x^*=1.614\,507$.

习 题 3

1. 设 $\boldsymbol{A},\boldsymbol{B}$ 是 n 阶方阵, 广义特征值问题

$$\begin{cases} \boldsymbol{Ax}=\lambda\boldsymbol{Bx}, \\ \boldsymbol{x}^{\mathrm{T}}\boldsymbol{x}=1 \end{cases}$$

等价于解方程组

$$F(\boldsymbol{x},\lambda)=\begin{pmatrix} \boldsymbol{Ax}-\lambda\boldsymbol{Bx} \\ \boldsymbol{x}^{\mathrm{T}}\boldsymbol{x}-1 \end{pmatrix}=\begin{pmatrix} \boldsymbol{0} \\ 0 \end{pmatrix}.$$

写出用牛顿法求解此方程组的具体迭代格式.

2. 用牛顿法解方程组

$$F(\boldsymbol{x})=\begin{pmatrix} x_1+2x_2-2 \\ x_1^2+4x_2^2-4 \end{pmatrix}=\begin{pmatrix} 0 \\ 0 \end{pmatrix},$$

取初值为 $\boldsymbol{x}^0=(1,2)^{\mathrm{T}}$.

3. n 阶非奇异矩阵 $\boldsymbol{A}$ 的求逆问题等价于解方程组 $F(\boldsymbol{X})=\boldsymbol{I}-\boldsymbol{AX}=\boldsymbol{O}$, 这里 $\boldsymbol{X}$ 为 $n\times n$ 矩阵 $(\boldsymbol{X}=\boldsymbol{A}^{-1})$. 由于 $F'(\boldsymbol{X})=-\boldsymbol{A}$, 故牛顿迭代取如下近似迭代格式

$$\boldsymbol{X}_{k+1}=\boldsymbol{X}_k+\boldsymbol{A}(\boldsymbol{I}-\boldsymbol{AX}_k).$$

定义余量矩阵 $\boldsymbol{R}_k=\boldsymbol{I}-\boldsymbol{AX}_k$, 误差矩阵 $\boldsymbol{E}_k=\boldsymbol{A}^{-1}-\boldsymbol{X}_k$, 试证

$$\boldsymbol{R}_{k+1}=(\boldsymbol{R}_k)^2,\quad \boldsymbol{E}_{k+1}=\boldsymbol{E}_k\boldsymbol{AE}_k.$$

4. 用牛顿法解方程组

$$F(\boldsymbol{x})=\begin{pmatrix} 2x_1+x_2+x_3-4 \\ x_1+2x_2+x_3-4 \\ x_1x_2x_3-1 \end{pmatrix}=\begin{pmatrix} 0 \\ 0 \\ 0 \end{pmatrix},$$

取初始点 $\boldsymbol{x}^0=(0.5,0.5,0.5)^{\mathrm{T}}$ 和 $(1,1,1)^{\mathrm{T}}$.

5. 对方程组

$$F(\boldsymbol{x})=\begin{pmatrix} x_1^2+x_2^2+30x_2-31 \\ -16x_1+x_2^2-2x_2+1 \end{pmatrix}=\begin{pmatrix} 0 \\ 0 \end{pmatrix}$$

取初值 $\boldsymbol{x}^0=(0,0)^{\mathrm{T}}$, 验证牛顿法是否可行.

6. 设 $G:\mathbb{R}^n\to\mathbb{R}^n$ 在不动点 $\boldsymbol{x}^*$ 的一个邻域内是连续可微的, 考察迭代法

$$x_i^{(k+1)}=g_i(x_1^{(k+1)},\cdots,x_{i-1}^{(k+1)},x_i^{(k)},\cdots,x_n^{(k)}),\ i=1,2,\cdots,n;\ k=0,1,\cdots.$$

若 $\rho\big((\boldsymbol{I}-\boldsymbol{L})^{-1}[G'(\boldsymbol{x}^*)-\boldsymbol{L}]\big)<1$, 其中 $\boldsymbol{I}$ 是 n 阶单位阵, $\boldsymbol{L}$ 是 $G'(\boldsymbol{x}^*)$ 的严格下三角部分. 试证 $\boldsymbol{x}^*$ 是一个吸引点.

第 4 章 解非线性方程组的LM方法

本章介绍求解超定非线性方程组

$$F(\boldsymbol{x}) = \mathbf{0} \tag{4.1}$$

的 Levenberg–Marquardt 方法 (简称 LM 方法), 其中 $F(\boldsymbol{x}) : \mathbb{R}^n \to \mathbb{R}^m\,(m \geqslant n)$ 连续可微且其 Jacobi 矩阵 $J(\boldsymbol{x}) = F'(\boldsymbol{x}) : \mathbb{R}^n \to \mathbb{R}^{m\times n}$ Lipschitz 连续. 式 (4.1) 来自科学与工程计算中的非线性最小二乘问题, 它在经济学等领域有着广泛的应用背景. 事实上, 式 (4.1) 等价于极小化问题

$$\min_{\boldsymbol{x}\in\mathbb{R}^n} f(\boldsymbol{x}) = \frac{1}{2}\|F(\boldsymbol{x})\|^2 = \frac{1}{2}\sum_{i=1}^{m} F_i^2(\boldsymbol{x}), \tag{4.2}$$

具有极小值 0, 这里 $F(\boldsymbol{x}) = \big(F_1(\boldsymbol{x}), F_2(\boldsymbol{x}), \cdots, F_m(\boldsymbol{x})\big)^{\mathrm{T}}$. 本章用 $\mathbb{X}^*$ 表示式 (4.1) 的解集, 所有的范数 $\|\cdot\|$ 都表示 2–范数 (即向量的欧氏范数或矩阵的谱范数).

4.1 高斯–牛顿法

可以认为 LM 方法的来源之一是高斯–牛顿法, 因此先介绍求解式 (4.1) (或等价的式 (4.2)) 的高斯–牛顿法及其收敛性分析.

注意, 式 (4.2) 的目标函数 $f(\boldsymbol{x})$ 的梯度和 Hesse 阵分别为

$$\begin{aligned}
g(\boldsymbol{x}) &:= \nabla f(\boldsymbol{x}) = \nabla\Big(\frac{1}{2}\|F(\boldsymbol{x})\|^2\Big)\\
&= J(\boldsymbol{x})^{\mathrm{T}}F(\boldsymbol{x}) \;=\; \sum_{i=1}^{m} F_i(\boldsymbol{x})\nabla F_i(\boldsymbol{x}),\\
G(\boldsymbol{x}) &:= \nabla^2 f(\boldsymbol{x}) = \sum_{i=1}^{m} \nabla F_i(\boldsymbol{x})(\nabla F_i(\boldsymbol{x}))^{\mathrm{T}} + \sum_{i=1}^{m} F_i(\boldsymbol{x})\nabla^2 F_i(\boldsymbol{x})\\
&= J(\boldsymbol{x})^{\mathrm{T}}J(\boldsymbol{x}) + \sum_{i=1}^{m} F_i(\boldsymbol{x})\nabla^2 F_i(\boldsymbol{x})\\
&:= J(\boldsymbol{x})^{\mathrm{T}}J(\boldsymbol{x}) + S(\boldsymbol{x}),
\end{aligned}$$

式中

$$J(\boldsymbol{x}) = (\nabla F_1(\boldsymbol{x}), \nabla F_2(\boldsymbol{x}), \cdots, \nabla F_m(\boldsymbol{x}))^{\mathrm{T}}, \quad S(\boldsymbol{x}) = \sum_{i=1}^{m} F_i(\boldsymbol{x})\nabla^2 F_i(\boldsymbol{x}).$$

对于式 (4.2), 根据无约束优化问题取极值的必要条件, 有

$$J(\boldsymbol{x})^{\mathrm{T}}F(\boldsymbol{x})=\mathbf{0}. \tag{4.3}$$

对式 (4.3) 使用牛顿法, 可得迭代算法

$$\boldsymbol{x}^{k+1}=\boldsymbol{x}^{k}-\left(\boldsymbol{J}_k^{\mathrm{T}}\boldsymbol{J}_k+\boldsymbol{S}_k\right)^{-1}\boldsymbol{J}_k^{\mathrm{T}}\boldsymbol{F}^k, \tag{4.4}$$

式中, $\boldsymbol{S}_k=S(\boldsymbol{x}^k)$, $\boldsymbol{J}_k=J(\boldsymbol{x}^k)$, $\boldsymbol{F}^k=F(\boldsymbol{x}^k)$.

在标准假设下, 容易得到式 (4.4) 的收敛性质. 缺点是 $S(\boldsymbol{x})$ 中 $\nabla^2F_i(\boldsymbol{x})$ 的计算量较大. 如果忽略这一项, 便得到求解式 (4.3) 的所谓高斯–牛顿法

$$\boldsymbol{x}^{k+1}=\boldsymbol{x}^{k}-\left(\boldsymbol{J}_k^{\mathrm{T}}\boldsymbol{J}_k\right)^{-1}\boldsymbol{J}_k^{\mathrm{T}}\boldsymbol{F}^k, \tag{4.5}$$

记

$$\boldsymbol{s}_{\mathrm{GN}}^k=-\left(\boldsymbol{J}_k^{\mathrm{T}}\boldsymbol{J}_k\right)^{-1}\boldsymbol{J}_k^{\mathrm{T}}\boldsymbol{F}^k,$$

称 $\boldsymbol{s}_{\mathrm{GN}}^k$ 为高斯–牛顿方向. 容易验证 $\boldsymbol{s}_{\mathrm{GN}}^k$ 是极小化问题

$$\min_{\boldsymbol{s}\in\mathbb{R}^n}\frac{1}{2}\|\boldsymbol{F}(\boldsymbol{x}^k)+\boldsymbol{J}_k\boldsymbol{s}\|^2 \tag{4.6}$$

的极小解. 若向量值函数 $F(\boldsymbol{x}^k)$ 的 Jacobi 矩阵 $\boldsymbol{J}_k$ 是列满秩的, 则可以保证 $\boldsymbol{s}_{\mathrm{GN}}^k$ 是下降方向. 如同牛顿法一样, 若采取单位步长, 算法的全局收敛性难以保证; 但如果在算法中引入线搜索步长规则, 则可以得到如下的收敛性定理.

定理 4.1 设水平集

$$\mathbb{L}(\boldsymbol{x}^0)=\{\boldsymbol{x}\,|\,f(\boldsymbol{x})\leqslant f(\boldsymbol{x}^0)\}$$

有界, $J(\boldsymbol{x})=F'(\boldsymbol{x})$ 在 $\mathbb{L}(\boldsymbol{x}^0)$ 上 Lipschitz 连续且满足一致性条件

$$\|J(\boldsymbol{x})\boldsymbol{z}\|\geqslant\alpha\|\boldsymbol{z}\|,\quad\forall\,\boldsymbol{z}\in\mathbb{R}^n, \tag{4.7}$$

式中, $\alpha>0$ 为常数. 则在 Wolfe 步长规则下, 即

$$\begin{cases}f(\boldsymbol{x}^k+\alpha_k\boldsymbol{s}^k)\leqslant f_k+\rho\alpha_k(\boldsymbol{g}^k)^{\mathrm{T}}\boldsymbol{s}^k,\\ g(\boldsymbol{x}^k+\alpha_k\boldsymbol{s}^k)^{\mathrm{T}}\boldsymbol{s}^k\geqslant\sigma(\boldsymbol{g}^k)^{\mathrm{T}}\boldsymbol{s}^k,\end{cases} \tag{4.8}$$

这里 $0<\rho<\sigma<1$, $f_k=f(\boldsymbol{x}^k)$, $\boldsymbol{g}^k=g(\boldsymbol{x}^k)$, 高斯–牛顿法产生的迭代点列 $\{\boldsymbol{x}^k\}$ 收敛到式 (4.2) 的一个稳定点, 即

$$\lim_{k\to\infty}\boldsymbol{J}_k^{\mathrm{T}}F(\boldsymbol{x}^k)=\mathbf{0}.$$

证 由 $J(\boldsymbol{x})$ 在 $\mathbb{L}(\boldsymbol{x}^0)$ 上 Lipschitz 连续可知 $J(\boldsymbol{x})$ 连续. 由于水平集 $\mathbb{L}(\boldsymbol{x}^0)$ 有界, 故存在 $\beta>0$ 使得对任意 $\boldsymbol{x}\in\mathbb{L}(\boldsymbol{x}^0)$, $\|J(\boldsymbol{x})\|\leqslant\beta$ 成立. 记 θ_k 为 $\boldsymbol{s}_{\mathrm{GN}}^k$ 与负梯度方向 $-\boldsymbol{g}^k$ 的夹角. 利用式 (4.7), 有

$$\begin{aligned}\cos\theta_k&=-\frac{(\boldsymbol{s}_{\mathrm{GN}}^k)^{\mathrm{T}}\boldsymbol{g}^k}{\|\boldsymbol{s}_{\mathrm{GN}}^k\|\|\boldsymbol{g}^k\|}=-\frac{(\boldsymbol{s}_{\mathrm{GN}}^k)^{\mathrm{T}}(\boldsymbol{J}_k^{\mathrm{T}}\boldsymbol{F}^k)}{\|\boldsymbol{s}_{\mathrm{GN}}^k\|\|\boldsymbol{J}_k^{\mathrm{T}}\boldsymbol{F}^k\|}\\&=\frac{\|\boldsymbol{J}_k\boldsymbol{s}_{\mathrm{GN}}^k\|^2}{\|\boldsymbol{s}_{\mathrm{GN}}^k\|\|\boldsymbol{J}_k^{\mathrm{T}}\boldsymbol{J}_k\boldsymbol{s}_{\mathrm{GN}}^k\|}\geqslant\frac{\alpha^2\|\boldsymbol{s}_{\mathrm{GN}}^k\|^2}{\beta^2\|\boldsymbol{s}_{\mathrm{GN}}^k\|^2}=\frac{\alpha^2}{\beta^2}>0.\end{aligned}$$

由于 $g(\boldsymbol{x})$ 在 $\mathbb{L}(\boldsymbol{x}^0)$ 上 Lipschitz 连续, 故存在正数 L, 使得

$$\|g(\boldsymbol{x})-g(\boldsymbol{z})\|\leqslant L\|\boldsymbol{x}-\boldsymbol{z}\|,\quad \forall\boldsymbol{x},\boldsymbol{z}\in\mathbb{L}(\boldsymbol{x}^0).$$

由式 (4.8) 的第二式, 得

$$(\sigma-1)(\boldsymbol{g}^k)^{\mathrm{T}}\boldsymbol{s}^k\leqslant[g(\boldsymbol{x}^k+\alpha_k\boldsymbol{s}^k)-\boldsymbol{g}^k]^{\mathrm{T}}\boldsymbol{s}^k\leqslant\alpha_kL\|\boldsymbol{s}^k\|^2.$$

故

$$\alpha_k\geqslant\frac{\sigma-1}{L}\frac{(\boldsymbol{g}^k)^{\mathrm{T}}\boldsymbol{s}^k}{\|\boldsymbol{s}^k\|^2}.$$

将其代入式 (4.8) 的第一式, 得

$$\begin{aligned}f_k-f_{k+1}\geqslant-\rho\alpha_k(\boldsymbol{g}^k)^{\mathrm{T}}\boldsymbol{s}^k&\geqslant\rho\frac{1-\sigma}{L}\frac{((\boldsymbol{g}^k)^{\mathrm{T}}\boldsymbol{s}^k)^2}{\|\boldsymbol{s}^k\|^2}\\&=\rho\frac{1-\sigma}{L}\|\boldsymbol{g}^k\|^2\cos^2\theta_k.\end{aligned}$$

两边对 k 求级数, 利用 $\{f_k\}$ 单调不增有下界, 得

$$\sum_{k=1}^{\infty}\|\boldsymbol{g}^k\|^2\cos^2\theta_k<\infty.$$

由此, 得

$$\lim_{k\to\infty}\boldsymbol{g}^k=\lim_{k\to\infty}\boldsymbol{J}_k^{\mathrm{T}}F(\boldsymbol{x}^k)=\boldsymbol{0}.$$

证毕. □

下面的定理指出了高斯–牛顿法的收敛速度.

定理 4.2 设单位步长的高斯–牛顿法产生的迭代点列 $\{\boldsymbol{x}^k\}$ 收敛到式 (4.2) 的局部极小点 $\boldsymbol{x}^*$, 并且 $J(\boldsymbol{x}^*)^{\mathrm{T}}J(\boldsymbol{x}^*)$ 正定, 则当 $J(\boldsymbol{x})^{\mathrm{T}}J(\boldsymbol{x})$, $S(\boldsymbol{x})$, $[J(\boldsymbol{x})^{\mathrm{T}}J(\boldsymbol{x})]^{-1}$ 在 $\boldsymbol{x}^*$ 的邻域内 Lipschitz 连续时, 对充分大的 k, 有

$$\|\boldsymbol{x}^{k+1}-\boldsymbol{x}^*\|\leqslant\|[J(\boldsymbol{x}^*)^{\mathrm{T}}J(\boldsymbol{x}^*)]^{-1}\|\,\|S(\boldsymbol{x}^*)\|\,\|\boldsymbol{x}^k-\boldsymbol{x}^*\|+O(\|\boldsymbol{x}^k-\boldsymbol{x}^*\|^2).$$

证 由于 $J(\boldsymbol{x})^{\mathrm{T}}J(\boldsymbol{x})$, $S(\boldsymbol{x})$, $[J(\boldsymbol{x})^{\mathrm{T}}J(\boldsymbol{x})]^{-1}$ 在 $\boldsymbol{x}^*$ 的邻域内 Lipschitz 连续, 故存在 $\delta>0$ 及正数 α,β,γ 使得对任意 $\boldsymbol{x},\boldsymbol{z}\in\mathbb{N}(\boldsymbol{x}^*,\delta)$, 有

$$\begin{cases}\|S(\boldsymbol{x})-S(\boldsymbol{z})\|\leqslant\alpha\|\boldsymbol{x}-\boldsymbol{z}\|,\\\|J(\boldsymbol{x})^{\mathrm{T}}J(\boldsymbol{x})-J(\boldsymbol{z})^{\mathrm{T}}J(\boldsymbol{z})\|\leqslant\beta\|\boldsymbol{x}-\boldsymbol{z}\|,\\\|[J(\boldsymbol{x})^{\mathrm{T}}J(\boldsymbol{x})]^{-1}-[J(\boldsymbol{z})^{\mathrm{T}}J(\boldsymbol{z})]^{-1}\|\leqslant\gamma\|\boldsymbol{x}-\boldsymbol{z}\|.\end{cases}\tag{4.9}$$

由于 $f(\boldsymbol{x})$ 二阶连续可微, $G(\boldsymbol{x})=J(\boldsymbol{x})^{\mathrm{T}}J(\boldsymbol{x})+S(\boldsymbol{x})$ 在 $\mathbb{N}(\boldsymbol{x}^*,\delta)$ 上 Lipschitz 连续, 故对充分大的 k 和范数充分小的 $\boldsymbol{h}\in\mathbb{R}^n$, 有 $\boldsymbol{x}^k+\boldsymbol{h}\in\mathbb{N}(\boldsymbol{x}^*,\delta)$, 且

$$g(\boldsymbol{x}^k+\boldsymbol{h})=g(\boldsymbol{x}^k)+G(\boldsymbol{x}^k)\boldsymbol{h}+O(\|\boldsymbol{h}\|^2).\tag{4.10}$$

由于 $\boldsymbol{x}^k \to \boldsymbol{x}^*$, 故对充分大的 k, 有 $\boldsymbol{x}^k, \boldsymbol{x}^{k+1} \in \mathbb{N}(\boldsymbol{x}^*, \delta)$. 令

$$\boldsymbol{e}^k = \boldsymbol{x}^k - \boldsymbol{x}^*, \quad \boldsymbol{h}^k = \boldsymbol{x}^{k+1} - \boldsymbol{x}^k,$$

则

$$g(\boldsymbol{x}^*) = g(\boldsymbol{x}^k - \boldsymbol{e}^k) = \boldsymbol{0}.$$

利用式 (4.10), 有

$$g(\boldsymbol{x}^k) - G(\boldsymbol{x}^k)\boldsymbol{e}^k + O(\|\boldsymbol{e}^k\|^2) = \boldsymbol{0},$$

即

$$\boldsymbol{J}_k^{\mathrm{T}} \boldsymbol{F}^k - (\boldsymbol{J}_k^{\mathrm{T}} \boldsymbol{J}_k + \boldsymbol{S}_k)\boldsymbol{e}^k + O(\|\boldsymbol{e}^k\|^2) = \boldsymbol{0}.$$

注意到

$$\boldsymbol{J}_k^{\mathrm{T}} \boldsymbol{F}^k = -(\boldsymbol{J}_k^{\mathrm{T}} \boldsymbol{J}_k)(\boldsymbol{x}^{k+1} - \boldsymbol{x}^k) = -\boldsymbol{J}_k^{\mathrm{T}} \boldsymbol{J}_k \boldsymbol{h}^k,$$

代入上式, 得

$$-\boldsymbol{J}_k^{\mathrm{T}} \boldsymbol{J}_k \boldsymbol{h}^k - (\boldsymbol{J}_k^{\mathrm{T}} \boldsymbol{J}_k + \boldsymbol{S}_k)\boldsymbol{e}^k + O(\|\boldsymbol{e}^k\|^2) = \boldsymbol{0}.$$

两边同乘以 $(\boldsymbol{J}_k^{\mathrm{T}} \boldsymbol{J}_k)^{-1}$, 有

$$-\boldsymbol{h}^k - \boldsymbol{e}^k - (\boldsymbol{J}_k^{\mathrm{T}} \boldsymbol{J}_k)^{-1} \boldsymbol{S}_k \boldsymbol{e}^k + (\boldsymbol{J}_k^{\mathrm{T}} \boldsymbol{J}_k)^{-1} O(\|\boldsymbol{e}^k\|^2) = \boldsymbol{0},$$

所以

$$\boldsymbol{x}^{k+1} - \boldsymbol{x}^* = \boldsymbol{h}^k + \boldsymbol{e}^k = -(\boldsymbol{J}_k^{\mathrm{T}} \boldsymbol{J}_k)^{-1} \boldsymbol{S}_k \boldsymbol{e}^k + (\boldsymbol{J}_k^{\mathrm{T}} \boldsymbol{J}_k)^{-1} O(\|\boldsymbol{e}^k\|^2).$$

两边取 2–范数, 有

$$\|\boldsymbol{x}^{k+1} - \boldsymbol{x}^*\| \leqslant \|(\boldsymbol{J}_k^{\mathrm{T}} \boldsymbol{J}_k)^{-1} \boldsymbol{S}_k\| \|\boldsymbol{e}^k\| + \|(\boldsymbol{J}_k^{\mathrm{T}} \boldsymbol{J}_k)^{-1}\| \cdot O(\|\boldsymbol{e}^k\|^2).$$

由于 $[J(\boldsymbol{x})^{\mathrm{T}} J(\boldsymbol{x})]^{-1}$ 在 $\boldsymbol{x}^*$ 处连续, 故在 k 充分大时, 有

$$\|(\boldsymbol{J}_k^{\mathrm{T}} \boldsymbol{J}_k)^{-1}\| \leqslant 2\|[J(\boldsymbol{x}^*)^{\mathrm{T}} J(\boldsymbol{x}^*)]^{-1}\|, \tag{4.11}$$

从而

$$\|\boldsymbol{x}^{k+1} - \boldsymbol{x}^*\| \leqslant \|(\boldsymbol{J}_k^{\mathrm{T}} \boldsymbol{J}_k)^{-1} \boldsymbol{S}_k\| \|\boldsymbol{x}^k - \boldsymbol{x}^*\| + O(\|\boldsymbol{x}^k - \boldsymbol{x}^*\|^2). \tag{4.12}$$

由式 (4.9) 和式 (4.11), 得

$$\begin{aligned}
&\|(\boldsymbol{J}_k^{\mathrm{T}} \boldsymbol{J}_k)^{-1} \boldsymbol{S}_k - [J(\boldsymbol{x}^*)^{\mathrm{T}} J(\boldsymbol{x}^*)]^{-1} S(\boldsymbol{x}^*)\| \\
\leqslant\ & \|(\boldsymbol{J}_k^{\mathrm{T}} \boldsymbol{J}_k)^{-1}\| \|\boldsymbol{S}_k - S(\boldsymbol{x}^*)\| + \\
& \|(\boldsymbol{J}_k^{\mathrm{T}} \boldsymbol{J}_k)^{-1} - [J(\boldsymbol{x}^*)^{\mathrm{T}} J(\boldsymbol{x}^*)]^{-1}\| \|S(\boldsymbol{x}^*)\| \\
\leqslant\ & 2\alpha \|[J(\boldsymbol{x}^*)^{\mathrm{T}} J(\boldsymbol{x}^*)]^{-1}\| \|\boldsymbol{x}^k - \boldsymbol{x}^*\| + \gamma \|S(\boldsymbol{x}^*)\| \|\boldsymbol{x}^k - \boldsymbol{x}^*\| \\
=\ & O(\|\boldsymbol{x}^k - \boldsymbol{x}^*\|),
\end{aligned}$$

即

$$\begin{aligned}\|(\boldsymbol{J}_k^{\mathrm{T}}\boldsymbol{J}_k)^{-1}\boldsymbol{S}_k\| \leqslant &\|[J(\boldsymbol{x}^*)^{\mathrm{T}}J(\boldsymbol{x}^*)]^{-1}S(\boldsymbol{x}^*)\|+\\ &\|(\boldsymbol{J}_k^{\mathrm{T}}\boldsymbol{J}_k)^{-1}\boldsymbol{S}_k-[J(\boldsymbol{x}^*)^{\mathrm{T}}J(\boldsymbol{x}^*)]^{-1}S(\boldsymbol{x}^*)\|\\ =&\|[J(\boldsymbol{x}^*)^{\mathrm{T}}J(\boldsymbol{x}^*)]^{-1}S(\boldsymbol{x}^*)\|+O(\|\boldsymbol{x}^k-\boldsymbol{x}^*\|).\end{aligned} \tag{4.13}$$

将式 (4.13) 代入式 (4.12) 即得本定理的结论. 证毕. □

注 4.1　若式 (4.2) 满足定理 4.2 的条件且最优解 $\boldsymbol{x}^*$ 使得目标函数值取 0, 则 $S(\boldsymbol{x}^*)=\boldsymbol{O}$, 上面的结论表明迭代点列二阶收敛到 $\boldsymbol{x}^*$. 但当 $F(\boldsymbol{x})$ 在最优解点的函数值不为 0 时, 由于 Hesse 阵 $G(\boldsymbol{x})$ 略去了不容忽视的项 $S(\boldsymbol{x})$, 因而难以期待高斯–牛顿法有好的数值效果.

4.2　LM 方法及其收敛性

式 (4.5) 在迭代过程中要求 Jacobi 矩阵 $\boldsymbol{J}_k$ 列满秩, 这一条件限制了它的应用. 事实上, 当矩阵 $\boldsymbol{J}_k$ 秩亏时, $\boldsymbol{J}_k^{\mathrm{T}}\boldsymbol{J}_k$ 为奇异矩阵, 此时高斯–牛顿法中断. 为解决这一问题, 可将其松弛为对称正定矩阵 $\boldsymbol{J}_k^{\mathrm{T}}\boldsymbol{J}_k+\mu_k\boldsymbol{I}$, 其中 $\mu_k>0$ 为某个适当选取的常数. 此时, 高斯–牛顿法被修正为

$$\boldsymbol{x}^{k+1}=\boldsymbol{x}^k-\left(\boldsymbol{J}_k^{\mathrm{T}}\boldsymbol{J}_k+\mu_k\boldsymbol{I}\right)^{-1}\boldsymbol{J}_k^{\mathrm{T}}\boldsymbol{F}^k. \tag{4.14}$$

这一迭代公式即为 Levenberg–Marquardt 方法, 简称 LM 方法.

注 4.2　还可以认为 LM 方法来自式 (4.6) 的正则化模型

$$\min_{\boldsymbol{s}\in\mathbb{R}^n}\ \frac{1}{2}\|\boldsymbol{J}_k\boldsymbol{s}+\boldsymbol{F}^k\|^2+\frac{\mu_k}{2}\|\boldsymbol{s}\|^2, \tag{4.15}$$

这里, $\mu_k>0$ 是正则化参数. 由最优性条件, 知 $\boldsymbol{s}^k$ 满足

$$\nabla\Big(\frac{1}{2}\|\boldsymbol{J}_k\boldsymbol{s}+\boldsymbol{F}^k\|^2+\frac{\mu_k}{2}\|\boldsymbol{s}\|^2\Big)=(\boldsymbol{J}_k^{\mathrm{T}}\boldsymbol{J}_k+\mu_k\boldsymbol{I})\boldsymbol{s}+\boldsymbol{J}_k^{\mathrm{T}}\boldsymbol{F}^k=\boldsymbol{0},$$

求得

$$\boldsymbol{s}^k=-(\boldsymbol{J}_k^{\mathrm{T}}\boldsymbol{J}_k+\mu_k\boldsymbol{I})^{-1}\boldsymbol{J}_k^{\mathrm{T}}\boldsymbol{F}^k, \tag{4.16}$$

由此亦可得到式 (4.14).

注意, 若 $\boldsymbol{g}^k=\boldsymbol{J}_k^{\mathrm{T}}\boldsymbol{F}^k\neq\boldsymbol{0}$, 则对任意 $\mu_k>0$, 有

$$(\boldsymbol{g}^k)^{\mathrm{T}}\boldsymbol{s}^k=-(\boldsymbol{J}_k^{\mathrm{T}}\boldsymbol{F}^k)^{\mathrm{T}}(\boldsymbol{J}_k^{\mathrm{T}}\boldsymbol{J}_k+\mu_k\boldsymbol{I})^{-1}(\boldsymbol{J}_k^{\mathrm{T}}\boldsymbol{F}^k)<0,$$

所以 $\boldsymbol{s}^k$ 是 $f(\boldsymbol{x})$ 在 $\boldsymbol{x}^k$ 处的下降方向.

下面考虑式 (4.14) 的收敛性分析. 首先给出“局部误差界”的定义.

定义 4.1　设集合 $\mathbb{N}\subset\mathbb{R}^n$ 满足 $\mathbb{N}\cap\mathbb{X}^*\neq\emptyset$. 若存在正数 τ 使得

$$\|F(\boldsymbol{x})\|\geqslant\tau\mathrm{dist}(\boldsymbol{x},\mathbb{X}^*),\quad\forall\,\boldsymbol{x}\in\mathbb{N}, \tag{4.17}$$

则称 $\|F(\boldsymbol{x})\|$ 为式 (4.1) 在集合 $\mathbb{N}$ 上的一个局部误差界.

根据定义 4.1, 若 $\bar{\boldsymbol{x}} \in \mathbb{X}^*$ 且 $J(\bar{\boldsymbol{x}})$ 非奇异, 那么 $\bar{\boldsymbol{x}}$ 必定是式 (4.1) 的孤立解, 因此 $\|F(\boldsymbol{x})\|$ 可成为 $\bar{\boldsymbol{x}}$ 的某个邻域上的局部误差界. 但反之不真, 可参考文献 [8, 9]. 因此, 局部误差界条件要比非奇异性条件弱.

式 (4.14) 的收敛性分析需要下面的假设条件.

条件 4.1 (a) $F(\boldsymbol{x})$ 连续可微且其 Jacobi 矩阵 $J(\boldsymbol{x})$ 在 $\bar{\boldsymbol{x}} \in \mathbb{X}^*$ 的某个邻域上 Lipschitz 连续, 即存在正常数 L_1 和 $b < 0.5$, 使得

$$\|J(\boldsymbol{y}) - J(\boldsymbol{x})\| \leqslant 2L_1\|\boldsymbol{y} - \boldsymbol{x}\|, \ \forall \boldsymbol{x}, \boldsymbol{y} \in \mathbb{N}(\bar{\boldsymbol{x}}, 2b) = \{\boldsymbol{x} \mid \|\boldsymbol{x} - \bar{\boldsymbol{x}}\| \leqslant 2b\}. \tag{4.18}$$

(b) $\|F(\boldsymbol{x})\|$ 为 (4.1) 在邻域 $\mathbb{N}(\bar{\boldsymbol{x}}, 2b)$ 上的一个局部误差界, 即存在常数 $\tau_1 > 0$, 使得

$$\|F(\boldsymbol{x})\| \geqslant \tau_1 \mathrm{dist}(\boldsymbol{x}, \mathbb{X}^*), \quad \forall \boldsymbol{x} \in \mathbb{N}(\bar{\boldsymbol{x}}, 2b). \tag{4.19}$$

注 4.3 由条件 4.1 (a) 可得

$$\|F(\boldsymbol{y}) - F(\boldsymbol{x}) - J(\boldsymbol{x})(\boldsymbol{y} - \boldsymbol{x})\| \leqslant L_1\|\boldsymbol{y} - \boldsymbol{x}\|^2, \ \forall \boldsymbol{x}, \boldsymbol{y} \in \mathbb{N}(\bar{\boldsymbol{x}}, 2b). \tag{4.20}$$

进一步, 存在正常数 L_2, 使得

$$\|F(\boldsymbol{y}) - F(\boldsymbol{x})\| \leqslant L_2\|\boldsymbol{y} - \boldsymbol{x}\|, \ \forall \boldsymbol{x}, \boldsymbol{y} \in \mathbb{N}(\bar{\boldsymbol{x}}, 2b). \tag{4.21}$$

此外, 由式 (4.21) 可得

$$\|J(\boldsymbol{x})\| \leqslant L_2, \ \forall \boldsymbol{x} \in \mathbb{N}(\bar{\boldsymbol{x}}, 2b). \tag{4.22}$$

事实上, 由于

$$F'(\boldsymbol{x})\boldsymbol{h} = \lim_{t \to 0} \frac{1}{t}[F(\boldsymbol{x} + t\boldsymbol{h}) - F(\boldsymbol{x})],$$

则

$$\begin{aligned}\|F'(\boldsymbol{x})\boldsymbol{h}\| &= \lim_{t \to 0} \frac{1}{t}\|F(\boldsymbol{x} + t\boldsymbol{h}) - F(\boldsymbol{x})\| \\ &\leqslant \lim_{t \to 0} \frac{1}{t} \cdot L_2\|t\boldsymbol{h}\| = L_2\|\boldsymbol{h}\|,\end{aligned}$$

从而

$$\|J(\boldsymbol{x})\| = \|F'(\boldsymbol{x})\| = \max_{\boldsymbol{h} \neq \boldsymbol{0}} \frac{\|F'(\boldsymbol{x})\boldsymbol{h}\|}{\|\boldsymbol{h}\|} \leqslant L_2.$$

在后续的分析中, 总假定对任意正整数 k,

$$\mu_k = \|\boldsymbol{F}^k\|^\delta, \ \delta \in [1, 2],$$

且记 $\bar{\boldsymbol{x}}^k \in \mathbb{X}^*$ 为满足

$$\|\boldsymbol{x}^k - \bar{\boldsymbol{x}}^k\| = \mathrm{dist}(\boldsymbol{x}^k, \mathbb{X}^*)$$

的解向量.

引理 4.1 假设条件 4.1 成立. 若 $\boldsymbol{x}^k \in \mathbb{N}(\bar{\boldsymbol{x}}, b)$, 则存在常数 $\tau_2 > 0$, 使得

$$\|\boldsymbol{s}^k\| \leqslant \tau_2 \mathrm{dist}(\boldsymbol{x}^k, \mathbb{X}^*). \tag{4.23}$$

证　由 $\boldsymbol{x}^k \in \mathbb{N}(\bar{\boldsymbol{x}}, b)$, 可得

$$\begin{aligned}\|\bar{\boldsymbol{x}}^k-\bar{\boldsymbol{x}}\| &\leqslant \|\boldsymbol{x}^k-\bar{\boldsymbol{x}}^k\|+\|\boldsymbol{x}^k-\bar{\boldsymbol{x}}\| \\ &\leqslant \|\boldsymbol{x}^k-\bar{\boldsymbol{x}}\|+\|\boldsymbol{x}^k-\bar{\boldsymbol{x}}\| \leqslant 2b,\end{aligned}$$

即 $\bar{\boldsymbol{x}}^k \in \mathbb{N}(\bar{\boldsymbol{x}}, 2b)$. 于是由式 (4.19) 和式 (4.21) 得

$$\tau_1^\delta\|\boldsymbol{x}^k-\bar{\boldsymbol{x}}^k\|^\delta \leqslant \mu_k=\|\boldsymbol{F}^k\|^\delta \leqslant L_2^\delta\|\boldsymbol{x}^k-\bar{\boldsymbol{x}}^k\|^\delta. \tag{4.24}$$

令

$$\varphi_k(\boldsymbol{s})=\|\boldsymbol{F}^k+\boldsymbol{J}_k\boldsymbol{s}\|^2+\mu_k\|\boldsymbol{s}\|^2,$$

则易知式 (4.16) 中的 $\boldsymbol{s}^k$ 即为 $\varphi_k(\boldsymbol{s})$ 的稳定点. 注意到 $\varphi_k(\boldsymbol{s})$ 是凸泛函, 故 $\boldsymbol{s}^k$ 也是其极小点. 因此, 注意到 $\bar{\boldsymbol{x}}^k \in \mathbb{N}(\bar{\boldsymbol{x}}, 2b)$ 及 $b<0.5$, 有

$$\begin{aligned}\|\boldsymbol{s}^k\|^2 &\leqslant \frac{\varphi_k(\boldsymbol{s}^k)}{\mu_k} \leqslant \frac{\varphi_k(\bar{\boldsymbol{x}}^k-\boldsymbol{x}^k)}{\mu_k} \\ &= \frac{\|\boldsymbol{F}^k+\boldsymbol{J}_k(\bar{\boldsymbol{x}}^k-\boldsymbol{x}^k)\|^2+\mu_k\|\bar{\boldsymbol{x}}^k-\boldsymbol{x}^k\|^2}{\mu_k} \\ &\leqslant \frac{L_1^2\|\boldsymbol{x}^k-\bar{\boldsymbol{x}}^k\|^4}{\tau_1^\delta\|\boldsymbol{x}^k-\bar{\boldsymbol{x}}^k\|^\delta}+\|\boldsymbol{x}^k-\bar{\boldsymbol{x}}^k\|^2 \\ &= \left(\tau_1^{-\delta}L_1^2\|\boldsymbol{x}^k-\bar{\boldsymbol{x}}^k\|^{2-\delta}+1\right)\|\boldsymbol{x}^k-\bar{\boldsymbol{x}}^k\|^2 \\ &\leqslant \left(\tau_1^{-\delta}L_1^2+1\right)\|\boldsymbol{x}^k-\bar{\boldsymbol{x}}^k\|^2,\end{aligned}$$

上式即

$$\|\boldsymbol{s}^k\| \leqslant \tau_2 \mathrm{dist}(\boldsymbol{x}^k, \mathbb{X}^*),$$

这里 $\tau_2=\sqrt{\tau_1^{-\delta}L_1^2+1}$. □

引理 4.2　假设条件 4.1 成立. 若 $\boldsymbol{x}^{k+1}, \boldsymbol{x}^k \in \mathbb{N}(\bar{\boldsymbol{x}}, b)$, 则存在常数 $\tau_3>0$ 满足

$$\mathrm{dist}(\boldsymbol{x}^k+\boldsymbol{s}^k, \mathbb{X}^*) \leqslant \tau_3 \mathrm{dist}(\boldsymbol{x}^k, \mathbb{X}^*)^{\frac{2+\delta}{2}}. \tag{4.25}$$

证　因为

$$\begin{aligned}\varphi_k(\boldsymbol{s}^k) \leqslant \varphi_k(\bar{\boldsymbol{x}}^k-\boldsymbol{x}^k) &= \|\boldsymbol{F}^k+\boldsymbol{J}_k(\bar{\boldsymbol{x}}^k-\boldsymbol{x}^k)\|^2+\mu_k\|\bar{\boldsymbol{x}}^k-\boldsymbol{x}^k\|^2 \\ &\leqslant L_1^2\|\boldsymbol{x}^k-\bar{\boldsymbol{x}}^k\|^4+L_2^\delta\|\boldsymbol{x}^k-\bar{\boldsymbol{x}}^k\|^{2+\delta} \\ &\leqslant (L_1^2+L_2^\delta)\|\boldsymbol{x}^k-\bar{\boldsymbol{x}}^k\|^{2+\delta},\end{aligned}$$

此处假定 $\|\boldsymbol{x}^k-\bar{\boldsymbol{x}}^k\|<1$ (因而 $\|\boldsymbol{x}^k-\bar{\boldsymbol{x}}^k\|^2 \leqslant \|\boldsymbol{x}^k-\bar{\boldsymbol{x}}^k\|^\delta$), 于是有

$$\begin{aligned}\|F(\boldsymbol{x}^k+\boldsymbol{s}^k)\| &= \|(\boldsymbol{F}^k+\boldsymbol{J}_k\boldsymbol{s}^k)+[F(\boldsymbol{x}^k+\boldsymbol{s}^k)-\boldsymbol{F}^k-\boldsymbol{J}_k\boldsymbol{s}^k]\| \\ &\leqslant \|\boldsymbol{F}^k+\boldsymbol{J}_k\boldsymbol{s}^k\|+L_1\|\boldsymbol{s}^k\|^2 \leqslant \sqrt{\varphi_k(\boldsymbol{s}^k)}+L_1\|\boldsymbol{s}^k\|^2 \\ &\leqslant \sqrt{L_1^2+L_2^\delta}\|\boldsymbol{x}^k-\bar{\boldsymbol{x}}^k\|^{\frac{2+\delta}{2}}+L_1\tau_2^2\mathrm{dist}(\boldsymbol{x}^k, \mathbb{X}^*)^2 \\ &\leqslant \left(\sqrt{L_1^2+L_2^\delta}+L_1\tau_2^2\right)\mathrm{dist}(\boldsymbol{x}^k, \mathbb{X}^*)^{\frac{2+\delta}{2}},\end{aligned}$$

故

$$\operatorname{dist}(\boldsymbol{x}^k+\boldsymbol{s}^k,\mathbb{X}^*)\leqslant\frac{1}{\tau_1}\|F(\boldsymbol{x}^k+\boldsymbol{s}^k)\|\leqslant\tau_3\operatorname{dist}(\boldsymbol{x}^k,\mathbb{X}^*)^{\frac{2+\delta}{2}},$$

这里 $\tau_3=\left(\sqrt{L_1^2+L_2^\delta}+L_1\tau_2^2\right)/\tau_1$. 证毕. □

定理 4.3 假设条件 4.1 成立. 选取 LM 参数 $\mu_k=\|F(\boldsymbol{x}^k)\|^\delta$, $\delta\in[1,2)$. 若 $\boldsymbol{x}^0\in\mathbb{N}(\bar{\boldsymbol{x}},\bar{r})$, 这里 $\bar{r}=\min\left\{\dfrac{b}{1+3\tau_2},\dfrac{1}{2\tau_3^{2/\delta}}\right\}$, 则由式 (4.14) 产生的迭代序列 $\{\boldsymbol{x}^{k+1}=\boldsymbol{x}^k+\boldsymbol{s}^k\}_{k=0}^\infty$ 超线性收敛到式 (4.1) 的解 $\bar{\boldsymbol{x}}$.

证 首先用归纳法证明对任意的 k, 有 $\boldsymbol{x}^k\in\mathbb{N}(\bar{\boldsymbol{x}},b)$. 事实上,

$$\begin{aligned}\|\boldsymbol{x}^1-\bar{\boldsymbol{x}}\|&=\|\boldsymbol{x}^0+\boldsymbol{s}^0-\bar{\boldsymbol{x}}\|\leqslant\|\boldsymbol{x}^0-\bar{\boldsymbol{x}}\|+\|\boldsymbol{s}^0\|\\&\leqslant\bar{r}+\tau_2\operatorname{dist}(\boldsymbol{x}^0,\mathbb{X}^*)\leqslant(1+\tau_2)\bar{r}\leqslant b,\end{aligned}$$

即结论对于 $k=1$ 成立. 假设 $\boldsymbol{x}^\ell\in\mathbb{N}(\bar{\boldsymbol{x}},b)$, $\ell=2,\cdots,k$, 记 $\theta=\dfrac{2+\delta}{2}$. 那么, 由引理 4.2 可得

$$\begin{aligned}\operatorname{dist}(\boldsymbol{x}^\ell,\mathbb{X}^*)&\leqslant\tau_3\operatorname{dist}(\boldsymbol{x}^{\ell-1},\mathbb{X}^*)^\theta\leqslant\tau_3\tau_3^\theta\operatorname{dist}(\boldsymbol{x}^{\ell-2},\mathbb{X}^*)^{\theta^2}\\&\leqslant\cdots\leqslant\tau_3\tau_3^\theta\cdots\tau_3^{\theta^{\ell-1}}\operatorname{dist}(\boldsymbol{x}^0,\mathbb{X}^*)^{\theta^\ell}\\&=\tau_3^{\frac{\theta^\ell-1}{\theta-1}}\operatorname{dist}(\boldsymbol{x}^0,\mathbb{X}^*)^{\theta^\ell}\\&=\tau_3^{\frac{2}{\delta}[(\frac{2+\delta}{2})^\ell-1]}\operatorname{dist}(\boldsymbol{x}^0,\mathbb{X}^*)^{(\frac{2+\delta}{2})^\ell}\\&\leqslant\bar{r}\left(\frac{1}{2}\right)^{(\frac{2+\delta}{2})^\ell-1}\leqslant2\bar{r}\left(\frac{1}{2}\right)^{(\frac{3}{2})^\ell}\leqslant2\bar{r}\left(\frac{1}{2}\right)^\ell.\end{aligned}\tag{4.26}$$

因此, 有

$$\begin{aligned}\|\boldsymbol{x}^{k+1}-\bar{\boldsymbol{x}}\|&\leqslant\|\boldsymbol{x}^1-\bar{\boldsymbol{x}}\|+\sum_{\ell=1}^k\|\boldsymbol{s}^\ell\|\\&\leqslant(1+\tau_2)\bar{r}+\tau_2\sum_{\ell=1}^k\operatorname{dist}(\boldsymbol{x}^\ell,X^*)\\&\leqslant(1+\tau_2)\bar{r}+2\bar{r}\tau_2\sum_{\ell=1}^\infty\left(\frac{1}{2}\right)^\ell\\&\leqslant(1+3\tau_2)\bar{r}\leqslant b,\end{aligned}$$

此即 $\boldsymbol{x}^{k+1}\in\mathbb{N}(\bar{\boldsymbol{x}},b)$. 于是, 由引理 4.2 及式 (4.26) 得

$$\sum_{k=0}^\infty\operatorname{dist}(\boldsymbol{x}^k,\mathbb{X}^*)<\infty.$$

由上式及引理 4.1 得

$$\sum_{k=0}^\infty\|\boldsymbol{s}^k\|<\infty,$$

故 $\{\boldsymbol{x}^k\}$ 一定收敛于某个 $\bar{\boldsymbol{x}} \in \mathbb{X}^*$. 另一方面, 由式 (4.25), 显然有

$$\begin{aligned}\operatorname{dist}(\boldsymbol{x}^k, \mathbb{X}^*) &\leqslant \operatorname{dist}(\boldsymbol{x}^k + \boldsymbol{s}^k, \mathbb{X}^*) + \|\boldsymbol{s}^k\| \\ &\leqslant \tau_3 \operatorname{dist}(\boldsymbol{x}^k, \mathbb{X}^*)^{\frac{2+\delta}{2}} + \|\boldsymbol{s}^k\|,\end{aligned}$$

即

$$\operatorname{dist}(\boldsymbol{x}^k, \mathbb{X}^*) \leqslant \frac{1}{1 - \tau_3 \operatorname{dist}(\boldsymbol{x}^k, \mathbb{X}^*)^{\frac{\delta}{2}}} \|\boldsymbol{s}^k\|,$$

故对充分大的 k, 有

$$\operatorname{dist}(\boldsymbol{x}^k, \mathbb{X}^*) \leqslant 2\|\boldsymbol{s}^k\|. \tag{4.27}$$

于是, 由上式及引理 4.1 和引理 4.2 得

$$\begin{aligned}\|\boldsymbol{s}^{k+1}\| &\leqslant \tau_2 \operatorname{dist}(\boldsymbol{x}^{k+1}, \mathbb{X}^*) \leqslant \tau_2 \tau_3 \operatorname{dist}(\boldsymbol{x}^k, \mathbb{X}^*)^{\frac{2+\delta}{2}} \\ &\leqslant 2^{\frac{2+\delta}{2}} \tau_2 \tau_3 \|\boldsymbol{s}^k\|^{\frac{2+\delta}{2}} = O\big(\|\boldsymbol{s}^k\|^{\frac{2+\delta}{2}}\big).\end{aligned}$$

由此可得

$$\lim_{k\to\infty} \frac{\|\boldsymbol{x}^{k+1} - \bar{\boldsymbol{x}}\|}{\|\boldsymbol{x}^k - \bar{\boldsymbol{x}}\|^{\frac{2+\delta}{2}}} = \lim_{k\to\infty} \frac{\left\|\sum\limits_{i=k+1}^{\infty} \boldsymbol{s}^i\right\|}{\left\|\sum\limits_{i=k}^{\infty} \boldsymbol{s}^i\right\|^{\frac{2+\delta}{2}}} = \lim_{k\to\infty} \frac{\|\boldsymbol{s}^{k+1}\|}{\|\boldsymbol{s}^k\|^{\frac{2+\delta}{2}}} = O(1).$$

上式表明 $\{\boldsymbol{x}^k\}$ 超线性收敛到 $\bar{\boldsymbol{x}}$. 特别地, 当 $\delta = 2$ 时, 收敛速度是 2 阶的. □

下面利用奇异值分解理论继续分析 LM 方法的收敛速度. 不失一般性, 设由式 (4.14) 生成的序列 $\{\boldsymbol{x}^k\}$ 收敛到解集 $\mathbb{X}^*$ 的某个元素, 并假定落在解 $\bar{\boldsymbol{x}} \in \mathbb{X}^*$ 的某个邻域内.

根据文献 [10], 如果 $\|F(\boldsymbol{x})\|$ 提供了一个局部误差界, 那么存在一个常数 $\omega > 0$ 使得

$$\operatorname{rank}(J(\boldsymbol{x})) = \operatorname{rank}(J(\bar{\boldsymbol{x}})),\ \forall \boldsymbol{x} \in \mathbb{N}(\bar{\boldsymbol{x}}, \omega) \cap \mathbb{X}^*.$$

由上式, 假设对所有的 $\boldsymbol{x} \in \mathbb{N}(\bar{\boldsymbol{x}}, 2b) \cap \mathbb{X}^*$ 均有 $\operatorname{rank}(J(\boldsymbol{x})) = r$. 另外, 注意到当 $\boldsymbol{x}^k \in \mathbb{N}(\bar{\boldsymbol{x}}, b)$, 有

$$\|\bar{\boldsymbol{x}}^k - \bar{\boldsymbol{x}}\| \leqslant \|\bar{\boldsymbol{x}}^k - \boldsymbol{x}^k\| + \|\boldsymbol{x}^k - \bar{\boldsymbol{x}}\| \leqslant 2b,$$

即 $\bar{\boldsymbol{x}}^k \in \mathbb{N}(\bar{\boldsymbol{x}}, 2b)$. 因此, $J(\bar{\boldsymbol{x}}^k)$ 的奇异值分解为:

$$\begin{aligned}J(\bar{\boldsymbol{x}}^k) &= \bar{\boldsymbol{U}}_k \bar{\boldsymbol{\Sigma}}_k \bar{\boldsymbol{V}}_k^{\mathrm{T}} \\ &= (\bar{\boldsymbol{U}}_{k,1}, \bar{\boldsymbol{U}}_{k,2}) \begin{pmatrix} \bar{\boldsymbol{\Sigma}}_{k,1} & \boldsymbol{O} \\ \boldsymbol{O} & \boldsymbol{O} \end{pmatrix} \begin{pmatrix} \bar{\boldsymbol{V}}_{k,1}^{\mathrm{T}} \\ \bar{\boldsymbol{V}}_{k,2}^{\mathrm{T}} \end{pmatrix} \\ &= \bar{\boldsymbol{U}}_{k,1} \bar{\boldsymbol{\Sigma}}_{k,1} \bar{\boldsymbol{V}}_{k,1}^{\mathrm{T}},\end{aligned}$$

其中, $\bar{\boldsymbol{\Sigma}}_{k,1}=\mathrm{diag}(\bar{\sigma}_{k,1},\bar{\sigma}_{k,2},\cdots,\bar{\sigma}_{k,r})$, $\bar{\sigma}_{k,1}\geqslant\bar{\sigma}_{k,2}\geqslant\cdots\geqslant\bar{\sigma}_{k,r}>0$. 相应地, $J(\boldsymbol{x}^k)$ 的奇异值分解为

$$\begin{aligned}J(\boldsymbol{x}^k)&=\boldsymbol{U}_k\boldsymbol{\Sigma}_k\boldsymbol{V}_k^{\mathrm{T}}\\&=(\boldsymbol{U}_{k,1},\boldsymbol{U}_{k,2},\boldsymbol{U}_{k,3})\begin{pmatrix}\boldsymbol{\Sigma}_{k,1}&\boldsymbol{O}&\boldsymbol{O}\\\boldsymbol{O}&\boldsymbol{\Sigma}_{k,2}&\boldsymbol{O}\\\boldsymbol{O}&\boldsymbol{O}&\boldsymbol{O}\end{pmatrix}\begin{pmatrix}\boldsymbol{V}_{k,1}^{\mathrm{T}}\\\boldsymbol{V}_{k,2}^{\mathrm{T}}\\\boldsymbol{V}_{k,3}^{\mathrm{T}}\end{pmatrix}\\&=\boldsymbol{U}_{k,1}\boldsymbol{\Sigma}_{k,1}\boldsymbol{V}_{k,1}^{\mathrm{T}}+\boldsymbol{U}_{k,2}\boldsymbol{\Sigma}_{k,2}\boldsymbol{V}_{k,2}^{\mathrm{T}},\end{aligned}\tag{4.28}$$

其中, $\boldsymbol{\Sigma}_{k,1}=\mathrm{diag}(\sigma_{k,1},\sigma_{k,2},\cdots,\sigma_{k,r})$, $\boldsymbol{\Sigma}_{k,2}=\mathrm{diag}(\sigma_{k,r+1},\sigma_{k,r+2},\cdots,\sigma_{k,r+t})$, $\sigma_{k,1}\geqslant\sigma_{k,2}\geqslant\cdots\geqslant\sigma_{k,r}>0$, $\sigma_{k,r+1}\geqslant\cdots\geqslant\sigma_{k,r+t}>0$.

为方便分析, 在上下文清楚的情形下, 我们略去 $\boldsymbol{\Sigma}_{k,i}\,(i=1,2)$ 和 $\boldsymbol{U}_{k,i},\boldsymbol{V}_{k,i}\,(i=1,2,3)$ 的下标 k, 因此式 (4.28) 可写为

$$\boldsymbol{J}_k=\boldsymbol{U}\boldsymbol{\Sigma}\boldsymbol{V}^{\mathrm{T}}=\boldsymbol{U}_1\boldsymbol{\Sigma}_1\boldsymbol{V}_1^{\mathrm{T}}+\boldsymbol{U}_2\boldsymbol{\Sigma}_2\boldsymbol{V}_2^{\mathrm{T}}.\tag{4.29}$$

为了证明 LM 方法当 $\delta\in[1,2)$ 时也是二阶收敛的, 还需要下面的预备结果.

引理 4.3 假设条件 4.1 成立, $\boldsymbol{x}^k\in\mathbb{N}(\bar{\boldsymbol{x}},b)$, 那么有

(a) $\|\boldsymbol{U}_1\boldsymbol{U}_1^{\mathrm{T}}\boldsymbol{F}^k\|\leqslant L_2\|\boldsymbol{x}^k-\bar{\boldsymbol{x}}^k\|$;

(b) $\|\boldsymbol{U}_2\boldsymbol{U}_2^{\mathrm{T}}\boldsymbol{F}^k\|\leqslant 4L_1\|\boldsymbol{x}^k-\bar{\boldsymbol{x}}^k\|^2$;

(c) $\|\boldsymbol{U}_3\boldsymbol{U}_3^{\mathrm{T}}\boldsymbol{F}^k\|\leqslant L_1\|\boldsymbol{x}^k-\bar{\boldsymbol{x}}^k\|^2$.

证 由式 (4.21) 立得

$$\|\boldsymbol{U}_1\boldsymbol{U}_1^{\mathrm{T}}\boldsymbol{F}^k\|=\|\boldsymbol{U}_1^{\mathrm{T}}\boldsymbol{F}^k\|\leqslant\|\boldsymbol{F}^k\|=\|\boldsymbol{F}^k-F(\bar{\boldsymbol{x}}^k)\|\leqslant L_2\|\boldsymbol{x}^k-\bar{\boldsymbol{x}}^k\|,$$

即结论 (a) 成立.

由矩阵扰动理论 [11] 和条件 4.1 (a), 有

$$\|\mathrm{diag}(\boldsymbol{\Sigma}_1-\bar{\boldsymbol{\Sigma}}_1,\boldsymbol{\Sigma}_2,\boldsymbol{O})\|\leqslant\|\boldsymbol{J}_k-\boldsymbol{J}(\bar{\boldsymbol{x}}^k)\|\leqslant 2L_1\|\boldsymbol{x}^k-\bar{\boldsymbol{x}}^k\|,$$

此处 $\bar{\boldsymbol{\Sigma}}_1$ 为 $\bar{\boldsymbol{\Sigma}}_{k,1}$. 由此可得

$$\|\boldsymbol{\Sigma}_1-\bar{\boldsymbol{\Sigma}}_1\|\leqslant 2L_1\|\boldsymbol{x}^k-\bar{\boldsymbol{x}}^k\|,\quad\|\boldsymbol{\Sigma}_2\|\leqslant 2L_1\|\boldsymbol{x}^k-\bar{\boldsymbol{x}}^k\|.\tag{4.30}$$

令 $\boldsymbol{z}^k=-\boldsymbol{J}_k^{\dagger}\boldsymbol{F}^k$, 这里 $\boldsymbol{J}_k^{\dagger}$ 是 $\boldsymbol{J}_k$ 的广义逆, 那么易知 $\boldsymbol{z}^k$ 是极小化问题 $\min\|\boldsymbol{F}^k+\boldsymbol{J}_k\boldsymbol{z}\|$ 的最小二乘解. 注意到

$$\begin{aligned}\boldsymbol{J}_k\boldsymbol{J}_k^{\dagger}=&(\boldsymbol{U}_1\boldsymbol{\Sigma}_1\boldsymbol{V}_1^{\mathrm{T}}+\boldsymbol{U}_2\boldsymbol{\Sigma}_2\boldsymbol{V}_2^{\mathrm{T}})(\boldsymbol{V}_1\boldsymbol{\Sigma}_1^{-1}\boldsymbol{U}_1^{\mathrm{T}}+\boldsymbol{V}_2\boldsymbol{\Sigma}_2^{-1}\boldsymbol{U}_2^{\mathrm{T}})\\=&\boldsymbol{U}_1\boldsymbol{\Sigma}_1\boldsymbol{V}_1^{\mathrm{T}}\boldsymbol{V}_1\boldsymbol{\Sigma}_1^{-1}\boldsymbol{U}_1^{\mathrm{T}}+\boldsymbol{U}_1\boldsymbol{\Sigma}_1\boldsymbol{V}_1^{\mathrm{T}}\boldsymbol{V}_2\boldsymbol{\Sigma}_2^{-1}\boldsymbol{U}_2^{\mathrm{T}}\\&+\boldsymbol{U}_2\boldsymbol{\Sigma}_2\boldsymbol{V}_2^{\mathrm{T}}\boldsymbol{V}_1\boldsymbol{\Sigma}_1^{-1}\boldsymbol{U}_1^{\mathrm{T}}+\boldsymbol{U}_2\boldsymbol{\Sigma}_2\boldsymbol{V}_2^{\mathrm{T}}\boldsymbol{V}_2\boldsymbol{\Sigma}_2^{-1}\boldsymbol{U}_2^{\mathrm{T}}\\=&\boldsymbol{U}_1\boldsymbol{U}_1^{\mathrm{T}}+\boldsymbol{U}_2\boldsymbol{U}_2^{\mathrm{T}}=\boldsymbol{I}-\boldsymbol{U}_3\boldsymbol{U}_3^{\mathrm{T}}.\end{aligned}$$

因此, 由式 (4.20), 有

$$\begin{aligned}\|\boldsymbol{U}_3\boldsymbol{U}_3^{\mathrm{T}}\boldsymbol{F}^k\| &= \|(\boldsymbol{I}-\boldsymbol{J}_k\boldsymbol{J}_k^{\dagger})\boldsymbol{F}^k\| = \|\boldsymbol{F}^k+\boldsymbol{J}_k\boldsymbol{z}^k\|\\ &\leqslant \|\boldsymbol{F}^k+\boldsymbol{J}_k(\bar{\boldsymbol{x}}^k-\boldsymbol{x}^k)\| \leqslant L_1\|\boldsymbol{x}^k-\bar{\boldsymbol{x}}^k\|^2,\end{aligned}$$

这就得到了结论 (c).

令 $\tilde{\boldsymbol{J}}_k=\boldsymbol{U}_1\boldsymbol{\Sigma}_1\boldsymbol{V}_1^{\mathrm{T}}$, $\tilde{\boldsymbol{z}}^k=-\tilde{\boldsymbol{J}}_k^{\dagger}\boldsymbol{F}^k$. 由于 $\tilde{\boldsymbol{z}}^k$ 是 $\min\|\boldsymbol{F}^k+\tilde{\boldsymbol{J}}_k\tilde{\boldsymbol{z}}\|$ 的最小二乘解, 故由式 (4.20) 和式 (4.30) 可得

$$\begin{aligned}\|(\boldsymbol{U}_2\boldsymbol{U}_2^{\mathrm{T}}+\boldsymbol{U}_3\boldsymbol{U}_3^{\mathrm{T}})\boldsymbol{F}^k\| &= \|(\boldsymbol{I}-\boldsymbol{U}_1\boldsymbol{U}_1^{\mathrm{T}})\boldsymbol{F}^k\| = \|\boldsymbol{F}^k-\boldsymbol{U}_1\boldsymbol{U}_1^{\mathrm{T}}\boldsymbol{F}^k\|\\ &= \|\boldsymbol{F}^k-\tilde{\boldsymbol{J}}_k\tilde{\boldsymbol{J}}_k^{\dagger}\boldsymbol{F}^k\| = \|\boldsymbol{F}^k+\tilde{\boldsymbol{J}}_k\tilde{\boldsymbol{z}}^k\|\\ &\leqslant \|\boldsymbol{F}^k+\tilde{\boldsymbol{J}}_k(\bar{\boldsymbol{x}}^k-\boldsymbol{x}^k)\|\\ &\leqslant \|\boldsymbol{F}^k+\boldsymbol{J}_k(\bar{\boldsymbol{x}}^k-\boldsymbol{x}^k)\|+\|(\tilde{\boldsymbol{J}}_k-\boldsymbol{J}_k)(\boldsymbol{x}^k-\bar{\boldsymbol{x}}^k)\|\\ &\leqslant L_1\|\boldsymbol{x}^k-\bar{\boldsymbol{x}}^k\|^2+\|\boldsymbol{U}_2\boldsymbol{\Sigma}_2\boldsymbol{V}_2^{\mathrm{T}}(\boldsymbol{x}^k-\bar{\boldsymbol{x}}^k)\|\\ &\leqslant L_1\|\boldsymbol{x}^k-\bar{\boldsymbol{x}}^k\|^2+2L_1\|\boldsymbol{x}^k-\bar{\boldsymbol{x}}^k\|\|\boldsymbol{x}^k-\bar{\boldsymbol{x}}^k\|\\ &= 3L_1\|\boldsymbol{x}^k-\bar{\boldsymbol{x}}^k\|^2.\end{aligned}$$

于是

$$\begin{aligned}\|\boldsymbol{U}_2\boldsymbol{U}_2^{\mathrm{T}}\boldsymbol{F}^k\| &\leqslant \|(\boldsymbol{U}_2\boldsymbol{U}_2^{\mathrm{T}}+\boldsymbol{U}_3\boldsymbol{U}_3^{\mathrm{T}})\boldsymbol{F}^k\|+\|\boldsymbol{U}_3\boldsymbol{U}_3^{\mathrm{T}}\boldsymbol{F}^k\|\\ &\leqslant 3L_1\|\boldsymbol{x}^k-\bar{\boldsymbol{x}}^k\|^2+L_1\|\boldsymbol{x}^k-\bar{\boldsymbol{x}}^k\|^2\\ &\leqslant 4L_1\|\boldsymbol{x}^k-\bar{\boldsymbol{x}}^k\|^2.\end{aligned}$$

这就得到了结论 (b). 证毕. □

定理 4.4 假设条件 4.1 成立. 那么由式 (4.14) 产生的迭代序列 $\{\boldsymbol{x}^k\}$ 二次收敛到式 (4.1) 的某个解 $\bar{\boldsymbol{x}}\in\mathbb{X}^*$.

证 由式 (4.29), 有

$$\boldsymbol{J}_k=\boldsymbol{U}_1\boldsymbol{\Sigma}_1\boldsymbol{V}_1^{\mathrm{T}}+\boldsymbol{U}_2\boldsymbol{\Sigma}_2\boldsymbol{V}_2^{\mathrm{T}},\quad \boldsymbol{J}_k^{\mathrm{T}}=\boldsymbol{V}_1\boldsymbol{\Sigma}_1\boldsymbol{U}_1^{\mathrm{T}}+\boldsymbol{V}_2\boldsymbol{\Sigma}_2\boldsymbol{U}_2^{\mathrm{T}},$$

从而有

$$\begin{aligned}\boldsymbol{J}_k^{\mathrm{T}}\boldsymbol{J}_k &= (\boldsymbol{V}_1\boldsymbol{\Sigma}_1\boldsymbol{U}_1^{\mathrm{T}}+\boldsymbol{V}_2\boldsymbol{\Sigma}_2\boldsymbol{U}_2^{\mathrm{T}})(\boldsymbol{U}_1\boldsymbol{\Sigma}_1\boldsymbol{V}_1^{\mathrm{T}}+\boldsymbol{U}_2\boldsymbol{\Sigma}_2\boldsymbol{V}_2^{\mathrm{T}})\\ &= \boldsymbol{V}_1\boldsymbol{\Sigma}_1^2\boldsymbol{V}_1^{\mathrm{T}}+\boldsymbol{V}_2\boldsymbol{\Sigma}_2^2\boldsymbol{V}_2^{\mathrm{T}}\\ &= (\boldsymbol{V}_1,\boldsymbol{V}_2,\boldsymbol{V}_3)\begin{pmatrix}\boldsymbol{\Sigma}_1^2 & & \\ & \boldsymbol{\Sigma}_2^2 & \\ & & \boldsymbol{O}\end{pmatrix}\begin{pmatrix}\boldsymbol{V}_1^{\mathrm{T}}\\ \boldsymbol{V}_2^{\mathrm{T}}\\ \boldsymbol{V}_3^{\mathrm{T}}\end{pmatrix}\\ &= \boldsymbol{V}\mathrm{diag}(\boldsymbol{\Sigma}_1^2,\boldsymbol{\Sigma}_2^2,\boldsymbol{O})\boldsymbol{V}^{\mathrm{T}},\end{aligned}$$

故

$$(\boldsymbol{J}_k^{\mathrm{T}}\boldsymbol{J}_k+\mu_k\boldsymbol{I})^{-1}=\boldsymbol{V}\mathrm{diag}\big((\boldsymbol{\Sigma}_1^2+\mu_k\boldsymbol{I})^{-1},(\boldsymbol{\Sigma}_2^2+\mu_k\boldsymbol{I})^{-1},\mu_k^{-1}\boldsymbol{I}\big)\boldsymbol{V}^{\mathrm{T}}.$$

于是, 有

$$\begin{aligned}\boldsymbol{s}^k&=-(\boldsymbol{J}_k^{\mathrm{T}}\boldsymbol{J}_k+\mu_k\boldsymbol{I})^{-1}\boldsymbol{J}_k^{\mathrm{T}}\boldsymbol{F}^k\\&=-\boldsymbol{V}\mathrm{diag}\big((\boldsymbol{\Sigma}_1^2+\mu_k\boldsymbol{I})^{-1},(\boldsymbol{\Sigma}_2^2+\mu_k\boldsymbol{I})^{-1},\mu_k^{-1}\boldsymbol{I}\big)\boldsymbol{V}^{\mathrm{T}}\cdot\boldsymbol{V}\mathrm{diag}(\boldsymbol{\Sigma}_1,\boldsymbol{\Sigma}_2,\boldsymbol{O})\boldsymbol{U}^{\mathrm{T}}\boldsymbol{F}^k\\&=-\underbrace{\boldsymbol{V}\mathrm{diag}\big((\boldsymbol{\Sigma}_1^2+\mu_k\boldsymbol{I})^{-1}\boldsymbol{\Sigma}_1,(\boldsymbol{\Sigma}_2^2+\mu_k\boldsymbol{I})^{-1}\boldsymbol{\Sigma}_2,\boldsymbol{O}\big)\boldsymbol{U}^{\mathrm{T}}}\ \boldsymbol{F}^k\\&=-\boldsymbol{V}_1(\boldsymbol{\Sigma}_1^2+\mu_k\boldsymbol{I})^{-1}\boldsymbol{\Sigma}_1\boldsymbol{U}_1^{\mathrm{T}}\boldsymbol{F}^k-\boldsymbol{V}_2(\boldsymbol{\Sigma}_2^2+\mu_k\boldsymbol{I})^{-1}\boldsymbol{\Sigma}_2\boldsymbol{U}_2^{\mathrm{T}}\boldsymbol{F}^k.\end{aligned}\tag{4.31}$$

因此, 我们有

$$\begin{aligned}&\boldsymbol{F}^k+\boldsymbol{J}_k\boldsymbol{s}^k\\=&\boldsymbol{F}^k-\boldsymbol{U}_1\boldsymbol{\Sigma}_1(\boldsymbol{\Sigma}_1^2+\mu_k\boldsymbol{I})^{-1}\boldsymbol{\Sigma}_1\boldsymbol{U}_1^{\mathrm{T}}\boldsymbol{F}^k-\boldsymbol{U}_2\boldsymbol{\Sigma}_2(\boldsymbol{\Sigma}_2^2+\mu_k\boldsymbol{I})^{-1}\boldsymbol{\Sigma}_2\boldsymbol{U}_2^{\mathrm{T}}\boldsymbol{F}^k\\=&(\boldsymbol{U}_1\boldsymbol{U}_1^{\mathrm{T}}+\boldsymbol{U}_2\boldsymbol{U}_2^{\mathrm{T}}+\boldsymbol{U}_3\boldsymbol{U}_3^{\mathrm{T}})\boldsymbol{F}^k-\\&\boldsymbol{U}_1\boldsymbol{\Sigma}_1(\boldsymbol{\Sigma}_1^2+\mu_k\boldsymbol{I})^{-1}\boldsymbol{\Sigma}_1\boldsymbol{U}_1^{\mathrm{T}}\boldsymbol{F}^k-\boldsymbol{U}_2\boldsymbol{\Sigma}_2(\boldsymbol{\Sigma}_2^2+\mu_k\boldsymbol{I})^{-1}\boldsymbol{\Sigma}_2\boldsymbol{U}_2^{\mathrm{T}}\boldsymbol{F}^k\\=&\boldsymbol{U}_1[\boldsymbol{I}-\boldsymbol{\Sigma}_1(\boldsymbol{\Sigma}_1^2+\mu_k\boldsymbol{I})^{-1}\boldsymbol{\Sigma}_1]\boldsymbol{U}_1^{\mathrm{T}}\boldsymbol{F}^k+\\&\boldsymbol{U}_2[\boldsymbol{I}-\boldsymbol{\Sigma}_2(\boldsymbol{\Sigma}_2^2+\mu_k\boldsymbol{I})^{-1}\boldsymbol{\Sigma}_2]\boldsymbol{U}_2^{\mathrm{T}}\boldsymbol{F}^k+\boldsymbol{U}_3\boldsymbol{U}_3^{\mathrm{T}}\boldsymbol{F}^k.\end{aligned}$$

注意到

$$\begin{aligned}\boldsymbol{I}-\boldsymbol{\Sigma}_i(\boldsymbol{\Sigma}_i^2+\mu_k\boldsymbol{I})^{-1}\boldsymbol{\Sigma}_i&=\boldsymbol{I}-\boldsymbol{\Sigma}_i^2(\boldsymbol{\Sigma}_i^2+\mu_k\boldsymbol{I})^{-1}\ (\text{对角矩阵可交换})\\&=\boldsymbol{I}-[(\boldsymbol{\Sigma}_i^2+\mu_k\boldsymbol{I})-\mu_k\boldsymbol{I}](\boldsymbol{\Sigma}_i^2+\mu_k\boldsymbol{I})^{-1}\\&=\mu_k(\boldsymbol{\Sigma}_i^2+\mu_k\boldsymbol{I})^{-1}\quad(i=1,2),\end{aligned}$$

所以

$$\begin{aligned}\boldsymbol{F}^k+\boldsymbol{J}_k\boldsymbol{s}^k=\mu_k\boldsymbol{U}_1(\boldsymbol{\Sigma}_1^2+\mu_k\boldsymbol{I})^{-1}\boldsymbol{U}_1^{\mathrm{T}}\boldsymbol{F}^k+&\\\mu_k\boldsymbol{U}_2(\boldsymbol{\Sigma}_2^2+\mu_k\boldsymbol{I})^{-1}\boldsymbol{U}_2^{\mathrm{T}}\boldsymbol{F}^k+\boldsymbol{U}_3\boldsymbol{U}_3^{\mathrm{T}}\boldsymbol{F}^k.&\end{aligned}\tag{4.32}$$

不失一般性, 可设 $\|\boldsymbol{x}^k-\bar{\boldsymbol{x}}^k\|\leqslant\bar{\sigma}_r/(4L_1)$ 对充分大的 k 均成立. 于是由式 (4.30) 可得

$$|\sigma_r-\bar{\sigma}_r|\leqslant\|\boldsymbol{\Sigma}_1-\bar{\boldsymbol{\Sigma}}_1\|\leqslant 2L_1\|\boldsymbol{x}^k-\bar{\boldsymbol{x}}^k\|,$$

从而

$$\sigma_r\geqslant\bar{\sigma}_r-2L_1\|\boldsymbol{x}^k-\bar{\boldsymbol{x}}^k\|.$$

进一步, 有

$$\|(\boldsymbol{\Sigma}_1^2+\mu_k\boldsymbol{I})^{-1}\|\leqslant\|\boldsymbol{\Sigma}_1^{-2}\|=\frac{1}{\sigma_r^2}\leqslant\frac{1}{(\bar{\sigma}_r-2L_1\|\boldsymbol{x}^k-\bar{\boldsymbol{x}}^k\|)^2}<\frac{4}{\bar{\sigma}_r^2}$$

及

$$\|(\boldsymbol{\Sigma}_2^2+\mu_k\boldsymbol{I})^{-1}\|\leqslant\frac{1}{\mu_k}.$$

于是, 由上面两个不等式、引理 4.3、式 (4.24) 及式 (4.32) 得

$$\begin{aligned}\|\boldsymbol{F}^k+\boldsymbol{J}_k\boldsymbol{s}^k\| &\leqslant \frac{4\mu_k}{\bar{\sigma}_r^2}\|\boldsymbol{U}_1\boldsymbol{U}_1^{\mathrm{T}}\boldsymbol{F}^k\|+\|\boldsymbol{U}_2\boldsymbol{U}_2^{\mathrm{T}}\boldsymbol{F}^k\|+\|\boldsymbol{U}_3\boldsymbol{U}_3^{\mathrm{T}}\boldsymbol{F}^k\|\\ &\leqslant \frac{4L_2^{1+\delta}}{\bar{\sigma}_r^2}\|\boldsymbol{x}^k-\bar{\boldsymbol{x}}^k\|^\delta\|\boldsymbol{x}^k-\bar{\boldsymbol{x}}^k\|+5L_1\|\boldsymbol{x}^k-\bar{\boldsymbol{x}}^k\|^2\\ &\leqslant \left(\frac{4L_2^{1+\delta}}{\bar{\sigma}_r^2}+5L_1\right)\|\boldsymbol{x}^k-\bar{\boldsymbol{x}}^k\|^2:=\tau_4\|\boldsymbol{x}^k-\bar{\boldsymbol{x}}^k\|^2.\end{aligned}\tag{4.33}$$

因此, 对于充分大的 k, 由上式及式 (4.20) 和引理 4.1 得

$$\begin{aligned}&\tau_1\|\boldsymbol{x}^{k+1}-\bar{\boldsymbol{x}}^{k+1}\|=\tau_1\mathrm{dist}(\boldsymbol{x}^{k+1},\mathbb{X}^*)\leqslant\|F(\boldsymbol{x}^k+\boldsymbol{s}^k)\|\\ &\leqslant\|F(\boldsymbol{x}^k+\boldsymbol{s}^k)-F(\boldsymbol{x}^k)-J(\boldsymbol{x}^k)\boldsymbol{s}^k\|+\|F(\boldsymbol{x}^k)+J(\boldsymbol{x}^k)\boldsymbol{s}^k\|\\ &\leqslant L_1\|\boldsymbol{s}^k\|^2+\|\boldsymbol{F}^k+\boldsymbol{J}_k\boldsymbol{s}^k\|\\ &\leqslant L_1\tau_2^2\mathrm{dist}(\boldsymbol{x}^k,\mathbb{X}^*)^2+\tau_4\|\boldsymbol{x}^k-\bar{\boldsymbol{x}}^k\|^2\\ &=(L_1\tau_2^2+\tau_4)\|\boldsymbol{x}^k-\bar{\boldsymbol{x}}^k\|^2.\end{aligned}\tag{4.34}$$

故再由引理 4.1 和式 (4.27) 得

$$\|\boldsymbol{s}^{k+1}\|=O(\|\boldsymbol{s}^k\|^2),$$

由此即知, 序列 $\{\boldsymbol{x}^k\}$ 二次收敛到式 (4.1) 的某个解 $\bar{\boldsymbol{x}}\in\mathbb{X}^*$.

此外, 根据局部误差界条件、式 (4.24) 及式 (4.34), 有

$$\frac{\mu_{k+1}}{\mu_k^2}=\frac{\|\boldsymbol{F}^{k+1}\|^\delta}{\|\boldsymbol{F}^k\|^{2\delta}}\leqslant\frac{L_2^\delta\|\boldsymbol{x}^{k+1}-\bar{\boldsymbol{x}}^{k+1}\|^\delta}{\tau_1^{2\delta}\mathrm{dist}(\boldsymbol{x}^k,\mathbb{X}^*)^{2\delta}}=\frac{L_2^\delta\|\boldsymbol{x}^{k+1}-\bar{\boldsymbol{x}}^{k+1}\|^\delta}{\tau_1^{2\delta}\|\boldsymbol{x}^k-\bar{\boldsymbol{x}}^k\|^{2\delta}}=O(1),$$

即正数列 $\{\mu_k\}$ 也以 2 阶的收敛速度收敛到 0. 证毕. □

4.3　全局化 LM 方法

本节通过非精确线搜索技术来建立全局化 LM 方法. 这里使用的线搜索技术基于式 (4.2) 中定义的价值函数

$$f(\boldsymbol{x})=\frac{1}{2}\|F(\boldsymbol{x})\|^2.\tag{4.35}$$

迭代序列的更新规则为

$$\boldsymbol{x}^{k+1}=\boldsymbol{x}^k+\alpha_k\boldsymbol{s}^k,$$

这里方向 $\boldsymbol{s}^k$ 由式 (4.16) 计算, 步长 α_k 由非精确线搜索技术得到. 常用的非精确线搜索有 Wolfe 线搜索和 Armijo 线搜索. 其中, Wolfe 线搜索计算 α_k 使满足

$$\begin{cases} f(\boldsymbol{x}^k+\alpha_k\boldsymbol{s}^k) \leqslant f(\boldsymbol{x}^k)+\delta_1\alpha_k(\boldsymbol{g}^k)^{\mathrm{T}}\boldsymbol{s}^k, \\ \boldsymbol{g}(\boldsymbol{x}^k+\alpha_k\boldsymbol{s}^k)^{\mathrm{T}}\boldsymbol{s}^k \geqslant \delta_2(\boldsymbol{g}^k)^{\mathrm{T}}\boldsymbol{s}^k, \end{cases} \tag{4.36}$$

这里, $\boldsymbol{g}^k=\boldsymbol{J}_k^{\mathrm{T}}\boldsymbol{F}^k$, $\delta_1,\delta_2\in(0,1)$ 且 $\delta_1\leqslant\delta_2$. 而著名的 Armijo 线搜索指计算步长 $\alpha_k=\sigma\rho^{m_k}$, $\sigma>0$, $\rho\in(0,1)$, m_k 是使下列不等式成立的最小非负整数 m

$$f(\boldsymbol{x}^k+\sigma\rho^m\boldsymbol{s}^k) \leqslant f(\boldsymbol{x}^k)+\delta_1\sigma\rho^m(\boldsymbol{g}^k)^{\mathrm{T}}\boldsymbol{s}^k. \tag{4.37}$$

全局化 LM 方法的详细步骤如下.

算法 4.1 (全局化 LM 方法)

步 1. 选取参数 $\delta\in[1,2]$, $\eta\in(0,1)$, 初始点 $\boldsymbol{x}^0\in\mathbb{R}^n$, 容许误差 $0\leqslant\varepsilon\ll1$. 令 $k:=0$.

步 2. 计算 $\boldsymbol{g}^k=\boldsymbol{J}_k^{\mathrm{T}}\boldsymbol{F}^k$. 若 $\|\boldsymbol{g}^k\|\leqslant\varepsilon$, 停算, 输出 $\boldsymbol{x}^k$ 作为近似解. 否则, 置 $\mu_k=\|\boldsymbol{F}^k\|^\delta$, 求解方程组

$$(\boldsymbol{J}_k^{\mathrm{T}}\boldsymbol{J}_k+\mu_k\boldsymbol{I})\boldsymbol{s}=-\boldsymbol{J}_k^{\mathrm{T}}\boldsymbol{F}^k, \tag{4.38}$$

得解 $\boldsymbol{s}^k$.

步 3. 若 $\boldsymbol{s}^k$ 满足

$$\|F(\boldsymbol{x}^k+\boldsymbol{s}^k)\| \leqslant \eta\|F(\boldsymbol{x}^k)\|, \tag{4.39}$$

置 $\boldsymbol{x}^{k+1}:=\boldsymbol{x}^k+\boldsymbol{s}^k$.

步 4. 由式 (4.36) 或式 (4.37) 确定步长因子 α_k, 令 $\boldsymbol{x}^{k+1}:=\boldsymbol{x}^k+\alpha_k\boldsymbol{s}^k$.

步 5. 置 $k:=k+1$, 转步 2.

下面讨论算法 4.1 的收敛性和收敛速度. 为此先证明如下引理.

引理 4.4 假设式 (4.35) 的梯度 $g(\boldsymbol{x})=J(\boldsymbol{x})^{\mathrm{T}}F(\boldsymbol{x})$ 是 Lipschitz 连续的, 其 Lipschitz 常数为 $L>0$. α_k 由式 (4.36) 或式 (4.37) 确定, 则存在正数 δ_3, 使得

$$\alpha_k \geqslant -\delta_3\frac{(\boldsymbol{g}^k)^{\mathrm{T}}\boldsymbol{s}^k}{\|\boldsymbol{s}^k\|^2},$$

进而有

$$f(\boldsymbol{x}^{k+1}) \leqslant f(\boldsymbol{x}^k)-\delta_1\delta_3\frac{((\boldsymbol{g}^k)^{\mathrm{T}}\boldsymbol{s}^k)^2}{\|\boldsymbol{s}^k\|^2}. \tag{4.40}$$

证 首先证明结论对 Wolfe 线搜索成立. 由式 (4.36) 的第二式可得

$$-(1-\delta_2)(\boldsymbol{g}^k)^{\mathrm{T}}\boldsymbol{s}^k \leqslant \left[g(\boldsymbol{x}^k+\alpha_k\boldsymbol{s}^k)-\boldsymbol{g}^k\right]^{\mathrm{T}}\boldsymbol{s}^k \leqslant L\alpha_k\|\boldsymbol{s}^k\|^2,$$

由此立得

$$\alpha_k \geqslant -\frac{(1-\delta_2)}{L}\frac{(\boldsymbol{g}^k)^{\mathrm{T}}\boldsymbol{s}^k}{\|\boldsymbol{s}^k\|^2} := -\delta_3\frac{(\boldsymbol{g}^k)^{\mathrm{T}}\boldsymbol{s}^k}{\|\boldsymbol{s}^k\|^2}.$$

将上式代入式 (4.36) 第一式即得式 (4.40).

其次, 由 Armijo 线搜索的定义, 必有下面的不等式成立

$$f(\boldsymbol{x}^k+(\alpha_k/\rho)\boldsymbol{s}^k)>f(\boldsymbol{x}^k)+\delta_1(\alpha_k/\rho)(\boldsymbol{g}^k)^{\mathrm{T}}\boldsymbol{s}^k.$$

于是有

$$\begin{aligned}\delta_1(\alpha_k/\rho)(\boldsymbol{g}^k)^{\mathrm{T}}\boldsymbol{s}^k&<f(\boldsymbol{x}^k+(\alpha_k/\rho)\boldsymbol{s}^k)-f(\boldsymbol{x}^k)\\&=(\alpha_k/\rho)g(\boldsymbol{x}^k+\theta(\alpha_k/\rho)\boldsymbol{s}^k)^{\mathrm{T}}\boldsymbol{s}^k,\ \theta\in(0,1).\end{aligned}$$

上式即

$$\delta_1(\boldsymbol{g}^k)^{\mathrm{T}}\boldsymbol{s}^k<g(\boldsymbol{x}^k+\theta(\alpha_k/\rho)\boldsymbol{s}^k)^{\mathrm{T}}\boldsymbol{s}^k,\ \theta\in(0,1).$$

可得

$$-(1-\delta_1)(\boldsymbol{g}^k)^{\mathrm{T}}\boldsymbol{s}^k<\left[g(\boldsymbol{x}^k+\theta(\alpha_k/\rho)\boldsymbol{s}^k)-\boldsymbol{g}^k\right]^{\mathrm{T}}\boldsymbol{s}^k\leqslant L\theta(\alpha_k/\rho)\|\boldsymbol{s}^k\|^2.$$

故有

$$\alpha_k\geqslant-\frac{(1-\delta_1)\rho}{L\theta}\frac{(\boldsymbol{g}^k)^{\mathrm{T}}\boldsymbol{s}^k}{\|\boldsymbol{s}^k\|^2}:=-\delta_3\frac{(\boldsymbol{g}^k)^{\mathrm{T}}\boldsymbol{s}^k}{\|\boldsymbol{s}^k\|^2}.$$

将上式代入式 (4.37) 亦得式 (4.40). 证毕. □

下面是算法 4.1 的全局收敛性定理.

定理 4.5　设 $\{\boldsymbol{x}^k\}$ 是由算法 4.1 产生的无穷序列, $\mu_k=\|F(\boldsymbol{x}^k)\|^\delta$, $\delta\in[1,2]$, 则 $\{\boldsymbol{x}^k\}$ 的任一聚点 $\bar{\boldsymbol{x}}$ 是价值函数 $f(\boldsymbol{x})$ 稳定点, 即 $g(\bar{\boldsymbol{x}})=J(\bar{\boldsymbol{x}})^{\mathrm{T}}F(\bar{\boldsymbol{x}})=\boldsymbol{0}$. 进一步, 若式 (4.1) 的解集 $\mathbb{X}^*$ 非空, 则序列 $\{\boldsymbol{x}^k\}$ 二次收敛到某个解 $\bar{\boldsymbol{x}}\in\mathbb{X}^*$.

证　由式 (4.40) 易知非负数列 $\{\|F(\boldsymbol{x}^k)\|\}$ 单调不增且有下界, 故其极限

$$\lim_{k\to\infty}\|F(\boldsymbol{x}^k)\|:=\bar{\gamma}$$

一定存在. (1) 若 $\bar{\gamma}=0$, 则由 $F(\boldsymbol{x})$ 的连续性, 显然有 $F(\bar{\boldsymbol{x}})=\boldsymbol{0}$. (2) 若 $\bar{\gamma}>0$, 则由算法 4.1 步 3, 式 (4.39) 只对有限个 k 成立. 因此, 对于充分大的 k, 式 (4.40) 成立. 由此可得

$$\sum_{k=1}^{\infty}\frac{((\boldsymbol{g}^k)^{\mathrm{T}}\boldsymbol{s}^k)^2}{\|\boldsymbol{s}^k\|^2}<\infty.$$

于是有

$$\lim_{k\to\infty}\frac{((\boldsymbol{g}^k)^{\mathrm{T}}\boldsymbol{s}^k)^2}{\|\boldsymbol{s}^k\|^2}=0.\tag{4.41}$$

由算法 4.1 步 2, 有

$$\begin{aligned}((\boldsymbol{g}^k)^{\mathrm{T}}\boldsymbol{s}^k)^2&=\left[(\boldsymbol{s}^k)^{\mathrm{T}}(\boldsymbol{J}_k^{\mathrm{T}}\boldsymbol{J}_k+\mu_k\boldsymbol{I})\boldsymbol{s}^k\right]^2\\&\geqslant\mu_k^2\|\boldsymbol{s}^k\|^4\geqslant(\bar{\gamma})^{2\delta}\|\boldsymbol{s}^k\|^4.\end{aligned}$$

由上式及式 (4.41) 可推得

$$\lim_{k\to\infty}\|\boldsymbol{s}^k\|=0. \tag{4.42}$$

故由式 (4.38) 及 $J(\boldsymbol{x})$ 的连续性, 立得 $g(\bar{\boldsymbol{x}})=\boldsymbol{0}$.

下面证明定理的第二部分结论. 只需证明对所有充分大的 k, 式 (4.39) 成立. 因为 $\bar{\boldsymbol{x}}\in\mathbb{X}^*$, 故存在充分大的正数 $\widetilde{k}$ 使 $\boldsymbol{x}^{\widetilde{k}}\in\mathbb{N}(\bar{\boldsymbol{x}},r)$ 且满足

$$\|F(\boldsymbol{x}^{\widetilde{k}})\|\leqslant\left(\frac{\eta\tau_1^{\frac{2+\delta}{2}}}{L_2\tau_3}\right)^{\frac{2}{\delta}},$$

这里参数 r,τ_1,τ_3,η,L_2 定义如前. 我们证明对所有的 $k\geqslant\widetilde{k}$, 式 (4.39) 成立. 由 $\boldsymbol{x}^{\widetilde{k}}\in\mathbb{N}(\bar{\boldsymbol{x}},r)$, 可知 $\boldsymbol{x}^{\widetilde{k}}\in\mathbb{N}(\bar{\boldsymbol{x}},b)$, $\forall\,k\geqslant\widetilde{k}$. 由式 (4.23) 到式 (4.25), 可得

$$\begin{aligned}\frac{\|F(\boldsymbol{x}^{k+1})\|}{\|F(\boldsymbol{x}^k)\|}&=\frac{\|F(\boldsymbol{x}^{k+1})-F(\bar{\boldsymbol{x}}^{k+1})\|}{\|F(\boldsymbol{x}^k)\|}\leqslant\frac{L_2\|\boldsymbol{x}^{k+1}-\bar{\boldsymbol{x}}^{k+1}\|}{\tau_1\mathrm{dist}(\boldsymbol{x}^k,\mathbb{X}^*)}\\&=\frac{L_2\mathrm{dist}(\boldsymbol{x}^{k+1},\mathbb{X}^*)}{\tau_1\mathrm{dist}(\boldsymbol{x}^k,\mathbb{X}^*)}\leqslant\frac{L_2\tau_3}{\tau_1}\mathrm{dist}(\boldsymbol{x}^k,\mathbb{X}^*)^{\frac{\delta}{2}}\\&\leqslant\frac{L_2\tau_3}{\tau_1^{1+\frac{\delta}{2}}}\|F(\boldsymbol{x}^k)\|^{\frac{\delta}{2}}\leqslant\frac{L_2\tau_3}{\tau_1^{1+\frac{\delta}{2}}}\|F(\boldsymbol{x}^{\widetilde{k}})\|^{\frac{\delta}{2}}\leqslant\eta,\end{aligned}$$

此即 $\forall\,k\geqslant\widetilde{k}$, 有

$$\|F(\boldsymbol{x}^{k+1})\|\leqslant\eta\|F(\boldsymbol{x}^k)\|,$$

从而算法 4.1 对于所有充分大的 k 取步长 $\alpha_k=1$. 于是二次收敛性得证. □

下面给出算法 4.1 的 MATLAB 程序.

程序 4.1 利用 LM 方法求解非线性方程组 $F(\boldsymbol{x})=\boldsymbol{0}$, 可适用于未知数的个数与方程的个数不相等的情形.

```
function [k,x,val]=lmm(x0,delta,epsilon)
%功能:用LM方法求解非线性方程组F(x)=0
%输入:x0是初始点,delta属于区间[1,2],epsilon是容许误差
%输出:k是迭代次数,x,val分别是近似解及f(x)=0.5*||F(x)||^2 的值
rho=0.5; sigma=0.4; eta=0.9;
n=length(x0); k=0; N=1000;
muk=norm(Fk(x0))^(delta);
while(k<N)
    F=Fk(x0);  %计算函数值
    J=JFk(x0); %计算Jacobi阵
    gk=J'*F;   %价值函数的梯度
    if(norm(gk)<=epsilon), break; end  %检验终止准则
    sk=-(J'*J+muk*eye(n))\gk;  %解方程组计算搜索方向
```

```
    if norm(Fk(x0+sk))<=eta*norm(F);
        x=x0+sk;
    else
        m=0;
        while(m<20)    %用Armijo搜索求步长
            if(f(x0+sigma*rho^m*sk)<=f(x0)+sigma*rho^m*gk'*sk)
                alphak=sigma*rho^m; break;
            end
            m=m+1;
        end
        x=x0+alphak*sk;
    end
    muk=norm(Fk(x))^(delta);
    k=k+1; x0=x;
end
val=f(x);
```

下面利用程序 4.1 求解一个非线性方程组问题[7].

例 4.1 利用 LM 方法求解非线性方程组

$$F(\boldsymbol{x}) = (F_1(\boldsymbol{x}), F_2(\boldsymbol{x}), \cdots, F_n(\boldsymbol{x}))^{\mathrm{T}} = \mathbf{0},$$

其中, $\boldsymbol{x} = (x_1, x_2, \cdots, x_n)^{\mathrm{T}}$,

$$\begin{cases} F_i(\boldsymbol{x}) = x_i + \sum\limits_{\ell=1}^{n} x_\ell - (n+1), \ 1 \leqslant i < n, \\ F_n(\boldsymbol{x}) = \left(\prod\limits_{\ell=1}^{n} x_\ell\right) - 1. \end{cases}$$

该方程组有精确解 $\boldsymbol{x}^* = (\alpha, \cdots, \alpha, \alpha^{1-n})^{\mathrm{T}}$, 其中 α 满足 $n\alpha^n - (n+1)\alpha^{n-1} + 1 = 0$, 特别地, $\alpha = 1$.

解 首先, 编制三个分别计算函数 $F(\boldsymbol{x})$、Jacobi 矩阵 $J(\boldsymbol{x})$ 及价值函数 $f(\boldsymbol{x}) = \frac{1}{2}\|F(\boldsymbol{x})\|^2$ 的 m 文件:

```
%非线性函数F(x)%文件名Fk.m
function F=Fk(x)
n=length(x); F=zeros(n,1);
for i=1:n-1,
    F(i)=x(i)+sum(x)-(n+1);
end
F(n)=prod(x)-1;
```

```
%函数F(x)的Jacobi矩阵%文件名JFk.m
function JF=JFk(x)
n=length(x); JF=zeros(n,n);
for i=1:n-1
    for j=1:n
        if j==i
            JF(i,j)=2;
        else
            JF(i,j)=1;
        end
    end
end
for i=1:n
    JF(n,i)=prod(x)/x(i);
end
%价值函数f(x)=0.5*||F(x)||^2%文件名f.m
function fk=f(x)
F=Fk(x);fk=0.5*F'*F;
```

取 $n=100, \delta=1$, 利用程序 4.1, 终止准则取为 $\|g(\boldsymbol{x}^k)\|\leqslant 10^{-10}$. 取不同的初始点, 数值结果如表 4.1 所示.

表 4.1　LM 方法的数值结果 (取 $n=100$)

初始点 $(\boldsymbol{x}^0)$	迭代次数 (k)	目标函数值 $\left(\frac{1}{2}\|F(\boldsymbol{x}^k)\|^2\right)$
$(0.8,0.8,\cdots,0.8)^{\mathrm{T}}$	7	4.8986e-25
$(0.1,0.1,\cdots,0.1)^{\mathrm{T}}$	10	2.4991e-25
$(-1,-1,\cdots,-1)^{\mathrm{T}}$	10	8.1807e-22
$(0.5,\cdots,0.5,10^{-2})^{\mathrm{T}}$	16	1.7176e-25

4.4　信赖域 LM 方法

上一节利用线搜索技术实现了 LM 方法的全局化, 也可以使用信赖域技术来全局化 LM 方法. 下面的定理揭示了信赖域问题与 LM 方法之间的关系.

定理 4.6　对给定的 $\mu_k>0$, 设 $\boldsymbol{s}^k$ 是式 (4.38) 的解, 则 $\boldsymbol{s}^k$ 是下列信赖域问题的全局最优解

$$\begin{aligned}\min\ & q_k(\boldsymbol{s})=\frac{1}{2}\|\boldsymbol{F}^k+\boldsymbol{J}_k\boldsymbol{s}\|^2,\\ \text{s.t.}\ & \|\boldsymbol{s}\|\leqslant\|\boldsymbol{s}^k\|.\end{aligned}\tag{4.43}$$

证　由于 $\boldsymbol{s}^k$ 是式 (4.38) 的解, 故有

$$\begin{aligned}q_k(\boldsymbol{s}^k) &= \frac{1}{2}\|\boldsymbol{F}^k\|^2 + (\boldsymbol{s}^k)^{\mathrm{T}}\boldsymbol{J}_k^{\mathrm{T}}\boldsymbol{F}^k + \frac{1}{2}(\boldsymbol{s}^k)^{\mathrm{T}}\boldsymbol{J}_k^{\mathrm{T}}\boldsymbol{J}_k\boldsymbol{s}^k \\ &= \frac{1}{2}\|\boldsymbol{F}^k\|^2 - (\boldsymbol{s}^k)^{\mathrm{T}}(\boldsymbol{J}_k^{\mathrm{T}}\boldsymbol{J}_k + \mu_k\boldsymbol{I})\boldsymbol{s}^k + \frac{1}{2}(\boldsymbol{s}^k)^{\mathrm{T}}\boldsymbol{J}_k^{\mathrm{T}}\boldsymbol{J}_k\boldsymbol{s}^k \\ &= \frac{1}{2}\|\boldsymbol{F}^k\|^2 - \mu_k(\boldsymbol{s}^k)^{\mathrm{T}}\boldsymbol{s}^k - \frac{1}{2}(\boldsymbol{s}^k)^{\mathrm{T}}\boldsymbol{J}_k^{\mathrm{T}}\boldsymbol{J}_k\boldsymbol{s}^k.\end{aligned}$$

另一方面, 对任意的 $\boldsymbol{s}$ 可得

$$\begin{aligned}q_k(\boldsymbol{s}) &= \frac{1}{2}\|\boldsymbol{F}^k\|^2 + \boldsymbol{s}^{\mathrm{T}}\boldsymbol{J}_k^{\mathrm{T}}\boldsymbol{F}^k + \frac{1}{2}\boldsymbol{s}^{\mathrm{T}}\boldsymbol{J}_k^{\mathrm{T}}\boldsymbol{J}_k\boldsymbol{s} \\ &= \frac{1}{2}\|\boldsymbol{F}^k\|^2 - \boldsymbol{s}^{\mathrm{T}}(\boldsymbol{J}_k^{\mathrm{T}}\boldsymbol{J}_k + \mu_k\boldsymbol{I})\boldsymbol{s}^k + \frac{1}{2}\boldsymbol{s}^{\mathrm{T}}\boldsymbol{J}_k^{\mathrm{T}}\boldsymbol{J}_k\boldsymbol{s} \\ &= \frac{1}{2}\|\boldsymbol{F}^k\|^2 - \mu_k\boldsymbol{s}^{\mathrm{T}}\boldsymbol{s}^k - \boldsymbol{s}^{\mathrm{T}}\boldsymbol{J}_k^{\mathrm{T}}\boldsymbol{J}_k\boldsymbol{s}^k + \frac{1}{2}\boldsymbol{s}^{\mathrm{T}}\boldsymbol{J}_k^{\mathrm{T}}\boldsymbol{J}_k\boldsymbol{s}.\end{aligned}$$

于是, 对于满足 $\|\boldsymbol{s}\| \leqslant \|\boldsymbol{s}^k\|$ 的任意 $\boldsymbol{s}$, 利用 Cauchy–Schwarz 不等式得

$$\begin{aligned}q_k(\boldsymbol{s}) - q_k(\boldsymbol{s}^k) &= \frac{1}{2}(\boldsymbol{s}^k - \boldsymbol{s})^{\mathrm{T}}\boldsymbol{J}_k^{\mathrm{T}}\boldsymbol{J}_k(\boldsymbol{s}^k - \boldsymbol{s}) + \mu_k(\boldsymbol{s}^k - \boldsymbol{s})^{\mathrm{T}}\boldsymbol{s}^k \\ &\geqslant \frac{1}{2}(\boldsymbol{s}^k - \boldsymbol{s})^{\mathrm{T}}\boldsymbol{J}_k^{\mathrm{T}}\boldsymbol{J}_k(\boldsymbol{s}^k - \boldsymbol{s}) + \mu_k(\|\boldsymbol{s}^k\| - \|\boldsymbol{s}\|)\|\boldsymbol{s}^k\| \\ &\geqslant 0.\end{aligned}$$

这就证明了 $\boldsymbol{s}^k$ 是式 (4.43) 的全局最优解. □

根据定理 4.6, LM 方法可以通过控制信赖域半径成为信赖域方法的形式, 这种形式也实现了 LM 方法的全局化.

对于价值函数

$$f(\boldsymbol{x}) = \frac{1}{2}\|F(\boldsymbol{x})\|^2$$

及其线性化近似模型

$$q_k(\boldsymbol{s}) = \frac{1}{2}\|F(\boldsymbol{x}^k) + J(\boldsymbol{x}^k)\boldsymbol{s}\|^2$$

分别定义其实际下降量和预估下降量

$$\mathrm{Ared}(\boldsymbol{s}^k) = f(\boldsymbol{x}^k) - f(\boldsymbol{x}^k + \boldsymbol{s}^k), \quad \mathrm{Pred}(\boldsymbol{s}^k) = q_k(\boldsymbol{0}) - q_k(\boldsymbol{s}^k) \tag{4.44}$$

及下降比

$$r_k = \frac{\mathrm{Ared}(\boldsymbol{s}^k)}{\mathrm{Pred}(\boldsymbol{s}^k)}. \tag{4.45}$$

式 (4.38) 中的 LM 参数 μ_k 可定义为

$$\mu_k = \alpha_k\|\boldsymbol{F}^k\|^\delta, \quad \delta \in [1, 2], \tag{4.46}$$

其中的参数 α_k 可按下面的规则更新:

$$\alpha_{k+1}=\begin{cases}5\alpha_k, & r_k<\gamma_1,\\ \alpha_k, & r_k\in[\gamma_1,\gamma_2],\\ \max\{0.2\alpha_k,\bar{\alpha}\}, & r_k>\gamma_2,\end{cases} \tag{4.47}$$

这里 γ_1,γ_2 满足 $0<\gamma_1<\gamma_2<1$, $\bar{\alpha}$ 是某个正数.

文献 [12] 中, LM 参数 μ_k 被定义为:

$$\mu_k=\alpha_k\|\boldsymbol{F}^k\|^\delta,\quad \alpha_{k+1}=\alpha_k\phi(r_k), \tag{4.48}$$

其中 $\phi(r)$ 是关于 r 的非负连续函数, $\delta\in(0,2]$. 文献 [12] 将 $\phi(r)$ 取为

$$\phi(r)=\max\left\{\frac{1}{5},1-2(2r-1)^3\right\}, \tag{4.49}$$

并提出如下自适应信赖域 LM 方法.

算法 4.2 (信赖域 LM 方法)

步 1. 选取参数 $0<\gamma_0<\tilde{r}<1$, $0<\delta\leqslant 2$,$\alpha_0>\bar{\alpha}>0$. 初始点 $\boldsymbol{x}^0\in\mathbb{R}^n$, 容许误差 $0\leqslant\varepsilon\ll 1$. 置 $k:=0$.

步 2. 计算 $\boldsymbol{g}^k=\boldsymbol{J}_k^{\mathrm{T}}\boldsymbol{F}^k$. 若 $\|\boldsymbol{g}^k\|\leqslant\varepsilon$, 停算, 输出 $\boldsymbol{x}^k$ 作为近似解. 否则, 求解方程组

$$(\boldsymbol{J}_k^{\mathrm{T}}\boldsymbol{J}_k+\alpha_k\|\boldsymbol{F}^k\|^\delta\boldsymbol{I})\boldsymbol{s}=-\boldsymbol{J}_k^{\mathrm{T}}\boldsymbol{F}^k, \tag{4.50}$$

得解 $\boldsymbol{s}^k$.

步 3. 按式 (4.44) 和式 (4.45) 计算 r_k, 并置

$$\boldsymbol{x}^{k+1}:=\begin{cases}\boldsymbol{x}^k+\boldsymbol{s}^k, & \text{若 } r_k>\gamma_0,\\ \boldsymbol{x}^k, & \text{否则}.\end{cases} \tag{4.51}$$

步 4. 选取 α_{k+1} 为

$$\alpha_{k+1}=\max\left\{\bar{\alpha},\alpha_k\phi(r_k)\right\}, \tag{4.52}$$

其中 $\phi(r)$ 由式 (4.49) 给出.

步 5. 置 $k:=k+1$, 转步 2.

算法 4.2 的全局收敛性证明需要下面的引理 [6].

引理 4.5 设 $\{\boldsymbol{s}^k\}$ 是由算法 4.2 所产生的序列, 则对所有的 $k\geqslant 0$, 有

$$\mathrm{Pred}(\boldsymbol{s}^k)=q_k(\boldsymbol{0})-q_k(\boldsymbol{s}^k)\geqslant\|\boldsymbol{J}_k^{\mathrm{T}}\boldsymbol{F}^k\|\min\left\{\|\boldsymbol{s}^k\|,\frac{\|\boldsymbol{J}_k^{\mathrm{T}}\boldsymbol{F}^k\|}{\|\boldsymbol{J}_k^{\mathrm{T}}\boldsymbol{J}_k\|}\right\}. \tag{4.53}$$

定理 4.7 假设条件 4.1 成立. 则由算法 4.2 所产生的序列 $\{\boldsymbol{x}^k\}$ 满足

$$\lim_{k\to\infty}\|\boldsymbol{J}_k^{\mathrm{T}}\boldsymbol{F}^k\|=0. \tag{4.54}$$

证 用反证法. 假设存在一个正数 ε 及无穷多个 k 使得

$$\|\boldsymbol{J}_k^{\mathrm{T}}\boldsymbol{F}^k\| \geqslant \varepsilon. \tag{4.55}$$

定义两个指标集

$$\mathbb{S} = \left\{k \,\middle|\, \|\boldsymbol{J}_k^{\mathrm{T}}\boldsymbol{F}^k\| \geqslant \frac{\varepsilon}{2}\right\}, \quad \mathbb{T} = \left\{k \,\middle|\, \boldsymbol{x}^{k+1} \neq \boldsymbol{x}^k,\ k \in \mathbb{S}\right\},$$

则由引理 4.5 和式 (4.22) 得

$$\begin{aligned}
\|\boldsymbol{F}^1\|^2 &\geqslant \sum_{k\in\mathbb{S}} \left(\|\boldsymbol{F}^k\|^2 - \|\boldsymbol{F}^{k+1}\|^2\right) \\
&= \sum_{k\in\mathbb{T}} \left(\|\boldsymbol{F}^k\|^2 - \|\boldsymbol{F}^{k+1}\|^2\right) \geqslant \sum_{k\in\mathbb{T}} \gamma_0 \mathrm{Pred}(\boldsymbol{s}^k) \\
&\geqslant \gamma_0 \sum_{k\in\mathbb{T}} \|\boldsymbol{J}_k^{\mathrm{T}}\boldsymbol{F}^k\| \min\left\{\|\boldsymbol{s}^k\|, \frac{\|\boldsymbol{J}_k^{\mathrm{T}}\boldsymbol{F}^k\|}{\|\boldsymbol{J}_k^{\mathrm{T}}\boldsymbol{J}_k\|}\right\} \\
&\geqslant \frac{\gamma_0\varepsilon}{2} \sum_{k\in\mathbb{T}} \min\left\{\|\boldsymbol{s}^k\|, \frac{\varepsilon}{2L_2^2}\right\}.
\end{aligned} \tag{4.56}$$

上式表明

$$\sum_{k\in\mathbb{T}} \|\boldsymbol{s}^k\| < \infty. \tag{4.57}$$

根据条件 4.1, 有

$$\begin{aligned}
&\left|\|\boldsymbol{J}_{k+1}^{\mathrm{T}}\boldsymbol{F}^{k+1}\| - \|\boldsymbol{J}_k^{\mathrm{T}}\boldsymbol{F}^k\|\right| \leqslant \|\boldsymbol{J}_{k+1}^{\mathrm{T}}\boldsymbol{F}^{k+1} - \boldsymbol{J}_k^{\mathrm{T}}\boldsymbol{F}^k\| \\
\leqslant\ & \|\boldsymbol{J}_{k+1}^{\mathrm{T}}(\boldsymbol{F}^{k+1} - \boldsymbol{F}^k)\| + \|(\boldsymbol{J}_{k+1} - \boldsymbol{J}_k)^{\mathrm{T}}\boldsymbol{F}^k\| \\
\leqslant\ & L_2\|\boldsymbol{J}_{k+1}\|\|\boldsymbol{s}^k\| + 2L_1\|\boldsymbol{F}^k\|\|\boldsymbol{s}^k\| \\
=\ & (L_2\|\boldsymbol{J}_{k+1}\| + 2L_1\|\boldsymbol{F}^k\|)\|\boldsymbol{s}^k\| = O(\|\boldsymbol{s}^k\|),
\end{aligned}$$

则可推出

$$\sum_{k\in\mathbb{T}} \left|\|\boldsymbol{J}_{k+1}^{\mathrm{T}}\boldsymbol{F}^{k+1}\| - \|\boldsymbol{J}_k^{\mathrm{T}}\boldsymbol{F}^k\|\right| < \infty. \tag{4.58}$$

注意到式 (4.55) 对无穷多个 k 成立, 则根据上式, 存在一个指标 $\bar{k}$ 满足 $\|\boldsymbol{J}_{\bar{k}}^{\mathrm{T}}\boldsymbol{F}^{\bar{k}}\| \geqslant \varepsilon$ 且使得

$$\sum_{k\in\mathbb{T},k\geqslant\bar{k}} \left|\|\boldsymbol{J}_{k+1}^{\mathrm{T}}\boldsymbol{F}^{k+1}\| - \|\boldsymbol{J}_k^{\mathrm{T}}\boldsymbol{F}^k\|\right| < \frac{\varepsilon}{2}. \tag{4.59}$$

由此, 用归纳法可证

$$\|\boldsymbol{J}_k^{\mathrm{T}}\boldsymbol{F}^k\| \geqslant \frac{\varepsilon}{2},\ \forall\, k \geqslant \bar{k}.$$

由上式及式 (4.57) 可得

$$\lim_{k\to\infty} \boldsymbol{s}^k = \boldsymbol{0}. \tag{4.60}$$

于是由式 (4.50) 可得

$$\lim_{k\to\infty} \alpha_k = +\infty. \tag{4.61}$$

另一方面, 有

$$\begin{aligned}
\|\boldsymbol{F}^{k+1}\| &= \|F(\boldsymbol{x}^{k+1})\| = \|F(\boldsymbol{x}^k + \boldsymbol{s}^k)\| \\
&= \|F(\boldsymbol{x}^k) + J(\boldsymbol{x}^k)\boldsymbol{s}^k + O(\|\boldsymbol{s}^k\|^2)\| \\
&= \|\boldsymbol{F}^k + \boldsymbol{J}_k\boldsymbol{s}^k\| + O(\|\boldsymbol{s}\|^2), \\
&\left|\|\boldsymbol{F}^{k+1}\|^2 - \|\boldsymbol{F}^k + \boldsymbol{J}_k\boldsymbol{s}^k\|^2\right| \\
&= (\|\boldsymbol{F}^{k+1}\| + \|\boldsymbol{F}^k + \boldsymbol{J}_k\boldsymbol{s}^k\|)\left|\|\boldsymbol{F}^{k+1}\| - \|\boldsymbol{F}^k + \boldsymbol{J}_k\boldsymbol{s}^k\|\right| \\
&= [2\|\boldsymbol{F}^k + \boldsymbol{J}_k\boldsymbol{s}^k\| + O(\|\boldsymbol{s}\|^2)] \cdot O(\|\boldsymbol{s}\|^2) \\
&= \|\boldsymbol{F}^k + \boldsymbol{J}_k\boldsymbol{s}^k\| O(\|\boldsymbol{s}\|^2) + O(\|\boldsymbol{s}\|^4).
\end{aligned}$$

从而由引理 4.5 及式 (4.55)、式 (4.57) 可得

$$\begin{aligned}
|r_k - 1| &= \left|\frac{\mathrm{Ared}(\boldsymbol{s}^k)}{\mathrm{Pred}(\boldsymbol{s}^k)} - 1\right| \\
&= \frac{\left|\|\boldsymbol{F}^k + \boldsymbol{J}_k\boldsymbol{s}^k\|^2 - \|\boldsymbol{F}^{k+1}\|^2\right|}{\mathrm{Pred}(\boldsymbol{s}^k)} \\
&\leqslant \frac{\|\boldsymbol{F}^k + \boldsymbol{J}_k\boldsymbol{s}^k\| O(\|\boldsymbol{s}^k\|^2) + O(\|\boldsymbol{s}^k\|^4)}{\|\boldsymbol{J}_k^{\mathrm{T}}\boldsymbol{F}^k\| \min\left\{\|\boldsymbol{s}^k\|, \frac{\|\boldsymbol{J}_k^{\mathrm{T}}\boldsymbol{F}^k\|}{\|\boldsymbol{J}_k^{\mathrm{T}}\boldsymbol{J}_k\|}\right\}} \\
&\leqslant \frac{O(\|\boldsymbol{s}^k\|^2)}{\|\boldsymbol{s}^k\|} \to 0\,(k \to \infty).
\end{aligned} \tag{4.62}$$

上式即 $r_k \to 1\,(k \to \infty)$. 因此, 存在正常数 $M > \bar{\alpha}$ 使对充分大的 k 均有 $\alpha_k < M$, 这与式 (4.61) 矛盾. 故必有定理的结论成立. □

现在来分析算法 4.2 的收敛速度. 在本节的后续分析中, 我们总是假设算法 4.2 中的参数 $\delta \in (0, 2]$, 并记 $\bar{\boldsymbol{x}}^k \in \mathbb{X}^*$ 满足

$$\|\boldsymbol{x}^k - \bar{\boldsymbol{x}}^k\| = \mathrm{dist}(\boldsymbol{x}^k, \mathbb{X}^*) \tag{4.63}$$

及

$$\theta = \min\left\{b, \frac{\tau_1}{2L_1}\right\}. \tag{4.64}$$

类似于引理 4.1, 我们有下面的引理.

引理 4.6 假设条件 4.1 成立. 若 $\boldsymbol{x}^k \in \mathbb{N}(\bar{\boldsymbol{x}}, \theta)$, 则存在常数 $\tau_4 > 0$ 使得

$$\|\boldsymbol{s}^k\| \leqslant \tau_4 \|\boldsymbol{x}^k - \bar{\boldsymbol{x}}^k\|. \tag{4.65}$$

证　因为 $\boldsymbol{x}^k \in \mathbb{N}(\bar{\boldsymbol{x}}, \theta)$, 故有

$$\begin{aligned}\|\bar{\boldsymbol{x}}^k - \bar{\boldsymbol{x}}\| &\leqslant \|\boldsymbol{x}^k - \bar{\boldsymbol{x}}^k\| + \|\boldsymbol{x}^k - \bar{\boldsymbol{x}}\| \\ &\leqslant 2\|\boldsymbol{x}^k - \bar{\boldsymbol{x}}\| \leqslant 2\theta \leqslant 2b,\end{aligned}$$

即 $\boldsymbol{x}^k \leqslant \mathbb{N}(\bar{\boldsymbol{x}}, 2b)$. 注意到, LM 步

$$\boldsymbol{s}^k = -(\boldsymbol{J}_k^{\mathrm{T}}\boldsymbol{J}_k + \alpha_k\|\boldsymbol{F}^k\|^\delta \boldsymbol{I})^{-1}\boldsymbol{J}_k^{\mathrm{T}}\boldsymbol{F}^k \tag{4.66}$$

是函数

$$\psi_k(\boldsymbol{s}) = \|\boldsymbol{F}^k + \boldsymbol{J}_k\boldsymbol{s}\|^2 + \alpha_k\|\boldsymbol{F}^k\|^\delta\|\boldsymbol{s}\|^2 \tag{4.67}$$

的极小点, 由式 (4.19)、式 (4.20) 及式 (4.67) 得

$$\begin{aligned}\|\boldsymbol{s}^k\|^2 &\leqslant \frac{1}{\alpha_k\|\boldsymbol{F}^k\|^\delta}\psi_k(\boldsymbol{s}^k) \leqslant \frac{1}{\alpha_k\|\boldsymbol{F}^k\|^\delta}\psi_k(\bar{\boldsymbol{x}}^k - \boldsymbol{x}^k) \\ &= \frac{1}{\alpha_k\|\boldsymbol{F}^k\|^\delta}\left(\|\boldsymbol{F}^k + \boldsymbol{J}_k(\bar{\boldsymbol{x}}^k - \boldsymbol{x}^k)\|^2 + \alpha_k\|\boldsymbol{F}^k\|^\delta\|\bar{\boldsymbol{x}}^k - \boldsymbol{x}^k\|^2\right) \\ &\leqslant \frac{L_1^2}{\bar{\alpha}\tau_1^\delta}\|\bar{\boldsymbol{x}}^k - \boldsymbol{x}^k\|^{4-\delta} + \|\bar{\boldsymbol{x}}^k - \boldsymbol{x}^k\|^2 \\ &\leqslant \left(\frac{L_1^2}{\bar{\alpha}\tau_1^\delta} + 1\right)\|\bar{\boldsymbol{x}}^k - \boldsymbol{x}^k\|^2,\end{aligned}$$

由此即得式 (4.65), 其中 $\tau_4 = \sqrt{\dfrac{L_1^2}{\bar{\alpha}\tau_1^\delta} + 1}$. 证毕. □

引理 4.7　假设条件 4.1 成立. 若 $\boldsymbol{x}^k \in \mathbb{N}(\bar{\boldsymbol{x}}, \theta)$, 则存在常数 $\tau_5 > 0$ 使对充分大的 k, 有

$$\mathrm{Pred}(\boldsymbol{s}^k) \geqslant \tau_5\|\boldsymbol{F}^k\|\|\boldsymbol{s}^k\|. \tag{4.68}$$

证　由 θ 的定义不难得到

$$\|\boldsymbol{x}^k - \bar{\boldsymbol{x}}^k\| \leqslant \|\boldsymbol{x}^k - \bar{\boldsymbol{x}}\| \leqslant \theta \leqslant \frac{\tau_1}{2L_1}. \tag{4.69}$$

下面分两种情形进行证明.

情形一. $\|\boldsymbol{x}^k - \bar{\boldsymbol{x}}^k\| \leqslant \|\boldsymbol{s}^k\|$. 此时, $\bar{\boldsymbol{x}}^k - \boldsymbol{x}^k$ 是式 (4.43) 的可行点. 因此, 由式 (4.19)、式 (4.20)、式 (4.69) 及引理 4.6 得

$$\begin{aligned}\|\boldsymbol{F}^k\| - \|\boldsymbol{F}^k + \boldsymbol{J}_k\boldsymbol{s}^k\| &\geqslant \|\boldsymbol{F}^k\| - \|\boldsymbol{F}^k + \boldsymbol{J}_k(\bar{\boldsymbol{x}}^k - \boldsymbol{x}^k)\| \\ &\geqslant \tau_1\|\boldsymbol{x}^k - \bar{\boldsymbol{x}}^k\| - L_1\|\boldsymbol{x}^k - \bar{\boldsymbol{x}}^k\|^2 \\ &\geqslant \frac{\tau_1}{\tau_4}\|\boldsymbol{s}^k\| - L_1 \cdot \frac{\tau_1}{2L_1}\frac{1}{\tau_4}\|\boldsymbol{s}^k\| \\ &= \frac{\tau_1}{2\tau_4}\|\boldsymbol{s}^k\|.\end{aligned}$$

情形二. $\|\boldsymbol{x}^k-\bar{\boldsymbol{x}}^k\|>\|\boldsymbol{s}^k\|$. 记 $\beta_k=\dfrac{\|\boldsymbol{s}^k\|}{\|\boldsymbol{x}^k-\bar{\boldsymbol{x}}^k\|}<1$, 则有

$$\begin{aligned}
\|\boldsymbol{F}^k\|-\|\boldsymbol{F}^k+\boldsymbol{J}_k\boldsymbol{s}^k\| &\geqslant \|\boldsymbol{F}^k\|-\|\boldsymbol{F}^k+\beta_k\boldsymbol{J}_k(\bar{\boldsymbol{x}}^k-\boldsymbol{x}^k)\|\\
&\geqslant \|\boldsymbol{F}^k-[\boldsymbol{F}^k+\beta_k\boldsymbol{J}_k(\bar{\boldsymbol{x}}^k-\boldsymbol{x}^k)]\|\\
&=\|-\beta_k\boldsymbol{J}_k(\bar{\boldsymbol{x}}^k-\boldsymbol{x}^k)\|=\beta_k\|-\boldsymbol{J}_k(\bar{\boldsymbol{x}}^k-\boldsymbol{x}^k)\|\\
&=\beta_k\|\boldsymbol{F}^k-[\boldsymbol{F}^k+\boldsymbol{J}_k(\bar{\boldsymbol{x}}^k-\boldsymbol{x}^k)]\|\\
&\geqslant \beta_k(\|\boldsymbol{F}^k\|-\|\boldsymbol{F}^k+\boldsymbol{J}_k(\bar{\boldsymbol{x}}^k-\boldsymbol{x}^k)\|)\\
&\geqslant \frac{\|\boldsymbol{s}^k\|}{\|\boldsymbol{x}^k-\bar{\boldsymbol{x}}^k\|}(\tau_1\|\boldsymbol{x}^k-\bar{\boldsymbol{x}}^k\|-L_1\|\boldsymbol{x}^k-\bar{\boldsymbol{x}}^k\|^2)\\
&\geqslant \frac{\tau_1}{2}\|\boldsymbol{s}^k\|.
\end{aligned}$$

由上述两个不等式及引理 4.6 可得

$$\begin{aligned}
\mathrm{Pred}(\boldsymbol{s}^k)&=\|\boldsymbol{F}^k\|^2-\|\boldsymbol{F}^k+\boldsymbol{J}_k\boldsymbol{s}^k\|^2\\
&=(\|\boldsymbol{F}^k\|+\|\boldsymbol{F}^k+\boldsymbol{J}_k\boldsymbol{s}^k\|)(\|\boldsymbol{F}^k\|-\|\boldsymbol{F}^k+\boldsymbol{J}_k\boldsymbol{s}^k\|)\\
&\geqslant \|\boldsymbol{F}^k\|(\|\boldsymbol{F}^k\|-\|\boldsymbol{F}^k+\boldsymbol{J}_k\boldsymbol{s}^k\|)\\
&\geqslant \min\left\{\frac{\tau_1}{2\tau_4},\frac{\tau_1}{2}\right\}\|\boldsymbol{F}^k\|\|\boldsymbol{s}^k\|\\
&:=\tau_5\|\boldsymbol{F}^k\|\|\boldsymbol{s}^k\|,
\end{aligned}$$

即式 (4.68) 成立. □

注 4.4 由引理 4.7 有

$$\begin{aligned}
|r_k-1|&=\left|\frac{\mathrm{Ared}(\boldsymbol{s}^k)}{\mathrm{Pred}(\boldsymbol{s}^k)}-1\right|\\
&=\frac{O(\|\boldsymbol{s}^k\|^2)\|\boldsymbol{F}^k+\boldsymbol{J}_k\boldsymbol{s}^k\|+O(\|\boldsymbol{s}^k\|^4)}{\mathrm{Pred}(\boldsymbol{s}^k)}\\
&\leqslant \frac{O(\|\boldsymbol{s}^k\|^2)\|\boldsymbol{F}^k\|+O(\|\boldsymbol{s}^k\|^4)}{O(\|\boldsymbol{F}^k\|\|\boldsymbol{s}^k\|)}\\
&=O(\|\boldsymbol{s}^k\|)\to 0\,(k\to+\infty),
\end{aligned}$$

故有 $r_k\to 1\,(k\to+\infty)$, 即对充分大的 k, 有 $\phi(r_k)<1$. 因此, 存在正数 $M>\bar{\alpha}$ 使得对充分大的 k, 成立

$$\alpha_k<M. \tag{4.70}$$

引理 4.8 假设条件 4.1 成立. 选取初始点 $\boldsymbol{x}^0$ 充分接近 $\mathbb{X}^*$, 则由算法 4.2 产生的序列 $\{\boldsymbol{x}^k\}$ 当 $\delta\in(0,2)$ 时超线性收敛到式 (4.1) 的某个解 $\bar{\boldsymbol{x}}$, 而当 $\delta=2$ 时, 收敛速度是 2 阶的.

证 不失一般性, 假设 $\boldsymbol{x}^k \in \mathbb{N}(\bar{\boldsymbol{x}}, \theta)$. 由式 (4.20)、式 (4.21)、式 (4.67) 和式 (4.70) 得

$$\begin{aligned}\psi_k(\boldsymbol{s}^k) &\leqslant \psi_k(\bar{\boldsymbol{x}}^k - \boldsymbol{x}^k) \\ &= \|\boldsymbol{F}^k + \boldsymbol{J}_k(\bar{\boldsymbol{x}}^k - \boldsymbol{x}^k)\|^2 + \alpha_k \|\boldsymbol{F}^k\|^\delta \|\bar{\boldsymbol{x}}^k - \boldsymbol{x}^k\|^2 \\ &\leqslant L_1^2 \|\bar{\boldsymbol{x}}^k - \boldsymbol{x}^k\|^4 + M L_2^\delta \|\bar{\boldsymbol{x}}^k - \boldsymbol{x}^k\|^{2+\delta} \\ &\leqslant (L_1^2 + M L_2^\delta)\|\bar{\boldsymbol{x}}^k - \boldsymbol{x}^k\|^{2+\delta}.\end{aligned}$$

因此, 可得

$$\begin{aligned}\|F(\boldsymbol{x}^k + \boldsymbol{s}^k)\| &\leqslant L_1 \|\boldsymbol{s}^k\|^2 + \|\boldsymbol{F}^k + \boldsymbol{J}_k \boldsymbol{s}^k\| \\ &\leqslant L_1 \|\boldsymbol{s}^k\|^2 + \sqrt{\psi_k(\boldsymbol{s}^k)} \\ &\leqslant L_1 \tau_4^2 \|\bar{\boldsymbol{x}}^k - \boldsymbol{x}^k\|^2 + \sqrt{L_1^2 + M L_2^\delta}\|\bar{\boldsymbol{x}}^k - \boldsymbol{x}^k\|^{\frac{2+\delta}{2}} \\ &\leqslant \left(L_1 \tau_4^2 + \sqrt{L_1^2 + M L_2^\delta}\right)\|\bar{\boldsymbol{x}}^k - \boldsymbol{x}^k\|^{\frac{2+\delta}{2}},\end{aligned}$$

故有

$$\mathrm{dist}(\boldsymbol{x}^k + \boldsymbol{s}^k, \mathbb{X}^*) \leqslant \frac{1}{\tau_1}\|F(\boldsymbol{x}^k + \boldsymbol{s}^k)\| \leqslant \tau_6 \mathrm{dist}(\boldsymbol{x}^k, \mathbb{X}^*)^{\frac{2+\delta}{2}}, \tag{4.71}$$

这里 $\tau_6 = \left(L_1 \tau_4^2 + \sqrt{L_1^2 + M L_2^\delta}\right)/\tau_1$.

与定理 4.3 的证明相类似, 只要初始点 $\boldsymbol{x}^0$ 足够接近解集 $\mathbb{X}^*$, 就能保证 $\{\boldsymbol{x}^k\}_{k=0}^{\infty} \subseteq \mathbb{N}(\bar{\boldsymbol{x}}, \theta)$. 因此, 由式 (4.71) 可得

$$\sum_{k=0}^{\infty} \mathrm{dist}(\boldsymbol{x}^k, \mathbb{X}^*) < +\infty.$$

由此及引理 4.6 可推得

$$\sum_{k=0}^{\infty} \|\boldsymbol{s}^k\| < +\infty,$$

故 $\{\boldsymbol{x}^k\}$ 收敛到某个解点 $\bar{\boldsymbol{x}} \in \mathbb{X}^*$. 注意到, 显然有

$$\mathrm{dist}(\boldsymbol{x}^k, \mathbb{X}^*) \leqslant \mathrm{dist}(\boldsymbol{x}^k + \boldsymbol{s}^k, \mathbb{X}^*) + \|\boldsymbol{s}^k\|.$$

因此, 对充分大的 k, 由上式及式 (4.71) 可得

$$\mathrm{dist}(\boldsymbol{x}^k, \mathbb{X}^*) \leqslant 2\|\boldsymbol{s}^k\|. \tag{4.72}$$

最后, 利用式 (4.65)、式 (4.71) 和式 (4.72) 得

$$\begin{aligned}\|\boldsymbol{s}^{k+1}\| &\leqslant \tau_4 \|\boldsymbol{x}^{k+1} - \bar{\boldsymbol{x}}^{k+1}\| = \tau_4 \mathrm{dist}(\boldsymbol{x}^{k+1}, \mathbb{X}^*) \\ &\leqslant \tau_4 \tau_6 \mathrm{dist}(\boldsymbol{x}^k, \mathbb{X}^*)^{\frac{2+\delta}{2}} \leqslant 4\tau_4 \tau_6 \|\boldsymbol{s}^k\|^{\frac{2+\delta}{2}},\end{aligned}$$

上式即

$$\|\boldsymbol{s}^{k+1}\| = O(\|\boldsymbol{s}^k\|^{\frac{2+\delta}{2}}).$$

这就表明当 $\delta\in(0,2)$ 时, $\{\boldsymbol{x}^k\}$ 超线性收敛到某个解 $\bar{\boldsymbol{x}}$, 而当 $\delta=2$ 时, 收敛速度是 2 阶的. 证毕. □

利用奇异值分解理论及引理 4.3 可得到算法 4.2 更好的收敛性结果.

定理 4.8 假设条件 4.1 成立, 选取初始点 $\boldsymbol{x}^0$ 充分接近 $\mathbb{X}^*$, 则由算法 4.2 产生的序列 $\{\boldsymbol{x}^k\}$ 当 $\delta\in(0,1)$ 时超线性收敛到式 (4.1) 的某个解 $\bar{\boldsymbol{x}}$, 而当 $\delta\in[1,2]$ 时, 收敛速度是 2 阶的.

证 由式 (4.29) 可得

$$\boldsymbol{s}^k=-\boldsymbol{V}_1(\boldsymbol{\Sigma}_1^2+\alpha_k\|\boldsymbol{F}^k\|^\delta\boldsymbol{I})^{-1}\boldsymbol{\Sigma}_1\boldsymbol{U}_1^{\mathrm{T}}\boldsymbol{F}^k-\boldsymbol{V}_2(\boldsymbol{\Sigma}_2^2+\alpha_k\|\boldsymbol{F}^k\|^\delta\boldsymbol{I})^{-1}\boldsymbol{\Sigma}_2\boldsymbol{U}_2^{\mathrm{T}}\boldsymbol{F}^k \tag{4.73}$$

及

$$\begin{aligned}\boldsymbol{F}^k+\boldsymbol{J}_k\boldsymbol{s}^k=&\boldsymbol{F}^k-\boldsymbol{U}_1\boldsymbol{\Sigma}_1(\boldsymbol{\Sigma}_1^2+\alpha_k\|\boldsymbol{F}^k\|^\delta\boldsymbol{I})^{-1}\boldsymbol{\Sigma}_1\boldsymbol{U}_1^{\mathrm{T}}\boldsymbol{F}^k-\\&\boldsymbol{U}_2\boldsymbol{\Sigma}_2(\boldsymbol{\Sigma}_2^2+\alpha_k\|\boldsymbol{F}^k\|^\delta\boldsymbol{I})^{-1}\boldsymbol{\Sigma}_2\boldsymbol{U}_2^{\mathrm{T}}\boldsymbol{F}^k\\=&\boldsymbol{U}_3\boldsymbol{U}_3^{\mathrm{T}}\boldsymbol{F}^k+\alpha_k\|\boldsymbol{F}^k\|^\delta\boldsymbol{U}_1(\boldsymbol{\Sigma}_1^2+\alpha_k\|\boldsymbol{F}^k\|^\delta\boldsymbol{I})^{-1}\boldsymbol{U}_1^{\mathrm{T}}\boldsymbol{F}^k\\&+\alpha_k\|\boldsymbol{F}^k\|^\delta\boldsymbol{U}_2(\boldsymbol{\Sigma}_2^2+\alpha_k\|\boldsymbol{F}^k\|^\delta\boldsymbol{I})^{-1}\boldsymbol{U}_2^{\mathrm{T}}\boldsymbol{F}^k.\end{aligned} \tag{4.74}$$

不失一般性, 可设 $\|\boldsymbol{x}^k-\bar{\boldsymbol{x}}^k\|<\bar{\sigma}_r/(4L_1)$ 对充分大的 k 均成立. 由式 (4.30) 可得

$$\|(\boldsymbol{\Sigma}_1^2+\alpha_k\|\boldsymbol{F}^k\|^\delta\boldsymbol{I})^{-1}\|\leqslant\|\boldsymbol{\Sigma}_1^{-2}\|=\frac{1}{\sigma_r^2} \tag{4.75}$$

$$\leqslant\frac{1}{(\bar{\sigma}_r-2L_1\|\boldsymbol{x}^k-\bar{\boldsymbol{x}}^k\|)^2}\leqslant\frac{4}{\bar{\sigma}_r^2}. \tag{4.76}$$

因此, 由引理 4.3、式 (4.21)、式 (4.70) 及式 (4.74) 可得

$$\|\boldsymbol{F}^k+\boldsymbol{J}_k\boldsymbol{s}^k\|\leqslant O(\|\boldsymbol{x}^k-\bar{\boldsymbol{x}}^k\|^{1+\delta})+O(\|\boldsymbol{x}^k-\bar{\boldsymbol{x}}^k\|^2). \tag{4.77}$$

于是, 对于充分大的 k, 由式 (4.19) 可得

$$\begin{aligned}\tau_1\|\boldsymbol{x}^{k+1}-\bar{\boldsymbol{x}}^{k+1}\|=&\tau_1\mathrm{dist}(\boldsymbol{x}^{k+1},\mathbb{X}^*)\leqslant\|F(\boldsymbol{x}^{k+1})\|\\=&\|F(\boldsymbol{x}^k+\boldsymbol{s}^k)\|\leqslant\|\boldsymbol{F}^k+\boldsymbol{J}_k\boldsymbol{s}^k\|+O(\|\boldsymbol{s}^k\|^2)\\\leqslant&O(\|\boldsymbol{x}^k-\bar{\boldsymbol{x}}^k\|^{1+\delta})+O(\|\boldsymbol{x}^k-\bar{\boldsymbol{x}}^k\|^2)+O(\|\boldsymbol{s}^k\|^2)\\\leqslant&O(\|\boldsymbol{x}^k-\bar{\boldsymbol{x}}^k\|^{1+\delta})+O(\|\boldsymbol{x}^k-\bar{\boldsymbol{x}}^k\|^2).\end{aligned} \tag{4.78}$$

注意到

$$\|\boldsymbol{x}^k-\bar{\boldsymbol{x}}^k\|\leqslant\|\boldsymbol{x}^k-\bar{\boldsymbol{x}}^{k+1}\|\leqslant\|\boldsymbol{x}^{k+1}-\bar{\boldsymbol{x}}^{k+1}\|+\|\boldsymbol{s}^k\|,$$

那么由式 (4.78) 可得

$$\|\boldsymbol{x}^k-\bar{\boldsymbol{x}}^k\|\leqslant2\|\boldsymbol{s}^k\|.$$

故由引理 4.6 及式 (4.78) 可得

$$\|\boldsymbol{s}^{k+1}\| = \begin{cases} O(\|\boldsymbol{s}^k\|^{1+\delta}), & \delta \in (0,1), \\ O(\|\boldsymbol{s}^k\|^2), & \delta \in [1,2]. \end{cases}$$

上式即表明定理的结论成立. □

4.5 高阶 LM 方法

LM 方法的局部二次收敛性引起了众多研究者的关注和研究兴趣, 他们提出了各种修正 LM 方法, 例如文献 [13] 和文献 [14] 分别提出了一个具有三阶和四阶收敛性的修正 LM 方法. 文献 [15] 基于萨马斯基 (Shamanskii) 技巧, 建立了一个具有 $m+1$ 阶收敛速度的修正 LM 方法, 本节内容主要取材于该文献.

类似于使用萨马斯基技巧的修正牛顿法, 高阶 LM 方法的基本思想是在每一步迭代首先计算一个 (精确) LM 步

$$\boldsymbol{s}_0^k = -(\boldsymbol{J}_k^{\mathrm{T}}\boldsymbol{J}_k + \mu_k \boldsymbol{I})^{-1}\boldsymbol{J}_k^{\mathrm{T}}\boldsymbol{F}^k, \quad \mu_k = \alpha_k\|\boldsymbol{F}^k\|^\delta, \ \delta \in [1,2], \tag{4.79}$$

然后计算 $m-1$ 个近似 LM 步

$$\boldsymbol{s}_i^k = -(\boldsymbol{J}_k^{\mathrm{T}}\boldsymbol{J}_k + \mu_k \boldsymbol{I})^{-1}\boldsymbol{J}_k^{\mathrm{T}}F(\boldsymbol{x}_i^k), \quad i = 1, 2, \cdots, m-1. \tag{4.80}$$

这里 $m \geqslant 1$ 是某个整数, $\boldsymbol{x}_i^k = \boldsymbol{x}_{i-1}^k + \boldsymbol{s}_i^k$, $\boldsymbol{x}_0^k = \boldsymbol{x}^k$. 最终的试探步取为

$$\boldsymbol{s}^k = \sum_{i=0}^{m-1} \boldsymbol{s}_i^k.$$

为了建立具有全局收敛性的高阶 LM 方法, 需要引进用于信赖域搜索的价值函数

$$\Phi(\boldsymbol{x}) = \|F(\boldsymbol{x})\|^2. \tag{4.81}$$

函数 $\Phi(\boldsymbol{x})$ 在第 k 步迭代的实际下降量为

$$\mathrm{Ared}_k = \|\boldsymbol{F}^k\|^2 - \|F(\boldsymbol{x}^k + \boldsymbol{s}^k)\|^2. \tag{4.82}$$

由于此时 $\|\boldsymbol{F}^k\|^2 - \|\boldsymbol{F}^k + \boldsymbol{J}_k\boldsymbol{s}^k\|^2$ 有可能为正, 因此不能像标准 LM 方法那样将它作为预估下降量指标. 为了得到全局收敛性, 需要定义新的预估下降量指标.

注意到 $\boldsymbol{s}_i^k\,(i = 0, 1, \cdots, m-1)$ 不仅是极值问题

$$\min_{\boldsymbol{s}\in\mathbb{R}^n} \psi_k^{(i)}(\boldsymbol{s}) \equiv \|\boldsymbol{F}_i^k + \boldsymbol{J}_k\boldsymbol{s}\|^2 + \mu_k\|\boldsymbol{s}\|^2 \tag{4.83}$$

的极小解, 而且也是信赖域问题

$$\begin{aligned} \min_{\boldsymbol{s}\in\mathbb{R}^n} \ & q_k^{(i)}(\boldsymbol{s}) \equiv \|\boldsymbol{F}_i^k + \boldsymbol{J}_k\boldsymbol{s}\|^2 \\ \text{s.t.} \ & \|\boldsymbol{s}\| \leqslant \|\boldsymbol{s}_i^k\| \end{aligned} \tag{4.84}$$

的解, 这里, $\boldsymbol{F}_i^k = F(\boldsymbol{x}_i^k)$, $i = 0, 1, \cdots, m-1$. 由引理 4.5 有

$$\|\boldsymbol{F}_i^k\|^2 - \|\boldsymbol{F}_i^k + \boldsymbol{J}_k \boldsymbol{s}_i^k\|^2 \geqslant \|\boldsymbol{J}_k^{\mathrm{T}} \boldsymbol{F}_i^k\| \min\left\{\|\boldsymbol{s}_i^k\|, \frac{\|\boldsymbol{J}_k^{\mathrm{T}} \boldsymbol{F}_i^k\|}{\|\boldsymbol{J}_k^{\mathrm{T}} \boldsymbol{J}_k\|}\right\}. \tag{4.85}$$

因此, 可以定义预估下降量为

$$\mathrm{Pred}_k = \sum_{i=0}^{m-1} \left(\|\boldsymbol{F}_i^k\|^2 - \|\boldsymbol{F}_i^k + \boldsymbol{J}_k \boldsymbol{s}_i^k\|^2\right). \tag{4.86}$$

它满足如下性质

$$\begin{aligned}\mathrm{Pred}_k &\geqslant \sum_{i=0}^{m-1} \|\boldsymbol{J}_k^{\mathrm{T}} \boldsymbol{F}_i^k\| \min\left\{\|\boldsymbol{s}_i^k\|, \frac{\|\boldsymbol{J}_k^{\mathrm{T}} \boldsymbol{F}_i^k\|}{\|\boldsymbol{J}_k^{\mathrm{T}} \boldsymbol{J}_k\|}\right\} \\ &\geqslant \|\boldsymbol{J}_k^{\mathrm{T}} \boldsymbol{F}_0^k\| \min\left\{\|\boldsymbol{s}_0^k\|, \frac{\|\boldsymbol{J}_k^{\mathrm{T}} \boldsymbol{F}_0^k\|}{\|\boldsymbol{J}_k^{\mathrm{T}} \boldsymbol{J}_k\|}\right\}. \end{aligned}\tag{4.87}$$

下面给出基于萨马斯基技巧的高阶 LM 方法的详细算法步骤.

算法 4.3 (高阶LM方法)

步 1. 选取参数 $0 < \gamma_0 < \gamma_1 < \gamma_2 < 1$, $1 \leqslant \delta \leqslant 2$, $\alpha_0 > \bar{\alpha} > 0$, $m \geqslant 1$. 初始点 $\boldsymbol{x}^0 \in \mathbb{R}^n$, 容许误差 $0 \leqslant \varepsilon \ll 1$. 置 $k := 0$.

步 2. 计算 $\boldsymbol{g}^k = \boldsymbol{J}_k^{\mathrm{T}} \boldsymbol{F}^k$. 若 $\|\boldsymbol{g}^k\| \leqslant \varepsilon$, 停算, 输出 $\boldsymbol{x}^k$ 作为近似解. 否则, 计算

$$\mu_k = \alpha_k \|\boldsymbol{F}^k\|^\delta,$$

并对 $i = 0, 1, \cdots, m-1$, 求解方程组

$$(\boldsymbol{J}_k^{\mathrm{T}} \boldsymbol{J}_k + \mu_k \boldsymbol{I})\boldsymbol{s} = -\boldsymbol{J}_k^{\mathrm{T}} \boldsymbol{F}_i^k, \tag{4.88}$$

得解 $\boldsymbol{s}_i^k$. 这里, $\boldsymbol{F}_i^k = F(\boldsymbol{x}_i^k)$, $\boldsymbol{x}_i^k = \boldsymbol{x}_{i-1}^k + \boldsymbol{s}_{i-1}^k$, $\boldsymbol{x}_0^k = \boldsymbol{x}^k$. 置

$$\boldsymbol{s}^k = \sum_{i=0}^{m-1} \boldsymbol{s}_i^k. \tag{4.89}$$

步 3. 按式 (4.82) 和式 (4.86) 计算 Ared_k 和 Pred_k 及

$$r_k = \frac{\mathrm{Ared}_k}{\mathrm{Pred}_k}.$$

并置

$$\boldsymbol{x}^{k+1} := \begin{cases} \boldsymbol{x}^k + \boldsymbol{s}^k, & r_k > \gamma_0, \\ \boldsymbol{x}^k, & \text{否则} \end{cases} \tag{4.90}$$

及

$$\alpha_{k+1} = \begin{cases} 5\alpha_k, & r_k < \gamma_1, \\ \alpha_k, & r_k \in [\gamma_1, \gamma_2], \\ \max\{0.2\alpha_k, \bar{\alpha}\}, & r_k > \gamma_2. \end{cases} \tag{4.91}$$

步 4. 置 $k := k + 1$, 转步 2.

在条件 4.1 成立的情形下, 依然有下面的全局收敛性定理.

定理 4.9　假设条件 4.1 成立, 则由算法 4.3 所产生的无穷序列 $\{\boldsymbol{x}^k\}$ 满足

$$\lim_{k\to\infty}\|\boldsymbol{J}_k^{\mathrm{T}}\boldsymbol{F}^k\|=0. \tag{4.92}$$

证　用反证法. 假设式 (4.92) 不成立, 那么存在正数 ε 使得对无穷多个 k 成立

$$\|\boldsymbol{J}_k^{\mathrm{T}}\boldsymbol{F}^k\|\geqslant\varepsilon. \tag{4.93}$$

定义两个指标集

$$\mathbb{I}_1=\left\{k\,\big|\,\|\boldsymbol{J}_k^{\mathrm{T}}\boldsymbol{F}^k\|\geqslant\varepsilon\right\},\qquad \mathbb{I}_2=\left\{k\,\Big|\,\|\boldsymbol{J}_k^{\mathrm{T}}\boldsymbol{F}^k\|\geqslant\frac{\varepsilon}{2},\ \boldsymbol{x}^{k+1}\neq\boldsymbol{x}^k\right\}.$$

考虑指标集 $\mathbb{I}_2$ 为有限和无限两种情形.

情形一. 指标集 $\mathbb{I}_2$ 为有限集. 此时, 指标集

$$\mathbb{I}_3=\left\{k\,\Big|\,\|\boldsymbol{J}_k^{\mathrm{T}}\boldsymbol{F}^k\|\geqslant\varepsilon,\ \boldsymbol{x}^{k+1}\neq\boldsymbol{x}^k\right\}$$

亦为有限集. 记 $\bar{k}$ 是 $\mathbb{I}_3$ 中最大的元素. 因此, 存在某个 $\widehat{k}>\bar{k}$ 满足 $\boldsymbol{J}_{\widehat{k}}^{\mathrm{T}}\boldsymbol{F}^{\widehat{k}}\geqslant\varepsilon$ 且 $\boldsymbol{x}^{\widehat{k}+1}=\boldsymbol{x}^{\widehat{k}}$. 故对所有的 $k\geqslant\widehat{k}$ 有 $\|\boldsymbol{J}_k^{\mathrm{T}}\boldsymbol{F}^k\|\geqslant\varepsilon$ 及 $\boldsymbol{x}^{k+1}=\boldsymbol{x}^k$ 成立. 于是, 由 α_k 的更新规则有

$$\alpha_k\to+\infty. \tag{4.94}$$

注意到 $\mu_k=\alpha_k\|\boldsymbol{F}^k\|^{\delta}$, 由此亦有 $\mu_k\to+\infty$. 于是可得

$$\|\boldsymbol{s}_0^k\|=\|-(\boldsymbol{J}_k^{\mathrm{T}}\boldsymbol{J}_k+\mu_k\boldsymbol{I})^{-1}\boldsymbol{J}_k^{\mathrm{T}}\boldsymbol{F}_0^k\|\to0. \tag{4.95}$$

另一方面, 注意到

$$\begin{aligned}\boldsymbol{F}_i^k=&\boldsymbol{F}_0^k+\boldsymbol{J}_k\left(\sum_{r=0}^{i-1}\boldsymbol{s}_r^k\right)+\sum_{r=0}^{i-1}(J(\boldsymbol{x}_r^k)-\boldsymbol{J}_k)\boldsymbol{s}_r^k+\\&\sum_{r=0}^{i-1}\left[\boldsymbol{F}_{r+1}^k-\boldsymbol{F}_r^k-J(\boldsymbol{x}_r^k)\boldsymbol{s}_r^k\right],\end{aligned}$$

对 $i=1,\cdots,m-1$, 由式 (4.18) 和式 (4.20) 得

$$\begin{aligned}&\|\boldsymbol{s}_i^k\|=\|-(\boldsymbol{J}_k^{\mathrm{T}}\boldsymbol{J}_k+\mu_k\boldsymbol{I})^{-1}\boldsymbol{J}_k^{\mathrm{T}}\boldsymbol{F}_i^k\|\\&\leqslant\|(\boldsymbol{J}_k^{\mathrm{T}}\boldsymbol{J}_k+\mu_k\boldsymbol{I})^{-1}\boldsymbol{J}_k^{\mathrm{T}}\boldsymbol{F}_0^k\|+\left\|(\boldsymbol{J}_k^{\mathrm{T}}\boldsymbol{J}_k+\mu_k\boldsymbol{I})^{-1}\boldsymbol{J}_k^{\mathrm{T}}\boldsymbol{J}_k\left(\sum_{r=0}^{i-1}\boldsymbol{s}_r^k\right)\right\|+\\&\quad 3L_1\|(\boldsymbol{J}_k^{\mathrm{T}}\boldsymbol{J}_k+\mu_k\boldsymbol{I})^{-1}\boldsymbol{J}_k^{\mathrm{T}}\|\cdot\sum_{r=0}^{i-1}\|\boldsymbol{s}_r^k\|^2 \qquad (4.96)\\&\leqslant\|\boldsymbol{s}_0^k\|+\sum_{r=0}^{i-1}\|\boldsymbol{s}_r^k\|+\frac{3L_1\|\boldsymbol{J}_k^{\mathrm{T}}\|}{\mu_k}\sum_{r=0}^{i-1}\|\boldsymbol{s}_r^k\|^2. \qquad (4.97)\end{aligned}$$

由上式可推得

$$\|\boldsymbol{s}_i^k\| \leqslant O(\|\boldsymbol{s}_0^k\|),\ i=1,\cdots,m-1. \tag{4.98}$$

记 $\boldsymbol{x}^{k+1} := \boldsymbol{x}_m^k$, 且注意到

$$\begin{aligned}
\|\boldsymbol{F}_{i+1}^k - \boldsymbol{F}_i^k - \boldsymbol{J}_k\boldsymbol{s}_i^k\| \leqslant & \|\boldsymbol{F}_{i+1}^k - \boldsymbol{F}_i^k - J(\boldsymbol{x}_i^k)\boldsymbol{s}_i^k\| + \|(J(\boldsymbol{x}_i^k) - \boldsymbol{J}_k)\boldsymbol{s}_i^k\| \\
\leqslant & L_1\|\boldsymbol{s}_i^k\|^2 + 2L_1\|\boldsymbol{x}_i^k - \boldsymbol{x}_0^k\|\|\boldsymbol{s}_i^k\| \\
\leqslant & O(\|\boldsymbol{s}_i^k\|^2) + O(\|\boldsymbol{s}_i^k\|)\sum_{r=0}^{i-1}\|\boldsymbol{s}_r^k\| \\
\leqslant & O\Big(\sum_{r=0}^{i}\|\boldsymbol{s}_r^k\|^2\Big),
\end{aligned}$$

$$\begin{aligned}
\|\boldsymbol{F}_{i+1}^k\| \leqslant & \Big\|\boldsymbol{F}_0^k + \boldsymbol{J}_k\Big(\sum_{r=0}^{i}\boldsymbol{s}_r^k\Big)\Big\| + \sum_{r=0}^{i}\|(J(\boldsymbol{x}_r^k) - \boldsymbol{J}_k)\boldsymbol{s}_r^k\| + \\
& \sum_{r=0}^{i}\big\|[\boldsymbol{F}_{r+1}^k - \boldsymbol{F}_r^k - J(\boldsymbol{x}_r^k)\boldsymbol{s}_r^k]\big\| \\
\leqslant & \Big\|\boldsymbol{F}_0^k + \boldsymbol{J}_k\Big(\sum_{r=0}^{i}\boldsymbol{s}_r^k\Big)\Big\| + O\Big(\sum_{r=0}^{i}\|\boldsymbol{s}_r^k\|^2\Big),
\end{aligned}$$

$$\begin{aligned}
\|\boldsymbol{F}_i^k + \boldsymbol{J}_k\boldsymbol{s}_i^k\| \leqslant & \Big\|\boldsymbol{F}_0^k + \boldsymbol{J}_k\Big(\sum_{r=0}^{i}\boldsymbol{s}_r^k\Big)\Big\| + \sum_{r=0}^{i-1}\|(J(\boldsymbol{x}_r^k) - \boldsymbol{J}_k)\boldsymbol{s}_r^k\| + \\
& \sum_{r=0}^{i-1}\big\|[\boldsymbol{F}_{r+1}^k - \boldsymbol{F}_r^k - J(\boldsymbol{x}_r^k)\boldsymbol{s}_r^k]\big\| \\
\leqslant & \Big\|\boldsymbol{F}_0^k + \boldsymbol{J}_k\Big(\sum_{r=0}^{i}\boldsymbol{s}_r^k\Big)\Big\| + O\Big(\sum_{r=0}^{i-1}\|\boldsymbol{s}_r^k\|^2\Big),
\end{aligned}$$

那么有

$$\begin{aligned}
& \big|\|\boldsymbol{F}_{i+1}^k\|^2 - \|\boldsymbol{F}_i^k + \boldsymbol{J}_k\boldsymbol{s}_i^k\|^2\big| \\
\leqslant & \|\boldsymbol{F}_{i+1}^k - \boldsymbol{F}_i^k - \boldsymbol{J}_k\boldsymbol{s}_i^k\|\big(\|\boldsymbol{F}_{i+1}^k\| + \|\boldsymbol{F}_i^k + \boldsymbol{J}_k\boldsymbol{s}_i^k\|\big) \\
\leqslant & \Big\|\boldsymbol{F}_0^k + \boldsymbol{J}_k\Big(\sum_{r=0}^{i}\boldsymbol{s}_r^k\Big)\Big\|O\Big(\sum_{r=0}^{i}\|\boldsymbol{s}_r^k\|^2\Big) + O\Big(\sum_{r=0}^{i}\|\boldsymbol{s}_r^k\|^4\Big) + \\
& \Big\|\boldsymbol{F}_0^k + \boldsymbol{J}_k\Big(\sum_{r=0}^{i}\boldsymbol{s}_r^k\Big)\Big\|O\Big(\Big\|\sum_{r=0}^{i}\boldsymbol{s}_r^k\Big\|^2\Big) + O\Big(\sum_{r=0}^{i}\|\boldsymbol{s}_r^k\|^4\Big) \\
\leqslant & O\Big(\Big\|\boldsymbol{F}_0^k + \boldsymbol{J}_k\Big(\sum_{r=0}^{i}\boldsymbol{s}_r^k\Big)\Big\|\Big)O\Big(\sum_{r=0}^{i}\|\boldsymbol{s}_r^k\|^2\Big) + O\Big(\sum_{r=0}^{i}\|\boldsymbol{s}_r^k\|^4\Big) \\
\leqslant & O(\|\boldsymbol{s}_0^k\|^2),\quad i=0,1,\cdots,m-1.
\end{aligned} \tag{4.99}$$

因此, 由式 (4.21)、式 (4.87) 及式 (4.93) 得

$$
\begin{aligned}
|r_k-1| &= \left|\frac{\mathrm{Ared}_k}{\mathrm{Pred}_k}-1\right| = \left|\frac{\mathrm{Ared}_k-\mathrm{Pred}_k}{\mathrm{Pred}_k}\right| \\
&= \frac{\sum\limits_{i=0}^{m-1}(\|\boldsymbol{F}_{i+1}^k\|^2-\|\boldsymbol{F}_i^k+\boldsymbol{J}_k\boldsymbol{s}_i^k\|^2)}{\sum\limits_{i=0}^{m-1}(\|\boldsymbol{F}_i^k\|^2-\|\boldsymbol{F}_i^k+\boldsymbol{J}_k\boldsymbol{s}_i^k\|^2)} \\
&\leqslant \frac{O(\|\boldsymbol{s}_0^k\|^2)}{\|\boldsymbol{J}_k^{\mathrm{T}}\boldsymbol{F}_0^k\|\min\left\{\|\boldsymbol{s}_0^k\|,\dfrac{\|\boldsymbol{J}_k^{\mathrm{T}}\boldsymbol{F}_0^k\|}{\|\boldsymbol{J}_k^{\mathrm{T}}\boldsymbol{J}_k\|}\right\}} \to 0.
\end{aligned} \tag{4.100}
$$

上式即 $r_k \to 1\,(k\to\infty)$. 因此, 存在常数 $\tilde{\alpha}>0$ 使对所有充分大的 k 满足 $\alpha_k<\tilde{\alpha}$, 这与式 (4.94) 矛盾!

情形二. 指标集 $\mathbb{I}_2$ 为无限集. 由式 (4.22) 和式 (4.87) 得

$$
\begin{aligned}
\|\boldsymbol{F}^1\|^2 &\geqslant \sum_k (\|\boldsymbol{F}^k\|^2-\|\boldsymbol{F}^{k+1}\|^2) \\
&= \sum_{k\in\mathbb{I}_2}(\|\boldsymbol{F}^k\|^2-\|\boldsymbol{F}^{k+1}\|^2) \geqslant \sum_{k\in\mathbb{I}_2}\gamma_0\mathrm{Pred}_k \\
&\geqslant \gamma_0\sum_{k\in\mathbb{I}_2}\|\boldsymbol{J}_k^{\mathrm{T}}\boldsymbol{F}_0^k\|\min\left\{\|\boldsymbol{s}_0^k\|,\frac{\|\boldsymbol{J}_k^{\mathrm{T}}\boldsymbol{F}_0^k\|}{\|\boldsymbol{J}_k^{\mathrm{T}}\boldsymbol{J}_k\|}\right\} \\
&\geqslant \frac{\gamma_0\varepsilon}{2}\sum_{k\in\mathbb{I}_2}\min\left\{\|\boldsymbol{s}_0^k\|,\frac{\varepsilon}{2L_2^2}\right\}.
\end{aligned} \tag{4.101}
$$

上式表明

$$
\|\boldsymbol{s}_0^k\| \to 0,\quad k\in\mathbb{I}_2. \tag{4.102}
$$

由此可得

$$
\mu_k \to +\infty,\quad k\in\mathbb{I}_2. \tag{4.103}
$$

类似于式 (4.97) 的推导, 亦有

$$
\|\boldsymbol{s}_i^k\| \leqslant O(\|\boldsymbol{s}_0^k\|),\ i=1,2,\cdots,m-1,\ k\in\mathbb{I}_2. \tag{4.104}
$$

因此, 由式 (4.18)、式 (4.21) 及式 (4.104) 可得

$$
\begin{aligned}
&\sum_{k\in\mathbb{I}_2}\left|\|\boldsymbol{J}_{k+1}^{\mathrm{T}}\boldsymbol{F}^{k+1}\|-\|\boldsymbol{J}_k^{\mathrm{T}}\boldsymbol{F}^k\|\right| \\
=&\sum_{k\in\mathbb{I}_2}\left|(\|\boldsymbol{J}_{k+1}^{\mathrm{T}}\boldsymbol{F}^{k+1}\|-\|\boldsymbol{J}_k^{\mathrm{T}}\boldsymbol{F}^{k+1}\|)+(\|\boldsymbol{J}_k^{\mathrm{T}}\boldsymbol{F}^{k+1}\|-\|\boldsymbol{J}_k^{\mathrm{T}}\boldsymbol{F}^k\|)\right| \\
\leqslant&\sum_{k\in\mathbb{I}_2}(2L_1\|\boldsymbol{F}^{k+1}\|\|\boldsymbol{s}^k\|+L_2^2\|\boldsymbol{s}^k\|) \\
\leqslant&\sum_{k\in\mathbb{I}_2}m(2L_1\|\boldsymbol{F}^0\|+L_2^2)\|\boldsymbol{s}_0^k\|<\infty.
\end{aligned} \tag{4.105}
$$

注意到式 (4.93) 对无穷多个 k 成立, 则由上式, 存在一个指标 $\bar{k}$, 使得

$$\|\boldsymbol{J}_{\bar{k}}^{\mathrm{T}}\boldsymbol{F}^{\bar{k}}\| \geqslant \varepsilon \text{ 及 } \sum_{k\in\mathbb{I}_2,k\geqslant\bar{k}} \left|\|\boldsymbol{J}_{k+1}^{\mathrm{T}}\boldsymbol{F}^{k+1}\| - \|\boldsymbol{J}_k^{\mathrm{T}}\boldsymbol{F}^k\|\right| < \frac{\varepsilon}{2}. \tag{4.106}$$

由此可得

$$\|\boldsymbol{J}_k^{\mathrm{T}}\boldsymbol{F}^k\| \geqslant \frac{\varepsilon}{2},\ \forall k \geqslant \bar{k}.$$

故有

$$\lim_{k\to\infty} \boldsymbol{s}_0^k = \boldsymbol{0} \text{ 及 } \lim_{k\to\infty}\mu_k = +\infty. \tag{4.107}$$

进一步有,

$$\frac{\mu_k}{\|\boldsymbol{F}^0\|^\delta} \leqslant \frac{\mu_k}{\|\boldsymbol{F}^k\|^\delta} = \alpha_k \to +\infty. \tag{4.108}$$

另一方面, 利用与式 (4.97) 到式 (4.100) 同样的分析方法, 可证得 $r_k \to 1\,(k\to\infty)$. 因此, 存在正常数 $\widehat{\alpha} > \bar{\alpha}$ 使对充分大的 k 均有 $\alpha_k < \widehat{\alpha}$, 这与式 (4.108) 矛盾. 故必有定理的结论成立. □

下面来分析算法 4.3 的收敛速度. 不失一般性, 设

$$\boldsymbol{x}_i^k \in \mathbb{N}(\bar{\boldsymbol{x}}, b),\ i = 0, 1, \cdots, m-1,$$

其中 $\bar{\boldsymbol{x}} \in \mathbb{X}^*$ 是式 (4.1) 的某个解且 $b < 0.5$ 是一个正常数. 在后面的分析中, 依然记 $\bar{\boldsymbol{x}}^k \in \mathbb{X}^*$ 满足

$$\|\boldsymbol{x}^k - \bar{\boldsymbol{x}}^k\| = \mathrm{dist}(\boldsymbol{x}^k, \mathbb{X}^*).$$

因此有

$$\|\bar{\boldsymbol{x}}^k - \bar{\boldsymbol{x}}\| \leqslant \|\boldsymbol{x}^k - \bar{\boldsymbol{x}}^k\| + \|\boldsymbol{x}^k - \bar{\boldsymbol{x}}\| \leqslant 2\|\boldsymbol{x}^k - \bar{\boldsymbol{x}}\| \leqslant 2b,$$

即 $\bar{\boldsymbol{x}}^k \in \mathbb{N}(\bar{\boldsymbol{x}}, 2b)$.

引理 4.9 假设条件 4.1 成立, 则有

$$\|\boldsymbol{s}_i^k\| \leqslant O(\|\boldsymbol{x}^k - \bar{\boldsymbol{x}}^k\|),\ i = 0, 1, \cdots, m-1. \tag{4.109}$$

证 由式 (4.19) 有

$$\mu_k = \alpha_k\|\boldsymbol{F}^k\|^\delta \geqslant \bar{\alpha}\tau_1^\delta\|\boldsymbol{x}^k - \bar{\boldsymbol{x}}^k\|^\delta. \tag{4.110}$$

由于 $\boldsymbol{s}_0^k$ 是式 (4.83) 中泛函 $\psi_k^{(0)}(\boldsymbol{s})$ 的极小点, 故有

$$\begin{aligned}
\|\boldsymbol{s}_0^k\|^2 &\leqslant \frac{\psi_k^{(0)}(\boldsymbol{s}_0^k)}{\mu_k} \leqslant \frac{\psi_k^{(0)}(\bar{\boldsymbol{x}}^k - \boldsymbol{x}^k)}{\mu_k} \\
&= \frac{\|\boldsymbol{F}_0^k + \boldsymbol{J}_k(\bar{\boldsymbol{x}}^k - \boldsymbol{x}^k)\|^2}{\mu_k} + \|\bar{\boldsymbol{x}}^k - \boldsymbol{x}^k\|^2 \\
&\leqslant \frac{L_1^2}{\bar{\alpha}\tau_1^\delta}\|\bar{\boldsymbol{x}}^k - \boldsymbol{x}^k\|^{4-\delta} + \|\bar{\boldsymbol{x}}^k - \boldsymbol{x}^k\|^2.
\end{aligned}$$

由上式及 $1 \leqslant \delta \leqslant 2$, 可得

$$\|s_0^k\| \leqslant \sqrt{\frac{L_1^2}{\bar{\alpha}\tau_1^\delta}+1} \cdot \|x^k - \bar{x}^k\| = O(\|x^k - \bar{x}^k\|). \tag{4.111}$$

类似于式 (4.96) 中的分析, 可得

$$\|s_i^k\| \leqslant \|s_0^k\| + \sum_{r=0}^{i-1}\|s_r^k\| + 3L_1\|(J_k^{\mathrm{T}}J_k+\mu_k I)^{-1}J_k^{\mathrm{T}}\| \cdot \left(\sum_{r=0}^{i-1}\|s_r^k\|\right)^2. \tag{4.112}$$

下面利用奇异值分解技术来估计 $\|(J_k^{\mathrm{T}}J_k+\mu_k I)^{-1}J_k^{\mathrm{T}}\|$. 由式 (4.29) 可得

$$\begin{aligned}
&\|(J_k^{\mathrm{T}}J_k+\mu_k I)^{-1}J_k^{\mathrm{T}}\| \\
=&\left\|(V_1,V_2,V_3)\begin{pmatrix}(\Sigma_1^2+\mu_k I)^{-1}\Sigma_1 & & \\ & (\Sigma_2^2+\mu_k I)^{-1}\Sigma_2 & \\ & & O\end{pmatrix}\begin{pmatrix}U_1^{\mathrm{T}}\\ U_2^{\mathrm{T}}\\ U_3^{\mathrm{T}}\end{pmatrix}\right\| \\
=&\left\|\begin{pmatrix}(\Sigma_1^2+\mu_k I)^{-1}\Sigma_1 & & \\ & (\Sigma_2^2+\mu_k I)^{-1}\Sigma_2 & \\ & & O\end{pmatrix}\right\|.
\end{aligned}$$

注意到对任意的正奇异值 $\sigma_{k,i}\,(i=1,2,\cdots,t)$, 有

$$\frac{\sigma_{k,i}}{\sigma_{k,i}^2+\mu_k} \leqslant \frac{\sigma_{k,i}}{2\sigma_{k,i}\sqrt{\mu_k}} = \frac{1}{2\sqrt{\mu_k}}.$$

由上式及式 (4.110) 得

$$\|(J_k^{\mathrm{T}}J_k+\mu_k I)^{-1}J_k^{\mathrm{T}}\| \leqslant \frac{1}{2\sqrt{\bar{\alpha}}\tau_1^{\frac{\delta}{2}}}\|x^k-\bar{x}^k\|^{-\frac{\delta}{2}}.$$

因此可由式 (4.111) 和式 (4.112) 推得

$$\|s_i^k\| \leqslant O(\|s_0^k\|),\ i=1,2,\cdots,m-1.$$

上式和式 (4.111) 表明引理的结论成立. □

由算法 4.3 的参数更新规则知 α_k 是有下界的 (即 $\alpha_k \geqslant \bar{\alpha}$), 下面的引理说明它也是有上界的.

引理 4.10　假设条件 4.1 成立, 则存在常数 $\widetilde{\alpha}>0$ 使得 $\alpha_k \leqslant \widetilde{\alpha}$ 对所有充分大的 k 均成立.

证　首先证明对 $i=0,1,\cdots,m-1$, 下面的不等式

$$\|F_i^k\|^2 - \|F_i^k + J_k s_i^k\|^2 \geqslant O(\|F_i^k\|)\min\{\|s_i^k\|, \|x_i^k - \bar{x}_i^k\|\} \tag{4.113}$$

均成立. 分两种情形来考虑.

情形一. $\|\boldsymbol{x}_i^k-\bar{\boldsymbol{x}}_i^k\|\leqslant\|\boldsymbol{s}_i^k\|$. 注意到 $\boldsymbol{s}_i^k$ 是式 (4.84) 的解, 根据引理 4.9 及式 (4.18) 到式 (4.20), 当 k 充分大时, 有

$$\begin{aligned}
&\|\boldsymbol{F}_i^k\|-\|\boldsymbol{F}_i^k+\boldsymbol{J}_k\boldsymbol{s}_i^k\|\\
\geqslant&\|\boldsymbol{F}_i^k\|-\|\boldsymbol{F}_i^k+\boldsymbol{J}_k(\bar{\boldsymbol{x}}_i^k-\boldsymbol{x}_i^k)\|\\
\geqslant&\|\boldsymbol{F}_i^k\|-\|\boldsymbol{F}_i^k+J(\boldsymbol{x}_i^k)(\bar{\boldsymbol{x}}_i^k-\boldsymbol{x}_i^k)\|-\|\boldsymbol{J}_k-J(\boldsymbol{x}_i^k)\|\|\bar{\boldsymbol{x}}_i^k-\boldsymbol{x}_i^k\|\\
\geqslant&\tau_1\|\boldsymbol{x}_i^k-\bar{\boldsymbol{x}}_i^k\|-L_1\|\boldsymbol{x}_i^k-\bar{\boldsymbol{x}}_i^k\|^2-2L_1\|\boldsymbol{x}_0^k-\boldsymbol{x}_i^k\|\|\bar{\boldsymbol{x}}_i^k-\boldsymbol{x}_i^k\|\\
\geqslant&\tau_1\|\boldsymbol{x}_i^k-\bar{\boldsymbol{x}}_i^k\|-L_1\|\boldsymbol{x}_i^k-\bar{\boldsymbol{x}}_i^k\|^2-2L_1\Big(\sum_{r=0}^{i-1}\|\boldsymbol{s}_r^k\|\Big)\|\bar{\boldsymbol{x}}_i^k-\boldsymbol{x}_i^k\|\\
\geqslant&\tilde{c}\|\boldsymbol{x}_i^k-\bar{\boldsymbol{x}}_i^k\|,
\end{aligned}\tag{4.114}$$

这里 $\tilde{c}>0$ 是某个常数.

情形二. $\|\boldsymbol{x}_i^k-\bar{\boldsymbol{x}}_i^k\|>\|\boldsymbol{s}_i^k\|$. 类似于情形一的推导, 当 k 充分大时, 有

$$\begin{aligned}
&\|\boldsymbol{F}_i^k\|-\|\boldsymbol{F}_i^k+\boldsymbol{J}_k\boldsymbol{s}_i^k\|\\
\geqslant&\|\boldsymbol{F}_i^k\|-\left\|\boldsymbol{F}_i^k+\frac{\|\boldsymbol{s}_i^k\|}{\|\bar{\boldsymbol{x}}_i^k-\boldsymbol{x}_i^k\|}\boldsymbol{J}_k(\bar{\boldsymbol{x}}_i^k-\boldsymbol{x}_i^k)\right\|\\
\geqslant&\frac{\|\boldsymbol{s}_i^k\|}{\|\bar{\boldsymbol{x}}_i^k-\boldsymbol{x}_i^k\|}\big(\|\boldsymbol{F}_i^k\|-\|\boldsymbol{F}_i^k+\boldsymbol{J}_k(\bar{\boldsymbol{x}}_i^k-\boldsymbol{x}_i^k)\|\big)\\
\geqslant&\frac{\|\boldsymbol{s}_i^k\|}{\|\bar{\boldsymbol{x}}_i^k-\boldsymbol{x}_i^k\|}\tilde{c}\|\boldsymbol{x}_i^k-\bar{\boldsymbol{x}}_i^k\|\ =\ \tilde{c}\|\boldsymbol{s}_i^k\|.
\end{aligned}\tag{4.115}$$

结合式 (4.114) 和式 (4.115) 可得

$$\begin{aligned}
&\|\boldsymbol{F}_i^k\|^2-\|\boldsymbol{F}_i^k+\boldsymbol{J}_k\boldsymbol{s}_i^k\|^2\\
\geqslant&\tilde{c}\left(\|\boldsymbol{F}_i^k\|+\|\boldsymbol{F}_i^k+\boldsymbol{J}_k\boldsymbol{s}_i^k\|\right)\min\big\{\|\boldsymbol{s}_i^k\|,\|\boldsymbol{x}_i^k-\bar{\boldsymbol{x}}_i^k\|\big\}\\
\geqslant&\tilde{c}\,\|\boldsymbol{F}_i^k\|\min\big\{\|\boldsymbol{s}_i^k\|,\|\boldsymbol{x}_i^k-\bar{\boldsymbol{x}}_i^k\|\big\},
\end{aligned}$$

即式 (4.113) 成立.

下面证明 $r_k\to 1\,(k\to+\infty)$. 因 $\boldsymbol{s}_i^k$ 是式 (4.84) 的解, 故由式 (4.21) 有

$$\|\boldsymbol{F}_0^k+\boldsymbol{J}_k\boldsymbol{s}_0^k\|\leqslant\|\boldsymbol{F}_0^k\|\leqslant L_2\|\boldsymbol{x}^k-\bar{\boldsymbol{x}}^k\|.\tag{4.116}$$

再由引理 4.9 及式 (4.21), 对 $i=1,2,\cdots,m-1$, 有

$$\begin{aligned}
&\|\boldsymbol{F}_0^k+\boldsymbol{J}_k(\boldsymbol{s}_0^k+\boldsymbol{s}_1^k+\cdots+\boldsymbol{s}_i^k)\|\\
\leqslant&\|\boldsymbol{F}_0^k+\boldsymbol{J}_k\boldsymbol{s}_0^k\|+\|\boldsymbol{J}_k\|(\|\boldsymbol{s}_1^k\|+\cdots+\|\boldsymbol{s}_i^k)\|)\\
\leqslant&O(\|\boldsymbol{x}^k-\bar{\boldsymbol{x}}^k\|).
\end{aligned}\tag{4.117}$$

于是, 由式 (4.99)、式 (4.109) 及式 (4.113) 可得

$$
\begin{aligned}
|r_k - 1| &= \left|\frac{\mathrm{Ared}_k}{\mathrm{Pred}_k} - 1\right| = \left|\frac{\mathrm{Ared}_k - \mathrm{Pred}_k}{\mathrm{Pred}_k}\right| \\
&= \frac{\sum\limits_{i=0}^{m-1}(\|\boldsymbol{F}_{i+1}^k\|^2 - \|\boldsymbol{F}_i^k + \boldsymbol{J}_k \boldsymbol{s}_i^k\|^2)}{\sum\limits_{i=0}^{m-1}(\|\boldsymbol{F}_i^k\|^2 - \|\boldsymbol{F}_i^k + \boldsymbol{J}_k \boldsymbol{s}_i^k\|^2)} \\
&\leqslant \frac{O\left(\left\|\boldsymbol{F}_0^k + \boldsymbol{J}_k\left(\sum\limits_{r=0}^{i} \boldsymbol{s}_r^k\right)\right\|\right) \cdot O\left(\left\|\sum\limits_{r=0}^{i} \boldsymbol{s}_r^k\right\|^2\right) + O\left(\left\|\sum\limits_{r=0}^{i} \boldsymbol{s}_r^k\right\|^4\right)}{\|\boldsymbol{F}_0^k\|^2 - \|\boldsymbol{F}_0^k + \boldsymbol{J}_k \boldsymbol{s}_0^k\|^2} \\
&\leqslant \frac{O(\|\boldsymbol{x}^k - \bar{\boldsymbol{x}}^k\|) \cdot O(\|\boldsymbol{s}_0^k\|^2) + O(\|\boldsymbol{s}_0^k\|^4)}{O(\|\boldsymbol{F}_0^k\|) \min\{\|\boldsymbol{s}_0^k\|, \|\boldsymbol{x}_0^k - \bar{\boldsymbol{x}}_0^k\|\}} \to 0,
\end{aligned} \tag{4.118}
$$

即有 $r_k \to 1\,(k \to +\infty)$. 因此, 根据算法 4.3 的步 3, 必有常数 $\widetilde{\alpha} > 0$ 满足 $\alpha_k < \widetilde{\alpha}$. 证毕. □

现在来分析算法 4.3 的 $m+1$ 阶收敛速度. 由式 (4.29), 不难得到

$$
\begin{aligned}
\boldsymbol{s}_i^k &= -(\boldsymbol{J}_k^{\mathrm{T}} \boldsymbol{J}_k + \mu_k \boldsymbol{I})^{-1} \boldsymbol{J}_k^{\mathrm{T}} \boldsymbol{F}_i^k \\
&= -[\boldsymbol{V}_1, \boldsymbol{V}_2, \boldsymbol{V}_3] \begin{bmatrix} (\boldsymbol{\Sigma}_1^2 + \mu_k \boldsymbol{I})^{-1} \boldsymbol{\Sigma}_1 & & \\ & (\boldsymbol{\Sigma}_2^2 + \mu_k \boldsymbol{I})^{-1} \boldsymbol{\Sigma}_2 & \\ & & \boldsymbol{O} \end{bmatrix} \begin{bmatrix} \boldsymbol{U}_1^{\mathrm{T}} \\ \boldsymbol{U}_2^{\mathrm{T}} \\ \boldsymbol{U}_3^{\mathrm{T}} \end{bmatrix} \boldsymbol{F}_i^k \\
&= -\boldsymbol{V}_1(\boldsymbol{\Sigma}_1^2 + \mu_k \boldsymbol{I})^{-1} \boldsymbol{\Sigma}_1 \boldsymbol{U}_1^{\mathrm{T}} \boldsymbol{F}_i^k - \boldsymbol{V}_2(\boldsymbol{\Sigma}_2^2 + \mu_k \boldsymbol{I})^{-1} \boldsymbol{\Sigma}_2 \boldsymbol{U}_2^{\mathrm{T}} \boldsymbol{F}_i^k
\end{aligned} \tag{4.119}
$$

及

$$
\begin{aligned}
&\boldsymbol{F}_i^k + \boldsymbol{J}_k \boldsymbol{s}_i^k = \boldsymbol{F}_i^k - \boldsymbol{J}_k(\boldsymbol{J}_k^{\mathrm{T}} \boldsymbol{J}_k + \mu_k \boldsymbol{I})^{-1} \boldsymbol{J}_k^{\mathrm{T}} \boldsymbol{F}_i^k \\
&= \boldsymbol{F}_i^k - \boldsymbol{U}_1 \boldsymbol{\Sigma}_1 (\boldsymbol{\Sigma}_1^2 + \mu_k \boldsymbol{I})^{-1} \boldsymbol{\Sigma}_1 \boldsymbol{U}_1^{\mathrm{T}} \boldsymbol{F}_i^k - \boldsymbol{U}_2 \boldsymbol{\Sigma}_2 (\boldsymbol{\Sigma}_2^2 + \mu_k \boldsymbol{I})^{-1} \boldsymbol{\Sigma}_2 \boldsymbol{U}_2^{\mathrm{T}} \boldsymbol{F}_i^k \\
&= \mu_k \boldsymbol{U}_1 (\boldsymbol{\Sigma}_1^2 + \mu_k \boldsymbol{I})^{-1} \boldsymbol{U}_1^{\mathrm{T}} \boldsymbol{F}_i^k + \mu_k \boldsymbol{U}_2 (\boldsymbol{\Sigma}_2^2 + \mu_k \boldsymbol{I})^{-1} \boldsymbol{U}_2^{\mathrm{T}} \boldsymbol{F}_i^k + \boldsymbol{U}_3 \boldsymbol{U}_3^{\mathrm{T}} \boldsymbol{F}_i^k.
\end{aligned} \tag{4.120}
$$

我们有下面的引理.

引理 4.11　假设条件 4.1 成立, 则有

$$\|\boldsymbol{U}_1 \boldsymbol{U}_1^{\mathrm{T}} \boldsymbol{F}_i^k\| \leqslant O(\|\boldsymbol{x}^k - \bar{\boldsymbol{x}}^k\|^{i+1}), \qquad i = 0, 1, \cdots, m-1, \tag{4.121}$$

$$\|\boldsymbol{U}_2 \boldsymbol{U}_2^{\mathrm{T}} \boldsymbol{F}_i^k\| \leqslant O(\|\boldsymbol{x}^k - \bar{\boldsymbol{x}}^k\|^{i+2}), \qquad i = 0, 1, \cdots, m-1, \tag{4.122}$$

$$\|\boldsymbol{U}_3 \boldsymbol{U}_3^{\mathrm{T}} \boldsymbol{F}_i^k\| \leqslant O(\|\boldsymbol{x}^k - \bar{\boldsymbol{x}}^k\|^{i+2}), \qquad i = 0, 1, \cdots, m-1, \tag{4.123}$$

$$\|\boldsymbol{s}_i^k\| \leqslant O(\|\boldsymbol{x}^k - \bar{\boldsymbol{x}}^k\|^{i+1}), \qquad i = 0, 1, \cdots, m-1, \tag{4.124}$$

$$\|\boldsymbol{F}_i^k + \boldsymbol{J}_k \boldsymbol{s}_i^k\| \leqslant O(\|\boldsymbol{x}^k - \bar{\boldsymbol{x}}^k\|^{i+2}), \qquad i = 0, 1, \cdots, m-1. \tag{4.125}$$

证 用归纳法证明. 引理 4.3、引理4.6 及式(4.33) 已表明结论当 $i=0$ 时成立. 对于 $i\geqslant 1$, 假定式 (4.121) 到式 (4.125) 对 $1\leqslant \ell\leqslant i-1$ 成立. 下面证明结论当 $\ell=i$ 时也成立.

先证式 (4.121) 成立. 由式 (4.18)、式 (4.20) 和引理 4.9 及归纳假设可得

$$\begin{aligned}\|\boldsymbol{F}_i^k\| &= \|F(\boldsymbol{x}_{i-1}^k+\boldsymbol{s}_{i-1}^k)\|\\ &\leqslant \|F(\boldsymbol{x}_{i-1}^k)+J(\boldsymbol{x}_{i-1}^k)\boldsymbol{s}_{i-1}^k\|+L_1\|\boldsymbol{s}_{i-1}^k\|^2\\ &\leqslant \|\boldsymbol{F}_{i-1}^k+\boldsymbol{J}_k\boldsymbol{s}_{i-1}^k\|+\|\boldsymbol{J}(\boldsymbol{x}_{i-1}^k)-\boldsymbol{J}_k\|\|\boldsymbol{s}_{i-1}^k\|+L_1\|\boldsymbol{s}_{i-1}^k\|^2\\ &\leqslant O(\|\boldsymbol{x}^k-\bar{\boldsymbol{x}}^k\|^{i+1})+O\Big(\sum_{r=0}^{i-2}\|\boldsymbol{s}_r^k\|\Big)\|\boldsymbol{s}_{i-1}^k\|+O(\|\boldsymbol{x}^k-\bar{\boldsymbol{x}}^k\|^{2i})\\ &= O(\|\boldsymbol{x}^k-\bar{\boldsymbol{x}}^k\|^{i+1}).\end{aligned}\tag{4.126}$$

由上式即得

$$\|\boldsymbol{U}_1\boldsymbol{U}_1^{\mathrm{T}}\boldsymbol{F}_i^k\|\leqslant\|\boldsymbol{F}_i^k\|\leqslant O(\|\boldsymbol{x}^k-\bar{\boldsymbol{x}}^k\|^{i+1}).$$

进一步, 可得

$$\|\boldsymbol{x}_i^k-\bar{\boldsymbol{x}}_i^k\|\leqslant\frac{1}{\tau_1}\|\boldsymbol{F}_i^k\|\leqslant O(\|\boldsymbol{x}^k-\bar{\boldsymbol{x}}^k\|^{i+1}).\tag{4.127}$$

其次, 证明式 (4.123) 成立. 记 $\bar{\boldsymbol{s}}_i^k=-\boldsymbol{J}_k^{\dagger}\boldsymbol{F}_i^k$, 这里 $\boldsymbol{J}_k^{\dagger}$ 是 $\boldsymbol{J}_k$ 的广义逆. 那么 $\bar{\boldsymbol{s}}_i^k$ 是极小化问题 $\min\|\boldsymbol{F}_i^k+\boldsymbol{J}_k\boldsymbol{s}\|$ 的最小二乘解. 注意到

$$\boldsymbol{J}_k\boldsymbol{J}_k^{\dagger}=\boldsymbol{U}_1\boldsymbol{U}_1^{\mathrm{T}}+\boldsymbol{U}_2\boldsymbol{U}_2^{\mathrm{T}}=\boldsymbol{I}-\boldsymbol{U}_3\boldsymbol{U}_3^{\mathrm{T}},$$

因此根据式 (4.127) 有

$$\begin{aligned}\|\boldsymbol{U}_3\boldsymbol{U}_3^{\mathrm{T}}\boldsymbol{F}_i^k\| =&\|(\boldsymbol{I}-\boldsymbol{J}_k\boldsymbol{J}_k^{\dagger})\boldsymbol{F}_i^k\|=\|\boldsymbol{F}_i^k+\boldsymbol{J}_k\bar{\boldsymbol{s}}_i^k\|\\ \leqslant&\|\boldsymbol{F}_i^k+\boldsymbol{J}_k(\bar{\boldsymbol{x}}_i^k-\boldsymbol{x}_i^k)\|\\ \leqslant&\|\boldsymbol{F}_i^k+J(\boldsymbol{x}_i^k)(\bar{\boldsymbol{x}}_i^k-\boldsymbol{x}_i^k)\|+\|[\boldsymbol{J}_k-J(\boldsymbol{x}_i^k)](\bar{\boldsymbol{x}}_i^k-\boldsymbol{x}_i^k)\|\\ \leqslant&L_1\|\boldsymbol{x}_i^k-\bar{\boldsymbol{x}}_i^k\|^2+L_1\Big(\sum_{r=0}^{i-1}\|\boldsymbol{s}_r^k\|\Big)\|\boldsymbol{x}_i^k-\bar{\boldsymbol{x}}_i^k\|\\ \leqslant&O(\|\boldsymbol{x}^k-\bar{\boldsymbol{x}}^k\|^{2i+2})+O(\|\boldsymbol{x}^k-\bar{\boldsymbol{x}}^k\|^{i+2})\\ =&O(\|\boldsymbol{x}^k-\bar{\boldsymbol{x}}^k\|^{i+2}).\end{aligned}$$

下面证明式 (4.122) 成立. 记 $\tilde{\boldsymbol{J}}_k=\boldsymbol{U}_1\boldsymbol{\Sigma}_1\boldsymbol{V}_1^{\mathrm{T}}$, $\tilde{\boldsymbol{s}}_i^k=-\tilde{\boldsymbol{J}}_k^{\dagger}\boldsymbol{F}_i^k$, 那么 $\tilde{\boldsymbol{s}}_i^k$ 是极小化问题 $\min\|\boldsymbol{F}_i^k+\tilde{\boldsymbol{J}}_k\boldsymbol{s}\|$ 的最小二乘解. 由矩阵扰动理论[11], 有

$$\|\mathrm{diag}(\boldsymbol{\Sigma}_1-\bar{\boldsymbol{\Sigma}}_1,\boldsymbol{\Sigma}_2,\boldsymbol{O})\|\leqslant\|\boldsymbol{J}_k-J(\bar{\boldsymbol{x}}^k)\|\leqslant 2L_1\|\boldsymbol{x}^k-\bar{\boldsymbol{x}}^k\|,\tag{4.128}$$

此处 $\bar{\boldsymbol{\Sigma}}_1$ 为 $\bar{\boldsymbol{\Sigma}}_{k,1}$. 由此及式 (4.110) 可得

$$\|\mu_k^{-1}\boldsymbol{\Sigma}_2\|\leqslant\frac{2L_1\|\boldsymbol{x}^k-\bar{\boldsymbol{x}}^k\|}{\bar{\alpha}\tau_1^{\delta}\|\boldsymbol{x}^k-\bar{\boldsymbol{x}}\|^{\delta}}\leqslant\frac{2L_1}{\bar{\alpha}\tau_1^{\delta}}\|\boldsymbol{x}^k-\bar{\boldsymbol{x}}^k\|^{1-\delta}.\tag{4.129}$$

故由式 (4.127) 可得

$$\begin{aligned}
&\|(\boldsymbol{U}_2\boldsymbol{U}_2^{\mathrm{T}}+\boldsymbol{U}_3\boldsymbol{U}_3^{\mathrm{T}})\boldsymbol{F}_i^k\| = \|\boldsymbol{F}_i^k+\tilde{\boldsymbol{J}}_k\tilde{\boldsymbol{s}}_i^k\| \leqslant \|\boldsymbol{F}^k+\tilde{\boldsymbol{J}}_k(\bar{\boldsymbol{x}}_i^k-\boldsymbol{x}_i^k)\|\\
&\leqslant \|\boldsymbol{F}^k+J(\boldsymbol{x}_i^k)(\bar{\boldsymbol{x}}_i^k-\boldsymbol{x}_i^k)\|+\|(\tilde{\boldsymbol{J}}_k-\boldsymbol{J}_k)(\boldsymbol{x}_i^k-\bar{\boldsymbol{x}}_i^k)\|+\|[\boldsymbol{J}_k-J(\boldsymbol{x}_i^k)](\boldsymbol{x}_i^k-\bar{\boldsymbol{x}}_i^k)\|\\
&\leqslant 2L_1\|\boldsymbol{x}_i^k-\bar{\boldsymbol{x}}_i^k\|^2+\|\boldsymbol{U}_2\boldsymbol{\Sigma}_2\boldsymbol{V}_2^{\mathrm{T}}(\boldsymbol{x}_i^k-\bar{\boldsymbol{x}}_i^k)\|+2L_1\Big(\sum_{r=0}^{i-1}\|\boldsymbol{s}_r^k\|\Big)\|\boldsymbol{x}_i^k-\bar{\boldsymbol{x}}_i^k\|\\
&\leqslant O(\|\boldsymbol{x}^k-\bar{\boldsymbol{x}}^k\|^{2i+2})+2L_1\|\boldsymbol{x}^k-\bar{\boldsymbol{x}}^k\|\|\boldsymbol{x}_i^k-\bar{\boldsymbol{x}}_i^k\|+O(\|\boldsymbol{x}^k-\bar{\boldsymbol{x}}^k\|)\|\boldsymbol{x}_i^k-\bar{\boldsymbol{x}}_i^k\|\\
&= O(\|\boldsymbol{x}^k-\bar{\boldsymbol{x}}^k\|^{i+2}).
\end{aligned}$$

因此, 根据 $\boldsymbol{U}_2$ 和 $\boldsymbol{U}_3$ 的列正交性, 有

$$\|\boldsymbol{U}_2\boldsymbol{U}_2^{\mathrm{T}}\boldsymbol{F}_i^k\| \leqslant \|(\boldsymbol{U}_2\boldsymbol{U}_2^{\mathrm{T}}+\boldsymbol{U}_3\boldsymbol{U}_3^{\mathrm{T}})\boldsymbol{F}_i^k\| \leqslant O(\|\boldsymbol{x}^k-\bar{\boldsymbol{x}}^k\|^{i+2}).$$

注意到 $\{\boldsymbol{x}^k\}$ 收敛到 $\mathbb{X}^*$, 则根据式 (4.128), 对充分大的 k, 有

$$\|\boldsymbol{\Sigma}_1^{-1}\| = \left|\frac{1}{\sigma_r}\right| \leqslant \left|\frac{1}{\bar{\sigma}_r-2L_1\|\boldsymbol{x}^k-\bar{\boldsymbol{x}}^k\|}\right| \leqslant \frac{2}{\bar{\sigma}_r}. \tag{4.130}$$

于是, 根据式 (4.21)、式 (4.119)、式 (4.120)、式 (4.121)、式 (4.122)、式 (4.123)、式 (4.129)、式 (4.130) 和引理 4.10 可得

$$\begin{aligned}
\|\boldsymbol{s}_i^k\| &= \|-\boldsymbol{V}_1(\boldsymbol{\Sigma}_1^2+\mu_k\boldsymbol{I})^{-1}\boldsymbol{\Sigma}_1\boldsymbol{U}_1^{\mathrm{T}}\boldsymbol{F}_i^k-\boldsymbol{V}_2(\boldsymbol{\Sigma}_2^2+\mu_k\boldsymbol{I})^{-1}\boldsymbol{\Sigma}_2\boldsymbol{U}_2^{\mathrm{T}}\boldsymbol{F}_i^k\|\\
&\leqslant \|\boldsymbol{\Sigma}_1^{-1}\|\|\boldsymbol{U}_1^{\mathrm{T}}\boldsymbol{F}_i^k\|+\|\mu_k^{-1}\boldsymbol{\Sigma}_2\|\|\boldsymbol{U}_2^{\mathrm{T}}\boldsymbol{F}_i^k\|\\
&\leqslant O(\|\boldsymbol{x}^k-\bar{\boldsymbol{x}}^k\|^{i+1})+O(\|\boldsymbol{x}^k-\bar{\boldsymbol{x}}^k\|^{i+3-\delta})\\
&= O(\|\boldsymbol{x}^k-\bar{\boldsymbol{x}}^k\|^{i+1})
\end{aligned} \tag{4.131}$$

及

$$\begin{aligned}
&\|\boldsymbol{F}_i^k+\boldsymbol{J}_k\boldsymbol{s}_i^k\|\\
&= \|\mu_k\boldsymbol{U}_1(\boldsymbol{\Sigma}_1^2+\mu_k\boldsymbol{I})^{-1}\boldsymbol{U}_1^{\mathrm{T}}\boldsymbol{F}_i^k+\mu_k\boldsymbol{U}_2(\boldsymbol{\Sigma}_2^2+\mu_k\boldsymbol{I})^{-1}\boldsymbol{U}_2^{\mathrm{T}}\boldsymbol{F}_i^k+\boldsymbol{U}_3\boldsymbol{U}_3^{\mathrm{T}}\boldsymbol{F}_i^k\|\\
&\leqslant \alpha_k\|\boldsymbol{F}^k\|^{\delta}\|\boldsymbol{\Sigma}_1^{-2}\|\|\boldsymbol{U}_1^{\mathrm{T}}\boldsymbol{F}_i^k\|+\|\boldsymbol{U}_2^{\mathrm{T}}\boldsymbol{F}_i^k\|+\|\boldsymbol{U}_3^{\mathrm{T}}\boldsymbol{F}_i^k\|\\
&\leqslant O(\|\boldsymbol{x}^k-\bar{\boldsymbol{x}}^k\|^{i+1+\delta})+O(\|\boldsymbol{x}^k-\bar{\boldsymbol{x}}^k\|^{i+2})+O(\|\boldsymbol{x}^k-\bar{\boldsymbol{x}}^k\|^{i+2})\\
&\leqslant O(\|\boldsymbol{x}^k-\bar{\boldsymbol{x}}^k\|^{i+2}).
\end{aligned} \tag{4.132}$$

至此证明了式 (4.124) 和式 (4.125) 成立. 证毕. □

基于上述讨论, 现在可以证明算法 4.3 具有 $m+1$ 阶 Q–收敛速度.

定理 4.10 假设条件 4.1 成立, 则由算法 4.3 产生的迭代序列 $\{\boldsymbol{x}^k\}$ 收敛于 $\mathbb{X}^*$, 其 Q–收敛阶为 $m+1$.

证 根据式 (4.19)、式 (4.20)、引理 4.9 和引理 4.11, 有

$$
\begin{aligned}
&\tau_1\|\boldsymbol{x}^{k+1}-\bar{\boldsymbol{x}}^{k+1}\| \leqslant \|F(\boldsymbol{x}^{k+1})\| = \|F(\boldsymbol{x}_{m-1}^k+\boldsymbol{s}_{m-1}^k)\| \\
\leqslant& \|F(\boldsymbol{x}_{m-1}^k)+J(\boldsymbol{x}_{m-1}^k)\boldsymbol{s}_{m-1}^k\|+L_1\|\boldsymbol{s}_{m-1}^k\|^2 \\
\leqslant& \|F(\boldsymbol{x}_{m-1}^k)+\boldsymbol{J}_k\boldsymbol{s}_{m-1}^k\|+\|[J(\boldsymbol{x}_{m-1}^k)-\boldsymbol{J}_k]\boldsymbol{s}_{m-1}^k\|+L_1\|\boldsymbol{s}_{m-1}^k\|^2 \\
\leqslant& O(\|\boldsymbol{x}^k-\bar{\boldsymbol{x}}^k\|^{m+1})+2L_1\Big(\sum_{r=0}^{m-2}\|\boldsymbol{s}_r^k\|\Big)\|\boldsymbol{s}_{m-1}^k\|+L_1\|\boldsymbol{s}_{m-1}^k\|^2 \\
\leqslant& O(\|\boldsymbol{x}^k-\bar{\boldsymbol{x}}^k\|^{m+1})+O(\|\boldsymbol{x}^k-\bar{\boldsymbol{x}}^k\|^{m+1})+O(\|\boldsymbol{x}^k-\bar{\boldsymbol{x}}^k\|^{2m}) \\
=& O(\|\boldsymbol{x}^k-\bar{\boldsymbol{x}}^k\|^{m+1}).
\end{aligned} \tag{4.133}
$$

上式表明算法 4.3 的 Q–收敛阶为 $m+1$. 证毕. □

下面给出算法 4.3 的 MATLAB 程序.

程序 4.2 利用高阶 LM 方法求解非线性方程组 $F(\boldsymbol{x})=\boldsymbol{0}$, 可适用于未知数的个数与方程的个数不相等的情形.

```
function [NF,NJ,time,x,val]=slmm_tr(x0,m,delta,tol)
%功能:用高阶信赖域LM方法求解非线性方程组F(x)=0
%输入:x0是初始点,delta属于区间[1,2],tol是容许误差
%输出:NF,NJ分别是计算函数值F(x)和Jacobi矩阵J(x)
%     的次数,x,val分别是近似解及||F(x)||的值
tic; g0=1.0e-3; g1=0.25; g2=0.75; ab=1.0e-4; alpha=1;
n=length(x0); sk=zeros(n,m); F=zeros(n,m+1);
NJ=0; N=1000; NF=0;
F(:,1)=Fk(x0); NF=NF+1; %计算函数值
while(NJ<N)
    NJ=NJ+1;
    J=JFk(x0);     %计算Jacobi阵
    gk=J'*F(:,1); %价值函数的梯度
    if(norm(gk)<=tol), break; end  %检验终止准则
    muk=alpha*norm(F(:,1))^(delta);
    s=zeros(n,1); x=x0;
    R=chol(J'*J+muk*eye(n)); %R'*R=A
    for i=1:m
        %sk(:,i)=-(J'*J+muk*eye(n))\gk;
        y=-R'\gk; sk(:,i)=R\y;
        x=x+sk(:,i); F(:,i+1)=Fk(x); NF=NF+1;
        gk=J'*F(:,i+1);
        s=s+sk(:,i);
    end
    Aredk=F(:,1)'*F(:,1)-F(:,m+1)'*F(:,m+1);
```

```
        Predk=0;
        for i=1:m
            Predk=Predk+norm(F(:,i))^2-norm(F(:,i)+J*sk(:,i))^2;
        end
        rk=Aredk/Predk;
        if rk>g0
            x=x0+s;
        end
        if rk<g1
            alpha=5*alpha;
        else if rk>g2
                alpha=max(alpha/5,ab;
            end
        end
        x0=x; F(:,1)=F(:,m+1);
    end
    val=norm(F(:,1));
    time=toc;
```

下面利用算法 4.3 求解一个非线性方程组问题[7].

例 4.2 利用算法 4.3 求解下面的非线性方程组

$$F(\boldsymbol{x})=(F_1(\boldsymbol{x}),F_2(\boldsymbol{x}),\cdots,F_n(\boldsymbol{x}))^{\mathrm{T}}=\mathbf{0},$$

式中 $\boldsymbol{x}=(x_1,x_2,\cdots,x_n)^{\mathrm{T}}$,

$$F_i(\boldsymbol{x})=\begin{cases} x_ix_{i+1}-1, & i=1,2,\cdots,n-1,\\ x_1x_n-1, & i=n. \end{cases}$$

该方程组有两个解 $\boldsymbol{x}^*=(1,1,\cdots,1)^{\mathrm{T}}$ 和 $\boldsymbol{x}^{**}=(-1,-1,\cdots,-1)^{\mathrm{T}}$.

解 算法中的参数分别取为: $\gamma_0=0.001$, $\gamma_1=0.25$, $\gamma_2=0.75$, $\bar{\alpha}=0.0001$, 容许误差 $\|\boldsymbol{J}_k\boldsymbol{F}^k\|\leqslant 10^{-10}$. 首先, 编制计算函数 $F(\boldsymbol{x})$ 和 Jacobi 矩阵 $J(\boldsymbol{x})$ 的 m 文件:

```
%非线性函数F(x)%文件名Fk.m
function F=Fk(x)
n=length(x); F=zeros(n,1);
for i=1:n-1
    F(i)=x(i)*x(i+1)-1;
end
F(n)=x(1)*x(n)-1;
%函数F(x)的Jacobi矩阵%文件名JFk.m
```

```
function JF=JFk(x)
n=length(x); JF=zeros(n,n);
for i=1:n-1
    for j=1:n
        if j==i
            JF(i,j)=x(j+1);
        else if j==i+1
                JF(i,j)=x(j-1);
            else
                JF(i,j)=0;
            end
        end
    end
end
JF(n,1)=x(n); JF(n,n)=x(1);
```

编制 MATLAB 程序文件 ex42.m:

```
%ex42.m
clear all
n=3000; x0=3.0*ones(n,1);
delta=1; tol=1.e-10;
[NJ1,NF1,T1,x1,val1]=slmm_tr(x0,1,delta,tol);
[NJ2,NF2,T2,x2,val2]=slmm_tr(x0,2,delta,tol);
[NJ3,NF3,T3,x3,val3]=slmm_tr(x0,3,delta,tol);
fid = 1;
fprintf(fid,'m  NF NJ   CPU    RES\n' ); fprintf('\n');
fprintf(fid,'1 %4i %4i %4.4f %11.4e\n', NF1,NJ1,T1,val1);
fprintf(fid,'2 %4i %4i %4.4f %11.4e\n', NF2,NJ2,T2,val2);
fprintf(fid,'3 %4i %4i %4.4f %11.4e\n', NF3,NJ3,T3,val3);
fprintf('\n');
```

在上面的程序中, 取问题的维数 $n = 3000$, 初始点 $\boldsymbol{x}^0 = (3, 3, \cdots, 3)^{\mathrm{T}}$, $\delta = 1$, 运行程序 ex42.m, 数值结果如表 4.2 所示, 表中 NF 和 NJ 分别表示计算函数值 $F(\boldsymbol{x})$ 和 Jacobi 矩阵 $J(\boldsymbol{x})$ 的次数.

表 4.2 高阶 LM 方法的数值结果

m 值	NF	NJ	CPU 时间 (单位为 s)	残差 ($\|\boldsymbol{F}(\boldsymbol{x}^k)\|$)
1	9	9	5.7494	2.4324e-14
2	13	7	4.8136	6.0809e-15
3	16	6	4.5671	1.5070e-13

习　题　4

1. 设 $F:\mathbb{R}^n\to\mathbb{R}^n$ 连续可微且满足 Lipschitz 条件, 即存在 $L>0$ 使得

$$\|F(\boldsymbol{x})-F(\boldsymbol{y})\|\leqslant L\|\boldsymbol{x}-\boldsymbol{y}\|.$$

试证明其 Jacobi 矩阵 $J(\boldsymbol{x}):=F'(\boldsymbol{x})$ 满足

$$\|J(\boldsymbol{x})\|\leqslant L.$$

2. 设 $\boldsymbol{x}_1,\boldsymbol{x}_2$ 分别是方程组 $(\boldsymbol{A}^{\mathrm{T}}\boldsymbol{A}+\mu_i\boldsymbol{I})\boldsymbol{x}=-\boldsymbol{A}^{\mathrm{T}}\boldsymbol{r}\ (i=1,2)$ 对应于 μ_1,μ_2 的解, 其中 $\mu_1>\mu_2>0$, $\boldsymbol{A}\in\mathbb{R}^{m\times n}$, $\boldsymbol{r}\in\mathbb{R}^m$. 试证明

$$\|\boldsymbol{A}\boldsymbol{x}_2+\boldsymbol{r}\|_2^2<\|\boldsymbol{A}\boldsymbol{x}_1+\boldsymbol{r}\|_2^2.$$

3. 设 $\boldsymbol{s}=\boldsymbol{s}(\mu)$ 是

$$(J(\boldsymbol{x})^{\mathrm{T}}J(\boldsymbol{x})+\mu\boldsymbol{I})\boldsymbol{s}=-J(\boldsymbol{x})^{\mathrm{T}}F(\boldsymbol{x})$$

的解. 记 $\boldsymbol{g}=J(\boldsymbol{x})^{\mathrm{T}}F(\boldsymbol{x})$, 试证明

(1) $\|\boldsymbol{s}(\mu)\|$ 关于 $\mu>0$ 严格单调下降;

(2) $\boldsymbol{s}$ 与 $-\boldsymbol{g}$ 的夹角 θ 关于 $\mu>0$ 单调非增.

4. 考虑非线性最小二乘问题

$$\min f(\boldsymbol{x})=\frac{1}{2}r(\boldsymbol{x})^{\mathrm{T}}r(\boldsymbol{x})=\frac{1}{2}\sum_{i=1}^{m}r_i^2(\boldsymbol{x}),$$

其中 $r_i:\mathbb{R}^n\to\mathbb{R}$ 连续可微, $i=1,2,\cdots,m$. 设对任意的 $\boldsymbol{x}\in\mathbb{R}^n$, 向量函数 $r(\boldsymbol{x})$ 的 Jacobi 矩阵 $J(\boldsymbol{x})$ 列满秩, 则

$$\lim_{\mu\to 0}\boldsymbol{d}^{\mathrm{LM}}(\mu)=\boldsymbol{d}^{\mathrm{GN}},\quad \lim_{\mu\to\infty}\frac{\boldsymbol{d}^{\mathrm{LM}}(\mu)}{\|\boldsymbol{d}^{\mathrm{LM}}(\mu)\|}=\frac{\boldsymbol{d}^{\mathrm{GN}}}{\|\boldsymbol{d}^{\mathrm{GN}}\|}.$$

5. 设非线性函数 $F(\boldsymbol{x})=(f_1(\boldsymbol{x}),f_2(\boldsymbol{x}),\cdots,f_n(\boldsymbol{x}))^{\mathrm{T}}=\boldsymbol{0}$, 其中 $\boldsymbol{x}=(x_1,x_2,\cdots,x_n)^{\mathrm{T}}$, $n>3$,

$$f_k(\boldsymbol{x})=\begin{cases}\displaystyle\sum_{1\leqslant i<j\leqslant n;i,j\neq k}x_ix_j, & k=1,2,\cdots,n-1,\\ \displaystyle\sum_{1\leqslant i<j<n}x_ix_j-1, & k=n.\end{cases}$$

该函数有两个零点

$$\alpha_i=\sqrt{\frac{2}{(n-1)(n-2)}},i<n;\quad \alpha_n=-\sqrt{\frac{n-3}{2(n-1)(n-2)}}$$

及

$$\beta_i=-\sqrt{\frac{2}{(n-1)(n-2)}},i<n;\quad \beta_n=\sqrt{\frac{n-3}{2(n-1)(n-2)}}.$$

现令

$$\hat{F}(\boldsymbol{x})=F(\boldsymbol{x})-J(\boldsymbol{x}^*)\boldsymbol{A}(\boldsymbol{A}^{\mathrm{T}}\boldsymbol{A})^{-1}\boldsymbol{A}^{\mathrm{T}}(\boldsymbol{x}-\boldsymbol{x}^*),$$

这里 $\boldsymbol{x}^*=(\alpha_1,\alpha_2,\cdots,\alpha_n)^{\mathrm{T}}$ 或 $\boldsymbol{x}^*=(\beta_1,\beta_2,\cdots,\beta_n)^{\mathrm{T}}$,

$$\boldsymbol{A}\in\mathbb{R}^{n\times 1},\quad \boldsymbol{A}^{\mathrm{T}}=\begin{pmatrix}1 & 1 & \cdots & 1\end{pmatrix}$$

或

$$A \in \mathbb{R}^{n\times 2},\quad A^{\mathrm{T}} = \begin{pmatrix} 1 & 1 & 1 & 1 & \cdots & 1 \\ 1 & -1 & 1 & -1 & \cdots & \pm 1 \end{pmatrix}.$$

试根据算法 4.3 编制 MATLAB 程序, 求方程组 $\hat{F}(\boldsymbol{x}) = \boldsymbol{0}$ 的近似解.

第 5 章 解非线性方程组的拟牛顿法

解非线性方程组的牛顿迭代法及牛顿型算法的主要缺点之一是：每一步都要计算导数 $F'(x)$ 的值，在计算机上实现很不方便，同时也难以编制通用的程序．拟牛顿法是针对这一缺点发展起来的算法，易于在计算机上实现以及开发通用的软件包．近 40 年来，人们对拟牛顿法的研究十分活跃，已提出一些行之有效的算法，并且形成了系统的理论．

5.1 拟牛顿法的基本思想

我们知道，牛顿法每迭代一次需要计算 n^2+n 个纯量函数值以及做 $O(n^3)$ 次算术运算．随着问题的维数以及迭代次数的增加，如何减少每步的工作量显得十分必要．1965 年，Broyden 针对非线性方程组提出了一类新方法，其基本思想是用矩阵 $\boldsymbol{B}_k$ 近似替代 $F'(\boldsymbol{x}^k)$，而 $\boldsymbol{B}_{k+1}$ 可以用一个低秩矩阵来校正．这种方案所需要的运算量为 $O(n^2)$，显然大大地减少了计算量．下面，我们来引入这类方法．

设 $F:\mathbb{D}\subset\mathbb{R}^n\to\mathbb{R}^n$ 连续可微，$\mathbb{D}$ 为开凸集．$\boldsymbol{x}^k\in\mathbb{D}$，而 $\boldsymbol{s}^k\neq\boldsymbol{0}$，$\boldsymbol{x}^k+\boldsymbol{s}^k=\boldsymbol{x}^{k+1}\in\mathbb{D}$，则 $\forall\varepsilon>0$，$\exists\delta>0$，使当 $\|\boldsymbol{x}^{k+1}-\boldsymbol{x}^k\|\leqslant\delta$ 时，有

$$\|F(\boldsymbol{x}^k)-F(\boldsymbol{x}^{k+1})-F'(\boldsymbol{x}^{k+1})(\boldsymbol{x}^k-\boldsymbol{x}^{k+1})\|\leqslant\varepsilon\|\boldsymbol{x}^k-\boldsymbol{x}^{k+1}\|. \tag{5.1}$$

因此，有

$$F(\boldsymbol{x}^k)\approx F(\boldsymbol{x}^{k+1})+F'(\boldsymbol{x}^{k+1})(\boldsymbol{x}^k-\boldsymbol{x}^{k+1}). \tag{5.2}$$

若以 $\boldsymbol{B}_{k+1}$ 近似替代 $F'(\boldsymbol{x}^{k+1})$，则很自然地要求 $\boldsymbol{B}_{k+1}$ 满足方程

$$F(\boldsymbol{x}^k)=F(\boldsymbol{x}^{k+1})+\boldsymbol{B}_{k+1}(\boldsymbol{x}^k-\boldsymbol{x}^{k+1}). \tag{5.3}$$

或等价地

$$\boldsymbol{B}_{k+1}\boldsymbol{s}^k=\boldsymbol{y}^k, \tag{5.4}$$

其中

$$\boldsymbol{s}^k=\boldsymbol{x}^{k+1}-\boldsymbol{x}^k,\quad \boldsymbol{y}^k=F(\boldsymbol{x}^{k+1})-F(\boldsymbol{x}^k). \tag{5.5}$$

矩阵 $\boldsymbol{B}_{k+1}$ 可看作 $F'(\boldsymbol{x}^{k+1})$ 的近似矩阵，故 (5.4) 又称为拟牛顿方程．

前面已经指出，除要求 $\boldsymbol{B}_{k+1}$ 满足拟牛顿方程，我们还希望 $\boldsymbol{B}_{k+1}$ 能表示成 $\boldsymbol{B}_k+\Delta\boldsymbol{B}_k$ 的形式，其中 $\Delta\boldsymbol{B}_k$ 是低秩矩阵．于是就得到了一类迭代算法的框架

$$\begin{cases}\boldsymbol{x}^{k+1}=\boldsymbol{x}^k-\boldsymbol{B}_k^{-1}F(\boldsymbol{x}^k),\\ \boldsymbol{B}_{k+1}(\boldsymbol{x}^{k+1}-\boldsymbol{x}^k)=F(\boldsymbol{x}^{k+1})-F(\boldsymbol{x}^k),\qquad (k=0,1,\cdots)\\ \boldsymbol{B}_{k+1}=\boldsymbol{B}_k+\Delta\boldsymbol{B}_k,\ \mathrm{rank}(\Delta\boldsymbol{B}_k)=m\geqslant1.\end{cases} \tag{5.6}$$

以下讨论 $\Delta \boldsymbol{B}_k$ 的具体计算, 不同的计算方案对应着不同的拟牛顿法, 本书只介绍著名的 Broyden 方法 (秩 1 校正拟牛顿法和秩 2 校正拟牛顿法).

5.2 秩 1 校正拟牛顿法

5.2.1 Broyden 方法

本小节介绍一种秩 1 校正拟牛顿法——Broyden 方法. 为书写方便起见, 暂时将矩阵和向量的上、下标删去, 并采用如下记号

$$\bar{\boldsymbol{x}} = \boldsymbol{x}^{k+1},\ \boldsymbol{x} = \boldsymbol{x}^k,\ \bar{\boldsymbol{B}} = \boldsymbol{B}_{k+1},\ \boldsymbol{B} = \boldsymbol{B}_k,$$
$$\Delta \boldsymbol{B} = \bar{\boldsymbol{B}} - \boldsymbol{B},\ \boldsymbol{s} = \bar{\boldsymbol{x}} - \boldsymbol{x},\ \boldsymbol{y} = F(\bar{\boldsymbol{x}}) - F(\boldsymbol{x}).$$

这样, 式 (5.4) 可写成

$$\bar{\boldsymbol{B}}\boldsymbol{s} = \boldsymbol{y}. \tag{5.7}$$

当 $n=1$ 时,

$$\bar{\boldsymbol{B}} = \frac{F(\bar{x}) - F(x)}{\bar{x} - x},$$

说明 F 为单变量函数时, $\bar{\boldsymbol{B}}$ 就是它的差商近似. 而当 $n>1$ 时, $\bar{\boldsymbol{B}}$ 不能被唯一确定, 需要附加约束条件. Broyden 方法要求 $\bar{\boldsymbol{B}}$ 与 $\boldsymbol{B}$ 都在向量 $\boldsymbol{s} = \bar{\boldsymbol{x}} - \boldsymbol{x}$ 的正交补 $\boldsymbol{s}^{\perp}$ 上, 两者无任何差别, 即

$$\bar{\boldsymbol{B}}\boldsymbol{z} = \boldsymbol{B}\boldsymbol{z},\ \forall \boldsymbol{z} \in \boldsymbol{s}^{\perp},$$

或者等价地, 有

$$(\bar{\boldsymbol{B}} - \boldsymbol{B})\boldsymbol{z} = \boldsymbol{0},\ \forall \boldsymbol{z}^{\mathrm{T}}\boldsymbol{s} = 0. \tag{5.8}$$

可见 $\bar{\boldsymbol{B}} - \boldsymbol{B} = \Delta \boldsymbol{B}$ 为秩 1 矩阵, 它可表示成

$$\bar{\boldsymbol{B}} - \boldsymbol{B} = \boldsymbol{u}\boldsymbol{v}^{\mathrm{T}},\ \boldsymbol{u}, \boldsymbol{v} \in \mathbb{R}^n. \tag{5.9}$$

将其代入式 (5.8) 得

$$(\boldsymbol{v}^{\mathrm{T}}\boldsymbol{z})\boldsymbol{u} = \boldsymbol{0}.$$

但 $\boldsymbol{u} \neq \boldsymbol{0}$, 故

$$\boldsymbol{v}^{\mathrm{T}}\boldsymbol{z} = 0,$$

即 $\boldsymbol{v}$ 与 $\boldsymbol{z}$ 正交, 亦即 $\boldsymbol{v}$ 与 $\boldsymbol{s}$ 平行. 不妨取 $\boldsymbol{v} = \boldsymbol{s}$, 于是由式 (5.9) 及式 (5.7) 推出

$$\boldsymbol{y} = \boldsymbol{B}\boldsymbol{s} + \boldsymbol{u}\boldsymbol{s}^{\mathrm{T}}\boldsymbol{s},$$

从而有

$$\boldsymbol{u} = \frac{1}{\boldsymbol{s}^{\mathrm{T}}\boldsymbol{s}}(\boldsymbol{y} - \boldsymbol{B}\boldsymbol{s}).$$

将其代入式 (5.9) 得

$$\bar{\boldsymbol{B}} = \boldsymbol{B} + \frac{(\boldsymbol{y} - \boldsymbol{B}\boldsymbol{s})\boldsymbol{s}^{\mathrm{T}}}{\boldsymbol{s}^{\mathrm{T}}\boldsymbol{s}}, \tag{5.10}$$

这里 $\boldsymbol{s} \neq \boldsymbol{0}$. 式 (5.10) 称为 Broyden 秩 1 校正公式, 将这个校正公式用于式 (5.6), 得到

$$\begin{cases} \boldsymbol{x}^{k+1} = \boldsymbol{x}^k - \boldsymbol{B}_k^{-1} F(\boldsymbol{x}^k), \\ \boldsymbol{B}_{k+1} = \boldsymbol{B}_k + \dfrac{(\boldsymbol{y}^k - \boldsymbol{B}_k \boldsymbol{s}^k)(\boldsymbol{s}^k)^{\mathrm{T}}}{\|\boldsymbol{s}^k\|^2}, \quad k = 0, 1, \cdots, \end{cases} \tag{5.11}$$

其中 $\boldsymbol{s}^k = \boldsymbol{x}^{k+1} - \boldsymbol{x}^k$, $\boldsymbol{y}^k = F(\boldsymbol{x}^{k+1}) - F(\boldsymbol{x}^k)$. 这就是 Broyden 方法, 我们将其计算过程写成如下计算步骤.

算法 5.1 (Broyden 方法)

给定初值 $\boldsymbol{x}^0 \in \mathbb{R}^n$, 容许误差 ε, 正整数 N, 初始矩阵 $\boldsymbol{B}_0$ (可取为 $F'(\boldsymbol{x}^0)$), 计算 $F(\boldsymbol{x}^0)$, 置 $k := 0$.

while $(k \leqslant N)$

  解方程组 $\boldsymbol{B}_k \boldsymbol{s} = -F(\boldsymbol{x}^k)$, 得解 $\boldsymbol{s}^k$;

  置 $\boldsymbol{x}^{k+1} := \boldsymbol{x}^k + \boldsymbol{s}^k$;

  计算 $F(\boldsymbol{x}^{k+1})$;

  if $(\|F(\boldsymbol{x}^{k+1})\| \leqslant \varepsilon)$, $k := k+1$; break; **end**

  计算 $\boldsymbol{y}^k = F(\boldsymbol{x}^{k+1}) - F(\boldsymbol{x}^k)$, 并按下列公式修正矩阵 $\boldsymbol{B}_{k+1}$:

$$\boldsymbol{B}_{k+1} = \boldsymbol{B}_k + \frac{(\boldsymbol{y}^k - \boldsymbol{B}_k \boldsymbol{s}^k)(\boldsymbol{s}^k)^{\mathrm{T}}}{\|\boldsymbol{s}^k\|^2};$$

  置 $k := k+1$;

end

下面给出算法 5.1 的 MATLAB 程序.

```
%Broyden方法程序
function [x,k,time,res]=broyden(x,tol,max_it)
tic; n=length(x); B=eye(n); k=0;
F=Fk(x); %计算初始函数值
while (k<=max_it)
    k=k+1;
    s=-B\F; %解方程组
    x=x+s;
    F1=Fk(x);  %计算函数值
    if(norm(F1)<=tol), break; end  %检验终止准则
    y=F1-F;
    B=B+(y-B*s)*s'/(s'*s);
    F=F1;
end
res=norm(F1); time=toc;
```

例 5.1 用 Broyden 法求解下列方程组[7]

$$F_i(\boldsymbol{x}) = x_i + \frac{h}{2}\Big[(1-t_i)\sum_{j=1}^{i} t_j(x_j+t_j+1)^3 + t_i\sum_{j=i+1}^{n}(1-t_j)(x_j+t_j+1)^3\Big],$$

这里 $h=1/(n+1)$, $t_i=ih$, $x_0=x_{n+1}=0$. 取 $n=10^2$, 初始点 $\boldsymbol{x}^0=(\xi_1,\xi_2,\cdots,\xi_n)^{\mathrm{T}}$, $\xi_i=t_i(t_i-1)$.

解 先编写两个 MATLAB 文件:

```
%函数F(x)%文件名Fk.m
function F=Fk(x)
n=length(x); F=zeros(n,1);
h=1/(n+1); s1=0; s2=0;
for i=1:n, t(i)=i*h; end
for j=2:n
   s2=s2+(1-t(j))*(x(j)+t(j)+1)^3;
end
F(1)=x(1)+0.5*h*((1-t(1))*t(1)*(x(1)+t(1)+1)^3+t(1)*s2);
for j=1:n
   s1=s1+t(j)*(x(j)+t(j)+1)^3;
end
F(n)=x(n)+0.5*h*(1-t(n))*s1;
s1=0; s2=0;
for i=2:n-1,
     for j=1:i
        s1=s1+t(j)*(x(j)+t(j)+1)^3;
     end
     for j=i+1:n,
        s2=s2+(1-t(j))*(x(j)+t(j)+1)^3;
     end
     F(i)=x(i)+0.5*h*((1-t(i))*s1+t(i)*s2);
end;
%ex51.m
clear all
n=100; h=1.0/(n+1); x1=zeros(n,1);
for i=1:n, x1(i)=i*h*(i*h-1); end
x2=zeros(n,1); x3=-ones(n,1); x4=-2*ones(n,1);
tol=1.e-10;max_it=100;
[x1,k1,time1,res1]=broyden(x1,tol,max_it);
[x2,k2,time2,res2]=broyden(x2,tol,max_it);
```

```
[x3,k3,time3,res3]=broyden(x3,tol,max_it);
[x4,k4,time4,res4]=broyden(x4,tol,max_it);
fid = 1;
fprintf(fid, '初始点      IT     CPU      RES\n' );fprintf('\n');
fprintf(fid, ' 1     %4i     %4.4f      %11.4e\n', k1,time1,res1);
fprintf(fid, ' 2     %4i     %4.4f      %11.4e\n', k2,time2,res2);
fprintf(fid, ' 3     %4i     %4.4f      %11.4e\n', k3,time3,res3);
fprintf(fid, ' 4     %4i     %4.4f      %11.4e\n', k4,time4,res4);
```

在 MATLAB 命令窗口键入“ex51”, 得到如表 5.1 所示的数值结果.

表 5.1　例 5.1 的数值结果 ($n = 100$)

初始点 ($\boldsymbol{x}^0$)	迭代次数 (k)	CPU 时间 (单位为 s)	残差 ($\|F(\boldsymbol{x}^k)\|$)
$(\xi_1, \xi_2, \cdots, \xi_n)^{\mathrm{T}}$	57	0.2331	1.9595e-12
$(0, 0, \cdots, 0)^{\mathrm{T}}$	44	0.1607	5.3075e-13
$(-1, -1, \cdots, -1)^{\mathrm{T}}$	18	0.0489	9.9373e-12
$(-2, -2, \cdots, -2)^{\mathrm{T}}$	20	0.0471	1.3847e-11

根据算法 5.1 的推导不难看出, Broyden 秩 1 校正公式具有如下性质: 经一次校正的迭代矩阵 $\bar{\boldsymbol{B}}$ 只在 $\boldsymbol{s}$ 方向上的作用有改变, 而在其正交补子空间的作用并不改变. 正是这一性质和拟牛顿方程唯一确定了 Broyden 校正公式. 可以证明在所有满足拟牛顿方程的矩阵集合中, $\bar{\boldsymbol{B}}$ 是在 F–范数意义下最接近 $\boldsymbol{B}$ 的矩阵.

定理 5.1　设给定 $\boldsymbol{B} \in \mathbb{R}^{n\times n}$, $\boldsymbol{y} \in \mathbb{R}^n$ 以及非零向量 $\boldsymbol{s} \in \mathbb{R}^n$, $\bar{\boldsymbol{B}}$ 为式 (5.10) 所确定的矩阵, 则 $\bar{\boldsymbol{B}}$ 为以下极小问题的唯一解

$$\min\{\|\hat{\boldsymbol{B}} - \boldsymbol{B}\|_{\mathrm{F}} \mid \hat{\boldsymbol{B}}\boldsymbol{s} = \boldsymbol{y}\}. \tag{5.12}$$

证　利用式 (5.10) 并考虑到 $\boldsymbol{y} = \hat{\boldsymbol{B}}\boldsymbol{s}$, 有

$$\begin{aligned}\|\bar{\boldsymbol{B}} - \boldsymbol{B}\|_{\mathrm{F}} &= \left\|(\hat{\boldsymbol{B}} - \boldsymbol{B})\frac{\boldsymbol{s}\boldsymbol{s}^{\mathrm{T}}}{\boldsymbol{s}^{\mathrm{T}}\boldsymbol{s}}\right\|_{\mathrm{F}} \leqslant \|\hat{\boldsymbol{B}} - \boldsymbol{B}\|_{\mathrm{F}}\left\|\frac{\boldsymbol{s}\boldsymbol{s}^{\mathrm{T}}}{\boldsymbol{s}^{\mathrm{T}}\boldsymbol{s}}\right\|_{\mathrm{F}} \\ &= \|\hat{\boldsymbol{B}} - \boldsymbol{B}\|_{\mathrm{F}},\end{aligned} \tag{5.13}$$

式 (5.13) 表明 $\bar{\boldsymbol{B}}$ 为式 (5.12) 的解. 以下证明唯一性. 记

$$\mathbb{N} = \{\boldsymbol{A} \in \mathbb{L}(\mathbb{R}^n) \mid \boldsymbol{A}\boldsymbol{s} = \boldsymbol{y}\}.$$

下面证明函数 $f(\boldsymbol{A}) = \|\boldsymbol{A} - \boldsymbol{B}\|_{\mathrm{F}} : \mathbb{L}(\mathbb{R}^n) \to \mathbb{R}$ 是严格凸函数. 事实上, $\forall \lambda \in [0, 1]$, $\boldsymbol{A}, \boldsymbol{C} \in \mathbb{L}(\mathbb{R}^n)$, 有

$$\begin{aligned}f\big(\lambda\boldsymbol{A} + (1-\lambda)\boldsymbol{C}\big) &= \|[\lambda\boldsymbol{A} + (1-\lambda)\boldsymbol{C}] - \boldsymbol{B}\|_{\mathrm{F}} \\ &= \|\lambda(\boldsymbol{A} - \boldsymbol{B}) + (1-\lambda)(\boldsymbol{C} - \boldsymbol{B})\|_{\mathrm{F}} \\ &\leqslant \lambda\|\boldsymbol{A} - \boldsymbol{B}\|_{\mathrm{F}} + (1-\lambda)\|\boldsymbol{C} - \boldsymbol{B}\|_{\mathrm{F}} \\ &= \lambda f(\boldsymbol{A}) + (1-\lambda)f(\boldsymbol{C}).\end{aligned}$$

当 $\boldsymbol{B} \neq \boldsymbol{C}$ 时, 上述不等式为严格不等式. 另一方面, 显然集合 $\mathbb{N}$ 是一个凸集, 因此, $\bar{\boldsymbol{B}}$ 为凸函数 $f(\boldsymbol{A})$ 在凸集 $\mathbb{N}$ 上的唯一解. □

从算法 5.1 可以看出, 当给定 $\boldsymbol{x}^0$ 和 $\boldsymbol{B}_0$ 后, 算法每迭代一次需要计算 n 个纯量函数的值和解一个线性方程组, 因此每次迭代的工作量为 $O(n^3)$. 这对于大型的非线性方程组以及当所需要的迭代次数较多时是难以承受的, 故进一步考虑减少每一步迭代的工作量是必要的. 这种使运算量减少的措施有两个, 其一是基于 QR 分解, 由 Gill 和 Murray 于 1972 年提出: 设

$$\boldsymbol{B}_k = \boldsymbol{Q}_k \boldsymbol{R}_k,$$

其中 $\boldsymbol{Q}_k$ 为正交矩阵, $\boldsymbol{R}_k$ 为上三角矩阵, 则形成 $\boldsymbol{B}_k$ 的 QR 分解只需 $O(n^2)$ 次算术运算. 而当 $\boldsymbol{B}_k = \boldsymbol{Q}_k \boldsymbol{R}_k$ 时, 解线性方程组

$$(\boldsymbol{Q}_k \boldsymbol{R}_k)\boldsymbol{s}^k = -F(\boldsymbol{x}^k) \iff \boldsymbol{R}_k \boldsymbol{s}^k = -\boldsymbol{Q}_k^{\mathrm{T}} F(\boldsymbol{x}^k)$$

也只需 $O(n^2)$ 次算术运算. 同时, 从数值稳定性的角度来看, 采取 QR 分解也是比较理想的.

减少算法 5.1 每步工作量的另一个措施是, 利用 SMW (Sherman–Morrison–Woodbury, 谢尔曼–莫里森–渥德雷) 在 1949 年给出的秩 1 校正矩阵的求逆公式

$$(\boldsymbol{B} + \boldsymbol{u}\boldsymbol{v}^{\mathrm{T}})^{-1} = \boldsymbol{B}^{-1} - \frac{1}{\sigma}(\boldsymbol{B}^{-1}\boldsymbol{u}\boldsymbol{v}^{\mathrm{T}}\boldsymbol{B}^{-1}), \tag{5.14}$$

其中 $\boldsymbol{B} \in \mathbb{L}(\mathbb{R}^n)$ 非奇异, $\boldsymbol{u}, \boldsymbol{v} \in \mathbb{R}^n$ 且 $\sigma = 1 + \boldsymbol{v}^{\mathrm{T}}\boldsymbol{B}^{-1}\boldsymbol{u} \neq 0$.

于是, 在式 (5.11) 中若 $\boldsymbol{B}_k^{-1}$ 存在, 我们令 $\boldsymbol{H}_k = \boldsymbol{B}_k^{-1}$, 同时在式 (5.14) 中取

$$\boldsymbol{u} = \frac{\boldsymbol{y}^k - \boldsymbol{B}_k \boldsymbol{s}^k}{\|\boldsymbol{s}^k\|^2}, \quad \boldsymbol{v} = \boldsymbol{s}^k,$$

则 $\boldsymbol{H}_{k+1} = \boldsymbol{B}_{k+1}^{-1}$ 可以由下面的公式给出

$$\boldsymbol{H}_{k+1} = \boldsymbol{H}_k + \frac{(\boldsymbol{s}^k - \boldsymbol{H}_k \boldsymbol{y}^k)(\boldsymbol{s}^k)^{\mathrm{T}}\boldsymbol{H}_k}{(\boldsymbol{s}^k)^{\mathrm{T}}\boldsymbol{H}_k \boldsymbol{y}^k},$$

其中 $(\boldsymbol{s}^k)^{\mathrm{T}}\boldsymbol{H}_k \boldsymbol{y}^k \neq 0$. 这样, 式 (5.11) 可以改写成逆 Broyden 秩 1 公式

$$\begin{cases} \boldsymbol{x}^{k+1} = \boldsymbol{x}^k - \boldsymbol{H}_k F(\boldsymbol{x}^k), \\ \boldsymbol{H}_{k+1} = \boldsymbol{H}_k + \dfrac{(\boldsymbol{s}^k - \boldsymbol{H}_k \boldsymbol{y}^k)(\boldsymbol{s}^k)^{\mathrm{T}}\boldsymbol{H}_k}{(\boldsymbol{s}^k)^{\mathrm{T}}\boldsymbol{H}_k \boldsymbol{y}^k}, \end{cases} \quad k = 0, 1, \cdots. \tag{5.15}$$

我们把上述公式的计算过程写成如下算法.

算法 5.2 (逆 Broyden 方法)

给定初值 $\boldsymbol{x}^0 \in \mathbb{R}^n$, 容许误差 ε, 正整数 N, 初始矩阵 $\boldsymbol{H}_0$ (可取为单位阵), 计算 $F(\boldsymbol{x}^0)$, 置 $k := 0$.

while $(k \leqslant N)$

计算 $\boldsymbol{s}^k = -\boldsymbol{H}_k F(\boldsymbol{x}^k)$;

置 $\boldsymbol{x}^{k+1} := \boldsymbol{x}^k + \boldsymbol{s}^k$, 并计算 $F(\boldsymbol{x}^{k+1})$;

if $(\|F(\boldsymbol{x}^{k+1})\| \leqslant \varepsilon)$, $k := k+1$; break; **end**

计算 $\boldsymbol{y}^k = F(\boldsymbol{x}^{k+1}) - F(\boldsymbol{x}^k)$, 并按下列公式修正矩阵 $\boldsymbol{H}_{k+1}$:

$$\boldsymbol{H}_{k+1} = \boldsymbol{H}_k + \frac{(\boldsymbol{s}^k - \boldsymbol{H}_k\boldsymbol{y}^k)(\boldsymbol{s}^k)^{\mathrm{T}}\boldsymbol{H}_k}{(\boldsymbol{s}^k)^{\mathrm{T}}\boldsymbol{H}_k\boldsymbol{y}^k};$$

置 $k := k+1$;

end

不难看出, 算法 5.2 的每步迭代工作量是 $O(n^2)$. 下面是算法 5.2 的 MATLAB 程序.

```
%逆Broyden方法程序
function [x,k,time,res]=broyden_inv(x,tol,max_it)
tic; n=length(x); H=eye(n); k=0;
F=Fk(x); %计算初始函数值
while (k<=max_it)
    k=k+1;
    s=-H*F;
    x=x+s;
    F1=Fk(x); %计算函数值
    if(norm(F1)<=tol), break; end %检验终止准则
    y=F1-F;
    H=H+(s-H*y)*s'*H/(s'*H*y);
    F=F1;
end
res=norm(F1); time=toc;
```

例 5.2 用逆 Broyden 法求解例 5.1 中的方程组.

解 编写 MATLAB 文件 ex52.m, 运行后得如表 5.2 所示的数值结果.

表 5.2 例 5.2 的数值结果 ($n = 100$)

初始点 ($\boldsymbol{x}^0$)	迭代次数 (k)	CPU 时间 (单位为 s)	残差 ($\|F(\boldsymbol{x}^k)\|$)
$(\xi_1, \xi_2, \cdots, \xi_n)^{\mathrm{T}}$	57	0.1835	1.5935e-12
$(0, 0, \cdots, 0)^{\mathrm{T}}$	44	0.0964	4.4272e-14
$(-1, -1, \cdots, -1)^{\mathrm{T}}$	18	0.0370	9.9369e-12
$(-2, -2, \cdots, -2)^{\mathrm{T}}$	20	0.0412	1.3847e-11

注 5.1 Broyden 方法还可以进行进一步的推广, 例如可在式 (5.10) 中引入参数 $\theta \in (0, 1]$:

$$\bar{\boldsymbol{B}} = \boldsymbol{B} + \theta\frac{(\boldsymbol{y} - \boldsymbol{B}\boldsymbol{s})\boldsymbol{s}^{\mathrm{T}}}{\boldsymbol{s}^{\mathrm{T}}\boldsymbol{s}}. \tag{5.16}$$

显然, 当 $\theta=1$ 时即为标准的 Broyden 方法, 而相应地, 称利用校正公式 (5.16) 的拟牛顿法为 Broyden 类方法 (Broyden–like 方法). 此外, θ 的选择首先应满足使 $\bar{\boldsymbol{B}}$ 是非奇异的, 同时能起到扩大收敛范围的作用.

注 5.2 从式 (5.7) 可以看出, $\bar{\boldsymbol{B}}$ 不是唯一确定的, 选取不同的 $\bar{\boldsymbol{B}}$ 可以得到不同的方法. 例如, 如果规定 $\bar{\boldsymbol{B}}$ 和 $\boldsymbol{B}$ 在某向量 $\boldsymbol{p}\in\mathbb{R}^n$ 的正交补 $\boldsymbol{p}^\perp$ 上无任何差别, 即

$$\bar{\boldsymbol{B}}\boldsymbol{z}=\boldsymbol{B}\boldsymbol{z},\ \forall\,\boldsymbol{z}\in\boldsymbol{p}^\perp.$$

这时, 可令 $\Delta\boldsymbol{B}=\bar{\boldsymbol{B}}-\boldsymbol{B}=\boldsymbol{u}\boldsymbol{p}^{\mathrm{T}}$, 由

$$(\bar{\boldsymbol{B}}-\boldsymbol{B})\boldsymbol{s}=\boldsymbol{y}-\boldsymbol{B}\boldsymbol{s}=[F(\bar{\boldsymbol{x}})-F(\boldsymbol{x})]-[-F(\boldsymbol{x})]=F(\bar{\boldsymbol{x}})$$

推得

$$\boldsymbol{u}=\frac{F(\bar{\boldsymbol{x}})}{\boldsymbol{p}^{\mathrm{T}}\boldsymbol{s}}.$$

于是得到秩 1 校正公式

$$\bar{\boldsymbol{B}}=\boldsymbol{B}+\frac{F(\bar{\boldsymbol{x}})\boldsymbol{p}^{\mathrm{T}}}{\boldsymbol{p}^{\mathrm{T}}\boldsymbol{s}}. \tag{5.17}$$

取不同的 $\boldsymbol{p}$ 得到不同的拟牛顿法. 若取 $\boldsymbol{p}=\boldsymbol{s}$, 则得到前述标准的 Broyden 方法. 若取 $\boldsymbol{p}=F(\bar{\boldsymbol{x}})=F(\boldsymbol{x}^{k+1})$, 则得到

$$\begin{cases}\boldsymbol{x}^{k+1}=\boldsymbol{x}^k-\boldsymbol{B}_k^{-1}F(\boldsymbol{x}^k),\\ \boldsymbol{B}_{k+1}=\boldsymbol{B}_k+\dfrac{F(\boldsymbol{x}^{k+1})F(\boldsymbol{x}^{k+1})^{\mathrm{T}}}{F(\boldsymbol{x}^{k+1})^{\mathrm{T}}(\boldsymbol{x}^{k+1}-\boldsymbol{x}^k)},\end{cases}\quad k=0,1,\cdots. \tag{5.18}$$

这个秩 1 方法又称为 Broyden 第二方法, 其特点是校正矩阵为对称矩阵, 即若 $\boldsymbol{B}_0$ 对称, 则 $\boldsymbol{B}_{k+1}$ 也对称. 因此, 它适合 Jacobi 矩阵 $\boldsymbol{B}_0=[F'(\boldsymbol{x}^0)]^{-1}$ 是对称矩阵的情形.

同样, 利用式 (5.14) 可以将式 (5.18) 改写成逆 Broyden 第二公式

$$\begin{cases}\boldsymbol{x}^{k+1}=\boldsymbol{x}^k-\boldsymbol{H}_kF(\boldsymbol{x}^k),\\ \boldsymbol{H}_{k+1}=\boldsymbol{H}_k+\dfrac{(\boldsymbol{s}^k-\boldsymbol{H}_k\boldsymbol{y}^k)(\boldsymbol{s}^k-\boldsymbol{H}_k\boldsymbol{y}^k)^{\mathrm{T}}}{(\boldsymbol{s}^k-\boldsymbol{H}_k\boldsymbol{y}^k)^{\mathrm{T}}\boldsymbol{s}^k},\end{cases}\quad k=0,1,\cdots. \tag{5.19}$$

5.2.2 Broyden方法的收敛性

现在我们来讨论 Broyden 方法的收敛性. 为了叙述方便, 先给出以下两个条件.

条件 5.1 向量值函数 $F(\boldsymbol{x})$ 在开凸集 $\mathbb{D}$ 内连续可导, 且存在 $\boldsymbol{x}^*\in\mathbb{D}$ 使得 $F(\boldsymbol{x}^*)=\boldsymbol{0}$ 及 $F'(\boldsymbol{x}^*)$ 非奇异.

条件 5.2 $F'(\boldsymbol{x})$ 在点 $\boldsymbol{x}^*$ 满足 Lipschitz 条件, 即存在常数 $\eta>0$ 使

$$\|F'(\boldsymbol{x})-F'(\boldsymbol{x}^*)\|\leqslant\eta\|\boldsymbol{x}-\boldsymbol{x}^*\|,\ \forall\,\boldsymbol{x}\in\mathbb{D}. \tag{5.20}$$

我们先证明几个引理.

引理 5.1 下列两个结论成立:

(1) 对任意的 $\boldsymbol{x},\boldsymbol{y}\in\mathbb{R}^n$, 有

$$\|\boldsymbol{x}\boldsymbol{y}^{\mathrm{T}}\|=\|\boldsymbol{x}\|\,\|\boldsymbol{y}\|=\|\boldsymbol{x}\boldsymbol{y}^{\mathrm{T}}\|_{\mathrm{F}};$$

(2) 进一步, 若 $\boldsymbol{x}^{\mathrm{T}}\boldsymbol{y}=1$, 则有

$$\|\boldsymbol{I}-\boldsymbol{x}\boldsymbol{y}^{\mathrm{T}}\|=\|\boldsymbol{x}\|\,\|\boldsymbol{y}\|.$$

引理 5.2 假设 $F:\mathbb{D}\subset\mathbb{R}^n\to\mathbb{R}^n$ 满足条件 5.1 和条件 5.2, $\boldsymbol{x}^*\in\mathbb{D}$, 则

$$\|F(\boldsymbol{y})-F(\boldsymbol{z})-F'(\boldsymbol{x}^*)(\boldsymbol{y}-\boldsymbol{z})\|\leqslant\eta\sigma(\boldsymbol{y},\boldsymbol{z})\|\boldsymbol{y}-\boldsymbol{z}\|,\tag{5.21}$$

其中

$$\sigma(\boldsymbol{y},\boldsymbol{z})=\max\{\|\boldsymbol{y}-\boldsymbol{x}^*\|,\|\boldsymbol{z}-\boldsymbol{x}^*\|\}.\tag{5.22}$$

证 由多元向量值映射的中值定理 1.9 (2), 可得

$$\begin{aligned}&\|F(\boldsymbol{y})-F(\boldsymbol{z})-F'(\boldsymbol{x}^*)(\boldsymbol{y}-\boldsymbol{z})\|\\\leqslant&\max_{0\leqslant t\leqslant1}\|F'(\boldsymbol{z}+t(\boldsymbol{y}-\boldsymbol{z}))-F'(\boldsymbol{x}^*)\|\,\|\boldsymbol{y}-\boldsymbol{z}\|\\\leqslant&\,\eta\max_{0\leqslant t\leqslant1}\|\boldsymbol{z}+t(\boldsymbol{y}-\boldsymbol{z})-\boldsymbol{x}^*\|\,\|\boldsymbol{y}-\boldsymbol{z}\|\\=&\,\eta\max\{\|\boldsymbol{z}-\boldsymbol{x}^*\|,\|\boldsymbol{y}-\boldsymbol{x}^*\|\}\|\boldsymbol{y}-\boldsymbol{z}\|=\eta\sigma(\boldsymbol{y},\boldsymbol{z})\|\boldsymbol{y}-\boldsymbol{z}\|.\end{aligned}$$

证毕. □

引理 5.3 假设 $F:\mathbb{D}\subset\mathbb{R}^n\to\mathbb{R}^n$ 满足条件 5.1 和条件 5.2, $\boldsymbol{x}\in\mathbb{D}$, 而 $\bar{\boldsymbol{x}}$ 由算法 5.1 生成且设 $\bar{\boldsymbol{x}}\in\mathbb{D}$, 则

$$\|\bar{\boldsymbol{B}}-F'(\boldsymbol{x}^*)\|_p\leqslant\|\boldsymbol{B}-F'(\boldsymbol{x}^*)\|_p+\eta\sigma(\boldsymbol{x},\bar{\boldsymbol{x}}),\quad p=2,\mathrm{F}.\tag{5.23}$$

证 由式 (5.10) 有

$$\bar{\boldsymbol{B}}-F'(\boldsymbol{x}^*)=\big[\boldsymbol{B}-F'(\boldsymbol{x}^*)\big]\Big(\boldsymbol{I}-\frac{\boldsymbol{s}\boldsymbol{s}^{\mathrm{T}}}{\boldsymbol{s}^{\mathrm{T}}\boldsymbol{s}}\Big)+\frac{[\boldsymbol{y}-F'(\boldsymbol{x}^*)\boldsymbol{s}]\boldsymbol{s}^{\mathrm{T}}}{\boldsymbol{s}^{\mathrm{T}}\boldsymbol{s}}.\tag{5.24}$$

根据引理 5.1 即得

$$\|\bar{\boldsymbol{B}}-F'(\boldsymbol{x}^*)\|_p\leqslant\|\boldsymbol{B}-F'(\boldsymbol{x}^*)\|_p+\frac{\|\boldsymbol{y}-F'(\boldsymbol{x}^*)\boldsymbol{s}\|}{\|\boldsymbol{s}\|},\quad p=2,\mathrm{F}.$$

利用引理 5.2, 有

$$\|\boldsymbol{y}-F'(\boldsymbol{x}^*)\boldsymbol{s}\|\leqslant\eta\sigma(\boldsymbol{x},\bar{\boldsymbol{x}})\|\boldsymbol{s}\|.$$

证毕. □

引理 5.4 假设 $F:\mathbb{D}\subset\mathbb{R}^n\to\mathbb{R}^n$ 满足条件 5.1 和条件 5.2, $\boldsymbol{x}\in\mathbb{D}$, 又设 $\{\boldsymbol{B}_k\}$ 为一个非奇异矩阵序列. 如果对某 $\boldsymbol{x}^0\in\mathbb{D}$, 迭代序列

$$\boldsymbol{x}^{k+1}=\boldsymbol{x}^k-\boldsymbol{B}_k^{-1}F(\boldsymbol{x}^k),\quad k=0,1,\cdots$$

恒在 $\mathbb{D}$ 中且 $\boldsymbol{x}^k\neq\boldsymbol{x}^*\ (\forall k\geqslant 0)$, 又设该迭代序列收敛于 $\boldsymbol{x}^*$, 则当且仅当

$$\lim_{k\to\infty}\frac{\|[\boldsymbol{B}_k-F'(\boldsymbol{x}^*)](\boldsymbol{x}^{k+1}-\boldsymbol{x}^k)\|}{\|\boldsymbol{x}^{k+1}-\boldsymbol{x}^k\|}=0 \tag{5.25}$$

时, $\{\boldsymbol{x}^k\}$ 超线性收敛于 $\boldsymbol{x}^*$.

证 充分性. 若式 (5.25) 成立, 则因

$$\begin{aligned}[\boldsymbol{B}_k-F'(\boldsymbol{x}^*)](\boldsymbol{x}^{k+1}-\boldsymbol{x}^k)&=-F(\boldsymbol{x}^k)-F'(\boldsymbol{x}^*)(\boldsymbol{x}^{k+1}-\boldsymbol{x}^k)\\&=[F(\boldsymbol{x}^{k+1})-F(\boldsymbol{x}^k)-F'(\boldsymbol{x}^*)(\boldsymbol{x}^{k+1}-\boldsymbol{x}^k)]-F(\boldsymbol{x}^{k+1}),\end{aligned} \tag{5.26}$$

于是

$$\lim_{k\to\infty}\frac{\|F(\boldsymbol{x}^{k+1})\|}{\|\boldsymbol{x}^{k+1}-\boldsymbol{x}^k\|}\leqslant\eta\lim_{k\to\infty}\sigma(\boldsymbol{x}^k,\boldsymbol{x}^{k+1})+\lim_{k\to\infty}\frac{\|[\boldsymbol{B}_k-F'(\boldsymbol{x}^*)](\boldsymbol{x}^{k+1}-\boldsymbol{x}^k)\|}{\|\boldsymbol{x}^{k+1}-\boldsymbol{x}^k\|},$$

故

$$\lim_{k\to\infty}\frac{\|F(\boldsymbol{x}^{k+1})\|}{\|\boldsymbol{x}^{k+1}-\boldsymbol{x}^k\|}=0. \tag{5.27}$$

又因 $F'(\boldsymbol{x}^*)$ 非奇异, 故存在某个正数 α, 当 k 充分大时, 有

$$\|F(\boldsymbol{x}^{k+1})\|=\|F(\boldsymbol{x}^{k+1})-F(\boldsymbol{x}^*)\|\geqslant\alpha\|\boldsymbol{x}^{k+1}-\boldsymbol{x}^*\|.$$

根据引理的条件, 对所有的 $k\geqslant 0$, $\boldsymbol{x}^k\neq\boldsymbol{x}^*$ 且 $\boldsymbol{x}^k$ 恒在 $\mathbb{D}$ 中, 故当 k 充分大时有

$$\frac{\|F(\boldsymbol{x}^{k+1})\|}{\|\boldsymbol{x}^{k+1}-\boldsymbol{x}^k\|}\geqslant\frac{\alpha\|\boldsymbol{x}^{k+1}-\boldsymbol{x}^*\|}{\|\boldsymbol{x}^{k+1}-\boldsymbol{x}^*\|+\|\boldsymbol{x}^k-\boldsymbol{x}^*\|}=\alpha\frac{q_k}{1+q_k},$$

这里

$$q_k=\frac{\|\boldsymbol{x}^{k+1}-\boldsymbol{x}^*\|}{\|\boldsymbol{x}^k-\boldsymbol{x}^*\|}.$$

由式 (5.27) 必有

$$\lim_{k\to\infty}\frac{q_k}{1+q_k}=0.$$

因此亦有

$$\lim_{k\to\infty}q_k=\lim_{k\to\infty}\frac{\|\boldsymbol{x}^{k+1}-\boldsymbol{x}^*\|}{\|\boldsymbol{x}^k-\boldsymbol{x}^*\|}=0,$$

即 $\{\boldsymbol{x}^k\}$ 超线性收敛于 $\boldsymbol{x}^*$.

必要性. 若 $\{\boldsymbol{x}^k\}$ 超线性收敛于 $\boldsymbol{x}^*$ 且 $F(\boldsymbol{x}^*)=\boldsymbol{0}$, 则因

$$\begin{aligned}\frac{\|F(\boldsymbol{x}^{k+1})\|}{\|\boldsymbol{x}^{k+1}-\boldsymbol{x}^k\|}&=\frac{\|F(\boldsymbol{x}^{k+1})-F(\boldsymbol{x}^*)\|}{\|\boldsymbol{x}^k-\boldsymbol{x}^*\|}\cdot\frac{\|\boldsymbol{x}^k-\boldsymbol{x}^*\|}{\|\boldsymbol{x}^{k+1}-\boldsymbol{x}^k\|}\\&\leqslant M\frac{\|\boldsymbol{x}^{k+1}-\boldsymbol{x}^*\|}{\|\boldsymbol{x}^k-\boldsymbol{x}^*\|}\cdot\frac{\|\boldsymbol{x}^k-\boldsymbol{x}^*\|}{\|\boldsymbol{x}^{k+1}-\boldsymbol{x}^k\|},\end{aligned}$$

其中 $M=\max\limits_{0\leqslant t\leqslant 1}\|F'(\boldsymbol{x}^*+t(\boldsymbol{x}^{k+1}-\boldsymbol{x}^*))\|$, 于是由超线性收敛的定义及

$$\lim_{k\to\infty}\frac{\|\boldsymbol{x}^{k+1}-\boldsymbol{x}^k\|}{\|\boldsymbol{x}^k-\boldsymbol{x}^*\|}=1,$$

可推知

$$\lim_{k\to\infty}\frac{\|F(\boldsymbol{x}^{k+1})\|}{\|\boldsymbol{x}^{k+1}-\boldsymbol{x}^k\|}=0.$$

再利用式 (5.26), 即可推得式 (5.25) 成立. 证毕. □

现在来分析 Broyden 方法的收敛性. 有下面的收敛性定理.

定理 5.2 假设 $F:\mathbb{D}\subset\mathbb{R}^n\to\mathbb{R}^n$ 满足条件 5.1 和条件 5.2, 则 Broyden 算法局部、超线性收敛, 即存在正数 ε 和 δ, 当 $\|\boldsymbol{B}_0-F'(\boldsymbol{x}^*)\|\leqslant\delta$ 且 $\|\boldsymbol{x}^0-\boldsymbol{x}^*\|\leqslant\varepsilon$ 时, $\{\boldsymbol{x}^k\}$ 超线性收敛于 $\boldsymbol{x}^*$.

证 设 $\|F'(\boldsymbol{x}^*)^{-1}\|=\beta$, 取 $\delta\leqslant 1/(6\beta)$, $\varepsilon\leqslant\delta/(2\eta)$ 且保证闭球 $\overline{\mathbb{S}}(\boldsymbol{x}^*,\varepsilon)\subset\mathbb{D}$. 现取 $\boldsymbol{x}^0$ 和 $\boldsymbol{B}_0$ 满足定理的条件, 于是根据摄动引理知 $\boldsymbol{B}_0$ 必为非奇异, 且

$$\|\boldsymbol{B}_0^{-1}\|\leqslant\frac{\beta}{1-\beta\delta}=\gamma.$$

又 $\boldsymbol{x}^0$ 的选取方法保证了 $F(\boldsymbol{x}^0)$ 的存在, 因此 $\boldsymbol{x}^1$ 是完全确定的. 根据定理 1.11 和定理的假设, 有

$$\begin{aligned}\|\boldsymbol{x}^1-\boldsymbol{x}^*\|=&\|\boldsymbol{x}^0-\boldsymbol{x}^*-\boldsymbol{B}_0^{-1}[F(\boldsymbol{x}^0)-F(\boldsymbol{x}^*)]\|\\\leqslant&\|\boldsymbol{B}_0^{-1}\|\,\|F(\boldsymbol{x}^0)-F(\boldsymbol{x}^*)-\boldsymbol{B}_0(\boldsymbol{x}^0-\boldsymbol{x}^*)\|\\\leqslant&\gamma\big[\|F(\boldsymbol{x}^0)-F(\boldsymbol{x}^*)-F'(\boldsymbol{x}^*)(\boldsymbol{x}^0-\boldsymbol{x}^*)\|+\\&\|(F'(\boldsymbol{x}^*)-\boldsymbol{B}_0)(\boldsymbol{x}^0-\boldsymbol{x}^*)\|\big]\\\leqslant&\gamma\Big(\frac{\eta}{2}\|\boldsymbol{x}^0-\boldsymbol{x}^*\|^2+\delta\|\boldsymbol{x}^0-\boldsymbol{x}^*\|\Big)\\\leqslant&\gamma\Big(\frac{\eta\varepsilon}{2}+\delta\Big)\|\boldsymbol{x}^0-\boldsymbol{x}^*\|\leqslant\gamma\Big(\frac{\delta}{4}+\delta\Big)\|\boldsymbol{x}^0-\boldsymbol{x}^*\|\\=&\frac{\beta}{1-\beta\delta}\cdot\frac{5\delta}{4}\|\boldsymbol{x}^0-\boldsymbol{x}^*\|<\frac{1}{2}\|\boldsymbol{x}^0-\boldsymbol{x}^*\|.\end{aligned}$$

由此可见, $\boldsymbol{x}^1\in\overline{\mathbb{S}}(\boldsymbol{x}^*,\varepsilon)$, 故 $F(\boldsymbol{x}^1)$ 和 $\boldsymbol{B}_1$ 存在. 再利用引理 5.3 即可推得

$$\begin{aligned}\|\boldsymbol{B}_1-F'(\boldsymbol{x}^*)\|\leqslant&\|\boldsymbol{B}_0-F'(\boldsymbol{x}^*)\|+\eta\sigma(\boldsymbol{x}^0,\boldsymbol{x}^1)\\\leqslant&\delta+\eta\|\boldsymbol{x}^0-\boldsymbol{x}^*\|\leqslant\delta+\eta\varepsilon\\\leqslant&\delta+\frac{1}{2}\delta=\frac{3}{2}\delta<2\delta.\end{aligned}$$

于是, 再根据摄动引理知 $\boldsymbol{B}_1$ 非奇异, 且

$$\|\boldsymbol{B}_1^{-1}\| \leqslant \frac{\beta}{1-2\delta\beta},$$

因此 $\boldsymbol{x}^2$ 是可以确定的. 现做归纳法假设: 设迭代解 $\boldsymbol{x}^1, \boldsymbol{x}^2, \cdots, \boldsymbol{x}^n$ 和迭代矩阵 $\boldsymbol{B}_1^{-1}$, $\boldsymbol{B}_2^{-1}$, $\cdots$, $\boldsymbol{B}_{n-1}^{-1}$ 均存在且当 $k \leqslant n$ 时有

$$\|\boldsymbol{x}^k - \boldsymbol{x}^*\| \leqslant \frac{1}{2}\|\boldsymbol{x}^{k-1} - \boldsymbol{x}^*\|, \qquad \|\boldsymbol{B}_k - F'(\boldsymbol{x}^*)\| \leqslant \left[2 - \left(\frac{1}{2}\right)^k\right]\delta.$$

于是, 根据摄动引理知 $\boldsymbol{B}_n$ 非奇异且

$$\|\boldsymbol{B}_n^{-1}\| \leqslant \frac{\beta}{1-2\delta\beta},$$

这就保证了 $\boldsymbol{x}^{n+1}$ 的存在性. 另一方面

$$\begin{aligned}
\|\boldsymbol{x}^{n+1} - \boldsymbol{x}^*\| &\leqslant \|\boldsymbol{B}_n^{-1}\| \Big(\|F(\boldsymbol{x}^n) - F(\boldsymbol{x}^*) - F'(\boldsymbol{x}^*)(\boldsymbol{x}^n - \boldsymbol{x}^*)\| + \\
&\qquad \|[F'(\boldsymbol{x}^*) - \boldsymbol{B}_n](\boldsymbol{x}^n - \boldsymbol{x}^*)\|\Big) \\
&\leqslant \frac{\beta}{1-2\delta\beta}\left(\frac{\eta}{2}\|\boldsymbol{x}^n - \boldsymbol{x}^*\|^2 + \left[2 - \left(\frac{1}{2}\right)^n\right]\delta\|\boldsymbol{x}^n - \boldsymbol{x}^*\|\right) \\
&\leqslant \frac{\beta}{1-2\delta\beta}\left\{\left(\frac{1}{2}\right)^n \cdot \frac{\delta}{4} + \left[2 - \left(\frac{1}{2}\right)^n\right]\delta\right\}\|\boldsymbol{x}^n - \boldsymbol{x}^*\| \\
&\leqslant \frac{\beta}{1-2\delta\beta} \cdot 2\delta\|\boldsymbol{x}^n - \boldsymbol{x}^*\| < \frac{1}{2}\|\boldsymbol{x}^n - \boldsymbol{x}^*\|,
\end{aligned}$$

故 $\boldsymbol{x}^{n+1} \in \mathbb{S}(\boldsymbol{x}^*, \varepsilon)$. 其次

$$\begin{aligned}
\|\boldsymbol{B}_{n+1} - F'(\boldsymbol{x}^*)\| &\leqslant \|\boldsymbol{B}_n - F'(\boldsymbol{x}^*)\| + \eta\sigma(\boldsymbol{x}^n, \boldsymbol{x}^{n+1}) \\
&\leqslant \left[2 - \left(\frac{1}{2}\right)^n\right]\delta + \eta\|\boldsymbol{x}^n - \boldsymbol{x}^*\| \\
&\leqslant \left\{\left[2 - \left(\frac{1}{2}\right)^n\right] + \left(\frac{1}{2}\right)^{n+1}\right\}\delta \\
&= \left[2 - \left(\frac{1}{2}\right)^{n+1}\right]\delta,
\end{aligned}$$

至此归纳法完成.

综上所述, 序列 $\{\boldsymbol{x}^k\}, \{\boldsymbol{B}_k^{-1}\}$ 均存在且

$$\|\boldsymbol{x}^k - \boldsymbol{x}^*\| \leqslant \left(\frac{1}{2}\right)^k \|\boldsymbol{x}^0 - \boldsymbol{x}^*\|,$$

因此 Broyden 方法至少是线性收敛的.

以下进一步证明 Broyden 方法是超线性收敛的, 根据引理 5.4 知, 只需证明式 (5.25) 成立即可.

利用引理 5.1, 通过直接计算即可证明

$$\left\|\boldsymbol{A}\left(\boldsymbol{I} - \frac{\boldsymbol{s}\boldsymbol{s}^{\mathrm{T}}}{\boldsymbol{s}^{\mathrm{T}}\boldsymbol{s}}\right)\right\|_{\mathrm{F}}^2 = \|\boldsymbol{A}\|_{\mathrm{F}}^2 - \left(\frac{\|\boldsymbol{A}\boldsymbol{s}\|}{\|\boldsymbol{s}\|}\right)^2,$$

其中 $\boldsymbol{A} \in \mathbb{R}^{n\times n}$ 为任何矩阵. 又由不等式

$$\sqrt{a^2-b^2} \leqslant a - \frac{b^2}{2a}, \ (0 \leqslant b \leqslant \sqrt{2}a),$$

即可推得

$$\left\| \boldsymbol{A}\left(\boldsymbol{I} - \frac{\boldsymbol{s}\boldsymbol{s}^{\mathrm{T}}}{\boldsymbol{s}^{\mathrm{T}}\boldsymbol{s}}\right) \right\|_{\mathrm{F}} \leqslant \|\boldsymbol{A}\|_{\mathrm{F}} - \frac{1}{2\|\boldsymbol{A}\|_{\mathrm{F}}}\left(\frac{\|\boldsymbol{A}\boldsymbol{s}\|}{\|\boldsymbol{s}\|}\right)^2. \tag{5.28}$$

现令 $\boldsymbol{A} = \boldsymbol{B}_k - F'(\boldsymbol{x}^*)$, 而 $\|\boldsymbol{A}\|_{\mathrm{F}} = \theta_k$. 对式 (5.24), 利用式 (5.28) 即可推得

$$\theta_{k+1} \leqslant [1 - (2\theta_k^2)^{-1}\psi_k^2]\theta_k + \eta\sigma_k,$$

其中

$$\psi_k = \frac{\|[\boldsymbol{B}_k - F'(\boldsymbol{x}^*)]\boldsymbol{s}\|}{\|\boldsymbol{s}\|}, \quad \sigma_k = \sigma(\boldsymbol{x}^k, \boldsymbol{x}^{k+1}) \leqslant \left(\frac{1}{2}\right)^k \|\boldsymbol{x}^0 - \boldsymbol{x}^*\|.$$

因为 $\{\boldsymbol{x}^k\}$ 线性收敛, 故

$$\sum_{k=0}^{\infty} \|\boldsymbol{x}^k - \boldsymbol{x}^*\| < +\infty.$$

另一方面, 由引理 5.3 知 $\theta_{k+1} \leqslant \theta_k + \eta\sigma_k$, 据此不等式可推知数列 $\{\theta_k\}$ 有界. 若设 θ 是它的某一上界, 则对所有的 k 均成立

$$(2\theta)^{-1}\psi_k^2 \leqslant \theta_k - \theta_{k+1} + \eta\sigma_k.$$

于是有

$$\begin{aligned}(2\theta)^{-1}\sum_{k=0}^{\infty}\psi_k^2 &\leqslant \theta_0 + \eta\sum_{k=0}^{\infty}\sigma_k \\ &\leqslant \theta_0 + \eta\sum_{k=0}^{\infty}\left(\frac{1}{2}\right)^k\|\boldsymbol{x}^0 - \boldsymbol{x}^*\| \leqslant \delta + 2\eta\varepsilon.\end{aligned}$$

由此可见, $\{\psi_k\}$ 收敛于零, 亦即式 (5.25) 成立. □

5.3 秩 2 校正拟牛顿法

前面比较系统地讨论了一种秩 1 校正拟牛顿法——Broyden 方法. 如果令式 (5.6) 中的校正矩阵 $\Delta\boldsymbol{B}_k$ 的秩为 $m\,(>1)$, 则类似于秩 1 校正拟牛顿法的推导可得到秩 m 校正拟牛顿法. 我们注意到, 秩为 m 的 n 阶矩阵均可表示为 $\boldsymbol{U}\boldsymbol{V}^{\mathrm{T}}$ 的形式, 其中 $\boldsymbol{U}, \boldsymbol{V}$ 是秩为 m 的 $n\times m$ 矩阵, 于是有

$$\Delta\boldsymbol{B}_k = \boldsymbol{B}_{k+1} - \boldsymbol{B}_k = \boldsymbol{U}_k\boldsymbol{V}_k^{\mathrm{T}}, \ \boldsymbol{U}_k, \boldsymbol{V}_k \in \mathbb{R}^{n\times m},$$

且 $\mathrm{rank}(\boldsymbol{U}_k) = \mathrm{rank}(\boldsymbol{V}_k) = m$. 因此, 一般的秩 m 校正拟牛顿法可表示为

$$\begin{cases} \boldsymbol{x}^{k+1} = \boldsymbol{x}^k - \boldsymbol{B}_k^{-1}F(\boldsymbol{x}^k), \\ \boldsymbol{B}_{k+1}\boldsymbol{s}^k = \boldsymbol{y}^k, \\ \boldsymbol{B}_{k+1} = \boldsymbol{B}_k + \boldsymbol{U}_k\boldsymbol{V}_k^{\mathrm{T}}, \ k = 0, 1, \cdots, \end{cases} \tag{5.29}$$

其中 $\boldsymbol{s}^k=\boldsymbol{x}^{k+1}-\boldsymbol{x}^k$, $\boldsymbol{y}^k=F(\boldsymbol{x}^{k+1})-F(\boldsymbol{x}^k)$. 若 $\boldsymbol{B}_k^{-1}=\boldsymbol{H}_k$ 存在, 则利用 Hevman–Morrison–Woodburg 求逆公式, 有

$$\begin{aligned}\boldsymbol{H}_{k+1}=\boldsymbol{B}_{k+1}^{-1}&=(\boldsymbol{B}_k+\boldsymbol{U}_k\boldsymbol{V}_k^{\mathrm{T}})^{-1}\\&=\boldsymbol{B}_k^{-1}-\boldsymbol{B}_k^{-1}\boldsymbol{U}_k(\boldsymbol{I}+\boldsymbol{V}_k^{\mathrm{T}}\boldsymbol{B}_k^{-1}\boldsymbol{U}_k)^{-1}\boldsymbol{V}_k^{\mathrm{T}}\boldsymbol{B}_k^{-1}\\&=\boldsymbol{H}_k-\boldsymbol{H}_k\boldsymbol{U}_k(\boldsymbol{I}+\boldsymbol{V}_k^{\mathrm{T}}\boldsymbol{H}_k\boldsymbol{U}_k)^{-1}\boldsymbol{V}_k^{\mathrm{T}}\boldsymbol{H}_k,\end{aligned}$$

其中 $\boldsymbol{I}$ 是 m 阶单位阵. 于是有

$$\Delta\boldsymbol{H}_k=\boldsymbol{H}_{k+1}-\boldsymbol{H}_k=\boldsymbol{W}_k\boldsymbol{Z}_k^{\mathrm{T}},$$

其中

$$\boldsymbol{W}_k=-\boldsymbol{H}_k\boldsymbol{U}_k(\boldsymbol{I}+\boldsymbol{V}_k^{\mathrm{T}}\boldsymbol{H}_k\boldsymbol{U}_k)^{-1},\quad \boldsymbol{Z}_k=\boldsymbol{H}_k^{\mathrm{T}}\boldsymbol{V}_k. \tag{5.30}$$

显然, $\boldsymbol{W}_k,\boldsymbol{Z}_k\in\mathbb{R}^{n\times m}$ 且 $\operatorname{rank}(\boldsymbol{W}_k)=\operatorname{rank}(\boldsymbol{Z}_k)=m$. 于是, 可得一般的秩 m 逆拟牛顿法

$$\begin{cases}\boldsymbol{x}^{k+1}=\boldsymbol{x}^k-\boldsymbol{H}_kF(\boldsymbol{x}^k),\\\boldsymbol{H}_{k+1}\boldsymbol{y}^k=\boldsymbol{s}^k,\\\boldsymbol{H}_{k+1}=\boldsymbol{H}_k+\boldsymbol{W}_k\boldsymbol{Z}_k^{\mathrm{T}},\ k=0,1,\cdots,\end{cases} \tag{5.31}$$

其中 $\boldsymbol{W}_k,\boldsymbol{Z}_k$ 由式 (5.30) 给出. 我们注意到式 (5.31) 比式 (5.29) 使用起来更方便且计算量更少, 故通常都用式 (5.31). 下面讨论 $m=2$ 的情形, 即秩 2 校正拟牛顿法. 此时 $\boldsymbol{W}_k,\boldsymbol{Z}_k$ 均为 $n\times 2$ 矩阵, 故可表示为

$$\boldsymbol{W}_k=\left(\boldsymbol{w}_k^1,\boldsymbol{w}_k^2\right),\quad \boldsymbol{Z}_k=\left(\boldsymbol{z}_k^1,\boldsymbol{z}_k^2\right), \tag{5.32}$$

其中

$$\boldsymbol{w}_k^i,\ \boldsymbol{z}_k^i\in\mathbb{R}^n,\quad i=1,2.$$

将式 (5.32) 代入式 (5.31) 的第二式, 得

$$[\boldsymbol{H}_k+\boldsymbol{w}_k^1(\boldsymbol{z}_k^1)^{\mathrm{T}}+\boldsymbol{w}_k^2(\boldsymbol{z}_k^2)^{\mathrm{T}}]\boldsymbol{y}^k=\boldsymbol{s}^k,\quad k=0,1,\cdots. \tag{5.33}$$

记 $\sigma_i=(\boldsymbol{z}_k^i)^{\mathrm{T}}\boldsymbol{y}^k\,(i=1,2)$, 则有

$$\sigma_1\boldsymbol{w}_k^1+\sigma_2\boldsymbol{w}_k^2=\boldsymbol{s}^k-\boldsymbol{H}_k\boldsymbol{y}^k. \tag{5.34}$$

当 $\sigma_1\sigma_2\neq 0$ 时, 欲使上式成立, 只需取

$$\boldsymbol{w}_k^1=\frac{1}{\sigma_1}\boldsymbol{s}^k,\quad \boldsymbol{w}_k^2=-\frac{1}{\sigma_2}\boldsymbol{H}_k\boldsymbol{y}^k$$

即可. 于是便有

$$\boldsymbol{H}_{k+1}=\boldsymbol{H}_k+\frac{\boldsymbol{s}^k(\boldsymbol{z}_k^1)^{\mathrm{T}}}{(\boldsymbol{z}_k^1)^{\mathrm{T}}\boldsymbol{y}^k}-\frac{\boldsymbol{H}_k\boldsymbol{y}^k(\boldsymbol{z}_k^2)^{\mathrm{T}}}{(\boldsymbol{z}_k^2)^{\mathrm{T}}\boldsymbol{y}^k},\quad k=0,1,\cdots. \tag{5.35}$$

可以证明, 当 $(\boldsymbol{z}_k^2)^{\mathrm{T}}F(\boldsymbol{x}^k)\neq 0$ 时, $\boldsymbol{H}_k$ 非奇异.

注意到式 (5.35) 中还有待定向量 $\boldsymbol{z}_k^1$ 和 $\boldsymbol{z}_k^2$, 这就意味着取不同的 $\boldsymbol{z}_k^1$ 和 $\boldsymbol{z}_k^2$ 可得到不同的校正公式. 当 $\boldsymbol{z}_k^1$ 和 $\boldsymbol{z}_k^2$ 线性相关时, 由式 (5.35) 可得到秩 1 校正公式. 为了得到秩 2 校正拟牛顿法, 通常要求 $\boldsymbol{z}_k^1$ 和 $\boldsymbol{z}_k^2$ 线性无关. 下面给出几个著名的秩 2 校正公式.

1. DFP (Davidon–Fletcher–Powell) *秩 2 校正公式*

在式 (5.35) 中取

$$\boldsymbol{z}_k^1=\boldsymbol{s}^k,\quad \boldsymbol{z}_k^2=\boldsymbol{H}_k\boldsymbol{y}^k,\quad k=0,1,\cdots,$$

得到 DFP 校正公式如下

$$\begin{cases}\boldsymbol{x}^{k+1}=\boldsymbol{x}^k-\boldsymbol{H}_kF(\boldsymbol{x}^k),\\ \boldsymbol{H}_{k+1}=\boldsymbol{H}_k+\dfrac{\boldsymbol{s}^k(\boldsymbol{s}^k)^{\mathrm{T}}}{(\boldsymbol{s}^k)^{\mathrm{T}}\boldsymbol{y}^k}-\dfrac{\boldsymbol{H}_k\boldsymbol{y}^k(\boldsymbol{y}^k)^{\mathrm{T}}\boldsymbol{H}_k}{(\boldsymbol{y}^k)^{\mathrm{T}}\boldsymbol{H}_k\boldsymbol{y}^k},\quad k=0,1,\cdots.\end{cases}\tag{5.36}$$

2. BFS (Broyden–Fletcher–Shanmo) *秩 2 校正公式*

在式 (5.35) 中取

$$\boldsymbol{z}_k^2=\boldsymbol{s}^k,\quad \frac{(\boldsymbol{z}_k^1)^{\mathrm{T}}}{(\boldsymbol{z}_k^1)^{\mathrm{T}}\boldsymbol{y}^k}=\theta_k\frac{(\boldsymbol{s}^k)^{\mathrm{T}}}{(\boldsymbol{s}^k)^{\mathrm{T}}\boldsymbol{y}^k}-\frac{(\boldsymbol{y}^k)^{\mathrm{T}}\boldsymbol{H}_k}{(\boldsymbol{s}^k)^{\mathrm{T}}\boldsymbol{y}^k},$$

其中

$$\theta_k=1+\frac{(\boldsymbol{y}^k)^{\mathrm{T}}\boldsymbol{H}_k\boldsymbol{y}^k}{(\boldsymbol{s}^k)^{\mathrm{T}}\boldsymbol{y}^k},\quad k=0,1,\cdots,\tag{5.37}$$

得到 BFS 校正公式如下

$$\begin{cases}\boldsymbol{x}^{k+1}=\boldsymbol{x}^k-\boldsymbol{H}_kF(\boldsymbol{x}^k),\\ \boldsymbol{H}_{k+1}=\boldsymbol{H}_k+\dfrac{1}{(\boldsymbol{s}^k)^{\mathrm{T}}\boldsymbol{y}^k}\left[\theta_k\boldsymbol{s}^k(\boldsymbol{s}^k)^{\mathrm{T}}-\boldsymbol{s}^k(\boldsymbol{y}^k)^{\mathrm{T}}\boldsymbol{H}_k-\boldsymbol{H}_k\boldsymbol{y}^k(\boldsymbol{s}^k)^{\mathrm{T}}\right],\\ \qquad k=0,1,\cdots,\end{cases}\tag{5.38}$$

此处 θ_k 由式 (5.37) 确定.

计算实践表明 DFP 公式和 BFS 公式都是相当有效的, 且后者比前者具有更好的数值稳定性.

3. BFGS *方法*

BFGS (Broyden–Fletcher–Goldfarb–Shanno) 方法是秩为 2 的拟牛顿校正中最有效的方法之一. BFGS 迭代公式如下

$$\begin{cases}\boldsymbol{x}^{k+1}=\boldsymbol{x}^k-\boldsymbol{B}_k^{-1}F(\boldsymbol{x}^k),\\ \boldsymbol{B}_{k+1}=\boldsymbol{B}_k+\dfrac{\boldsymbol{y}^k(\boldsymbol{y}^k)^{\mathrm{T}}}{(\boldsymbol{y}^k)^{\mathrm{T}}\boldsymbol{s}^k}-\dfrac{\boldsymbol{B}_k\boldsymbol{s}^k(\boldsymbol{s}_k)^{\mathrm{T}}\boldsymbol{B}_k}{(\boldsymbol{s}^k)^{\mathrm{T}}\boldsymbol{B}_k\boldsymbol{s}^k},\quad k=0,1,\cdots.\end{cases}\tag{5.39}$$

相应地, 逆 BFGS 迭代公式为

$$\begin{cases} \boldsymbol{x}^{k+1}=\boldsymbol{x}^k-\boldsymbol{H}_kF(\boldsymbol{x}^k), \\ \boldsymbol{H}_{k+1}=\boldsymbol{H}_k+\dfrac{(\boldsymbol{s}^k-\boldsymbol{H}_k\boldsymbol{y}^k)(\boldsymbol{s}^k)^{\mathrm{T}}+\boldsymbol{s}^k(\boldsymbol{s}^k-\boldsymbol{H}_k\boldsymbol{y}^k)^{\mathrm{T}}}{(\boldsymbol{s}^k)^{\mathrm{T}}\boldsymbol{y}^k}- \\ \qquad \dfrac{(\boldsymbol{s}^k-\boldsymbol{H}_k\boldsymbol{y}^k)^{\mathrm{T}}\boldsymbol{y}^k}{((\boldsymbol{s}^k)^{\mathrm{T}}\boldsymbol{y}^k)^2}\boldsymbol{s}^k(\boldsymbol{s}^k)^{\mathrm{T}}, \quad k=0,1,\cdots. \end{cases} \tag{5.40}$$

由于拟牛顿法是由牛顿法发展而来的, 因此其收敛性也与牛顿法具有一定的关系. 这里主要说明如果拟牛顿法具有超线性收敛速度, 则迭代步长必定渐近地逼近牛顿步长.

考虑迭代

$$\boldsymbol{x}^{k+1}=\boldsymbol{x}^k-\boldsymbol{B}_k^{-1}F(\boldsymbol{x}^k), \tag{5.41}$$

其中 $\boldsymbol{B}_k=F'(\boldsymbol{x}^*)+\boldsymbol{E}_k\approx F'(\boldsymbol{x}^*)$ 由某种方法产生.

定义 5.1 如果序列 $\{\boldsymbol{s}^k\}\subset\mathbb{R}^n$, $\{\boldsymbol{E}_k\}\subset\mathbb{R}^{n\times n}$ 满足

$$\lim_{k\to\infty}\frac{\|\boldsymbol{E}_k\boldsymbol{s}^k\|_2}{\|\boldsymbol{s}^k\|_2}=0, \tag{5.42}$$

则称序列 $\{\boldsymbol{s}^k\}$ 和 $\{\boldsymbol{E}_k\}$ 满足 Dennis–More 条件.

下面给出本小节的主要结论.

定理 5.3 设条件 5.1 和条件 5.2 成立, $\{\boldsymbol{B}_k\}$ 是一个 $n\times n$ 矩阵序列, 给定 $\boldsymbol{x}^0\in\mathbb{R}^n$, $\{\boldsymbol{x}^k\}_{k=1}^{\infty}$ 按式 (5.41) 计算. 设对任意 k, $\boldsymbol{x}^k\neq\boldsymbol{x}^*$, 则 $\{\boldsymbol{x}^k\}$ 超线性收敛于 $\boldsymbol{x}^*$ 的充要条件是 $\boldsymbol{x}^k$ 收敛于 $\boldsymbol{x}^*$ 且式 (5.42) 成立, 其中 $\boldsymbol{s}^k\equiv\boldsymbol{x}^{k+1}-\boldsymbol{x}^k$.

Dennis–More 条件的解释: 要求式 (5.41) 的迭代步长

$$\boldsymbol{s}^k=\boldsymbol{x}^{k+1}-\boldsymbol{x}^k=-\boldsymbol{B}_k^{-1}F(\boldsymbol{x}^k)$$

在大小和方向上都渐近地逼近牛顿步长

$$\boldsymbol{s}_{\mathrm{N}}^k=\boldsymbol{x}_{\mathrm{N}}^{k+1}-\boldsymbol{x}_{\mathrm{N}}^k=-F'(\boldsymbol{x}^k)^{-1}F(\boldsymbol{x}^k).$$

事实上, 由

$$\boldsymbol{s}^k-\boldsymbol{s}_{\mathrm{N}}^k=\boldsymbol{s}^k+F'(\boldsymbol{x}^k)^{-1}F(\boldsymbol{x}^k)=F'(\boldsymbol{x}^k)^{-1}(F'(\boldsymbol{x}^k)-\boldsymbol{B}_k)\boldsymbol{s}^k$$

可知, Dennis–More 条件等价于

$$\lim_{k\to\infty}\frac{\|\boldsymbol{s}^k-\boldsymbol{s}_{\mathrm{N}}^k\|_2}{\|\boldsymbol{s}^k\|_2}=0. \tag{5.43}$$

上式表明, $\boldsymbol{s}^k$ 逼近 $\boldsymbol{s}_{\mathrm{N}}^k$ 的相对误差趋于 0. 由此可得

$$\lim_{k\to\infty}\left|\frac{\|\boldsymbol{s}_{\mathrm{N}}^k\|_2}{\|\boldsymbol{s}^k\|_2}-1\right|=\lim_{k\to\infty}\frac{\big|\|\boldsymbol{s}_{\mathrm{N}}^k\|_2-\|\boldsymbol{s}^k\|_2\big|}{\|\boldsymbol{s}^k\|_2}\leqslant\lim_{k\to\infty}\frac{\|\boldsymbol{s}_{\mathrm{N}}^k-\boldsymbol{s}^k\|_2}{\|\boldsymbol{s}^k\|_2}=0.$$

由此容易证明

$$\lim_{k\to\infty}\frac{\|\boldsymbol{s}_{\mathrm{N}}^k\|_2}{\|\boldsymbol{s}^k\|_2}=1. \tag{5.44}$$

以上分析表明, 式 (5.41) 具有超线性收敛速度的充要条件是迭代方向 $\boldsymbol{s}^k$ 在大小和方向上都渐近地逼近牛顿方向 $\boldsymbol{s}_{\mathrm{N}}^k$. 特别地, 当式 (5.41) 为拟牛顿方法时, 上述结论均成立.

最后我们指出, 与牛顿法相比, 拟牛顿法具有两大缺点: 其一是拟牛顿序列即使收敛, 也不能保证拟牛顿矩阵序列同时收敛; 其二是由拟牛顿法产生的迭代步长不一定总是价值函数的下降方向, 这是拟牛顿法的最大缺陷.

5.4　全局 Broyden 方法

本节讨论求解非线性方程组

$$F(\boldsymbol{x})=\boldsymbol{0} \tag{5.45}$$

的全局 (收敛) Broyden 方法, 其中 $F(\boldsymbol{x})=(F_1(\boldsymbol{x}),F_2(\boldsymbol{x}),\cdots,F_n(\boldsymbol{x}))^{\mathrm{T}}$ 是连续可微的映射. 从前面的讨论可知, 牛顿法和拟牛顿法本质上都是局部收敛的方法. 为了得到算法的全局收敛性, 必须引入必要的线搜索方式, 以保证算法的下降性. 传统的线搜索方法, 无论是精确搜索还是非精确搜索, 都需要使用 $F(\boldsymbol{x})$ 的导数 $F'(\boldsymbol{x})$, 这给算法的实现带来了不便, 因为计算非线性映射的导数开销很大. 因此本节讨论基于无导数搜索的下降算法.

1986 年, Griewank (格力瓦克) 首次提出基于无导数线搜索 (Derivative–Free Line Search) 的一个全局 Broyden 方法[16]. 通过定义

$$q_k(\lambda)=\frac{F(\boldsymbol{x}^k)^{\mathrm{T}}[F(\boldsymbol{x}^k)-F(\boldsymbol{x}^k+\lambda\boldsymbol{p}^k)]}{\|F(\boldsymbol{x}^k+\lambda\boldsymbol{p}^k)-F(\boldsymbol{x}^k)\|^2} \tag{5.46}$$

来确定步长 $\lambda_k\geqslant 0$ 使满足

$$q_k(\lambda_k)\geqslant\frac{1}{2}+\varepsilon, \tag{5.47}$$

其中 $\varepsilon\in(0,1/6)$ 是某个给定的常数. 式 (5.47) 可以使迭代方法具有模下降的性质. 事实上, 从式 (5.47) 可得 $2q_k(\lambda_k)-1-2\varepsilon\geqslant 0$, 这意味着

$$\begin{aligned}\|F(\boldsymbol{x}^{k+1})\|^2&=\|F(\boldsymbol{x}^k+\lambda_k\boldsymbol{p}^k)\|^2\\&\leqslant\|F(\boldsymbol{x}^k)\|^2-2\varepsilon\|F(\boldsymbol{x}^k+\lambda_k\boldsymbol{p}^k)-F(\boldsymbol{x}^k)\|^2\\&\leqslant\|F(\boldsymbol{x}^k)\|^2.\end{aligned}$$

根据式 (5.46), 如果 $F(\boldsymbol{x}^k)^{\mathrm{T}}F'(\boldsymbol{x}^k)\boldsymbol{p}^k\neq 0$, 那么对于充分小的正数 λ_k, 式 (5.47) 成立, 因此可用回溯法 (Backtracking Process) 在有限步确定步长 λ_k. 但是当 $F(\boldsymbol{x}^k)^{\mathrm{T}}F'(\boldsymbol{x}^k)\boldsymbol{p}^k=0$ 时, 下面的例子说明找不到 $\lambda_k>0$ 使式 (5.47) 成立.

例 5.3　假设方程组

$$F(\boldsymbol{x})=\begin{pmatrix}\dfrac{1}{3}(x_1-x_2)^3+x_1-x_2\\x_2\end{pmatrix}=\boldsymbol{0}.$$

显然, 该方程组有唯一解: $\boldsymbol{x}^* = (0,0)^{\mathrm{T}}$. Jacobi 矩阵

$$F'(\boldsymbol{x}) = \begin{pmatrix} (x_1 - x_2)^2 + 1 & -(x_1 - x_2)^2 - 1 \\ 0 & 1 \end{pmatrix}$$

在任何有界集上是一致非奇异的. 设 $\boldsymbol{x}^k = (c,0)^{\mathrm{T}}$ 是第 k 步迭代值, 其中 $c \neq 0$ 是某个给定的常数, $\boldsymbol{p}^k = (1,1)^{\mathrm{T}}$ 是算法生成的搜索方向, 那么,

$$F(\boldsymbol{x}^k) = \left(\frac{1}{3}c^3 + c, 0\right)^{\mathrm{T}}, \ F(\boldsymbol{x}^k + \lambda \boldsymbol{p}^k) - F(\boldsymbol{x}^k) = (0, \lambda)^{\mathrm{T}}.$$

由此可得, 对所有的 λ,

$$F(\boldsymbol{x}^k)^{\mathrm{T}}[F(\boldsymbol{x}^k + \lambda \boldsymbol{p}^k) - F(\boldsymbol{x}^k)] = 0, \quad \|F(\boldsymbol{x}^k + \lambda \boldsymbol{p}^k) - F(\boldsymbol{x}^k)\|^2 = \lambda^2,$$

因此找不到 $\lambda > 0$ 满足式 (5.47).

上面的例子说明式 (5.47) 可能不是适定的. 基于此, 1999 年, 李董辉等给出了一个适定的且容易执行的无导数搜索算法[17].

算法 5.3 (Li 搜索算法)

步 1. 给定常数 $\beta \in (0,1)$, $\sigma_1 > 0$, $\eta > 0$ 和正数序列 $\{\eta_k\}$ 使满足

$$\sum_{k=0}^{\infty} \eta_k \leqslant \eta < \infty. \tag{5.48}$$

步 2. 对 $i = 0, 1, \cdots$, 用 $\lambda = \beta^i$ 逐个检查下列不等式是否成立

$$\|F(\boldsymbol{x}^k + \lambda \boldsymbol{p}^k)\| \leqslant \|F(\boldsymbol{x}^k)\| - \sigma_1 \|\lambda \boldsymbol{p}^k\|^2 + \eta_k \|F(\boldsymbol{x}^k)\|. \tag{5.49}$$

令 i_k 是使上述不等式成立的最小非负整数 i, 置 $\lambda_k := \beta^{i_k}$.

显然, 对于充分小的 $\lambda > 0$, 算法 5.3 是适定的, 即步 2 可以在有限步内终止.

利用式 (5.49), 可以建立求解式 (5.45) 的一个全局收敛及局部超线性收敛的拟牛顿算法.

算法 5.4 (全局 Broyden 方法)

步 1. 给定常数 $\beta, \rho, \bar{\theta} \in (0,1)$, $\sigma_1, \sigma_2 > 0$, 选取正数序列 $\{\eta_k\}$ 使满足式 (5.48). 选取初始点 $\boldsymbol{x}^0 \in \mathbb{R}^n$ 和非奇异矩阵 $\boldsymbol{B}_0 \in \mathbb{R}^{n \times n}$. 置 $k := 0$.

步 2. 若 $F(\boldsymbol{x}^k) = \boldsymbol{0}$, 停算. 否则, 求下列线性方程组的解 $\boldsymbol{p}^k$

$$\boldsymbol{B}_k \boldsymbol{p} = -F(\boldsymbol{x}^k). \tag{5.50}$$

步 3. 若

$$\|F(\boldsymbol{x}^k + \boldsymbol{p}^k)\| \leqslant \rho \|F(\boldsymbol{x}^k)\| - \sigma_2 \|\boldsymbol{p}^k\|^2, \tag{5.51}$$

置 $\lambda_k := 1$, 转步 5; 否则, 转步 4.

步 4. 执行线搜索算法 5.3 确定步长 λ_k.

步 5. 置 $\boldsymbol{x}^{k+1} := \boldsymbol{x}^k + \lambda_k \boldsymbol{p}^k$.

步 6. 计算 $\boldsymbol{s}^k=\boldsymbol{x}^{k+1}-\boldsymbol{x}^k$, $\boldsymbol{y}^k=F(\boldsymbol{x}^{k+1})-F(\boldsymbol{x}^k)$. 用类 Broyden 公式更新 $\boldsymbol{B}_k$

$$\boldsymbol{B}_{k+1}:=\boldsymbol{B}_k+\theta_k\frac{(\boldsymbol{y}^k-\boldsymbol{B}_k\boldsymbol{s}^k)(\boldsymbol{s}^k)^{\mathrm{T}}}{\|\boldsymbol{s}^k\|^2}, \tag{5.52}$$

其中参数 θ_k 满足 $|\theta_k-1|\leqslant\bar{\theta}$ 且使得 $\boldsymbol{B}_{k+1}$ 非奇异.

步 7. 置 $k:=k+1$, 转步 2.

下面给出算法 5.4 的 MATLAB 程序.

```
%全局Broyden方法程序
function [k,time,res,resvec]=broydenlike(x,tol,max_it)
tic; k=0; B=eye(length(x));
rho=0.9; beta=0.9; s1=1.0e-4; s2=1.0e-4;
while(k<=max_it)
    eta=1/((k+1)^2); F=Fk(x);
    p=-B\F; F1=Fk(x+p);
    if(norm(F1)<=rho*norm(F)-s2*p'*p);
        lambda=1; x1=x+lambda*p;
    else
        nF=norm(F);
        lambda=li_search(x,p,nF,beta,s1,eta);
        x1=x+lambda*p;
        F1=Fk(x1);
    end
    res=norm(F1); resvec(k+1)=res;
    if(res<=tol), k=k+1; break; end
    s=x1-x; y=F1-F;
    B=B+(y-B*s)*s'/(s'*s);
    x=x1; F=F1; k=k+1;
end
time=toc;
%Li-搜索算法程序
function lambda=li_search(x,p,nF,beta,s1,eta)
i=0;lambda=beta^(20);
while (i<20)
   if norm(Fk(x+beta^i*p))<=(1+eta)*nF-s1*norm(beta^i*p)^2;
       lambda=beta^i; break;
   end
   i=i+1;
end
```

例 5.4 考虑例 1.1 中的离散两点边值问题

$$F(\boldsymbol{x}) = \boldsymbol{A}\boldsymbol{x} + \frac{1}{(n+1)^2} f(\boldsymbol{x}) = \boldsymbol{0},$$

这里

$$\boldsymbol{A} = \begin{pmatrix} 2 & -1 & & & \\ -1 & 2 & -1 & & \\ & \ddots & \ddots & \ddots & \\ & & -1 & 2 & -1 \\ & & & -1 & 2 \end{pmatrix} \in \mathbb{R}^{n\times n}, \quad f(\boldsymbol{x}) = \begin{pmatrix} f_1(\boldsymbol{x}) \\ f_2(\boldsymbol{x}) \\ \vdots \\ f_n(\boldsymbol{x}) \end{pmatrix},$$

其中 $f_i(\boldsymbol{x}) = \arctan x_i - 1,\ i = 1, 2, \cdots, n.$

在对算法 5.4 的数值测试过程中, 取参数 $\rho = 0.9$, $\sigma_1 = \sigma_2 = 10^{-4}$, $\beta = 0.9$, $\eta_k = \dfrac{1}{2^k}$, $\theta_k \equiv 1$, 初始矩阵 $\boldsymbol{B}_0 = \boldsymbol{I}$, 问题的维数取 $n = 99$, 终止准则值取 $\|F(\boldsymbol{x}^k)\| \leqslant 10^{-10}$. 对于不同的初始点, 数值结果如表 5.3 所示.

表 5.3 算法 5.4 的数值结果

初始点 ($\boldsymbol{x}^0$)	迭代次数 (k)	CPU 时间 (单位为 s)	残差 ($\|F(\boldsymbol{x}^k)\|$)
$(0, 0, \cdots, 0)^{\mathrm{T}}$	167	0.2498	2.2944e-11
$(1, 1, \cdots, 1)^{\mathrm{T}}$	151	0.1935	8.9041e-11
$(-1, -1, \cdots, -1)^{\mathrm{T}}$	179	0.2415	1.6754e-11
$(10^2, 10^2, \cdots, 10^2)^{\mathrm{T}}$	307	0.4300	9.2437e-11
$(10^3, 10^3, \cdots, 10^3)^{\mathrm{T}}$	382	0.5569	8.5304e-11
$(-10^2, \cdots, -10^2)^{\mathrm{T}}$	320	0.4613	6.5771e-11
$(-10^3, \cdots, -10^3)^{\mathrm{T}}$	396	0.5830	8.5531e-11
$(1, 2, \cdots, n)^{\mathrm{T}}$	340	0.4816	9.6244e-11
$(-1, -2, \cdots, -n)^{\mathrm{T}}$	385	0.5578	5.7529e-11

图 5.1 是初始点 $\boldsymbol{x}^0 = (1, 1, \cdots, 1)^{\mathrm{T}}$ 时的残差曲线图.

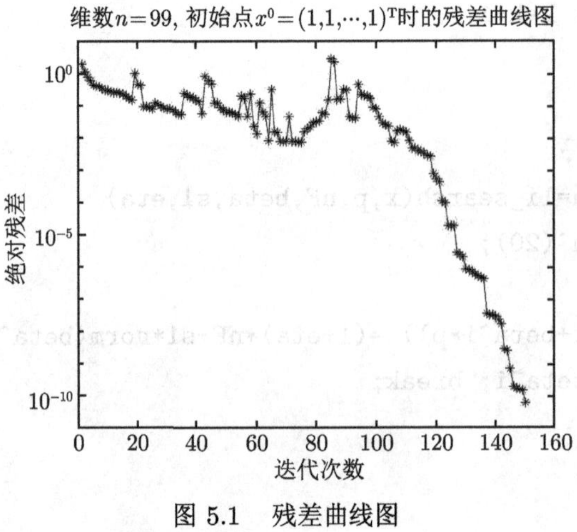

图 5.1 残差曲线图

下面来考虑算法 5.4 的收敛性. 由算法 5.4 的步 3 和式 (5.49) 不难发现, 对任意的 k, 成立

$$\sigma_0\|\boldsymbol{s}^k\|^2 = \sigma_0\|\boldsymbol{x}^{k+1}-\boldsymbol{x}^k\|^2 \leqslant \|F(\boldsymbol{x}^k)\| - \|F(\boldsymbol{x}^{k+1})\| + \eta_k\|F(\boldsymbol{x}^k)\|, \tag{5.53}$$

其中 $\sigma_0=\min\{\sigma_1,\sigma_2\}$. 此外, 不难证明由算法 5.4 生成的序列 $\{\boldsymbol{x}^k\}$ 包含在下面的水平集中

$$\mathbb{L}(\boldsymbol{x}^0) = \{\boldsymbol{x}\in\mathbb{R}^n \mid \|F(\boldsymbol{x})\| \leqslant \mathrm{e}^\eta\|F(\boldsymbol{x}^0)\|\}, \tag{5.54}$$

其中, η 由式 (5.48) 所给定, 即有下面的引理.

引理 5.5 设序列 $\{\boldsymbol{x}^k\}$ 由算法 5.4 所生成, 则 $\{\boldsymbol{x}^k\}\subseteq\mathbb{L}(\boldsymbol{x}^0)$.

证 对任意的 k, 由式 (5.48)、式 (5.49) 和式 (5.51) 可得

$$\begin{aligned}
\|F(\boldsymbol{x}^{k+1})\| &\leqslant (1+\eta_k)\|F(\boldsymbol{x}^k)\| \leqslant \cdots \leqslant \|F(\boldsymbol{x}^0)\|\prod_{i=0}^{k}(1+\eta_i)\\
&\leqslant \|F(\boldsymbol{x}^0)\|\left(\frac{1}{k+1}\sum_{i=0}^{k}(1+\eta_i)\right)^{k+1}\\
&= \|F(\boldsymbol{x}^0)\|\left(1+\frac{1}{k+1}\sum_{i=0}^{k}\eta_i\right)^{k+1}\\
&\leqslant \|F(\boldsymbol{x}^0)\|\left(1+\frac{\eta}{k+1}\right)^{k+1}\\
&\leqslant \mathrm{e}^\eta\|F(\boldsymbol{x}^0)\|,
\end{aligned}$$

即 $\{\boldsymbol{x}^k\}\subseteq\mathbb{L}(\boldsymbol{x}^0)$. 证毕. □

为了得到算法 5.4 的收敛性结果, 我们先引述下面的引理.

引理 5.6 设正数序列 $\{a_k\}$ 和 $\{r_k\}$ 满足

$$a_{k+1} \leqslant (1+r_k)a_k + r_k$$

和

$$\sum_{k=0}^{\infty} r_k < \infty, \tag{5.55}$$

则序列 $\{a_k\}$ 收敛.

由式 (5.53) 和引理 5.5, 立即有下面的引理.

引理 5.7 设序列 $\{\boldsymbol{x}^k\}$ 由算法 5.4 所生成, 水平集 $\mathbb{L}(\boldsymbol{x}^0)$ 有界, 则

$$\sum_{k=0}^{\infty}\|\boldsymbol{s}^k\|^2 < \infty. \tag{5.56}$$

由引理 5.5 和引理 5.6, 不难得到下面的结果.

引理 5.8 设序列 $\{\boldsymbol{x}^k\}$ 由算法 5.4 所生成, 水平集 $\mathbb{L}(\boldsymbol{x}^0)$ 有界, 则序列 $\{\|F(\boldsymbol{x}^k)\|\}$ 收敛.

引理 5.9 假设正数序列 $\{a_k\}, \{b_k\}, \{\zeta_k\}$ 满足

$$a_{k+1}^2 \leqslant (a_k + b_k)^2 - \alpha\zeta_k^2,\ k = 0, 1, \cdots, \tag{5.57}$$

其中 $\alpha > 0$ 是某个常数. 若

$$\sum_{k=0}^{\infty} b_k^2 < \infty, \tag{5.58}$$

则

$$\lim_{k\to\infty} \frac{1}{k}\sum_{i=0}^{k-1} \zeta_i^2 = 0. \tag{5.59}$$

此外, 若

$$\sum_{k=0}^{\infty} b_k < \infty, \tag{5.60}$$

则

$$\sum_{k=0}^{\infty} \zeta_k^2 < \infty. \tag{5.61}$$

证 由式 (5.57) 可得

$$a_{k+1} \leqslant a_k + b_k \leqslant \cdots \leqslant a_0 + \sum_{i=0}^{k} b_i, \tag{5.62}$$

故

$$\begin{aligned}\alpha\zeta_k^2 &\leqslant (a_k + b_k)^2 - a_{k+1}^2 = a_k^2 - a_{k+1}^2 + 2a_k b_k + b_k^2 \\ &\leqslant a_k^2 - a_{k+1}^2 + 2\left(a_0 + \sum_{i=0}^{k-1} b_i\right) b_k + b_k^2.\end{aligned}$$

对上式两边求和, 得

$$\begin{aligned}\alpha\sum_{k=0}^{m-1}\zeta_k^2 &\leqslant a_0^2 - a_m^2 + 2\sum_{k=0}^{m-1} b_k\left(a_0 + \sum_{i=0}^{k-1} b_i\right) + \sum_{k=0}^{m-1} b_k^2 \\ &\leqslant a_0^2 + 2a_0\sum_{k=0}^{m-1} b_k + 2\sum_{k=0}^{m-1} b_k \sum_{i=0}^{k-1} b_i + \sum_{k=0}^{m-1} b_k^2 \\ &= a_0^2 + 2a_0\sum_{k=0}^{m-1} b_k + \left(\sum_{k=0}^{m-1} b_k\right)^2 \\ &= \left(a_0 + \sum_{k=0}^{m-1} b_k\right)^2.\end{aligned}$$

故对任意的 $m > t$, 有

$$
\begin{aligned}
\alpha \sum_{k=0}^{m-1} \zeta_k^2 &\leqslant \left(a_0 + \sum_{k=0}^{t-1} b_k + \sum_{k=t}^{m-1} b_k\right)^2 \\
&\leqslant 2\left(a_0 + \sum_{k=0}^{t-1} b_k\right)^2 + 2\left(\sum_{k=t}^{m-1} b_k\right)^2 \\
&\leqslant 2\left(a_0 + \sum_{k=0}^{t-1} b_k\right)^2 + 2(m-t)\sum_{k=t}^{m-1} b_k^2,
\end{aligned} \tag{5.63}
$$

从而

$$
\alpha \lim_{m\to\infty} \frac{1}{m} \sum_{k=0}^{m-1} \zeta_k^2 \leqslant 2\sum_{k=t}^{\infty} b_k^2. \tag{5.64}
$$

由 t 的任意性及式 (5.58) 即得式 (5.59). 第二个结论由式 (5.63) 立得. 证毕. □

算法 5.4 的收敛性证明需要下面的假设.

条件 5.3 (1) 水平集 $\mathbb{L}(\boldsymbol{x}^0)$ 有界, 且 $F'(\boldsymbol{x})$ 在水平集 $\mathbb{L}(\boldsymbol{x}^0)$ 上非奇异.

(2) $F'(\boldsymbol{x})$ 在水平集 $\mathbb{L}(\boldsymbol{x}^0)$ 上 Lipschitz 连续, 即存在常数 $L>0$ 使

$$
\|F'(\boldsymbol{x}) - F'(\boldsymbol{y})\| \leqslant L\|\boldsymbol{x}-\boldsymbol{y}\|, \quad \forall\, \boldsymbol{x},\boldsymbol{y} \in \mathbb{L}(\boldsymbol{x}^0).
$$

为了方便, 记

$$
\boldsymbol{A}_{k+1} = \int_0^1 F'(\boldsymbol{x}^k + t\boldsymbol{s}^k)\mathrm{d}t. \tag{5.65}
$$

那么, $\boldsymbol{y}^k = \boldsymbol{A}_{k+1}\boldsymbol{s}^k$, 其中 $\boldsymbol{y}^k = F(\boldsymbol{x}^{k+1}) - F(\boldsymbol{x}^k)$, 则由式 (5.52) 有

$$
\boldsymbol{B}_{k+1} = \boldsymbol{B}_k + \theta_k \frac{(\boldsymbol{A}_{k+1} - \boldsymbol{B}_k)\boldsymbol{s}^k {\boldsymbol{s}^k}^{\mathrm{T}}}{\|\boldsymbol{s}^k\|^2}. \tag{5.66}
$$

再令

$$
\zeta_k = \frac{\|\boldsymbol{y}^k - \boldsymbol{B}_k\boldsymbol{s}^k\|}{\|\boldsymbol{s}^k\|}. \tag{5.67}
$$

因为 $\boldsymbol{y}^k = \boldsymbol{A}_{k+1}\boldsymbol{s}^k$, $\boldsymbol{s}^k = \lambda_k \boldsymbol{p}^k$, 式 (5.67) 可重新写为

$$
\zeta_k = \frac{\|(\boldsymbol{A}_{k+1} - \boldsymbol{B}_k)\boldsymbol{s}^k\|}{\|\boldsymbol{s}^k\|} = \frac{\|(\boldsymbol{A}_{k+1} - \boldsymbol{B}_k)\boldsymbol{p}^k\|}{\|\boldsymbol{p}^k\|}. \tag{5.68}
$$

算法 5.4 的全局收敛性证明还需要下面的引理.

引理 5.10 假设条件 5.3 成立, 序列 $\{\zeta_k\}$ 由式 (5.67) 所定义. $\{\boldsymbol{x}^k\}$ 是算法 5.4 生成的序列. 若

$$
\sum_{k=0}^{\infty} \|\boldsymbol{s}^k\|^2 < \infty, \tag{5.69}
$$

则

$$
\lim_{k\to\infty} \frac{1}{k} \sum_{i=0}^{k-1} \zeta_i^2 = 0. \tag{5.70}
$$

特别地, 存在子序列 $\{\zeta_{k_i}\} \to 0, i \to \infty$. 此外, 若

$$\sum_{k=0}^{\infty} \|\boldsymbol{s}^k\| < \infty, \tag{5.71}$$

则

$$\sum_{k=0}^{\infty} \zeta_k^2 < \infty. \tag{5.72}$$

特别地, $\{\zeta_k\} \to 0, k \to \infty$.

证 注意到 $F'(x)$ 的 Lipschitz 连续性, 我们有

$$\begin{aligned}\|\boldsymbol{A}_{k+1} - \boldsymbol{A}_k\|_{\mathrm{F}} &\leqslant \int_0^1 \|F'(\boldsymbol{x}^k + t\boldsymbol{s}^k) - F'(\boldsymbol{x}^{k-1} + t\boldsymbol{s}^{k-1})\|_{\mathrm{F}} \mathrm{d}t \\ &\leqslant L\int_0^1 \|(\boldsymbol{x}^k + t\boldsymbol{s}^k) - (\boldsymbol{x}^{k-1} + t\boldsymbol{s}^{k-1})\|\mathrm{d}t \\ &= L\int_0^1 \|t\boldsymbol{s}^k + (1-t)\boldsymbol{s}^{k-1})\|\mathrm{d}t \\ &\leqslant \frac{L}{2}(\|\boldsymbol{s}^k\| + \|\boldsymbol{s}^{k-1}\|).\end{aligned} \tag{5.73}$$

令

$$a_k = \|\boldsymbol{B}_k - \boldsymbol{A}_k\|_{\mathrm{F}}, \quad b_k = \|\boldsymbol{A}_{k+1} - \boldsymbol{A}_k\|_{\mathrm{F}},$$

那么由式 (5.66) 和式 (5.68) 可得

$$\begin{aligned}a_{k+1}^2 &= \left\|(\boldsymbol{B}_k - \boldsymbol{A}_{k+1}) - \theta_k \frac{(\boldsymbol{B}_k - \boldsymbol{A}_{k+1})\boldsymbol{s}^k(\boldsymbol{s}^k)^{\mathrm{T}}}{\|\boldsymbol{s}^k\|^2}\right\|_{\mathrm{F}}^2 \\ &= \|\boldsymbol{B}_k - \boldsymbol{A}_{k+1}\|_{\mathrm{F}}^2 - \theta_k(2-\theta_k)\frac{\|(\boldsymbol{B}_k - \boldsymbol{A}_{k+1})\boldsymbol{s}^k(\boldsymbol{s}^k)^{\mathrm{T}}\|_{\mathrm{F}}^2}{\|\boldsymbol{s}^k\|^4} \\ &= \|\boldsymbol{B}_k - \boldsymbol{A}_{k+1}\|_{\mathrm{F}}^2 - \theta_k(2-\theta_k)\frac{\|\boldsymbol{y}^k - \boldsymbol{B}_k\boldsymbol{s}^k\|^2}{\|\boldsymbol{s}^k\|^2} \\ &= \|\boldsymbol{B}_k - \boldsymbol{A}_{k+1}\|_{\mathrm{F}}^2 - \theta_k(2-\theta_k)\zeta_k^2.\end{aligned} \tag{5.74}$$

由于 $|\theta_k - 1| \leqslant \bar{\theta} \in (0,1)$, 可得 $\theta_k(2-\theta_k) \geqslant (1-\bar{\theta}^2) > 0$. 因此, 式 (5.74) 即

$$a_{k+1}^2 \leqslant (a_k + b_k)^2 - (1-\bar{\theta}^2)\zeta_k^2. \tag{5.75}$$

由式 (5.69) 和式 (5.71) 可知正数序列 $\{a_k\}$, $\{b_k\}$, $\{\zeta_k\}$ 满足引理 5.9 的条件, 故本引理的结论成立. 证毕. □

定理 5.4 假设条件 5.3 成立, 则算法 5.4 生成的序列 $\{\boldsymbol{x}^k\}$ 全局收敛于式 (5.45) 的唯一解.

证 由引理 5.8 知 $\{\|F(\boldsymbol{x}^k)\|\}$ 收敛, 故只需证明存在 $\{\boldsymbol{x}^k\}$ 的一个聚点 $\boldsymbol{x}^*$ 满足 $F(\boldsymbol{x}^*) = \boldsymbol{0}$. 如果有无限多个 k 满足式 (5.51), 那么不等式 $\|F(\boldsymbol{x}^{k+1})\| \leqslant \rho\|F(\boldsymbol{x}^k)\|$ 对无限多个 k 成立, 这意味着 $\liminf\limits_{k\to\infty}\|F(\boldsymbol{x}^k)\| = 0$.

以下假设对于充分大的 k, 步长 λ_k 由式 (5.49) 确定. 由引理 5.7 和引理 5.10 知, 子序列 $\{\zeta_k\}_K \to 0$. 由于 $\{\boldsymbol{x}^k\}_K \subseteq \mathbb{L}(\boldsymbol{x}^0)$ 是有界的, 不失一般性, 可假设 $\boldsymbol{x}^k \to \bar{\boldsymbol{x}}$ $(k \to \infty)$. 由引理 5.7 可知 $\boldsymbol{s}^k = \boldsymbol{x}^{k+1} - \boldsymbol{x}^k \to \boldsymbol{0}$, 因此 $\{\boldsymbol{A}_{k+1}\}_K \to F'(\bar{\boldsymbol{x}})$. 故由定理的假设, 对于充分大的 $k \in K$, 存在常数 $M_1 > 0$, 使得 $\|\boldsymbol{A}_{k+1}^{-1}\| \leqslant M_1$. 于是, 由式 (5.50) 和式 (5.68) 可得

$$\begin{aligned}\|\boldsymbol{p}^k\| &= \|\boldsymbol{A}_{k+1}^{-1}[(\boldsymbol{A}_{k+1} - \boldsymbol{B}_k)\boldsymbol{p}^k - F(\boldsymbol{x}^k)]\| \\ &\leqslant \|\boldsymbol{A}_{k+1}^{-1}\|(\|(\boldsymbol{A}_{k+1} - \boldsymbol{B}_k)\boldsymbol{p}^k\| + \|F(\boldsymbol{x}^k)\|) \\ &\leqslant M_1(\zeta_k\|\boldsymbol{p}^k\| + \|F(\boldsymbol{x}^k)\|).\end{aligned}$$

由此可知, 对于充分大的 $k \in K$, 存在常数 $C_1 > 0$, 使得

$$\|\boldsymbol{p}^k\| \leqslant C_1\|F(\boldsymbol{x}^k)\|. \tag{5.76}$$

不失一般性, 可设 $\{\boldsymbol{p}^k\}_K \to \bar{\boldsymbol{p}}$. 注意到 $\|\boldsymbol{B}_k\boldsymbol{p}^k - \boldsymbol{A}_{k+1}\boldsymbol{p}^k\| = \zeta_k\|\boldsymbol{p}^k\|$, 故当 $k(\in K) \to \infty$ 时, $\boldsymbol{B}_k\boldsymbol{p}^k \to F'(\bar{\boldsymbol{x}})\bar{\boldsymbol{p}}$. 从而对式 (5.50) 两边取极限得

$$F'(\bar{\boldsymbol{x}})\bar{\boldsymbol{p}} + F(\bar{\boldsymbol{x}}) = \boldsymbol{0}. \tag{5.77}$$

令

$$\bar{\lambda} = \limsup_{k(\in K)\to\infty} \lambda_k,$$

那么有 $\bar{\lambda} \geqslant 0$ 和 $\bar{\lambda}\bar{\boldsymbol{p}} = \boldsymbol{0}$. 若 $\bar{\lambda} > 0$, 则有 $\bar{\boldsymbol{p}} = \boldsymbol{0}$, 代入 (5.77) 即得 $F(\bar{\boldsymbol{x}}) = \boldsymbol{0}$, 定理结论已证. 故可设 $\bar{\lambda} = 0$, 即 $\lim\limits_{k(\in K)\to\infty} \lambda_k = 0$. 由线搜索算法 5.3, 对于充分大的 $k \in K$, $\lambda_k' = \lambda_k/\beta$ 不满足式 (5.49), 即有

$$\|F(\boldsymbol{x}^k + \lambda_k'\boldsymbol{p}^k)\| - \|F(\boldsymbol{x}^k)\| \geqslant -\sigma_1\|\lambda_k'\boldsymbol{p}^k\|^2, \tag{5.78}$$

即

$$\frac{\|F(\boldsymbol{x}^k + \lambda_k'\boldsymbol{p}^k)\|^2 - \|F(\boldsymbol{x}^k)\|^2}{\lambda_k'} \geqslant -\sigma_1\lambda_k'\|\boldsymbol{p}^k\|^2(\|F(\boldsymbol{x}^k + \lambda_k'\boldsymbol{p}^k)\| + \|F(\boldsymbol{x}^k)\|).$$

上式两边对 $k \in K$ 取极限得

$$F(\bar{\boldsymbol{x}})^{\mathrm{T}}F'(\bar{\boldsymbol{x}})\bar{\boldsymbol{p}} \geqslant 0.$$

由上式和式 (5.77) 可推得 $F(\bar{\boldsymbol{x}}) = \boldsymbol{0}$. 证毕. □

现在来分析算法 5.4 的收敛速度. 首先证明下面的引理.

引理 5.11　*假设条件 5.3 成立, $\{\boldsymbol{x}^k\}$ 由算法 5.4 生成. 那么, 存在常数 $\zeta > 0$ 和指标 $\bar{k}$, 使得对所有满足 $\zeta_k \leqslant \zeta$ 且 $k \geqslant \bar{k}$ 的 k, 有 $\lambda_k \equiv 1$. 进一步, 有*

$$\|F(\boldsymbol{x}^k + \boldsymbol{p}^k)\| \leqslant \rho\|F(\boldsymbol{x}^k)\| - \sigma_2\|\boldsymbol{p}^k\|^2 < \rho\|F(\boldsymbol{x}^k)\|. \tag{5.79}$$

证　由算法 5.4 的步 3 知, 只需证明存在常数 $\zeta > 0$, 使得当 $\zeta_k \leqslant \zeta$ 且 k 充分大时, 式 (5.79) 成立即可. 事实上, 由定理 5.4 知, $\{\boldsymbol{x}^k\}$ 收敛于式 (5.45) 的唯一解 $\boldsymbol{x}^*$. 由定理的条

件知, 存在常数 $M_2>0$, 使对充分大的 k, $\|\boldsymbol{A}_{k+1}^{-1}\|\leqslant M_2$ 成立. 类似于式 (5.76) 的证明, 存在 $\zeta'>0, C_2>0$, 使当 $\zeta_k\leqslant\zeta'$ 且 k 充分大时, 有

$$\|\boldsymbol{p}^k\|\leqslant C_2\|F(\boldsymbol{x}^k)\|. \tag{5.80}$$

根据式 (5.50), 有

$$\begin{aligned}\boldsymbol{A}_{k+1}(\boldsymbol{x}^k+\boldsymbol{p}^k-\boldsymbol{x}^*)&=\boldsymbol{A}_{k+1}(\boldsymbol{x}^k-\boldsymbol{x}^*)+(\boldsymbol{A}_{k+1}-\boldsymbol{B}_k)\boldsymbol{p}^k-F(\boldsymbol{x}^k)\\&=[\boldsymbol{A}_{k+1}-F'(\boldsymbol{x}^*)](\boldsymbol{x}^k-\boldsymbol{x}^*)+(\boldsymbol{A}_{k+1}-\boldsymbol{B}_k)\boldsymbol{p}^k-\\&\quad\ \big[F(\boldsymbol{x}^k)-F(\boldsymbol{x}^*)-F'(\boldsymbol{x}^*)(\boldsymbol{x}^k-\boldsymbol{x}^*)\big].\end{aligned}$$

于是有

$$\begin{aligned}\|\boldsymbol{x}^k+\boldsymbol{p}^k-\boldsymbol{x}^*\|&\leqslant\|\boldsymbol{A}_{k+1}^{-1}\|\Big(\|\boldsymbol{A}_{k+1}-F'(\boldsymbol{x}^*)\|\|\boldsymbol{x}^k-\boldsymbol{x}^*\|+\|(\boldsymbol{A}_{k+1}-\boldsymbol{B}_k)\boldsymbol{p}^k\|+\\&\qquad\|F(\boldsymbol{x}^k)-F(\boldsymbol{x}^*)-F'(\boldsymbol{x}^*)(\boldsymbol{x}^k-\boldsymbol{x}^*)\|\Big)\\&\leqslant M_2\big[\zeta_k\|\boldsymbol{p}^k\|+o(\|\boldsymbol{x}^k-\boldsymbol{x}^*\|)\big]\\&\leqslant M_2\big[C_2\zeta_k\|F(\boldsymbol{x}^k)-F(\boldsymbol{x}^*)\|+o(\|\boldsymbol{x}^k-\boldsymbol{x}^*\|)\big]\\&\leqslant M_2\big[C_2M_3\zeta_k\|\boldsymbol{x}^k-\boldsymbol{x}^*\|+o(\|\boldsymbol{x}^k-\boldsymbol{x}^*\|)\big],\end{aligned}\tag{5.81}$$

其中 $M_3>0$ 是 $F'(x)$ 在 $\mathbb{L}(\boldsymbol{x}^0)$ 上的最大值. 由此可得

$$\begin{aligned}\|F(\boldsymbol{x}^k+\boldsymbol{p}^k)\|&=\|F(\boldsymbol{x}^k+\boldsymbol{p}^k)-F(\boldsymbol{x}^*)\|\\&\leqslant M_3\|\boldsymbol{x}^k+\boldsymbol{p}^k-\boldsymbol{x}^*\|\\&\leqslant M_3M_2\big[C_2M_3\zeta_k\|\boldsymbol{x}^k-\boldsymbol{x}^*\|+o(\|\boldsymbol{x}^k-\boldsymbol{x}^*\|)\big].\end{aligned}\tag{5.82}$$

另一方面, 由 $F'(\boldsymbol{x}^*)$ 的非奇异性及 $\boldsymbol{x}^k\to\boldsymbol{x}^*$, 存在常数 $m>0$, 使得对所有充分大的 k 有

$$\|F(\boldsymbol{x}^k)\|=\|F(\boldsymbol{x}^k)-F(\boldsymbol{x}^*)\|\geqslant m\|\boldsymbol{x}^k-\boldsymbol{x}^*\|. \tag{5.83}$$

故由式 (5.80)、式 (5.82) 和式 (5.83) 得

$$\begin{aligned}&\|F(\boldsymbol{x}^k+\boldsymbol{p}^k)\|-\rho\|F(\boldsymbol{x}^k)\|+\sigma_2\|\boldsymbol{p}^k\|\\&\leqslant M_3M_2\big[C_2M_3\zeta_k\|\boldsymbol{x}^k-\boldsymbol{x}^*\|+o(\|\boldsymbol{x}^k-\boldsymbol{x}^*\|)\big]-\\&\quad\rho m\|\boldsymbol{x}^k-\boldsymbol{x}^*\|+\sigma_2C_2\|F(\boldsymbol{x}^k)\|^2\\&\leqslant M_3M_2\big[C_2M_3\zeta_k\|\boldsymbol{x}^k-\boldsymbol{x}^*\|+o(\|\boldsymbol{x}^k-\boldsymbol{x}^*\|)\big]-\\&\quad\rho m\|\boldsymbol{x}^k-\boldsymbol{x}^*\|+\sigma_2C_2M_3^2\|\boldsymbol{x}^k-\boldsymbol{x}^*\|^2\\&=-(\rho m-C_3\zeta_k)\|\boldsymbol{x}^k-\boldsymbol{x}^*\|+o(\|\boldsymbol{x}^k-\boldsymbol{x}^*\|),\end{aligned}\tag{5.84}$$

其中 $C_3=C_2M_2M_3^2$. 令

$$\zeta=\min\left\{\zeta',\frac{1}{2}\rho mC_3^{-1}\right\},$$

那么由式 (5.84) 即得引理的结论. 证毕. □

定理 5.5 假设条件 5.3 成立, $\{\boldsymbol{x}^k\}$ 由算法 5.4 生成, 那么 $\{\boldsymbol{x}^k\}$ 超线性收敛于式 (5.45) 的唯一解.

证 设 ζ 和 $\bar{k}$ 为引理 5.11 所确定. 根据引理 5.7 和引理 5.10, 式 (5.70) 成立. 因此, 存在指标 $\hat{k}$ 使得当 $k \geqslant \hat{k}$ 时, 成立

$$\frac{1}{k}\sum_{i=0}^{k-1}\zeta_i^2 \leqslant \frac{1}{2}\zeta^2.$$

这表明对任意的 $k \geqslant \hat{k}$, 至少有 $\left\lceil \frac{k}{2} \right\rceil$ 多个指标 $i \leqslant k$ 满足 $\zeta_i^2 \leqslant \zeta^2$, 即 $\zeta_i \leqslant \zeta$. 令 $k' = \max\left\{\bar{k}, \hat{k}\right\}$, 则由引理 5.11 知, 对任意的 $k \geqslant 2k'$, 至少有 $\left\lceil \frac{k}{2} \right\rceil - k'$ 多个指标 $i \leqslant k$ 使得 $\lambda_i = 1$ 及

$$\|F(\boldsymbol{x}^{i+1})\| = \|F(\boldsymbol{x}^i + \boldsymbol{p}^i)\| < \rho\|F(\boldsymbol{x}^i)\|. \tag{5.85}$$

令 $\mathbb{I}_k$ 是使式 (5.85) 成立的指标集, i_k 是 $\mathbb{I}_k$ 的元素个数, 那么 $i_k \geqslant \frac{k}{2} - k' - 1$. 另一方面, 根据算法 5.4, 对任意的 $i \notin \mathbb{I}_k$, 显然有

$$\|F(\boldsymbol{x}^{i+1})\| \leqslant (1+\eta_i)\|F(\boldsymbol{x}^i)\|. \tag{5.86}$$

对式 (5.85) ($i \in \mathbb{I}_k$) 和式 (5.86) ($i \notin \mathbb{I}_k$) 两边从 $i = k'$ 到 k 作乘积得

$$\|F(\boldsymbol{x}^{k+1})\| \leqslant \rho^{i_k}\|F(\boldsymbol{x}^{k'})\|\prod_{i=k'}^{k}(1+\eta_i) \leqslant \mathrm{e}^{\eta}\|F(\boldsymbol{x}^{k'})\|\rho^{\frac{1}{2}k-k'-1}.$$

由此可得

$$\sum_{k=0}^{\infty}\|F(\boldsymbol{x}^k)\| < \infty.$$

由上式及式 (5.83) 可推得式 (5.71) 成立, 从而根据引理 5.10 可得 $\zeta_k \to 0$, 故由式 (5.81) 可推得 $\{\boldsymbol{x}^k\}$ 的超线性收敛性. 证毕. □

习 题 5

1. 用 Broyden 方法解方程组

$$\begin{cases} x_1^2 - x_2^2 + 2x_2 = 0, \\ 2x_1 + x_2 - 6 = 0, \end{cases}$$

取初值 $\boldsymbol{x}^0 = (0.5, 1)^{\mathrm{T}}$.

2. 设对称矩阵 $\boldsymbol{A}$ 满足 $\|\boldsymbol{A}\|_{\mathrm{F}} \leqslant 1$, 试证明 $\boldsymbol{I} - \boldsymbol{A}$ 为半正定矩阵.

3. 设 $\boldsymbol{A}$ 为 n 阶非奇异矩阵, $\boldsymbol{u}, \boldsymbol{v} \in \mathbb{R}^n$, 证明: $\boldsymbol{A} + \boldsymbol{u}\boldsymbol{v}^{\mathrm{T}}$ 可逆当且仅当 $\boldsymbol{I} + \boldsymbol{v}^{\mathrm{T}}\boldsymbol{A}^{-1}\boldsymbol{u}$ 可逆, 且

$$(\boldsymbol{A} + \boldsymbol{u}\boldsymbol{v}^{\mathrm{T}})^{-1} = \boldsymbol{A}^{-1} - \boldsymbol{A}^{-1}\boldsymbol{u}(\boldsymbol{I} + \boldsymbol{v}^{\mathrm{T}}\boldsymbol{A}^{-1}\boldsymbol{u})^{-1}\boldsymbol{v}^{\mathrm{T}}\boldsymbol{A}^{-1}.$$

4. 设矩阵 $\boldsymbol{S} \in \mathbb{R}^{n\times n}$ 非奇异, $\boldsymbol{A} \in \mathbb{R}^{n\times n}$ 对称, 试证明

$$\|\boldsymbol{A}\|_{\mathrm{F}} \leqslant \|\boldsymbol{S}\boldsymbol{A}\boldsymbol{S}^{-1} + (\boldsymbol{S}\boldsymbol{A}\boldsymbol{S}^{-1})^{\mathrm{T}}\|_{\mathrm{F}}.$$

5. 试证明:

$$\left\|A\left(I-\frac{ss^{\mathrm{T}}}{\|s\|_2^2}\right)\right\|_{\mathrm{F}}=\|A\|_{\mathrm{F}}-\left(\frac{\|As\|_2}{\|s\|_2}\right)^2,$$

其中 $A\in\mathbb{R}^{n\times n}$, $s\in\mathbb{R}^n$.

6. 设 BFGS 的 Hesse 矩阵校正公式为:

$$B_{k+1}=B_k+\frac{y_k y_k^{\mathrm{T}}}{y_k^{\mathrm{T}}s_k}-\frac{B_k s_k s_k^{\mathrm{T}}B_k}{s_k^{\mathrm{T}}B_k s_k}.$$

假设 $H_k=B_k^{-1}$, $H_{k+1}=B_{k+1}^{-1}$ 且 $y_k^{\mathrm{T}}s_k>0$, 试用习题 3 的求逆公式求 H_{k+1} 的表达式.

第 6 章 解非线性方程组的非精确牛顿法

本章介绍求解非线性方程组

$$F(\boldsymbol{x}) = \boldsymbol{0} \tag{6.1}$$

的非精确牛顿法及其收敛性问题. 非精确牛顿法是为弥补牛顿法计算量大的不足而提出来的. 顾名思义, 非精确牛顿法在牛顿法的每步迭代中只对牛顿方程进行非精确求解. 非精确牛顿法实质上是一类内外迭代算法, 其外迭代为经典牛顿法, 而其内迭代可采用任何线性迭代方法. 这种内外迭代技术由于能够充分利用 Jacobi 矩阵的结构和稀疏性, 因此可以大大降低牛顿法的计算代价. 理论分析和实际应用均表明, 非精确牛顿法是求解大规模稀疏非线性方程组的十分有效的方法, 已经成为主要方法之一. 尤其是随着求解线性方程组的 Krylov 子空间迭代法的发展, Newton–Krylov 子空间方法更是成为求解非线性问题的主流方法. Krylov 子空间方法的迭代过程只用到了系数矩阵与向量的乘积运算, 这正是求解非线性方程组的牛顿法与求解线性方程组的 Krylov 子空间迭代法相结合的关键.

6.1 非精确牛顿法

6.1.1 非精确牛顿法的一般框架

非精确牛顿法是由牛顿法发展而来的. 非精确牛顿法采用迭代法来近似求解牛顿方程, 所以它非常适合于求解大规模问题. 同时, 非精确牛顿法又能保持牛顿法的局部二阶收敛性质. 目前, 各种形式的非精确牛顿法已经成为求解非线性问题的主要方法.

算法 6.1 (非精确牛顿法)

给定初值 $\boldsymbol{x}^0 \in \mathbb{R}^n$.

for $k = 0, 1, 2, \cdots$ 直到收敛

  选取 $\bar{\eta}_k \in [0, 1)$;

  通过非精确求解牛顿方程

$$F'(\boldsymbol{x}^k)\boldsymbol{s} = -F(\boldsymbol{x}^k) \tag{6.2}$$

  得到 $\bar{\boldsymbol{s}}^k$, 满足

$$\|\boldsymbol{r}^k\| = \|F(\boldsymbol{x}^k) + F'(\boldsymbol{x}^k)\bar{\boldsymbol{s}}^k\| \leqslant \bar{\eta}_k \|F(\boldsymbol{x}^k)\|; \tag{6.3}$$

  置 $\boldsymbol{x}^{k+1} := \boldsymbol{x}^k + \bar{\boldsymbol{s}}^k$;

end

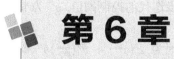

算法 6.1 描述了非精确牛顿法的一般框架, 其中 $\bar{\eta}_k$ 为第 k 步迭代的控制阈值, $\bar{\boldsymbol{s}}^k$ 为非精确牛顿步, 而式 (6.3) 则称作非精确牛顿条件.

非精确牛顿法的每步迭代只对式 (6.2) 进行非精确求解. 因为 $F(\boldsymbol{x}^k)+F'(\boldsymbol{x}^k)\bar{\boldsymbol{s}}^k$ 既是 $F(\boldsymbol{x})$ 的局部线性模型, 又是牛顿方程的残差, 所以 $\bar{\eta}_k$ 的大小在本质上刻画了牛顿方程求解的精确程度. 特别地, 如果选取所有的 $\bar{\eta}_k=0$, 则非精确牛顿法就变为牛顿法.

为以下讨论方便, 我们引入如下概念.

定义 6.1 称 $\boldsymbol{x}\in\mathbb{R}^n$ 是 $\|F\|$ 的一个稳定点, 即对于任意 $\boldsymbol{s}\in\mathbb{R}^n$, 都有

$$\|F(\boldsymbol{x})\|\leqslant\|F(\boldsymbol{x})+F'(\boldsymbol{x})\boldsymbol{s}\|.$$

我们将 $\|F\|$ 的稳定点的全体记为 $\mathrm{SP}(\|F\|)$. 容易验证,

$$\mathrm{SP}(\|F\|)\supset\{\boldsymbol{x}\mid F(\boldsymbol{x})=\boldsymbol{0}\}\cup\{\boldsymbol{x}\mid F'(\boldsymbol{x})=\boldsymbol{O}\}.$$

非精确牛顿步一般是由 $F'(\boldsymbol{x}^k),F(\boldsymbol{x}^k),\bar{\eta}_k$ 及所采用的范数决定的. 关于非精确牛顿步的存在性, 有以下结论成立:

(1) 对于任意 $\bar{\eta}_k\in[0,1)$, 都存在非精确牛顿步的充要条件是 $F(\boldsymbol{x}^k)\in\mathbb{R}(F'(\boldsymbol{x}^k))$, 这里 $\mathbb{R}(F'(\boldsymbol{x}^k))$ 表示算子 $F'(\boldsymbol{x}^k)$ 的值域;

(2) 对于任意 $\bar{\eta}_k\in[0,1)$, 都不存在非精确牛顿步的充要条件是 $F(\boldsymbol{x}^k)\neq\boldsymbol{0}$ 且 $\boldsymbol{x}^k\in\mathrm{SP}(\|F\|)$.

与结论 (2) 等价的一种形式是, 对某个 $\bar{\eta}_k\in[0,1)$, 存在非精确牛顿步的充要条件是 $F(\boldsymbol{x}^k)=\boldsymbol{0}$ 或 $\boldsymbol{x}^k\notin\mathrm{SP}(\|F\|)$. 如果采用的是 2 范数, 则 $\boldsymbol{x}^k\notin\mathrm{SP}(\|F\|)$ 的充要条件是 $F(\boldsymbol{x}^k)\not\perp\mathbb{R}(F'(\boldsymbol{x}^k))$, 因而对某个 $\bar{\eta}_k\in[0,1)$, 存在非精确牛顿步的充要条件是 $F(\boldsymbol{x}^k)=\boldsymbol{0}$ 或 $F(\boldsymbol{x}^k)\not\perp\mathbb{R}(F'(\boldsymbol{x}^k))$.

值得指出的是, 在非精确牛顿法中, 对牛顿方程采用近似求解策略是合理的. 在牛顿法的迭代中, 如果 $\boldsymbol{x}^k$ 离式 (6.1) 的解较远, 由牛顿法确定的线性模型 $F(\boldsymbol{x}^k)+F'(\boldsymbol{x}^k)\boldsymbol{s}_{\mathrm{N}}^k$ 与非线性模型 $F(\boldsymbol{x}^k+\boldsymbol{s}_{\mathrm{N}}^k)$ 的差距可能会很大. 因而, 此时精确求解牛顿方程可能会得不偿失. 一方面, 精确求解牛顿方程会造成大量计算上的浪费; 另一方面, 计算所得到的牛顿步可能无助于整个迭代序列的收敛, 甚至导致迭代发生中断. 反之, 如果对牛顿方程非精确求解而得到一个非精确牛顿步 $\bar{\boldsymbol{s}}^k$, 则此时的线性模型 $F(\boldsymbol{x}^k)+F'(\boldsymbol{x}^k)\bar{\boldsymbol{s}}^k$ 与 $F(\boldsymbol{x}^k+\bar{\boldsymbol{s}}^k)$ 可能会吻合得较好. 这样既减少了计算量, 又有利于整个序列的收敛. 在非精确牛顿法中, 如果迭代解 $\boldsymbol{x}^k$ 离式 (6.1) 的解较远, 也不宜选用过小的控制阈值. 选用过小的控制阈值有可能导致“过解”现象, 亦即对于牛顿方程的求解达到适合的精度时, $\|F(\boldsymbol{x}^k)\|$ 就会得到最好的下降, 而对牛顿方程进一步精确求解则可能会对 $\|F(\boldsymbol{x}^k)\|$ 的下降起不到任何好的作用, 更有甚者, 还可能导致迭代中断.

另外, 定理 3.2 只保证了当初值 $\boldsymbol{x}^0$ 充分靠近式 (6.1) 的解 $\boldsymbol{x}^*$ 时, 牛顿法是二阶收敛的. 换句话说, 此时迭代过程中所得到的牛顿步 $\boldsymbol{s}_{\mathrm{N}}^k$ 都是“好”步长. 但是, 当迭代点 $\boldsymbol{x}^k$ 离 $\boldsymbol{x}^*$ 较远时, 定理就无法保证牛顿步是“好”步长了. 既然如此, 此时对牛顿方程进行非精确求解就是很自然的了.

非精确牛顿法和牛顿法一样, 也是局部收敛的.

定理 6.1 设 $F:\mathbb{R}^n\to\mathbb{R}^n$ 连续可微, $\boldsymbol{x}^*\in\mathbb{R}^n$ 满足 $F(\boldsymbol{x}^*)=\boldsymbol{0}$ 且 $F'(\boldsymbol{x}^*)$ 非奇异. 如果非精确牛顿法中的控制序列 $\{\bar{\eta}_k\}$ 满足 $\bar{\eta}_k\leqslant\eta_{\max}<\alpha<1$, 则存在 $\varepsilon>0$, 使得当 $\boldsymbol{x}^0\in\mathbb{N}(\boldsymbol{x}^*,\varepsilon)$ 时, 非精确牛顿法产生的序列 $\{\boldsymbol{x}^k\}$ 收敛于 $\boldsymbol{x}^*$, 并且

$$\|\boldsymbol{x}^{k+1}-\boldsymbol{x}^*\|_\star\leqslant\alpha\|\boldsymbol{x}^k-\boldsymbol{x}^*\|_\star, \tag{6.4}$$

其中 $\|\boldsymbol{y}\|_\star=\|F'(\boldsymbol{x}^*)\boldsymbol{y}\|$.

证 因 $F'(\boldsymbol{x}^*)$ 非奇异, 故有

$$\frac{1}{\mu}\|\boldsymbol{y}\|\leqslant\|\boldsymbol{y}\|_\star\leqslant\mu\|\boldsymbol{y}\|, \tag{6.5}$$

其中 $\mu=\max\{\|F'(\boldsymbol{x}^*)\|,\|F'(\boldsymbol{x}^*)^{-1}\|\}$. 注意到 $\eta_{\max}<\alpha$, 必存在充分小的 $\gamma>0$ 使得

$$(1+\gamma\mu)[\eta_{\max}(1+\gamma\mu)+2\gamma\mu]\leqslant\alpha.$$

现选取充分小的 $\varepsilon>0$ 使得当 $\|\boldsymbol{y}-\boldsymbol{x}^*\|\leqslant\mu^2\varepsilon$ 时, 成立

$$\|F'(\boldsymbol{y})-F'(\boldsymbol{x}^*)\|\leqslant\gamma, \tag{6.6}$$

$$\|F'(\boldsymbol{y})^{-1}-F'(\boldsymbol{x}^*)^{-1}\|\leqslant\gamma, \tag{6.7}$$

$$\|F(\boldsymbol{y})-F(\boldsymbol{x}^*)-F'(\boldsymbol{x}^*)(\boldsymbol{y}-\boldsymbol{x}^*)\|\leqslant\gamma\|\boldsymbol{y}-\boldsymbol{x}^*\|. \tag{6.8}$$

假定 $\|\boldsymbol{x}^0-\boldsymbol{x}^*\|\leqslant\varepsilon$. 用归纳法证明式 (6.4) 成立. 利用式 (6.5) 和归纳法假设, 有

$$\begin{aligned}\|\boldsymbol{x}^k-\boldsymbol{x}^*\|&\leqslant\mu\|\boldsymbol{x}^k-\boldsymbol{x}^*\|_\star\leqslant\mu\alpha^k\|\boldsymbol{x}^0-\boldsymbol{x}^*\|_\star\\&\leqslant\mu^2\alpha^k\|\boldsymbol{x}^0-\boldsymbol{x}^*\|\leqslant\mu^2\varepsilon.\end{aligned}$$

可知式 (6.6) 到式 (6.8) 对于 $\boldsymbol{y}=\boldsymbol{x}^k$ 成立. 进一步, 注意到 $\bar{\boldsymbol{s}}^k$ 满足式 (6.3), 有

$$\begin{aligned}&F'(\boldsymbol{x}^*)(\boldsymbol{x}^{k+1}-\boldsymbol{x}^*)\\&=\left\{\boldsymbol{I}+F'(\boldsymbol{x}^*)[F'(\boldsymbol{x}^k)^{-1}-F'(\boldsymbol{x}^*)^{-1}]\right\}\times\\&\quad\left\{\boldsymbol{r}^k+[F'(\boldsymbol{x}^k)-F'(\boldsymbol{x}^*)](\boldsymbol{x}^k-\boldsymbol{x}^*)-[F(\boldsymbol{x}^k)-F(\boldsymbol{x}^*)-F'(\boldsymbol{x}^*)(\boldsymbol{x}^k-\boldsymbol{x}^*)]\right\}.\end{aligned}$$

由 μ 的定义及式 (6.3)、式 (6.6) 到式 (6.8), 对上式两边取范数, 得

$$\begin{aligned}\|\boldsymbol{x}^{k+1}-\boldsymbol{x}^*\|_\star\leqslant&\left(1+\|F'(\boldsymbol{x}^*)\|\|F'(\boldsymbol{x}^k)^{-1}-F'(\boldsymbol{x}^*)^{-1}\|\right)\times\\&\left(\|\boldsymbol{r}^k\|+\|F'(\boldsymbol{x}^k)-F'(\boldsymbol{x}^*)\|\|\boldsymbol{x}^k-\boldsymbol{x}^*\|+\right.\\&\left.\|F(\boldsymbol{x}^k)-F(\boldsymbol{x}^*)-F'(\boldsymbol{x}^*)(\boldsymbol{x}^k-\boldsymbol{x}^*)\|\right)\\\leqslant&(1+\gamma\mu)(\bar{\eta}_k\|F(\boldsymbol{x}^k)\|+\gamma\|\boldsymbol{x}^k-\boldsymbol{x}^*\|+\gamma\|\boldsymbol{x}^k-\boldsymbol{x}^*\|).\end{aligned}$$

再利用式 (6.8), 对

$$F(\boldsymbol{x}^k)=F'(\boldsymbol{x}^*)(\boldsymbol{x}^k-\boldsymbol{x}^*)+[F(\boldsymbol{x}^k)-F(\boldsymbol{x}^*)-F'(\boldsymbol{x}^*)(\boldsymbol{x}^k-\boldsymbol{x}^*)]$$

两边取范数, 得

$$\begin{aligned}\|F(\boldsymbol{x}^k)\| &\leqslant \|\boldsymbol{x}^k-\boldsymbol{x}^*\|_\star + \|F(\boldsymbol{x}^k)-F(\boldsymbol{x}^*)-F'(\boldsymbol{x}^*)(\boldsymbol{x}^k-\boldsymbol{x}^*)\| \\ &\leqslant \|\boldsymbol{x}^k-\boldsymbol{x}^*\|_\star + \gamma\|\boldsymbol{x}^k-\boldsymbol{x}^*\|.\end{aligned}$$

故有

$$\begin{aligned}\|\boldsymbol{x}^{k+1}-\boldsymbol{x}^*\|_\star &\leqslant (1+\gamma\mu)\left[\bar{\eta}_k(\|\boldsymbol{x}^k-\boldsymbol{x}^*\|_\star+\gamma\|\boldsymbol{x}^k-\boldsymbol{x}^*\|)+2\gamma\|\boldsymbol{x}^k-\boldsymbol{x}^*\|\right] \\ &\leqslant (1+\gamma\mu)[\eta_{\max}(1+\gamma\mu)+2\gamma\mu]\|\boldsymbol{x}^k-\boldsymbol{x}^*\|_\star \\ &\leqslant \alpha\|\boldsymbol{x}^k-\boldsymbol{x}^*\|_\star.\end{aligned}$$

证毕. □

定理 6.1 表明, 如果非精确牛顿法中的控制序列 $\{\bar{\eta}_k\}$ 一致地小于 1, 则此方法是局部线性收敛的.

下面考虑非精确牛顿法的收敛速度, 先证明如下引理.

引理 6.1 令

$$\theta=\max\left\{\|F'(\boldsymbol{x}^*)\|+\frac{1}{2\beta},2\beta\right\},\quad \beta=\|F'(\boldsymbol{x}^*)^{-1}\|,$$

那么对于充分小的 $\|\boldsymbol{y}-\boldsymbol{x}^*\|$, 有

$$\frac{1}{\theta}\|\boldsymbol{y}-\boldsymbol{x}^*\|\leqslant\|F(\boldsymbol{y})\|\leqslant\theta\|\boldsymbol{y}-\boldsymbol{x}^*\|.$$

证 由 $F'(\boldsymbol{x})$ 在点 $\boldsymbol{x}^*$ 处的连续性可知, 存在充分小的正数 δ, 使当 $\|\boldsymbol{y}-\boldsymbol{x}^*\|<\delta$ 时成立

$$\|F(\boldsymbol{y})-F(\boldsymbol{x}^*)-F'(\boldsymbol{x}^*)(\boldsymbol{y}-\boldsymbol{x}^*)\|\leqslant\frac{1}{2\beta}\|\boldsymbol{y}-\boldsymbol{x}^*\|.$$

对

$$F(\boldsymbol{y})=F'(\boldsymbol{x}^*)(\boldsymbol{y}-\boldsymbol{x}^*)+[F(\boldsymbol{y})-F(\boldsymbol{x}^*)-F'(\boldsymbol{x}^*)(\boldsymbol{y}-\boldsymbol{x}^*)]$$

两边取范数, 得

$$\begin{aligned}\|F(\boldsymbol{y})\| &\leqslant \|F'(\boldsymbol{x}^*)\|\|\boldsymbol{y}-\boldsymbol{x}^*\|+\|F(\boldsymbol{y})-F(\boldsymbol{x}^*)-F'(\boldsymbol{x}^*)(\boldsymbol{y}-\boldsymbol{x}^*)\| \\ &\leqslant \left(\|F'(\boldsymbol{x}^*)\|+\frac{1}{2\beta}\right)\|\boldsymbol{y}-\boldsymbol{x}^*\|\leqslant\theta\|\boldsymbol{y}-\boldsymbol{x}^*\|\end{aligned}$$

及

$$\begin{aligned}\|F(\boldsymbol{y})\| &\geqslant \|F'(\boldsymbol{x}^*)^{-1}\|^{-1}\|\boldsymbol{y}-\boldsymbol{x}^*\|-\|F(\boldsymbol{y})-F(\boldsymbol{x}^*)-F'(\boldsymbol{x}^*)(\boldsymbol{y}-\boldsymbol{x}^*)\| \\ &\geqslant \left(\|F'(\boldsymbol{x}^*)^{-1}\|^{-1}-\frac{1}{2\beta}\right)\|\boldsymbol{y}-\boldsymbol{x}^*\| \\ &= \frac{1}{2\beta}\|\boldsymbol{y}-\boldsymbol{x}^*\|\geqslant\frac{1}{\theta}\|\boldsymbol{y}-\boldsymbol{x}^*\|.\end{aligned}$$

证毕. □

定理 6.2　设 $F:\mathbb{R}^n\to\mathbb{R}^n$ 连续可微, $\boldsymbol{x}^*\in\mathbb{R}^n$ 满足 $F(\boldsymbol{x}^*)=\mathbf{0}$ 且 $F'(\boldsymbol{x}^*)$ 非奇异, $\beta=\|F'(\boldsymbol{x}^*)^{-1}\|$. 如果由非精确牛顿法产生的序列 $\{\boldsymbol{x}^k\}$ 收敛于 $\boldsymbol{x}^*$, 则

(1) 当且仅当 $\|\boldsymbol{r}^k\|=o(\|F(\boldsymbol{x}^k)\|)$ 时, $\{\boldsymbol{x}^k\}$ 超线性收敛于 $\boldsymbol{x}^*$;

(2) 若 $F'(\boldsymbol{x})$ 在 $\boldsymbol{x}^*$ 处 Lipschitz 连续, 则当且仅当 $\|\boldsymbol{r}^k\|=O(\|F(\boldsymbol{x}^k)\|^2)$ 时, $\{\boldsymbol{x}^k\}$ 二阶收敛于 $\boldsymbol{x}^*$.

证　(1) 必要性. 假设 $\{\boldsymbol{x}^k\}$ 超线性收敛于 $\boldsymbol{x}^*$. 因

$$\begin{aligned}\boldsymbol{r}^k=&\big[F(\boldsymbol{x}^k)-F(\boldsymbol{x}^*)-F'(\boldsymbol{x}^*)(\boldsymbol{x}^k-\boldsymbol{x}^*)\big]-\big[F'(\boldsymbol{x}^k)-F'(\boldsymbol{x}^*)\big](\boldsymbol{x}^k-\boldsymbol{x}^*)+\\&\big[F'(\boldsymbol{x}^*)+(F'(\boldsymbol{x}^k)-F'(\boldsymbol{x}^*))\big](\boldsymbol{x}^{k+1}-\boldsymbol{x}^*),\end{aligned}$$

两边取范数, 得

$$\begin{aligned}\|\boldsymbol{r}^k\|\leqslant&\|F(\boldsymbol{x}^k)-F(\boldsymbol{x}^*)-F'(\boldsymbol{x}^*)(\boldsymbol{x}^k-\boldsymbol{x}^*)\|+\|F'(\boldsymbol{x}^k)-F'(\boldsymbol{x}^*)\|\|\boldsymbol{x}^k-\boldsymbol{x}^*\|+\\&[\|F'(\boldsymbol{x}^*)\|+\|F'(\boldsymbol{x}^k)-F'(\boldsymbol{x}^*)\|]\|\boldsymbol{x}^{k+1}-\boldsymbol{x}^*\|\\=&o(\|\boldsymbol{x}^k-\boldsymbol{x}^*\|)+o(1)\|\boldsymbol{x}^k-\boldsymbol{x}^*\|+[\|F'(\boldsymbol{x}^*)\|+o(1)]o(\|\boldsymbol{x}^k-\boldsymbol{x}^*\|).\end{aligned}$$

故由引理 6.1, 可得

$$\|\boldsymbol{r}^k\|=o(\|\boldsymbol{x}^k-\boldsymbol{x}^*\|)=o(\|F(\boldsymbol{x}^k)\|).$$

充分性. 设 $\|\boldsymbol{r}^k\|=o(\|F(\boldsymbol{x}^k)\|)$. 由定理 6.1 的证明, 有

$$\begin{aligned}\|\boldsymbol{x}^{k+1}-\boldsymbol{x}^*\|\leqslant&\big[\|F'(\boldsymbol{x}^*)^{-1}\|+\|F'(\boldsymbol{x}^k)^{-1}-F'(\boldsymbol{x}^*)^{-1}\|\big]\times\\&\big[\|\boldsymbol{r}^k\|+\|F'(\boldsymbol{x}^k)-F'(\boldsymbol{x}^*)\|\|\boldsymbol{x}^k-\boldsymbol{x}^*\|+\\&\|F(\boldsymbol{x}^k)-F(\boldsymbol{x}^*)-F'(\boldsymbol{x}^*)(\boldsymbol{x}^k-\boldsymbol{x}^*)\|\big]\\\leqslant&[\beta+o(1)]\big[o(\|F(\boldsymbol{x}^k)\|)+o(1)\|\boldsymbol{x}^k-\boldsymbol{x}^*\|+o(\|\boldsymbol{x}^k-\boldsymbol{x}^*\|)\big].\end{aligned}$$

于是由引理 6.1 即得

$$\|\boldsymbol{x}^{k+1}-\boldsymbol{x}^*\|=o(\|F(\boldsymbol{x}^k)\|)+o(\|\boldsymbol{x}^k-\boldsymbol{x}^*\|)=o(\|\boldsymbol{x}^k-\boldsymbol{x}^*\|),$$

即 $\{\boldsymbol{x}^k\}$ 超线性收敛于 $\boldsymbol{x}^*$.

(2) 由 $F'(\boldsymbol{x})$ 在 $\boldsymbol{x}^*$ 的 Lipschitz 连续性, 可推得

$$\|F(\boldsymbol{x}^k)-F(\boldsymbol{x}^*)-F'(\boldsymbol{x}^*)(\boldsymbol{x}^k-\boldsymbol{x}^*)\|\leqslant\frac{L}{2}\|\boldsymbol{x}^k-\boldsymbol{x}^*\|^2,$$

其中 L 为 Lipschitz 常数. 类似于 (1), 可证明其二阶收敛. □

推论 6.1　设 $F:\mathbb{R}^n\to\mathbb{R}^n$ 连续可微, $\boldsymbol{x}^*\in\mathbb{R}^n$ 满足 $F(\boldsymbol{x}^*)=\mathbf{0}$ 且 $F'(\boldsymbol{x}^*)$ 非奇异. 如果由非精确牛顿法产生的序列 $\{\boldsymbol{x}^k\}$ 收敛于 $\boldsymbol{x}^*$, 则

(1) 当 $\bar{\eta}_k\to 0$ 时, $\{\boldsymbol{x}^k\}$ 超线性收敛于 $\boldsymbol{x}^*$;

(2) 当 $\bar{\eta}_k=O(\|F(\boldsymbol{x}^k)\|)$ 且 $F'(\boldsymbol{x})$ 在 $\boldsymbol{x}^*$ 处 Lipschitz 连续时, $\{\boldsymbol{x}^k\}$ 二阶收敛于 $\boldsymbol{x}^*$.

定理 6.2 (推论 6.1) 表明, 非精确牛顿法的收敛速度与控制序列 $\{\bar{\eta}_k\}$ 的选取密切相关. 特别地, 当 $\bar{\eta}_k = O(\|F(\boldsymbol{x}^k)\|)$ 时, 非精确牛顿法也能够达到牛顿法的二阶收敛速度.

应用非精确牛顿法进行实际计算时, 有两个重要的问题需要解决: 一个是如何选取控制序列 $\{\bar{\eta}_k\}$, 另一个是用什么方法对牛顿方程进行非精确求解.

由于在非精确牛顿法中只要求对牛顿方程进行非精确求解, 因此一般情况下都运用线性方程组的迭代法 (包括分裂迭代法及 Krylov 子空间迭代法等) 对牛顿方程近似求解. 近十几年来, 随着 Krylov 子空间方法的迅速发展, 这一类方法被广泛用于求解大型稀疏牛顿方程, 从而形成了一类求解大型稀疏非线性方程组的方法——Newton–Krylov 子空间方法. 其中, Newton–GMRES 方法是一类典型的 Newton–Krylov 子空间方法.

6.1.2 控制阈值及其选取策略

控制序列对于非精确牛顿法的收敛性质和数值行为起着至关重要的作用. 它不仅影响算法的计算效率, 而且影响算法的准确性和稳健性. 定理 6.1 提供了选取控制序列的一个原则: 只有控制阈值一致地小于 1, 才能保证非精确牛顿法产生的迭代序列是局部收敛的. 因而在具体实施时, 一般总是预先给定控制序列的一个上界 $\eta_{\max} < 1$, 然后再在迭代过程中选取控制阈值 $\bar{\eta}_k \leqslant \eta_{\max}$. 控制序列的最简单的选取方法就是选取常数序列, 然而, 要选取一个能够使得非精确牛顿法的整体计算效率达到最高的控制序列是十分困难的. 尤其是在实际应用中, 由于无法判断当前迭代点与真解之间的距离, 因此往往难以确定当前控制阈值的大小.

到目前为止, 还没有一种最优的选取控制序列的策略. 在实际计算中, 许多研究者都曾给出过一些具体选取方式. 几个具有代表性的选取方式如下:

(1) 选取 $\bar{\eta}_k = 10^{-4}$;

(2) 选取 $\bar{\eta}_k = \dfrac{1}{2^{k+1}}$;

(3) 选取 $\bar{\eta}_k = \min\left\{\dfrac{1}{k+2}, \|F(\boldsymbol{x}^k)\|\right\}$;

(4) 文献 [18] 给出了 $\bar{\eta}_k$ 的两种选取方式.

(a) 给定 $\bar{\eta}_0 \in [0, 1)$, 选取

$$\bar{\eta}_k = \frac{\|F(\boldsymbol{x}^k) - F(\boldsymbol{x}^{k-1}) - F'(\boldsymbol{x}^{k-1})\boldsymbol{s}^{k-1}\|}{\|F(\boldsymbol{x}^{k-1})\|}, \quad k = 1, 2, \cdots,$$

或

$$\bar{\eta}_k = \frac{|\, \|F(\boldsymbol{x}^k)\| - \|F(\boldsymbol{x}^{k-1}) + F'(\boldsymbol{x}^{k-1})\boldsymbol{s}^{k-1}\| \,|}{\|F(\boldsymbol{x}^{k-1})\|}, \quad k = 1, 2, \cdots.$$

(b) 给定 $\gamma \in (0, 1]$, $\omega \in (1, 2]$, $\bar{\eta}_0 \in [0, 1)$, 选取

$$\bar{\eta}_k = \gamma\left(\frac{\|F(\boldsymbol{x}^k)\|}{\|F(\boldsymbol{x}^{k-1})\|}\right)^{\omega}, \quad k = 1, 2, \cdots.$$

上面几种关于控制序列的选取方式中, 以文献 [18] 所给出的两种方式的影响最大, 且目前已被广泛采用. 其中, 方式 (a) 直接反映了上一次迭代中 $F(\boldsymbol{x})$ 与其局部线性模型的吻

合程度, 方式 (b) 反映了从 $\boldsymbol{x}^{k-1}$ 到 $\boldsymbol{x}^k$ 时 $\|F(\boldsymbol{x})\|$ 的下降程度. 在适当的条件下, 文献 [18] 证明了: 当迭代初值 $\boldsymbol{x}^0$ 充分靠近非线性方程组的解 $\boldsymbol{x}^*$ 时, 采用上面的方式 (a) 或 (b) 所对应的非精确牛顿法都是适定的, 且迭代点列 $\{\boldsymbol{x}^k\}$ 收敛于 $\boldsymbol{x}^*$. 对于方式 (a), $\{\boldsymbol{x}^k\}$ 是 Q–超线性收敛的; 对于方式 (b), 当 $\gamma < 1$ 时, $\{\boldsymbol{x}^k\}$ 是 Q–ω 阶收敛的, 当 $\gamma = 1$ 时, $\{\boldsymbol{x}^k\}$ 是 Q–p 阶收敛的, 其中 $p \in [1, \omega)$ 是任意的.

在实际计算中, 为了防止控制序列过快地变小, 文献 [18] 又对以上的两种选取方式增加了一些保险措施, 从而得到如下具体的选取方式.

(1) 给定 $\bar{\eta}_0 \in [0, 1)$, 选取

$$\bar{\eta}_k = \begin{cases} \xi_k, & \bar{\eta}_{k-1}^{(1+\sqrt{5})/2} \leqslant 0.1; \\ \max\left\{\xi_k,\ \bar{\eta}_{k-1}^{(1+\sqrt{5})/2}\right\}, & \bar{\eta}_{k-1}^{(1+\sqrt{5})/2} > 0.1; \end{cases} \tag{6.9}$$

其中

$$\xi_k = \frac{\|F(\boldsymbol{x}^k) - F(\boldsymbol{x}^{k-1}) - F'(\boldsymbol{x}^{k-1})\boldsymbol{s}^{k-1}\|}{\|F(\boldsymbol{x}^{k-1})\|}, \quad k = 1, 2, \cdots,$$

或

$$\xi_k = \frac{\big|\, \|F(\boldsymbol{x}^k)\| - \|F(\boldsymbol{x}^{k-1}) + F'(\boldsymbol{x}^{k-1})\boldsymbol{s}^{k-1}\| \,\big|}{\|F(\boldsymbol{x}^{k-1})\|}, \quad k = 1, 2, \cdots.$$

(2) 给定 $\gamma \in (0, 1]$, $\omega \in (1, 2]$, $\bar{\eta}_0 \in [0, 1)$, 选取

$$\bar{\eta}_k = \begin{cases} \xi_k, & \gamma(\bar{\eta}_{k-1})^{\omega} \leqslant 0.1; \\ \max\left\{\xi_k, \gamma(\bar{\eta}_{k-1})^{\omega}\right\}, & \gamma(\bar{\eta}_{k-1})^{\omega} > 0.1; \end{cases} \tag{6.10}$$

其中

$$\xi_k = \gamma\left(\frac{\|F(\boldsymbol{x}^k)\|}{\|F(\boldsymbol{x}^{k-1})\|}\right)^{\omega}, \quad k = 1, 2, \cdots.$$

文献 [18] 中的数值试验表明, 以上两种选取方式能够有效地克服 “过解” 现象, 从而提高非精确牛顿法的计算效率. 其中, 方式 (2) 中选取 $\gamma \geqslant 0.9$, $\omega \geqslant \dfrac{1+\sqrt{5}}{2}$ 时, 得到更好的控制序列.

安恒斌等在文献 [19] 中给出了一种新的控制阈值选取方法. 他们认为控制序列的选取应该是与问题有关的. 选取控制阈值时应充分利用 $F(\boldsymbol{x})$ 及 $F'(\boldsymbol{x})$ 的有关信息. 但是方式 (1) 只反映了 $F(\boldsymbol{x})$ 与其局部线性模型的吻合程度, 而方式 (2) 只反映了 $\|F(\boldsymbol{x})\|$ 的下降程度, 文献 [18] 给出的选取方式也只用到了 $F(\boldsymbol{x})$ 的部分信息.

文献 [19] 是借助信赖域方法的思想来选取控制阈值的. 设 $\boldsymbol{x}^k$ 为当前迭代点, $\boldsymbol{s}^k$ 是当前的迭代步长. 定义 $F(\boldsymbol{x})$ 在 $\boldsymbol{x}^k$ 处相对于步长 $\boldsymbol{s}^k$ 的实际下降量 $\mathrm{Ared}_k(\boldsymbol{s}^k)$ 和预估下降量 $\mathrm{Pred}_k(\boldsymbol{s}^k)$ 分别为

$$\begin{aligned} \mathrm{Ared}_k(\boldsymbol{s}^k) &= \|F(\boldsymbol{x}^k)\| - \|F(\boldsymbol{x}^k + \boldsymbol{s}^k)\|, \\ \mathrm{Pred}_k(\boldsymbol{s}^k) &= \|F(\boldsymbol{x}^k)\| - \|F(\boldsymbol{x}^k) + F'(\boldsymbol{x}^k)\boldsymbol{s}^k\|. \end{aligned}$$

进一步, 定义

$$r_k = \frac{\mathrm{Ared}_k(\boldsymbol{s}^k)}{\mathrm{Pred}_k(\boldsymbol{s}^k)}.$$

在信赖域方法中, r_k 被用于调整信赖域的半径, 这里用 r_k 调整控制阈值 $\bar{\eta}_k$.

设 $F(\boldsymbol{x}^k) \neq \mathbf{0}$. 由式 (6.3) 可知

$$\mathrm{Pred}_k(\boldsymbol{s}^k) \geqslant (1-\bar{\eta}_k)\|F(\boldsymbol{x}^k)\| > 0.$$

因此, 如果 $r_k \approx 1$, 则局部线性模型与非线性模型在量级上非常接近, 此时 $\|F(\boldsymbol{x}^k)\|$ 通常会得到明显下降; 如果 r_k 接近于 0 但大于 0, 则两种模型将有很大差别, 并且 $\|F(\boldsymbol{x}^k)\|$ 的下降量将非常小; 如果 $r_k < 0$, 则两种模型差别将非常大, 并且 $\|F(\boldsymbol{x}^k)\|$ 将会上升; 最后, 如果 $r_k \gg 1$, 则两种模型差别也比较大, 但幸运的是 $\|F(\boldsymbol{x}^k)\|$ 将会得到很大下降.

通常希望局部线性模型和非线性模型能够很好地吻合, 因此 $r_k \approx 1$ 是最好的情形. 因为在这种情形下, 线性模型与非线性模型至少在量级上吻合得很好. 另外, $r_k \gg 1$ 也是可以接受的, 因为此时非线性残差可以得到很大下降, 最糟糕的情形是 r_k 接近于 0 或小于 0, 在这种情形下, 对于非线性迭代没有任何收益. 根据以上关于 r_k 的性质分析, 可以采用以下方式选取控制阈值:

$$\bar{\eta}_k = \begin{cases} 1-2p_1, & r_{k-1} < p_1, \\ \bar{\eta}_{k-1}, & p_1 \leqslant r_{k-1} < p_2, \\ 0.8\bar{\eta}_{k-1}, & p_2 \leqslant r_{k-1} < p_3, \\ 0.5\bar{\eta}_{k-1}, & r_{k-1} > p_3, \end{cases} \quad k = 1, 2, \cdots, \tag{6.11}$$

其中 $0 < p_1 < p_2 < p_3 < 1$ 是事先给定的, 并且 $p_1 \in (0, 0.5)$. 另外, $\bar{\eta}_0$ 也是事先给定的.

式 (6.11) 表明, 控制阈值 $\bar{\eta}_k$ 的选取是根据 r_k 的量级决定的. 如果 $r_k < p_1$, 即 r_k 相对较小, 则 $F(\boldsymbol{x})$ 在迭代点 $\boldsymbol{x}^k$ 附近的性质可能不是很好, 以至于 $F(\boldsymbol{x})$ 和它的线性模型不能很好地吻合. 在此情形下, 令 $\bar{\eta}_k = 1-2p_1$ (p_1 小, 则 $1-2p_1$ 相对较大), 以放松对于牛顿方程的求解精度. 如果 r_k 相对比较大 ($r_k \geqslant p_2$), 则 $F(\boldsymbol{x})$ 和它的局部线性模型能够很好地吻合 ($r_k \gg 1$ 的情形通常非常少, 因此忽略此情形), 并且 $\|F(\boldsymbol{x})\|$ 将会得到明显下降. 在此情形下, 适当缩小 $\bar{\eta}_k$ 以便牛顿方程能够得到相对精确的求解. 其他情形 ($p_1 \leqslant r_{k-1} < p_2$), $\bar{\eta}_k$ 将保持不变.

需要指出, 当前迭代的控制阈值 $\bar{\eta}_k$ 是由上一步的 r_{k-1} 决定的; 而通过近似求解牛顿方程, $\bar{\eta}_k$ 确定了当前的 r_k. 因此, 序列 $\{\bar{\eta}_k\}$ 和 $\{r_k\}$ 是相互关联的.

在实际计算中, 不能保证当前的控制阈值 $\bar{\eta}_k$ 总是合适的 (即采用当前的控制阈值 $\bar{\eta}_k$, 局部线性模型和非线性模型能够相对较好地吻合). 特别地, 可能会发生不希望出现的情形: 在某次非线性迭代中, 如果采用相对较小的控制阈值 $\bar{\eta}_k$, 则相应的 r_k 可能会较大; 但实际上 $\bar{\eta}_k$ 的值太大以至于 $r_k < p_1$. 为了避免出现这种情形, 对于上述的控制阈值选取方法进行如下修正:

$$\bar{\eta}_{k+1} \leftarrow 0.5\bar{\eta}_k, \text{ 如果 } \bar{\eta}_{k-1}, \bar{\eta}_k > 0.1 \text{ 且 } r_{k-1}, r_k < p_1. \tag{6.12}$$

在上述修正中, 如果前面连续两步的控制阈值比阈值 0.1 大, 并且实际下降量和预估下降量的比值小于 p_1, 则取 $\bar{\eta}_{k+1}$ 为前一步控制阈值的一半.

定理 6.3 [19] 设 $F:\mathbb{R}^n\to\mathbb{R}^n$ 连续可微, $\boldsymbol{x}^*\in\mathbb{R}^n$ 满足 $F(\boldsymbol{x}^*)=\boldsymbol{0}$ 并且 $F'(\boldsymbol{x}^*)$ 非奇异. 给定 $\bar{\eta}_0\in(0,1)$, $0<p_1<p_2<p_3<1$, 并选取 $p_1\in(0,0.5)$. 如果 $\boldsymbol{x}^0$ 充分靠近 $\boldsymbol{x}^*$, 则以式 (6.11) 和式 (6.12) 为控制阈值的非精确牛顿迭代序列 Q–超线性收敛于 $\boldsymbol{x}^*$.

6.1.3 Newton–SOR 类方法

前一小节讨论了控制阈值的选取对实施非精确牛顿法的重要性, 其实质就是选用什么方法对算法 6.1 中的式 (6.2)

$$F'(\boldsymbol{x}^k)\boldsymbol{s}=-F(\boldsymbol{x}^k),\quad k=0,1,2,\cdots \tag{6.13}$$

实施非精确求解. 我们知道, 求解线性方程组通常有直接法与迭代法两类方法. 如果将迭代法用于牛顿法的每步迭代产生的线性方程组中, 则可构造一种双层迭代格式. 前面讨论牛顿法的收敛性中都是用直接法 (精确) 求解上述线性方程组的. 如果用迭代法求解式 (6.13), 则每一牛顿迭代步都将得到解上述线性方程的一个迭代序列 $\{\boldsymbol{x}_i^k\,|\,i=0,1,2,\cdots\}$. 这就构成了一个双重迭代. 外层对牛顿法迭代, 其迭代步数以 k 来记, 内层对线性方程组迭代, 迭代步数以 i 来记. 我们知道解线性方程组有三种基本的迭代格式, 即 Jacobi 迭代、Gauss–Seidel (GS) 迭代与 SOR 迭代. 因此, 相应的双重迭代法分别称为 Newton–Jacobi 迭代、Newton–GS 迭代与 Newton–SOR 迭代. 它们可分别简记为 N–J 迭代、N–GS 迭代、N–SOR 迭代. 下面我们以 N–SOR 迭代为例进行说明. 我们知道, 对线性方程组 $\boldsymbol{A}\boldsymbol{x}=\boldsymbol{b}$ 构造 SOR 迭代的过程如下.

先将 $\boldsymbol{A}$ 分裂为

$$\boldsymbol{A}=\boldsymbol{D}-\boldsymbol{L}-\boldsymbol{U},$$

其中 $\boldsymbol{D}$、$\boldsymbol{L}$、$\boldsymbol{U}$ 分别为对角阵、严格下三角阵与严格上三角阵. 若 $\boldsymbol{D}$ 非奇异, 则 $(\boldsymbol{D}-\boldsymbol{L})^{-1}$ 存在. 选择松弛因子 ω, 则 SOR 迭代为

$$\begin{aligned}\boldsymbol{x}^{k+1}&=(\boldsymbol{D}-\omega\boldsymbol{L})^{-1}[(1-\omega)\boldsymbol{D}+\omega\boldsymbol{U}]\boldsymbol{x}^k+\omega(\boldsymbol{D}-\omega\boldsymbol{L})^{-1}\boldsymbol{b}\\&=\boldsymbol{x}^k-\omega(\boldsymbol{D}-\omega\boldsymbol{L})^{-1}(\boldsymbol{A}\boldsymbol{x}^k-\boldsymbol{b}).\end{aligned}$$

我们可以将 $\boldsymbol{x}^{k+1}$ 用 $\boldsymbol{x}^0$ 表示出来. 事实上, 如果令

$$\boldsymbol{B}=\omega^{-1}(\boldsymbol{D}-\omega\boldsymbol{L}),\quad \boldsymbol{C}=\omega^{-1}[(1-\omega)\boldsymbol{D}+\omega\boldsymbol{U}],\quad \boldsymbol{H}=\boldsymbol{B}^{-1}\boldsymbol{C},$$

将 $\boldsymbol{B}$、$\boldsymbol{C}$、$\boldsymbol{H}$ 代入 $\boldsymbol{x}^{k+1}$ 的迭代式, 则有

$$\begin{aligned}\boldsymbol{x}^{k+1}&=\boldsymbol{H}\boldsymbol{x}^k+\boldsymbol{B}^{-1}\boldsymbol{b}\\&=\boldsymbol{H}^{k+1}\boldsymbol{x}^0+(\boldsymbol{H}^k+\boldsymbol{H}^{k-1}+\cdots+\boldsymbol{I})\boldsymbol{B}^{-1}\boldsymbol{b}\\&=\boldsymbol{x}^0+(\boldsymbol{H}^{k+1}-\boldsymbol{I})\boldsymbol{x}^0+(\boldsymbol{H}^k+\cdots+\boldsymbol{I})\boldsymbol{B}^{-1}\boldsymbol{b}.\end{aligned}$$

再由 $\boldsymbol{B}^{-1}\boldsymbol{A}=\boldsymbol{B}^{-1}(\boldsymbol{B}-\boldsymbol{C})=\boldsymbol{I}-\boldsymbol{H}$ 及 $(\boldsymbol{I}+\cdots+\boldsymbol{H}^k)(\boldsymbol{I}-\boldsymbol{H})=\boldsymbol{I}-\boldsymbol{H}^{k+1}$, 得

$$\boldsymbol{x}^{k+1}=\boldsymbol{x}^0-\omega(\boldsymbol{H}^k+\cdots+\boldsymbol{I})(\boldsymbol{D}-\omega\boldsymbol{L})^{-1}(\boldsymbol{A}\boldsymbol{x}^0-\boldsymbol{b}).$$

现在假定牛顿法中 $\boldsymbol{x}^k$ 已确定，下一步牛顿迭代是线性方程组

$$F'(\boldsymbol{x}^k)\boldsymbol{x} = F'(\boldsymbol{x}^k)\boldsymbol{x}^k - F(\boldsymbol{x}^k)$$

的解. 利用 SOR 迭代求这个解的近似值，按以上所述，将系数阵 $F'(\boldsymbol{x}^k)$ 分裂为

$$F'(\boldsymbol{x}^k) = \boldsymbol{D}_k - \boldsymbol{L}_k - \boldsymbol{U}_k,$$

其中 $\boldsymbol{D}_k$、$\boldsymbol{L}_k$、$\boldsymbol{U}_k$ 分别为对角阵、严格下三角阵与严格上三角阵，并设 $\boldsymbol{D}_k$ 非奇异. 对松弛因子 ω_k，定义

$$\boldsymbol{H}_k = (\boldsymbol{D}_k - \omega_k \boldsymbol{L}_k)^{-1}[(1-\omega_k)\boldsymbol{D}_k + \omega_k \boldsymbol{U}_k].$$

将 SOR 迭代用于上述牛顿法的线性化方程，并用 $\boldsymbol{x}_i^k$ 表示 SOR 迭代结果. 注意现在 $\boldsymbol{b} = F'(\boldsymbol{x}^k)\boldsymbol{x}^k - F(\boldsymbol{x}^k)$，$\boldsymbol{A} = F'(\boldsymbol{x}^k)$，则对 $i = 1, 2, \cdots$，有

$$\boldsymbol{x}_i^k = \boldsymbol{x}_0^k - \omega_k(\boldsymbol{H}_k^{i-1} + \cdots + \boldsymbol{I})(\boldsymbol{D}_k - \omega_k \boldsymbol{L}_k)^{-1}[F'(\boldsymbol{x}^k)(\boldsymbol{x}_0^k - \boldsymbol{x}^k) + F(\boldsymbol{x}^k)].$$

一般可取 SOR 迭代的初始近似 $\boldsymbol{x}_0^k$ 为 $\boldsymbol{x}^k$. 若令

$$\boldsymbol{x}_0^k := \boldsymbol{x}^k, \quad \boldsymbol{x}_{i_k}^k := \boldsymbol{x}^{k+1},$$

其中 i_k 为第 k 步上 SOR 迭代的总次数，则 N–SOR 迭代可写为

$$\boldsymbol{x}^{k+1} = \boldsymbol{x}^k - \omega_k(\boldsymbol{H}_k^{i_k-1} + \cdots + \boldsymbol{I})(\boldsymbol{D}_k - \omega_k \boldsymbol{L}_k)^{-1} F(\boldsymbol{x}^k). \tag{6.14}$$

容易发现，式 (6.14) 并不实用，因为每步迭代需要计算矩阵 $\boldsymbol{H}_k$ 及其方幂 (直到 $i_k - 1$ 次方). 我们可将其还原成"内–外"迭代格式.

算法 6.2 (Newton–SOR 方法)

给定初值 $\boldsymbol{x}^0 \in \mathbb{R}^n$，容许误差 ε，正整数 N_1, N_2. 置 $k := 0$.

while $(k \leqslant N_1)$

  $k := k + 1$;

  选取阈值 $\bar{\eta}_k \in [0, 1)$，计算 $\boldsymbol{b} = -F(\boldsymbol{x}^k)$ 和 Jacobi 矩阵 $F'(\boldsymbol{x}^k)$，

  并将其分裂为 $F'(\boldsymbol{x}^k) = \boldsymbol{D}_k - \boldsymbol{L}_k - \boldsymbol{U}_k$;

  if $(\|F(\boldsymbol{x}^k)\| \leqslant \varepsilon)$, break; **end**

  置 $\boldsymbol{s}_0^k := \boldsymbol{0}$; $i := 0$;

  while $(i \leqslant N_2)$

    $i := i + 1$;

    $(\boldsymbol{D}_k - \omega_k \boldsymbol{L}_k)\boldsymbol{s}_i^k = [(1-\omega_k)\boldsymbol{D}_k + \omega_k \boldsymbol{U}_k]\boldsymbol{s}_{i-1}^k + \omega_k \boldsymbol{b}$;

    计算 $\boldsymbol{r}_i^k = F'(\boldsymbol{x}^k)\boldsymbol{s}_i^k - \boldsymbol{b}$;

    if $(\|\boldsymbol{r}_i^k\| \leqslant \bar{\eta}_k)$

$i_k := i$; break;

end

end

$\boldsymbol{x}^{k+1} := \boldsymbol{x}^k + \boldsymbol{s}_{i_k}^k$;

end

容易发现, 在算法 6.2 中取 $\omega_k \equiv 1$, 即得到 Newton–GS 方法. 下面给出算法 6.2 的 MATLAB 程序.

```
function [k,ik,xk,res]=newton_sor(x,tol,w)
%功能:用Newton-SOR方法求解非线性方程组F(x)=0
%输入:x是初始点,tol是容许误差,w是松弛参数
%输出:k是迭代次数,ik是内迭代次数(向量),res=||F(xk)||
n=length(x); N=1000; etak=1.e-10; ik=1; xk=x; k=0;
while (k<N)
    k=k+1;
    F=Fk(xk);      %计算函数值
    J=JFk(xk);     %计算Jacobi矩阵
    res=norm(F); %计算残差
    if(res<tol), break; end %检验外迭代终止准则
    D=diag(diag(J)); L=-tril(J,-1); U=-triu(J,1); %矩阵分裂
    b=-F; i=1; s{1}=zeros(n,1);
    while (1)
        i=i+1;
        s{i}=(D-w*L)\(((1-w)*D+w*U)*s{i-1}+w*b);
        r=-b+J*s{i}; err=norm(r);
        %检验内迭代终止准则
        if(err<etak), ik(k)=i; break; end
    end
    xk=xk+s{i};
end
```

例 6.1　利用算法 6.2 的 MATLAB 程序求解非线性方程组[7]

$$F(\boldsymbol{x}) = (F_1(\boldsymbol{x}), F_2(\boldsymbol{x}), \cdots, F_n(\boldsymbol{x}))^{\mathrm{T}} = \boldsymbol{0},$$

其中, $\boldsymbol{x} = (x_1, x_2, \cdots, x_n)^{\mathrm{T}}$,

$$\begin{cases} F_i(\boldsymbol{x}) = (3 - 2x_i)x_i - x_{i-1} - 2x_{i+1} + 1, \quad i = 1, 2, \cdots, n, \\ x_0 = x_{n+1} = 0. \end{cases}$$

取 $n = 100$, 初始点 $\boldsymbol{x}^0 = (-1, -1, \cdots, -1)^{\mathrm{T}}$.

解 先编写 3 个 MATLAB 文件:

```
%函数F(x)%文件名Fk.m
function F=Fk(x)
n=length(x); F=zeros(n,1);
F(1)=(3-2*x(1))*x(1)-2*x(2)+1;
F(n)=(3-2*x(n))*x(n)-x(n-1)+1;
for i=2:n-1,
   F(i)=(2-2*x(i))*x(i)-x(i-1)-2*x(i+1)+1;
end
%函数F(x)的Jacobi矩阵%文件名JFk.m
function JF=JFk(x)
n=length(x); JF=zeros(n,n);
JF(1,1)=3-4*x(1); JF(1,2)=-2;
JF(n,n)=3-4*x(n); JF(n,n-1)=-1;
for i=2:n-1
   JF(i,i-1)=-1; JF(i,i)=3-4*x(i); JF(i,i+1)=-2;
end
%ex61.m
clear all
n=100; x=-ones(n,1); tol=1.e-8; w=1.05;
[k,ik,x,res]=newton_sor(x,tol,w);
k,res,ik
```

实验中选取松弛因子 $\omega_k \equiv 1.05$, 容许误差 $\varepsilon = 10^{-8}$, 内迭代控制精度 $\bar{\eta}_k \equiv 10^{-10}$. 然后在 MATLAB 命令窗口键入“ex61”, 得到计算结果:

```
>> ex61
k =
    15
res =
    3.4460e-09
ik =
    22  20  18  17  16  15  14  12  11  10  9  8  7  6
```

注 6.1 我们也可将线性方程组迭代法的思想直接用于解非线性方程组

$$\begin{cases} f_1(x_1, x_2, \cdots, x_n) = 0, \\ f_2(x_1, x_2, \cdots, x_n) = 0, \\ \qquad\qquad \vdots \\ f_n(x_1, x_2, \cdots, x_n) = 0. \end{cases}$$

假定 $\boldsymbol{x}^k=(x_1^{(k)},x_2^{(k)},\cdots,x_n^{(k)})^{\mathrm{T}}$ 为该方程组解 $\boldsymbol{x}^*$ 的第 k 次近似. 如果将 Gauss–Seidel 迭代法用于上述方程组中, 则得到如下非线性方程组

$$f_i(x_1^{(k+1)},\cdots,x_{i-1}^{(k+1)},x_i,x_{i+1}^{(k)},\cdots,x_n^{(k)})=0,\quad i=1,2,\cdots,n.$$

解出 x_i, 记为 $x_i^{(k+1)}$. 这样逐个解出, 解出的分量直接用于下一个方程的求解中 (当作已知), 这样解联立非线性方程组的问题化为解 n 个一维非线性方程的求解问题. 这些单个的非线性方程都用牛顿法求解, 这就构成了 GS–Newton (高斯–赛德尔–牛顿) 迭代法. 如果在第 i 个分量方程求解得出 x_i 后, 引进松弛因子 ω, 并取

$$x_i^{(k+1)}=x_i^{(k)}+\omega(x_i-x_i^{(k)}),\quad i=1,2,\cdots,n,$$

则可构成 SOR–Newton 迭代.

关于 Newton–SOR 迭代或 SOR–Newton 迭代的详细讨论, 可参阅文献 [20].

6.1.4　Newton–Krylov 子空间方法

Newton–Krylov 子空间方法就是运用 Krylov 子空间方法对牛顿方程进行近似求解的一类特殊的非精确牛顿法. 它们具有两个显著的优点: 一方面, 运用 Krylov 子空间迭代法可以对方程进行非精确求解, 这符合非精确牛顿法的要求; 另一方面, Newton–Krylov 子空间方法中只用到了 Jacobi 矩阵与向量的乘积运算, 而这一运算可以用有限差分近似计算. 这样, 就可以不用形成和存储 Jacobi 矩阵, 从而大大节省内存, 提高计算效率. 所以, 又称这一类方法为无 Jacobi 矩阵的 Newton–Krylov (JFNK, Jacobian–Free Newton–Krylov) 方法. 目前, JFNK 方法在计算物理等领域已经得到了广泛的应用, 而且其应用范围还在进一步扩大.

Newton–Krylov 子空间方法的以上优点决定了它非常适合于求解大规模稀疏非线性方程组. 现在, 当人们再提及非精确牛顿法时, 一般都是指 Newton–Krylov 子空间方法. 而且, 人们普遍认为各种形式的非精确牛顿法是求解非线性方程组的最好方法.

非精确牛顿法是求解大规模稀疏非线性方程组的主要方法. 其中, Newton–Krylov 子空间方法是目前在理论研究和实际应用中占有重要地位的一类非精确牛顿法, 而 Newton–GMRES 方法则是 Newton–Krylov 子空间方法的典型代表, 已经得到了广泛而成功的应用.

Newton–Krylov 子空间方法是将求解非线性方程组的牛顿型方法和求解线性方程组的 Krylov 子空间方法进行有效结合而得到的. 二者结合的关键是 Jacobi 矩阵和向量的乘积. 计算中可以形成 Jacobi 矩阵, 也可以不形成 Jacobi 矩阵, 而采用无 Jacobi 矩阵的方式计算. Newton–Krylov 子空间方法的一般框架描述如下.

算法 6.3 (Newton–Krylov 方法)

给定初值 $\boldsymbol{x}^0\in\mathbb{R}^n$.

for $k=0,1,\cdots$ 直到收敛

　　选取 $\bar{\eta}_k\in[0,1)$;

用某种 Krylov 子空间方法求解牛顿方程 (6.2) 得 $\bar{\boldsymbol{s}}^k$, 使满足

$$\|\boldsymbol{r}^k\| = \|F(\boldsymbol{x}^k) + F'(\boldsymbol{x}^k)\bar{\boldsymbol{s}}^k\| \leqslant \bar{\eta}_k\|F(\boldsymbol{x}^k)\|; \tag{6.15}$$

$\boldsymbol{x}^{k+1} := \boldsymbol{x}^k + \bar{\boldsymbol{s}}^k$;

end

为了具体说明 Newton–Krylov 子空间方法的执行过程, 下面以 Newton–GMRES 方法为例, 给出具体的算法描述.

算法 6.4 (Newton–GMRES 方法)

给定初值 $\boldsymbol{x}^0 \in \mathbb{R}^n$.

for $k = 0, 1, \cdots$ 直到收敛

① 选取 $\bar{\eta}_k \in [0, 1)$; 执行 GNE (GMRES for k-th Newton Equation) 过程:

② 选取 $\boldsymbol{s}_0^k$, 并计算 $\boldsymbol{r}_0^k = -F(\boldsymbol{x}^k) - F'(\boldsymbol{x}^k)\boldsymbol{s}_0^k$, $\beta_k = \|\boldsymbol{r}_0^k\|$, $\boldsymbol{v}^1 = \boldsymbol{r}_0^k/\beta_k$;

③ 置 $m = 0$;

④ **while** ($\|\boldsymbol{r}_k^m\| > \bar{\eta}_k\|F(\boldsymbol{x}^k)\|$), 执行 GMRES 迭代:

$m = m + 1$;

令 $\boldsymbol{w}^m = F'(\boldsymbol{x}^k)\boldsymbol{v}^m$, 并执行 Arnoldi 过程:

$h_{i,m} = (\boldsymbol{v}^i)^{\mathrm{T}}\boldsymbol{w}^m$, $i = 1, 2, \cdots, m$;

$\boldsymbol{v}^{m+1} = \boldsymbol{w}^m - \sum\limits_{i=1}^{m} h_{i,m}\boldsymbol{v}^i$;

$h_{m+1,m} = \|\boldsymbol{v}^{m+1}\|$; $\boldsymbol{v}^{m+1} := \boldsymbol{v}^{m+1}/h_{m+1,m}$;

定义上 Hessenberg 矩阵 $\widetilde{\boldsymbol{H}}_m \in \mathbb{R}^{(m+1)\times m}$, 其非零元素为

$$h_{i,j}, i = 1, \cdots, j+1,\ j = 1, \cdots, m.$$

求最小二乘问题 $\min\limits_{\boldsymbol{y}\in\mathbb{R}^m} \|\beta_k \boldsymbol{e}_1 - \widetilde{\boldsymbol{H}}_m \boldsymbol{y}\|$, 得解向量 $\boldsymbol{y}_m^k \in \mathbb{R}^m$;

计算 $\|\boldsymbol{r}_m^k\| = \|\beta_k \boldsymbol{e}_1 - \widetilde{\boldsymbol{H}}_m \boldsymbol{y}_m^k\|$;

⑤ **end while**

⑥ $\boldsymbol{V}_m = (\boldsymbol{v}^1, \boldsymbol{v}^2, \cdots, \boldsymbol{v}^m) \in \mathbb{R}^{n\times m}$ 并形成 $\boldsymbol{s}_m^k = \boldsymbol{s}_0^k + \boldsymbol{V}_m \boldsymbol{y}_m^k$;

⑦ 置 $\bar{\boldsymbol{s}}^k := \boldsymbol{s}_m^k$; $\boldsymbol{x}^{k+1} := \boldsymbol{x}^k + \bar{\boldsymbol{s}}^k$;

end for

在算法 6.4 中, 步 ①–⑥ 用 GMRES 方法近似求解第 k 个牛顿方程, 其作用是计算一个合适的非精确牛顿步. 步 ④–⑤ 用 Arnoldi 过程构造 Krylov 子空间 $\mathbb{K}_m$ 的标准正交基 $\boldsymbol{v}^1, \boldsymbol{v}^2, \cdots, \boldsymbol{v}^m$, 这里

$$\mathbb{K}_m := \mathrm{span}\left\{\boldsymbol{r}_0^k,\ F'(\boldsymbol{x}^k)\boldsymbol{r}_0^k,\ (F'(\boldsymbol{x}^k))^2\boldsymbol{r}_0^k,\ \cdots,\ (F'(\boldsymbol{x}^k))^{m-1}\boldsymbol{r}_0^k\right\}.$$

每个 m 对应一次 GMRES 迭代, 每次 GMRES 迭代中都需要求解最小二乘问题

$$\min_{\boldsymbol{s}\in\boldsymbol{s}_0^k+\mathbb{K}_m}\|F'(\boldsymbol{x}^k)\boldsymbol{s}+F(\boldsymbol{x}^k)\|. \tag{6.16}$$

因为

$$F'(\boldsymbol{x}^k)\boldsymbol{V}_m=\boldsymbol{V}_{m+1}\widetilde{\boldsymbol{H}}_m, \tag{6.17}$$

故式 (6.16) 可转化为

$$\min_{\boldsymbol{y}\in\mathbb{R}^m}\|\beta_k\boldsymbol{e}_1-\widetilde{\boldsymbol{H}}_m\boldsymbol{y}\|. \tag{6.18}$$

步 ④和步⑤ 执行完毕以后, 非精确牛顿条件得到满足, 接着便由 Krylov 子空间的标准正交基形成非精确步 $\bar{\boldsymbol{s}}^k$ (步 ⑥). 算法执行到此, 就得到了下一个非线性迭代点 $\boldsymbol{x}^{k+1}=\boldsymbol{x}^k+\bar{\boldsymbol{s}}^k$. 此外, 算法 6.4 采用的是无重开始的 GMRES 方法.

下面给出算法 6.4 的 MATLAB 程序.

```
function [k,ik,xk,res]=newton_gmres(x,tol)
%功能:用Newton-GMRES方法求解非线性方程组F(x)=0
%输入:x是初始点,tol是容许误差
%输出:k是迭代次数,ik是内迭代次数(向量),res=||F(xk)||
n=length(x); N=1000; max_it=100;
etak=1.e-10; ik=1; xk=x; k=0;
while (k<N)
    k=k+1;
    F=Fk(xk);    %计算函数值
    J=JFk(xk);   %计算Jacobi矩阵
    res=norm(F); %计算残差
    if(res<tol), break; end  %检验外迭代终止准则
    [sk,ki]=mgmres(J,-F,x,max_it,etak);
    ik(k)=ki;
    xk=xk+sk;
end
```

例 6.2 利用算法 6.4 的 MATLAB 程序求解非线性方程组[7]

$$F(\boldsymbol{x})=(F_1(\boldsymbol{x}),F_2(\boldsymbol{x}),\cdots,F_n(\boldsymbol{x}))^{\mathrm{T}}=\boldsymbol{0},$$

其中, $\boldsymbol{x}=(x_1,x_2,\cdots,x_n)^{\mathrm{T}}$,

$$F_i(\boldsymbol{x})=n-\sum_{j=1}^{n}\cos x_j+i(1-\cos x_i)-\sin x_i,\quad i=1,2,\cdots,n.$$

取 $n=100$, 初始点 $\boldsymbol{x}^0=(1/n,1/n,\cdots,1/n)^{\mathrm{T}}$.

解 先编写 3 个 MATLAB 文件:

```
%函数F(x)%文件名Fk.m
function F=Fk(x)
n=length(x); F=zeros(n,1);
for i=1:n,
    F(i)=n-sum(cos(x))+i*(1-cos(x(i)))-sin(x(i));
end
%函数F(x)的Jacobi矩阵%文件名JFk.m
function JF=JFk(x)
n=length(x); JF=zeros(n,n);
for i=1:n
    for j=1:n
        if j==i
            JF(i,j)=(1+j)*sin(x(j))-cos(x(j));
        else
            JF(i,j)=sin(x(j));
        end
    end
end
%ex62.m
clear all
n=100; x=ones(n,1)/n; tol=1.e-8;
[k,ik,x,res]=newton_gmres(x,tol);
k,res,ik
```

实验中选取容许误差 $\varepsilon = 10^{-8}$, 内迭代控制精度 $\bar{\eta}_k \equiv 10^{-10}$. 然后在 MATLAB 命令窗口键入“ex62”, 得到计算结果:

```
>> ex62
k =
    11
res =
    1.8937e-11
ik =
    67  11  11  7  7  7  6  6  6  6
```

6.1.5 JFNK 方法

从算法 6.4 的执行过程可以看出, Jacobi 矩阵 $F'(\boldsymbol{x}^k)$ 有关的运算仅仅是矩阵向量乘积 $F'(\boldsymbol{x}^k)\boldsymbol{v}^m$. 在一般的 Newton–Krylov 子空间方法的执行过程中, 与 Jacobi 矩阵相关的

运算也是 Jacobi 矩阵向量乘积运算. Jacobi 矩阵与向量的乘积运算可以通过有限差分进行近似代替. 通常情形下, 采用一阶有限差分近似代替 Jacobi 矩阵向量乘积的公式

$$F'(\boldsymbol{x}^k)\boldsymbol{v}^m \approx \frac{F(\boldsymbol{x}^k+\tau\boldsymbol{v}^m)-F(\boldsymbol{x}^k)}{\tau}, \tag{6.19}$$

其中 $\tau \in \mathbb{R}$ 是差分步长. 采用有限差分代替 Jacobi 矩阵向量乘积之后, 在 Newton–Krylov 方法的执行过程中, 就可以不用形成和存储 Jacobi 矩阵了. 这样就得到了 JFNK 方法. 这种方法可以大大节省存储空间, 并减少计算量.

式 (6.19) 的有限差分格式具有一阶精度. 除了可以采用式 (6.19), 还可以采用高阶精度的有限差分格式逼近 Jacobi 矩阵向量乘积. 其中, 二阶精度的有限差分逼近格式为

$$F'(\boldsymbol{x}^k)\boldsymbol{v}^m \approx \frac{F(\boldsymbol{x}^k+\tau\boldsymbol{v}^m)-F(\boldsymbol{x}^k-\tau\boldsymbol{v}^m)}{2\tau}, \tag{6.20}$$

四阶精度的有限差分逼近格式为

$$F'(\boldsymbol{x}^k)\boldsymbol{v}^m \approx \frac{8F\left(\boldsymbol{x}^k+\dfrac{\tau}{2}\boldsymbol{v}^m\right)-F\left(\boldsymbol{x}^k-\dfrac{\tau}{2}\boldsymbol{v}^m\right)-F(\boldsymbol{x}^k+\tau\boldsymbol{v}^m)+F(\boldsymbol{x}^k-\tau\boldsymbol{v}^m)}{6\tau}. \tag{6.21}$$

采用高阶方法的主要目的是通过提高 Jacobi 矩阵向量乘积的精度减少求解线性方程组的迭代次数. 在进行 Jacobi 矩阵向量乘积运算时, 采用一阶方法需要计算一次非线性函数值, 采用二阶方法需要计算两次非线性函数值, 而采用四阶方法则需要计算四次非线性函数值. 在每次 Krylov 子空间方法的迭代中, 由于采用高阶方法的计算量至少是一阶方法的两倍, 因此, 在实际计算中, 通常采用一阶方法.

以二维情形为例, 具体说明 Jacobi 矩阵向量乘积 $F'(\boldsymbol{x})\boldsymbol{v}$ 的一阶差分逼近. 考虑二维情形的非线性方程组

$$\begin{cases} F_1(x_1,x_2)=0, \\ F_2(x_1,x_2)=0, \end{cases}$$

其中 Jacobi 矩阵表示如下:

$$F'(\boldsymbol{x}) = \begin{pmatrix} \dfrac{\partial F_1}{\partial x_1} & \dfrac{\partial F_1}{\partial x_2} \\ \dfrac{\partial F_2}{\partial x_1} & \dfrac{\partial F_2}{\partial x_2} \end{pmatrix}.$$

有限差分 Jacobi 矩阵向量乘积逼近方式如下:

$$\frac{F(\boldsymbol{x}+\tau\boldsymbol{v})-F(\boldsymbol{x})}{\tau} = \begin{pmatrix} \dfrac{F_1(x_1+\tau v_1,x_2+\tau v_2)-F_1(x_1,x_2)}{\tau} \\ \dfrac{F_2(x_1+\tau v_1,x_2+\tau v_2)-F_2(x_1,x_2)}{\tau} \end{pmatrix}.$$

采用一阶 Taylor 级数展开, 可得

$$\frac{F(\boldsymbol{x}+\tau\boldsymbol{v})-F(\boldsymbol{x})}{\tau} \approx \begin{pmatrix} v_1\dfrac{\partial F_1}{\partial x_1}+v_2\dfrac{\partial F_1}{\partial x_2} \\ v_1\dfrac{\partial F_2}{\partial x_1}+v_2\dfrac{\partial F_2}{\partial x_2} \end{pmatrix} = F'(\boldsymbol{x})\boldsymbol{v}.$$

上面近似引起的误差与 τ 成正比.

为了具体说明 JFNK 方法的执行过程, 这里仍然以 Newton–GMRES 为例, 详细算法步骤描述如下.

算法 6.5 (JFNK 方法)

给定初值 $\boldsymbol{x}^0 \in \mathbb{R}^n$;

for $k = 0, 1, 2, \cdots$ 直到收敛

选取 $\bar{\eta}_k \in [0, 1)$; 执行 GNE (GMRES for k-th Newton Equation) 过程:

选取 $\boldsymbol{s}_0^k$, 并计算

$$\boldsymbol{r}_0^k = -F(\boldsymbol{x}^k) - \frac{F(\boldsymbol{x}^k + \tau \boldsymbol{s}_0^k) - F(\boldsymbol{x}^k)}{\tau}, \ \beta_k = \|\boldsymbol{r}_0^k\|, \ \boldsymbol{v}^1 = \boldsymbol{r}_0^k / \beta_k;$$

置 $m = 0$;

while $(\|\boldsymbol{r}_k^m\| > \bar{\eta}_k \|F(\boldsymbol{x}^k)\|)$, 执行 GMRES 迭代:

$m = m + 1$;

令 $\boldsymbol{w}^m = \dfrac{F(\boldsymbol{x}^k + \tau \boldsymbol{v}^m) - F(\boldsymbol{x}^k)}{\tau}$, 并执行 Arnoldi 过程:

$h_{i,m} = (\boldsymbol{v}^i)^{\mathrm{T}} \boldsymbol{w}^m, \ i = 1, 2, \cdots, m;$

$\boldsymbol{v}^{m+1} = \boldsymbol{w}^m - \displaystyle\sum_{i=1}^{m} h_{i,m} \boldsymbol{v}^i;$

$h_{m+1,m} = \|\boldsymbol{v}^{m+1}\|; \ \ \boldsymbol{v}^{m+1} := \boldsymbol{v}^{m+1} / h_{m+1,m};$

定义上 Hessenberg 矩阵 $\widetilde{\boldsymbol{H}}_m \in \mathbb{R}^{(m+1)\times m}$, 其非零元素为

$$h_{i,j}, \ i = 1, \cdots, j+1, \ j = 1, \cdots, m.$$

求最小二乘问题 $\min\limits_{\boldsymbol{y} \in \mathbb{R}^m} \|\beta_k \boldsymbol{e}_1 - \widetilde{\boldsymbol{H}}_m \boldsymbol{y}\|$, 得解向量 $\boldsymbol{y}_m^k \in \mathbb{R}^m$;

计算 $\|\boldsymbol{r}_k^m\| = \|\beta_k \boldsymbol{e}_1 - \widetilde{\boldsymbol{H}}_m \boldsymbol{y}_m^k\|$;

end while

$\boldsymbol{V}_m = [\boldsymbol{v}^1, \boldsymbol{v}^2, \cdots, \boldsymbol{v}^m] \in \mathbb{R}^{n\times m}$ 并形成 $\boldsymbol{s}_m^k = \boldsymbol{s}_0^k + \boldsymbol{V}_m \boldsymbol{y}_m^k$;

置 $\bar{\boldsymbol{s}}^k := \boldsymbol{s}_m^k$; $\boldsymbol{x}^{k+1} := \boldsymbol{x}^k + \bar{\boldsymbol{s}}^k$;

end for

在 JFNK 方法的执行过程中, 由于采用有限差分近似代替了 Jacobi 矩阵向量乘积, 因此可以不用出现和存储真正的 Jacobi 矩阵, 这是该类方法的最大特点和优点. 在实际应用中, 为了加速 Krylov 子空间迭代, 需要形成近似 Jacobi 矩阵, 用于预处理, 从而在 JFNK 方法中需要形成矩阵, 但仅仅是 Jacobi 矩阵的一个近似, 而不是真正的 Jacobi 矩阵. 特别地, 在近似 Jacobi 矩阵时, 可以根据实际问题的特点进行简化. 因此, 不能说 JFNK 方法是完全无矩阵的方法, 只能说该方法是无 Jacobi 矩阵的方法.

6.1.6 Newton–Krylov 方法中的预处理

一般情况下, 采用 Krylov 子空间迭代方法求解式 (6.2) 时, 预处理是必不可少的. 预处理包括左预处理、右预处理以及分裂预处理三种情形. 由于采用右预处理不会改变线性残差的大小, 因此, 在 Newton–Krylov 方法中, 通常采用右预处理.

记 $\boldsymbol{M}_r$ 为右预处理矩阵, 采用右预处理时, 线性迭代过程生成的 Krylov 子空间为

$$\mathbb{K}_m := \operatorname{span}\left\{\boldsymbol{r}_0^k,\ [F'(\boldsymbol{x}^k)\boldsymbol{M}_r^{-1}]\boldsymbol{r}_0^k,\ \cdots,\ [F'(\boldsymbol{x}^k)\boldsymbol{M}_r^{-1}]^{m-1}\boldsymbol{r}_0^k\right\},$$

其中矩阵向量乘积 $F'(\boldsymbol{x}^k)\boldsymbol{M}_r^{-1}\boldsymbol{v}$ 分两步完成:

(1) 求解预处理方程 $\boldsymbol{M}_r\boldsymbol{z} = \boldsymbol{v}$;

(2) 计算 Jacobi 矩阵向量乘积 $F'(\boldsymbol{x}^k)\boldsymbol{z}$.

在 JFNK 方法中, 矩阵向量乘积 $F'(\boldsymbol{x}^k)\boldsymbol{M}_r^{-1}\boldsymbol{v}$ 的一阶有限差分公式为

$$[F'(\boldsymbol{x}^k)\boldsymbol{M}_r^{-1}]\boldsymbol{v}^m = F'(\boldsymbol{x}^k)(\boldsymbol{M}_r^{-1}\boldsymbol{v}^m) \approx \frac{F(\boldsymbol{x}^k + \tau\boldsymbol{M}_r^{-1}\boldsymbol{v}^m) - F(\boldsymbol{x}^k)}{\tau}. \tag{6.22}$$

这一差分逼近分两步完成:

(1) 求解预处理方程 $\boldsymbol{M}_r\boldsymbol{z} = \boldsymbol{v}^m$;

(2) 采用有限差分近似计算 Jacobi 矩阵向量乘积

$$F'(\boldsymbol{x}^k)\boldsymbol{z} \approx \frac{F(\boldsymbol{x}^k + \tau\boldsymbol{z}) - F(\boldsymbol{x}^k)}{\tau}.$$

因此, 在预处理情形下, 在 JFNK 方法的每次线性迭代中, 均需要求解一个预处理方程并计算一次非线性函数值.

下面考虑有限差分步长选取方法. 对于给定的向量 $\boldsymbol{x}$ 和 $\boldsymbol{v}$, 在 JFNK 方法的 Jacobi 矩阵向量乘积逼近

$$F'(\boldsymbol{x})\boldsymbol{v} \approx \frac{F(\boldsymbol{x} + \tau\boldsymbol{v}) - F(\boldsymbol{x})}{\tau}$$

中, 差分步长 τ 的选取对于计算精度具有非常重要的影响. τ 的选取需要在有效逼近和舍入误差之间加以权衡. 如果 τ 太大, 则有限差分逼近会有较大误差; 如果 τ 太小, 则有限差分的结果会受到浮点数舍入误差影响. 在 τ 的选取中, 需要根据 $\boldsymbol{x}$ 和 $\boldsymbol{v}$ 的量级考虑进行尺度化. 下面列出文献中常用的一种步长 τ 的选取方法, 它是基于计算 Jacobi 矩阵元素的一些方法得到的:

$$\tau = \frac{1}{n\|\boldsymbol{v}\|}\sum_{i=1}^{n}(|x_i| + 1)\vartheta,$$

其中 n 表示方程组的规模, $\vartheta = \sqrt{\varepsilon_{\text{mach}}}$, $\varepsilon_{\text{mach}}$ 表示机器精度 (64 位机器的双精度浮点数对应的 $\varepsilon_{\text{mach}} \approx 2.22 \times 10^{-16}$). 这一方法是根据计算 Jacobi 矩阵元素的有限差分方法中的差分步长设计的一个 “平均” τ. 事实上, 如果 Jacobi 矩阵的每个分量按照如下方式计算:

$$J_{ij} = \frac{F_i(\boldsymbol{x} + \tau_j\boldsymbol{e}_j) - F_i(\boldsymbol{x})}{\tau_j},$$

其中 $\tau_j = (|x_i| + 1)\vartheta$, 则 $\dfrac{1}{n}\sum_{i=1}^{n}(|x_i| + 1)\vartheta$ 就是这些 τ_j 的平均值. 再考虑到差分步长中向量 $\boldsymbol{v}$ 的尺度化, 就得到了上述的差分步长选取方法.

值得注意的是, 实际计算中, 计算非线性残差 $F(\boldsymbol{x})$ 时, 总会有误差产生. 另外, 采用有限差分等方法形成 Jacobi 矩阵时, 也会有误差存在. 因此, 有关文献分析了函数值计算和 Jacobi 矩阵计算中误差对于方法的影响, 此处从略.

JFNK 方法尽管具有很大优势, 而且在许多应用中也发挥了重要的作用, 但是也存在一些不足之处. 在采用该方法求解实际应用问题时, 也需要对其不足加以考虑.

(1) JFNK 方法中 Jacobi 矩阵向量乘积的有限差分逼近中的差分步长是标量. 如果方程的解向量的分量的量级差别很大, 则有限差分中的扰动可能会对于某些分量不起作用, 这将会影响有限差分的逼近程度, 从而严重影响方法的收敛性.

(2) 尽管 JFNK 方法的主要特点是避免形成 Jacobi 矩阵, 但为了加速线性 Krylov 迭代收敛, 需要形成近似 Jacobi 矩阵用于预处理. 因此, 在实际应用中, 还是不可避免地需要形成近似 Jacobi 矩阵.

(3) JFNK 方法的每步线性迭代均需要计算非线性残差. 如果非线性残差的计算比较复杂, 同时预处理做得不是很有效, 则线性迭代次数会比较多, 从而需要计算的非线性残差次数也会比较多, 这将导致 JFNK 方法的计算量会比较大.

6.2 全局非精确牛顿法

前面一节介绍的非线性迭代方法的基础是牛顿法. 由于牛顿法是局部收敛的, 因此, 这些方法也都是局部收敛的. 为了提高这些方法的收敛性, 通常需要对这些方法加上一些全局化的方法, 使其成为具有全局收敛性的方法. 全局化方法通常包括线搜索方法、信赖域方法、同伦延拓方法等.

对于 (非精确) 牛顿法, 很多学者提出了一些策略对其加以改造, 得到若干全局收敛的方法. 其中, 文献 [21] 中给出了一个全局收敛的非精确牛顿法的算法框架, 并运用线搜索回溯策略及信赖域策略给出了两类具体的具有全局收敛性的非精确牛顿法: 极小约简 (MR, Minimum Reduction) 方法和信赖水平 (TL, Trust Level) 方法. 特别地, 如果在非精确牛顿法中运用线搜索回溯策略, 则得到非精确牛顿回溯法 (INB, Inexact Newton Backtracking).

由于 Newton–GMRES 方法是目前应用比较广的非线性迭代方法, 同时又是 Newton–Krylov 方法的典型代表, 因此本节将详细介绍几种全局收敛的 Newton–GMRES 方法.

6.2.1 GIN 的一般框架

非精确牛顿法仅是局部收敛的, 而在实际应用中, 全局收敛的方法更为有效. 因此, 许多研究者提出了一些策略对非精确牛顿法进行改进, 使之具有全局收敛性质, 从而得到全局收敛的非精确牛顿法. 下面的算法是全局非精确牛顿法的一个基本框架.

算法 6.6 (全局非精确牛顿法, GIN)

给定初值 $\boldsymbol{x}^0 \in \mathbb{R}^n$ *及参数* $\alpha \in (0, 1)$.

for $k=0,1,2,\cdots$ 直到收敛

选取 $\eta_k \in [0,1)$ 及 $\boldsymbol{p}^k := \boldsymbol{p}^k(\eta_k) \in \mathbb{R}^n$, 使满足

$$\|F(\boldsymbol{x}^k) + F'(\boldsymbol{x}^k)\boldsymbol{p}^k\| \leqslant \eta_k \|F(\boldsymbol{x}^k)\| \tag{6.23}$$

及

$$\|F(\boldsymbol{x}^k + \boldsymbol{p}^k)\| \leqslant [(1-\alpha(1-\eta_k)]\|F(\boldsymbol{x}^k)\|. \tag{6.24}$$

置 $\boldsymbol{x}^{k+1} := \boldsymbol{x}^k + \boldsymbol{p}^k$;

end

不难发现, 与算法 6.1 相比较而言, 算法 6.6 中对步长多了一个限制条件——式 (6.24). 这一条件称为“充分下降”条件, 它保证了在每次迭代中 $\|F(\boldsymbol{x}^k)\|$ 都具有一定的下降程度. 当迭代点 $\boldsymbol{x}^k$ 离方程组的解 $\boldsymbol{x}^*$ 较远时, “充分下降”条件对于迭代的收敛起着十分重要的作用.

全局非精确牛顿法具有如下收敛性定理[21].

定理 6.4　设 $\{\boldsymbol{x}^k\} \subset \mathbb{R}^n$ 是由算法 6.6 产生的一个无穷序列. 如果

$$\sum_{k=0}^{+\infty}(1-\eta_k) = +\infty, \tag{6.25}$$

则有 $F(\boldsymbol{x}^k) \to \boldsymbol{0}$ $(k \to +\infty)$. 进一步, 如果 $\{\boldsymbol{x}^k\}$ 有一个聚点 $\boldsymbol{x}^*$, 使得 $F'(\boldsymbol{x}^*)$ 可逆, 则 $F(\boldsymbol{x}^*) = \boldsymbol{0}$ 且 $\boldsymbol{x}^k \to \boldsymbol{x}^*$.

定理 6.5　设 $\{\boldsymbol{x}^k\} \subset \mathbb{R}^n$ 是由算法 6.6 产生的一个无穷序列. 如果 $\{\boldsymbol{x}^k\}$ 有一个聚点 $\boldsymbol{x}^*$, 使得当 $\boldsymbol{x}^k$ 充分靠近 $\boldsymbol{x}^*$ 且 k 充分大时, 有

$$\|\boldsymbol{p}^k\| \leqslant \gamma(1-\eta_k)\|F(\boldsymbol{x}^k)\|,$$

则 $\boldsymbol{x}^k \to \boldsymbol{x}^*$ $(k \to +\infty)$, 这里 γ 是一个与 k 无关的常数.

可用另一种方式对定理 6.4 加以陈述: 若 GIN 方法没有发生中断, 并且满足式 (6.25), 则 $F(\boldsymbol{x}^k) \to \boldsymbol{0}$ $(k \to +\infty)$, 且下列三者之一成立:

(1) $\|\boldsymbol{x}^k\| \to \infty$, 即 $\{\boldsymbol{x}^k\}$ 没有聚点;

(2) $\{\boldsymbol{x}^k\}$ 有一个或多个聚点, 且 $F'(\boldsymbol{x})$ 在每个聚点均为奇异的;

(3) $\{\boldsymbol{x}^k\}$ 收敛于 $F(\boldsymbol{x}) = \boldsymbol{0}$ 的某个解 $\boldsymbol{x}^*$, 且 $F'(\boldsymbol{x}^*)$ 非奇异.

另外, 可以通过例子说明上面的三种情形都有可能发生. 以上两个定理是全局非精确牛顿法的理论基础. 后面关于 NGQCGB 和 NGLM 方法的收敛性证明都要用到这两个定理.

为了得到满足“充分下降”条件——式 (6.24) 的非精确牛顿步 $\boldsymbol{p}^k$, 通常情况下都需要运用非线性优化中的一些全局性策略, 如线搜索技巧或信赖域技巧. 其中, 与线搜索技巧紧密相关的一个概念是下降方向.

定义 6.2　设 $f: \mathbb{R}^n \to \mathbb{R}$, $\boldsymbol{x}, \boldsymbol{p} \in \mathbb{R}^n$. 如果存在 $\alpha_0 > 0$, 使得

$$f(\boldsymbol{x} + \alpha \boldsymbol{p}) < f(\boldsymbol{x}),\ \forall \alpha \in (0, \alpha_0),$$

则称 $\boldsymbol{p}$ 是 f 在 $\boldsymbol{x}$ 处的一个下降方向.

如果 f 可微, 则 $\boldsymbol{p}$ 为 f 在 $\boldsymbol{x}$ 处的下降方向的充要条件是

$$\nabla f(\boldsymbol{x})^{\mathrm{T}}\boldsymbol{p}<0.$$

容易验证, 牛顿方向以及非精确牛顿方向总是 $f(\boldsymbol{x})$ 在当前迭代点的下降方向. 在 Newton–GMRES 方法中得到的步长 $\boldsymbol{s}_m^k$ 均为 $f(\boldsymbol{x})$ 在点 $\boldsymbol{x}^k$ 的下降方向. 这正是我们能够在非精确牛顿方向上实施线搜索过程的理论基础. 非线性优化中的线搜索过程就是沿着目标函数 $f(\boldsymbol{x})$ 在当前迭代点 $\boldsymbol{x}^k$ 的一个下降方向 $\boldsymbol{p}$ 上寻找满足某种下降条件的下一个迭代点 $\boldsymbol{x}^{k+1}$ 的过程.

下面的算法是一种具体的 GIN 方法——Newton–GMRES 回溯方法 (简记为 NGB 方法).

算法 6.7 (NGB 方法)

给定初值 $\boldsymbol{x}^0$, 精度 ε_0 及参数 $\eta_{\max}\in[0,1)$, $\alpha\in(0,1)$, $0<\theta_l<\theta_u<1$, 置 $k:=0$.

while ($\|F(\boldsymbol{x}^k)\|>\varepsilon_0$)

  选取 $\bar{\eta}_k\in[0,\eta_{\max})$;

  执行算法 6.4 中的 GNE 过程, 得 $\bar{\boldsymbol{s}}^k=\boldsymbol{s}_m^k$ 并满足

$$\|F(\boldsymbol{x}^k)+F'(\boldsymbol{x}^k)\bar{\boldsymbol{s}}^k\|\leqslant\bar{\eta}_k\|F(\boldsymbol{x}^k)\|;$$

  $\boldsymbol{s}^k:=\bar{\boldsymbol{s}}^k$, $\eta_k:=\bar{\eta}_k$;

  while ($\|F(\boldsymbol{x}^k+\boldsymbol{s}^k)\|>[(1-\alpha(1-\eta_k)]\|F(\boldsymbol{x}^k)\|$)

    执行回溯循环: 选取 $\theta\in[\theta_l,\theta_u]$;

    更新 $\boldsymbol{s}^k:=\theta\boldsymbol{s}^k$ 及 $\eta_k:=1-\theta(1-\eta_k)$;

  end

  置 $\boldsymbol{x}^{k+1}:=\boldsymbol{x}^k+\boldsymbol{s}^k$; $k:=k+1$;

end

在算法 6.7 中, 随着回溯循环的执行, 步长 $\boldsymbol{s}^k$ 在不断地缩短, 而相应的 η_k 在不断地增大. 事实上, 回溯循环执行过程的实质就是沿着曲线

$$\tau_k(\eta)=\frac{1-\eta}{1-\bar{\eta}_k}\bar{\boldsymbol{s}}^k,\quad \eta\in[\bar{\eta}_k,1]$$

的回溯过程. 循环终止的条件是 $\boldsymbol{s}^k$ 满足充分下降条件, 也即成立

$$\|F(\boldsymbol{x}^k+\boldsymbol{s}^k)\|\leqslant[(1-\alpha(1-\eta_k)]\|F(\boldsymbol{x}^k)\|.$$

在理论上, 总可以保证回溯循环在执行有限步后终止. 在每次迭代中, 参数 θ 可以通过在 $[\theta_l,\theta_u]$ 上极小化 $p(t)$ 而得到, 其中 $p(t)$ 是二次插值函数, 满足

$$p(0)=h(0),\quad p'(0)=h'(0),\quad p(1)=h(1),$$

这里 $h(t):=\|F(\boldsymbol{x}^k+t\boldsymbol{s}^k)\|^2$.

在本节以下的讨论中, 约定

$$f(\boldsymbol{x})=\frac{1}{2}\|F(\boldsymbol{x})\|^2,\quad \boldsymbol{g}^k=\nabla f(\boldsymbol{x}^k).$$

容易验证, $\boldsymbol{g}^k=F'(\boldsymbol{x}^k)^{\mathrm{T}}F(\boldsymbol{x}^k)$.

6.2.2 NGECB 方法

理论分析与实际计算表明, NGB 方法是求解大规模稀疏非线性方程组的十分有效的工具之一. 但对于一些较困难的问题, NGB 方法的稳健性往往无法得到保证. NGB 方法在一些坏条件问题上经常发生中断的原因可能是由于在一些内迭代中计算出的非精确牛顿方向 $\bar{\boldsymbol{s}}^k$ 太差而造成的. 鉴于此, 为了提高 NGB 方法的稳健性, Bellavia 和 Morini[22] 提出了一种具有全局收敛性的 Newton-GMRES 方法——NGECB 方法, 即具有等式曲线回溯的 Newton-GMRES 方法. 此方法的全局性策略由两部分组成: 沿着非精确牛顿方向的回溯策略及备用的等式曲线回溯 (equality-curve backtracking) 策略. NGECB 方法可用如下算法加以简单描述.

算法 6.8 (NGECB 方法)

给定初值 $\boldsymbol{x}^0\in\mathbb{R}^n$, $\varepsilon_0>0$, $\eta_{\max}\in[0,1)$, $\alpha\in(0,1)$, $0<\theta_l<\theta_u<1$ 及整数 $N_b\geqslant 0$, 置 $k:=0$.

while $(\|F(\boldsymbol{x}^k)\|>\varepsilon_0)$

选取 $\bar{\eta}_k\in[0,\eta_{\max})$;

执行 m 步 GMRES 迭代, 非精确求解第 k 个牛顿方程,

并得到 $\bar{\boldsymbol{s}}^k:=\boldsymbol{s}_m^k$ 满足

$$\|F(\boldsymbol{x}^k)+F'(\boldsymbol{x}^k)\bar{\boldsymbol{s}}^k\|\leqslant\bar{\eta}_k\|F(\boldsymbol{x}^k)\|;$$

沿着 $\bar{\boldsymbol{s}}^k$ 回溯最多 N_b 步:

令 $\boldsymbol{s}^k:=\bar{\boldsymbol{s}}^k$; $\eta_k:=\bar{\eta}_k$; $n_b:=0$;

if $(\|F(\boldsymbol{x}^k+\boldsymbol{s}^k)\|>[(1-\alpha(1-\eta_k)]\|F(\boldsymbol{x}^k)\|$ 且 $n_b<N_b)$

选取 $\theta\in[\theta_l,\theta_u]$;

更新 $\boldsymbol{s}^k:=\theta\boldsymbol{s}^k$; $\eta_k:=1-\theta(1-\eta_k)$ 及 $n_b:=n_b+1$;

end if

if $(\|F(\boldsymbol{x}^k+\boldsymbol{s}^k)\|\leqslant[(1-\alpha(1-\eta_k)]\|F(\boldsymbol{x}^k)\|)$

令 $\boldsymbol{p}^k:=\boldsymbol{s}^k$ ($\boldsymbol{s}^k$ 满足充分下降条件);

else

① 执行 ECB 策略:

形成等式曲线 $\tau_k(\eta)$, 满足

$$\|F(\boldsymbol{x}^k)+F'(\boldsymbol{x}^k)\tau_k(\eta)\|=\eta\|F(\boldsymbol{x}^k)\|,\ \eta\in[\widehat{\eta}_k,1]; \tag{6.26}$$

沿着 $\tau_k(\eta)$ 执行回溯迭代并得到步长 $\tau_k(\eta_k)$ 满足

$$\|F(\boldsymbol{x}^k+\tau_k(\eta_k))\|\leqslant[(1-\alpha(1-\eta_k)]\|F(\boldsymbol{x}^k)\|;$$

② 令 $\boldsymbol{p}^k := \tau_k(\eta_k)$;

end if

置 $\boldsymbol{x}^{k+1} := \boldsymbol{x}^k + \boldsymbol{p}^k$, $k := k+1$;

end while

注 6.2 算法 6.8 中沿着 $\bar{\boldsymbol{s}}^k$ 的最大回溯次数由事先给定的整数 N_b 来控制. 如果不超过 N_b 次回溯就能得到一个满足要求的步长 $\boldsymbol{s}^k$, 则令 $\boldsymbol{p}^k = \boldsymbol{s}^k$, 并得到下一个非线性迭代点 $\boldsymbol{x}^{k+1} = \boldsymbol{x}^k + \boldsymbol{p}^k$; 否则, 将执行备选策略 ECB, 以找到一个新的满足充分下降条件的步长 $\boldsymbol{p}^k$, 并令下一次的非线性迭代点为 $\boldsymbol{x}^{k+1} = \boldsymbol{x}^k + \boldsymbol{p}^k$. 我们指出, 算法 6.8 步 ①和步② 中的 $\tau_k(\eta)$ 是一个带参数的曲线, 其中 $\eta \in [\widehat{\eta}_k, 1]$. 曲线 $\tau_k(\eta)$ 是由 $\mathbf{0}$, GNE (GMRES 求解第 k 个牛顿方程) 迭代中得到的点 $\boldsymbol{z}$ 及 $\bar{\boldsymbol{s}}^k$ 连接而构成的. 这一曲线的特点是对于 $\tau_k(\eta)$ 上的每个点, 式 (6.26) 均成立, 也即非精确牛顿条件 (6.15) 以等式成立. 因此, 这一策略被称为等式曲线回溯策略. 此外, 式 (6.26) 中,

$$\widehat{\eta}_k := \frac{\|F'(\boldsymbol{x}^k)\bar{\boldsymbol{s}}^k + F(\boldsymbol{x}^k)\|}{\|F(\boldsymbol{x}^k)\|}.$$

算法 6.8 的收敛性分析详见文献 [22].

6.2.3 NGQCGB 方法

为了进一步提高 NGB 方法的稳健性, 安恒斌等提出了一种全局收敛的 Newton–GMRES 方法[23], 即具有拟共轭梯度回溯的 Newton–GMRES 方法, 简记为 NGQCGB 方法. 该方法的全局性策略由两部分组成: 在非精确牛顿方向的回溯策略和一个可供选择的备选策略, 其中, 备选策略是拟共轭梯度回溯 (QCGB) 策略, 这个备选策略用到了上一迭代步的信息, 有利于提高 NGB 方法的稳健性.

NGQCGB 方法的备选策略是沿着位于一个子空间中的某个方向 $\boldsymbol{d}^k$ 的线搜索回溯过程, 其中的子空间由上一次的非线性迭代步 $\boldsymbol{p}^{k-1} = \boldsymbol{x}^k - \boldsymbol{x}^{k-1}$ 及 $\boldsymbol{g}^k = F'(\boldsymbol{x}^k)^{\mathrm{T}}F(\boldsymbol{x}^k)$ 在 Krylov 子空间上的投影 $\widetilde{\boldsymbol{g}}^k$ 的线性扩张构成. 它不仅用到了当前迭代中的信息, 而且还用到了上一非线性迭代步 $\boldsymbol{p}^{k-1}$ 的信息. 为了确定 NGQCGB 方法的备选策略中的方向 $\boldsymbol{d}^k$, 首先需要研究如何有效地计算出梯度 $\boldsymbol{g}^k$ 在 Krylov 子空间上的投影 $\widetilde{\boldsymbol{g}}^k$. 在 NGB 方法的第 k 次迭代中, 假定 $F(\boldsymbol{x}^k) \neq \mathbf{0}$, Jacobi 矩阵 $F'(\boldsymbol{x}^k)$ 是非奇异的. 进一步设 GMRES 未进行重启动, 且迭代初值为 $\boldsymbol{s}_0^k = \mathbf{0}$. 设 $\boldsymbol{V}_m = (\boldsymbol{v}^1, \boldsymbol{v}^2, \cdots, \boldsymbol{v}^m)$ 是 Krylov 子空间 $\mathbb{K}_m(F'(\boldsymbol{x}^k), \boldsymbol{r}_0^k)$ 的标准正交基, 并记 $\boldsymbol{r}_0^k = -F(\boldsymbol{x}^k)$, $\beta_k = \|\boldsymbol{r}_0^k\| = \|F(\boldsymbol{x}^k)\|$, $\boldsymbol{v}^1 = \boldsymbol{r}_0^k/\beta_k$, 则存在上 Hessenberg 矩阵 $\widetilde{\boldsymbol{H}}_m \in \mathbb{R}^{(m+1)\times m}$ 满足 $F'(\boldsymbol{x}^k)\boldsymbol{V}_m = \boldsymbol{V}_{m+1}\widetilde{\boldsymbol{H}}_m$. 因为

$$\boldsymbol{g}^k = \nabla f(\boldsymbol{x}^k) = F'(\boldsymbol{x}^k)^{\mathrm{T}}F(\boldsymbol{x}^k),$$

易知 $\boldsymbol{g}^k$ 在 Krylov 子空间上的投影 $\widetilde{\boldsymbol{g}}^k$ 为

$$\widetilde{\boldsymbol{g}}^k = \boldsymbol{V}_m\boldsymbol{V}_m^{\mathrm{T}}\boldsymbol{g}^k = \boldsymbol{V}_m\boldsymbol{V}_m^{\mathrm{T}}F'(\boldsymbol{x}^k)^{\mathrm{T}}F(\boldsymbol{x}^k).$$

注意到

$$F(\boldsymbol{x}^k) = -\boldsymbol{r}_0^k - F'(\boldsymbol{x}^k)\boldsymbol{s}_0^k = -\beta_k\boldsymbol{v}^1,$$

可得

$$\begin{aligned}\widetilde{\boldsymbol{g}}^k &= \boldsymbol{V}_m[F'(\boldsymbol{x}^k)\boldsymbol{V}_m]^{\mathrm{T}}F(\boldsymbol{x}^k) = \boldsymbol{V}_m(\boldsymbol{V}_{m+1}\widetilde{\boldsymbol{H}}_m)^{\mathrm{T}}F(\boldsymbol{x}^k)\\ &= -\beta_k\boldsymbol{V}_m\widetilde{\boldsymbol{H}}_m^{\mathrm{T}}\boldsymbol{V}_{m+1}{}^{\mathrm{T}}\boldsymbol{v}^1 = -\beta_k\boldsymbol{V}_m\widetilde{\boldsymbol{H}}_m^{\mathrm{T}}\boldsymbol{e}_1.\end{aligned} \tag{6.27}$$

因此, 在 GNE 执行完毕后, $\widetilde{\boldsymbol{g}}^k$ 便可轻松得到. 由于 $\boldsymbol{y}_m$ 是最小二乘问题

$$\min_{\boldsymbol{y}\in\mathbb{R}^m}\|\beta_k\boldsymbol{e}_1 - \widetilde{\boldsymbol{H}}_m\boldsymbol{y}\|$$

的解, 故

$$\boldsymbol{y}_m = \beta_k(\widetilde{\boldsymbol{H}}_m^{\mathrm{T}}\widetilde{\boldsymbol{H}}_m)^{-1}\widetilde{\boldsymbol{H}}_m^{\mathrm{T}}\boldsymbol{e}_1.$$

为了得到一个非零的非精确牛顿步 $\bar{\boldsymbol{s}}^k = \boldsymbol{V}_m\boldsymbol{y}_m$, 进一步假定 m 足够大, 使得 $\boldsymbol{y}_m \neq \boldsymbol{0}$. 于是有 $\widetilde{\boldsymbol{H}}_m^{\mathrm{T}}\boldsymbol{e}_1 \neq \boldsymbol{0}$, 并且 $\widetilde{\boldsymbol{g}}^k \neq \boldsymbol{0}$.

现在来讨论如何有效地得到 QCGB 策略中所需要的搜索方向 $\boldsymbol{d}^k$. 为此, 引进二次函数

$$\varphi_k(\boldsymbol{d}) = (\boldsymbol{g}^k)^{\mathrm{T}}\boldsymbol{d} + \frac{1}{2}\boldsymbol{d}^{\mathrm{T}}\boldsymbol{H}_k\boldsymbol{d},\quad \boldsymbol{d}\in\mathbb{L}_k,$$

其中,

$$\mathbb{L}_k := \mathrm{span}\{\widetilde{\boldsymbol{g}}^k, \boldsymbol{p}^{k-1}\},\quad \boldsymbol{p}^{k-1} := \boldsymbol{x}^k - \boldsymbol{x}^{k-1},\quad \boldsymbol{H}_k := F'(\boldsymbol{x}^k)^{\mathrm{T}}F'(\boldsymbol{x}^k). \tag{6.28}$$

因为

$$\boldsymbol{d}^k \in \mathop{\mathrm{argmin}}_{\boldsymbol{d}\in\mathbb{R}^n}\varphi_k(\boldsymbol{d})$$

的充要条件是

$$\boldsymbol{d}^k \in \mathop{\mathrm{argmin}}_{\boldsymbol{d}\in\mathbb{R}^n}\|F(\boldsymbol{x}^k) + F'(\boldsymbol{x}^k)\boldsymbol{d}\|,$$

故可以通过求解如下的优化问题来确定 $\boldsymbol{d}^k$

$$\min_{\boldsymbol{d}\in\mathbb{L}_k}\varphi_k(\boldsymbol{d}). \tag{6.29}$$

这一问题可分为以下两种不同情形来讨论.

(1) $\widetilde{\boldsymbol{g}}^k$ 和 $\boldsymbol{p}^{k-1}$ 线性相关. 此时, 由于 $\widetilde{\boldsymbol{g}}^k \neq \boldsymbol{0}$, 可令 $\boldsymbol{d} = t\widetilde{\boldsymbol{g}}^k$ ($t\in\mathbb{R}$). 因此, 可将式 (6.29) 简化为

$$\min_{t\in\mathbb{R}}\ (\boldsymbol{g}^k)^{\mathrm{T}}\widetilde{\boldsymbol{g}}^k t + \frac{1}{2}(\widetilde{\boldsymbol{g}}^k)^{\mathrm{T}}\boldsymbol{H}_k\widetilde{\boldsymbol{g}}^k t^2,$$

此问题的唯一解是

$$t_k = -\frac{(\boldsymbol{g}^k)^{\mathrm{T}}\widetilde{\boldsymbol{g}}^k}{(\widetilde{\boldsymbol{g}}^k)^{\mathrm{T}}\boldsymbol{H}_k\widetilde{\boldsymbol{g}}^k} = -\frac{\|\boldsymbol{V}_m^{\mathrm{T}}\boldsymbol{g}^k\|^2}{\|F'(\boldsymbol{x}^k)\widetilde{\boldsymbol{g}}^k\|^2}.$$

既然 $\boldsymbol{V}_m$ 的列向量是正交的, 并且 $\boldsymbol{V}_m^{\mathrm{T}}\boldsymbol{g}^k = \boldsymbol{V}_m^{\mathrm{T}}\widetilde{\boldsymbol{g}}^k$, 所以 $\|\boldsymbol{V}_m^{\mathrm{T}}\boldsymbol{g}^k\| = \|\widetilde{\boldsymbol{g}}^k\|$ 且

$$\boldsymbol{d}^k = t_k\widetilde{\boldsymbol{g}}^k = -\frac{\|\widetilde{\boldsymbol{g}}^k\|^2}{\|F'(\boldsymbol{x}^k)\widetilde{\boldsymbol{g}}^k\|^2}\widetilde{\boldsymbol{g}}^k. \tag{6.30}$$

(2) $\widetilde{\boldsymbol{g}}^k$ 和 $\boldsymbol{p}^{k-1}$ 线性无关. 此时可设 $\boldsymbol{d}=\mu\widetilde{\boldsymbol{g}}^k+\nu\boldsymbol{p}^{k-1}$, $\mu,\nu\in\mathbb{R}$, 引进记号 $\widetilde{\boldsymbol{y}}^k=\boldsymbol{H}_k\boldsymbol{p}^{k-1}$ 及 $\alpha_k=(\widetilde{\boldsymbol{g}}^k)^{\mathrm{T}}\boldsymbol{H}_k\widetilde{\boldsymbol{g}}^k$, 则式 (6.29) 可转化为

$$\min_{(\mu,\nu)^{\mathrm{T}}\in\mathbb{R}^2}\begin{pmatrix}(\boldsymbol{g}^k)^{\mathrm{T}}\widetilde{\boldsymbol{g}}^k\\(\boldsymbol{g}^k)^{\mathrm{T}}\boldsymbol{p}^{k-1}\end{pmatrix}^{\mathrm{T}}\begin{pmatrix}\mu\\\nu\end{pmatrix}+\frac{1}{2}\begin{pmatrix}\mu\\\nu\end{pmatrix}^{\mathrm{T}}\begin{pmatrix}\alpha_k & (\boldsymbol{g}^k)^{\mathrm{T}}\widetilde{\boldsymbol{y}}^k\\(\boldsymbol{g}^k)^{\mathrm{T}}\widetilde{\boldsymbol{y}}^k & (\boldsymbol{p}^{k-1})^{\mathrm{T}}\widetilde{\boldsymbol{y}}^k\end{pmatrix}\begin{pmatrix}\mu\\\nu\end{pmatrix}. \tag{6.31}$$

由于 $F'(\boldsymbol{x}^k)$ 是非奇异的, 容易验证矩阵

$$\boldsymbol{B}_k:=\begin{pmatrix}\alpha_k & (\boldsymbol{g}^k)^{\mathrm{T}}\widetilde{\boldsymbol{y}}^k\\(\boldsymbol{g}^k)^{\mathrm{T}}\widetilde{\boldsymbol{y}}^k & (\boldsymbol{p}^{k-1})^{\mathrm{T}}\widetilde{\boldsymbol{y}}^k\end{pmatrix}$$

是对称正定的, 故 $D_k:=\det(\boldsymbol{B}_k)>0$. 从而式 (6.31) 的唯一解为

$$\begin{aligned}\begin{pmatrix}\mu_k\\\nu_k\end{pmatrix}&=-\begin{pmatrix}\alpha_k & (\boldsymbol{g}^k)^{\mathrm{T}}\widetilde{\boldsymbol{y}}^k\\(\boldsymbol{g}^k)^{\mathrm{T}}\widetilde{\boldsymbol{y}}^k & (\boldsymbol{p}^{k-1})^{\mathrm{T}}\widetilde{\boldsymbol{y}}^k\end{pmatrix}^{-1}\begin{pmatrix}(\boldsymbol{g}^k)^{\mathrm{T}}\widetilde{\boldsymbol{g}}^k\\(\boldsymbol{g}^k)^{\mathrm{T}}\boldsymbol{p}^{k-1}\end{pmatrix}\\&=\frac{1}{D_k}\begin{pmatrix}(\boldsymbol{g}^k)^{\mathrm{T}}\widetilde{\boldsymbol{y}}^k(\boldsymbol{g}^k)^{\mathrm{T}}\boldsymbol{p}^{k-1}-(\boldsymbol{p}^{k-1})^{\mathrm{T}}\widetilde{\boldsymbol{y}}^k\|\widetilde{\boldsymbol{g}}^k\|^2\\(\boldsymbol{g}^k)^{\mathrm{T}}\widetilde{\boldsymbol{y}}^k\|\widetilde{\boldsymbol{g}}^k\|^2-\alpha_k(\boldsymbol{g}^k)^{\mathrm{T}}\boldsymbol{p}^{k-1}\end{pmatrix},\end{aligned}$$

这里用到了 $(\boldsymbol{g}^k)^{\mathrm{T}}\widetilde{\boldsymbol{g}}^k=\|\widetilde{\boldsymbol{g}}^k\|^2$. 相应地, 式 (6.29) 的唯一解为

$$\begin{aligned}\boldsymbol{d}^k=\frac{1}{D_k}\Big[&\Big((\boldsymbol{g}^k)^{\mathrm{T}}\widetilde{\boldsymbol{y}}^k(\boldsymbol{g}^k)^{\mathrm{T}}\boldsymbol{p}^{k-1}-(\boldsymbol{p}^{k-1})^{\mathrm{T}}\widetilde{\boldsymbol{y}}^k\|\widetilde{\boldsymbol{g}}^k\|^2\Big)\widetilde{\boldsymbol{g}}^k+\\&\Big((\boldsymbol{g}^k)^{\mathrm{T}}\widetilde{\boldsymbol{y}}^k\|\widetilde{\boldsymbol{g}}^k\|^2-\alpha_k(\boldsymbol{g}^k)^{\mathrm{T}}\boldsymbol{p}^{k-1}\Big)\boldsymbol{p}^{k-1}\Big].\end{aligned} \tag{6.32}$$

有了以上准备, 现在可以将 NGQCGB 方法描述如下.

算法 6.9 (NGQCGB 方法)

给定初值 $\boldsymbol{x}^0\in\mathbb{R}^n$, $\varepsilon_0>0$, $\eta_{\max}\in[0,1)$, $0<\alpha<\beta<1$, $0<\theta_l<\theta_u<1$ 及整数 $N_b\geqslant 0$, 置 $k:=0$, $\boldsymbol{p}^{-1}:=\boldsymbol{0}$.

while $(\|F(\boldsymbol{x}^k)\|>\varepsilon_0)$

① 选取 $\bar{\eta}_k\in[0,\eta_{\max})$;

② 执行 m 步 GMRES 迭代, 非精确求解第 k 个牛顿方程,
并得到 $\bar{\boldsymbol{s}}^k:=\boldsymbol{s}_m^k$ 满足

$$\|F(\boldsymbol{x}^k)+F'(\boldsymbol{x}^k)\bar{\boldsymbol{s}}^k\|\leqslant\bar{\eta}_k\|F(\boldsymbol{x}^k)\|;$$

③ 沿 $\bar{\boldsymbol{s}}^k$ 执行最多 N_b 次回溯迭代, 得步长 $\boldsymbol{s}^k$ 及相应的 η_k (见算法 6.8);

④ **if** $(\|F(\boldsymbol{x}^k+\boldsymbol{s}^k)\|\leqslant[(1-\alpha(1-\eta_k)]\|F(\boldsymbol{x}^k)\|)$

令 $\boldsymbol{p}^k:=\boldsymbol{s}^k$ ($\boldsymbol{s}^k$ 满足充分下降条件);

⑤ **else**

⑥ 执行 QCGB 策略:

如果 $\widetilde{\boldsymbol{g}}^k$ 和 $\boldsymbol{p}^{k-1}$ 线性相关, 则由式 (6.30) 计算 $\boldsymbol{d}^k$;

否则, 由式 (6.32) 计算 $\boldsymbol{d}^k$;
令 $\boldsymbol{p}^k := \boldsymbol{d}^k$;
如果

$$\begin{cases} f(\boldsymbol{x}^k+\boldsymbol{p}^k) \leqslant f(\boldsymbol{x}^k) + \alpha\nabla f(\boldsymbol{x}^k)^{\mathrm{T}}\boldsymbol{p}^k; \\ \nabla f(\boldsymbol{x}^k+\boldsymbol{p}^k)^{\mathrm{T}}\boldsymbol{p}^k \geqslant \beta\nabla f(\boldsymbol{x}^k)^{\mathrm{T}}\boldsymbol{p}^k; \end{cases} \tag{6.33}$$

则转 ⑨;
⑦ 否则, 选取 $\theta \in [\theta_l, \theta_u]$, 令 $\boldsymbol{p}^k := \theta\boldsymbol{p}^k$, 转 ⑥;
⑧ **end if**
⑨ $\boldsymbol{x}^{k+1} := \boldsymbol{x}^k + \boldsymbol{p}^k$; $k := k+1$;
end while

注 6.3　式 (6.33) 是 Goldstein–Armijo 线搜索条件. 此条件常用在全局收敛的非线性优化问题的算法中, 以得到一个满足充分下降条件的步长. 无论通过式 (6.30) 还是式 (6.32) 计算出的 $\boldsymbol{d}^k$ 均为 f 在 $\boldsymbol{x}^k$ 处的下降方向, 所以满足 Goldstein–Armijo 条件的式 (6.33) 的非零步长 $\boldsymbol{p}^k$ 总是存在的. QCGB 策略就是沿着方向 $\boldsymbol{d}^k$ 不断地回溯, 直到确定一个满足 Goldstein–Armijo 条件的非线性步长 $\boldsymbol{p}^k$ 为止. 如果在 NGQCGB 方法的第 k 步迭代执行了 QCGB 策略, 则有 $\boldsymbol{x}^{k+1} = \boldsymbol{x}^k + \boldsymbol{p}^k$, 其中

$$\boldsymbol{p}^k = \widetilde{\mu}_k\widetilde{\boldsymbol{g}}^k + \widetilde{\nu}_k\boldsymbol{p}^{k-1}, \tag{6.34}$$

这里 $\widetilde{\mu}_k, \widetilde{\nu}_k \in \mathbb{R}$. 可以看出, 式 (6.34) 类似于文献 [24] 中以 $f(\boldsymbol{x})$ 为目标函数的共轭梯度法. 事实上, 只要将文献 [24] 中共轭梯度法的方向 $\boldsymbol{g}^k$ 用 $\widetilde{\boldsymbol{g}}^k$ 代替, 便可得到式 (6.34). 这也正是将算法 6.9 中步 ⑥和步⑦ 所定义的备选策略称为共轭梯度法回溯策略的原因.

值得注意的是, NGQCGB 方法同样能够实现无 Jacobi 矩阵的计算策略. 事实上, $\boldsymbol{d}^k$ 的计算仅仅依赖于 $F'(\boldsymbol{x}^k)\widetilde{\boldsymbol{g}}^k$ 及 $F'(\boldsymbol{x}^k)\boldsymbol{p}^{k-1}$, 这是因为有如下的一些关系:

(1) $(\widetilde{\boldsymbol{g}}^k)^{\mathrm{T}}\widetilde{\boldsymbol{y}}^k = (\widetilde{\boldsymbol{g}}^k)^{\mathrm{T}}\boldsymbol{H}_k\boldsymbol{p}^{k-1} = [F'(\boldsymbol{x}^k)\widetilde{\boldsymbol{g}}^k]^{\mathrm{T}}[F'(\boldsymbol{x}^k)\boldsymbol{p}^{k-1}]$;

(2) $(\boldsymbol{g}^k)^{\mathrm{T}}\boldsymbol{p}^{k-1} = F(\boldsymbol{x}^k)^{\mathrm{T}}[F'(\boldsymbol{x}^k)\boldsymbol{p}^{k-1}]$;

(3) $(\boldsymbol{p}^{k-1})^{\mathrm{T}}\widetilde{\boldsymbol{y}}^k = (\boldsymbol{p}^{k-1})^{\mathrm{T}}\boldsymbol{H}_k\boldsymbol{p}^{k-1} = \|F'(\boldsymbol{x}^k)\boldsymbol{p}^{k-1}\|^2$;

(4) $\alpha_k = (\widetilde{\boldsymbol{g}}^k)^{\mathrm{T}}\boldsymbol{H}_k\widetilde{\boldsymbol{g}}^k = \|F'(\boldsymbol{x}^k)\widetilde{\boldsymbol{g}}^k\|^2$.

特别地, 由式 (6.27) 可得

$$F'(\boldsymbol{x}^k)\widetilde{\boldsymbol{g}}^k = -\beta_k[F'(\boldsymbol{x}^k)\boldsymbol{V}_m]\widetilde{\boldsymbol{H}}_m^{\mathrm{T}}\boldsymbol{e}_1.$$

由于 $F'(\boldsymbol{x}^k)\boldsymbol{V}_m$ 可在执行 GMRES 迭代的过程中得到, 所以只需很小的计算量便可得到 $F'(\boldsymbol{x}^k)\widetilde{\boldsymbol{g}}^k$. 这样, 只需考虑运用式 (6.19) 来近似计算 $F'(\boldsymbol{x}^k)\boldsymbol{p}^{k-1}$ 即可, 故在所有计算中, 都无须形成和存储 Jacobi 矩阵 $F'(\boldsymbol{x}^k)$.

下面来考虑 NGQCGB 方法的全局收敛性. 为此, 首先给出关于非线性映射 $F: \mathbb{R}^n \to \mathbb{R}^n$ 的两个基本假设.

假设 6.1 对于给定的点 $\boldsymbol{x}^0 \in \mathbb{R}^n$, 函数 $f(\boldsymbol{x}) = \dfrac{1}{2}\|F(\boldsymbol{x})\|^2$ 在水平集

$$\mathbb{L}(\boldsymbol{x}_0) = \{\boldsymbol{x} \mid f(\boldsymbol{x}) \leqslant f(\boldsymbol{x}_0)\}$$

上是连续可微的, 并存在常数 $L > 0$, 使得

$$\|\nabla f(\boldsymbol{x}) - \nabla f(\boldsymbol{y})\| \leqslant L\|\boldsymbol{x} - \boldsymbol{y}\|, \quad \forall \boldsymbol{x}, \boldsymbol{y} \in \mathbb{L}(\boldsymbol{x}_0).$$

假设 6.2 对于由 NGQCGB 方法产生的迭代序列 $\boldsymbol{x}^k$, 下述关系式总成立:

$$\|F(\boldsymbol{x}^k) + F'(\boldsymbol{x}^k)\bar{\boldsymbol{s}}^k\| \leqslant \eta_{\max}\|F(\boldsymbol{x}^k)\|, \quad k = 0, 1, \cdots.$$

假设 6.2 保证了当 $\eta_{\max} < 1$ 时, $\bar{\boldsymbol{s}}^k$ 是 f 在当前迭代点 $\boldsymbol{x}^k$ 处的一个下降方向. 这一事实可由如下引理得到.

引理 6.2 设 $F: \mathbb{R}^n \to \mathbb{R}^n$ 连续可微, $\boldsymbol{x} \in \mathbb{R}^n$, 则 $\boldsymbol{p} \in \mathbb{R}^n$ 为 f 在 $\boldsymbol{x}$ 处的一个下降方向, 当且仅当存在 $\lambda \in (0, 1]$ 满足

$$\|F(\boldsymbol{x}) + F'(\boldsymbol{x})(\lambda \boldsymbol{p})\| < \|F(\boldsymbol{x})\|.$$

证 设 $\lambda > 0$. 通过具体计算, 可得

$$\begin{aligned}
&\|F(\boldsymbol{x}) + F'(\boldsymbol{x})(\lambda \boldsymbol{p})\|^2 - \|F(\boldsymbol{x})\|^2 \\
&= \left[\|F(\boldsymbol{x})\|^2 + 2\lambda F(\boldsymbol{x})^{\mathrm{T}} F'(\boldsymbol{x})\boldsymbol{p} + \|F'(\boldsymbol{x})(\lambda \boldsymbol{p})\|^2\right] - \|F(\boldsymbol{x})\|^2 \\
&= 2\lambda F(\boldsymbol{x})^{\mathrm{T}} F'(\boldsymbol{x})\boldsymbol{p} + \|F'(\boldsymbol{x})(\lambda \boldsymbol{p})\|^2 \\
&= \lambda \left[2\nabla f(\boldsymbol{x})^{\mathrm{T}}\boldsymbol{p} + \lambda\|F'(\boldsymbol{x})\boldsymbol{p}\|^2\right].
\end{aligned} \tag{6.35}$$

因此, 若 $\boldsymbol{p} \in \mathbb{R}^n$ 为 f 在 $\boldsymbol{x}$ 处的下降方向, 即 $\nabla f(\boldsymbol{x})^{\mathrm{T}}\boldsymbol{p} < 0$, 则必存在一个充分小的 $\lambda \in (0, 1]$, 使得

$$2\nabla f(\boldsymbol{x})^{\mathrm{T}}\boldsymbol{p} + \lambda\|F'(\boldsymbol{x})\boldsymbol{p}\|^2 < 0, \tag{6.36}$$

从而, 由式 (6.35) 可得

$$\|F'(\boldsymbol{x})(\lambda \boldsymbol{p}) + F(\boldsymbol{x})\| < \|F(\boldsymbol{x})\|. \tag{6.37}$$

反之, 若式 (6.37) 成立, 则由式 (6.35) 可得式 (6.36) 成立. 注意到 $\lambda \in (0, 1]$, 可得 $\nabla f(\boldsymbol{x})^{\mathrm{T}}\boldsymbol{p} < 0$. 证毕. □

由 NGQCGB 方法的构造可知, 如果 $F(\boldsymbol{x}^k) \neq \boldsymbol{0}$ 且执行了 QCGB 策略, 则 $F'(\boldsymbol{x}^k)\boldsymbol{d}^k$ 是 $-F(\boldsymbol{x}^k)$ 在子空间 $F'(\boldsymbol{x}^k)\mathbb{L}_k$ 上的投影, 其中

$$\boldsymbol{d}^k = \arg\min_{\boldsymbol{d} \in \mathbb{L}_k} \|F(\boldsymbol{x}^k) + F'(\boldsymbol{x}^k)\boldsymbol{d}\|, \tag{6.38}$$

这里 $\mathbb{L}_k = \mathrm{span}\{\widetilde{\boldsymbol{g}}^k,\ \boldsymbol{p}^{k-1}\}$, $\widetilde{\boldsymbol{g}}^k$ 及 $\boldsymbol{p}^{k-1}$ 分别由式 (6.27) 及式 (6.28) 所定义. 因此

$$\left\langle F'(\boldsymbol{x}^k)\boldsymbol{d}^k,\ F(\boldsymbol{x}^k) + F'(\boldsymbol{x}^k)\boldsymbol{d}^k \right\rangle = 0. \tag{6.39}$$

于是, 由式 (6.38) 及引理 6.2 可得

$$\widetilde{\eta}_k := \frac{\|F(\boldsymbol{x}^k) + F'(\boldsymbol{x}^k)\boldsymbol{d}^k\|}{\|F(\boldsymbol{x}^k)\|} \in [0, 1).$$

现定义

$$\phi(\eta) = \left(\frac{\eta^2 - \widetilde{\eta}_k^2}{1 - \widetilde{\eta}_k^2}\right)^{\frac{1}{2}}, \quad E_k(\eta) = [1 - \phi(\eta)]\boldsymbol{d}^k,\ \eta \in [\widetilde{\eta}_k, 1], \tag{6.40}$$

则由式 (6.39) 可得

$$\begin{aligned}
&\|F(\boldsymbol{x}^k) + F'(\boldsymbol{x}^k)E_k(\eta)\|^2 = \|[F(\boldsymbol{x}^k) + F'(\boldsymbol{x}^k)\boldsymbol{d}^k] - \phi(\eta)F'(\boldsymbol{x}^k)\boldsymbol{d}^k\|^2 \\
&= \|F(\boldsymbol{x}^k) + F'(\boldsymbol{x}^k)\boldsymbol{d}^k\|^2 + \phi(\eta)^2\|F'(\boldsymbol{x}^k)\boldsymbol{d}^k\|^2 \\
&= \widetilde{\eta}_k^2\|F(\boldsymbol{x}^k)\|^2 + \frac{\eta^2 - \widetilde{\eta}_k^2}{1 - \widetilde{\eta}_k^2}\|F'(\boldsymbol{x}^k)\boldsymbol{d}^k\|^2 \\
&= \eta^2\|F(\boldsymbol{x}^k)\|^2 + \frac{\eta^2 - \widetilde{\eta}_k^2}{1 - \widetilde{\eta}_k^2}\left[(\widetilde{\eta}_k^2 - 1)\|F(\boldsymbol{x}^k)\|^2 + \|F'(\boldsymbol{x}^k)\boldsymbol{d}^k\|^2\right].
\end{aligned}$$

注意到

$$\begin{aligned}
&(\widetilde{\eta}_k^2 - 1)\|F(\boldsymbol{x}^k)\|^2 + \|F'(\boldsymbol{x}^k)\boldsymbol{d}^k\|^2 \\
&= \widetilde{\eta}_k^2\|F(\boldsymbol{x}^k)\|^2 + \|F'(\boldsymbol{x}^k)\boldsymbol{d}^k\|^2 - \|F(\boldsymbol{x}^k)\|^2 \\
&= \left(\|F(\boldsymbol{x}^k) + F'(\boldsymbol{x}^k)\boldsymbol{d}^k\|^2 + \|F'(\boldsymbol{x}^k)\boldsymbol{d}^k\|^2\right) - \|F(\boldsymbol{x}^k)\|^2 \\
&= \left\|\left[F(\boldsymbol{x}^k) + F'(\boldsymbol{x}^k)\boldsymbol{d}^k\right] - F'(\boldsymbol{x}^k)\boldsymbol{d}^k\right\|^2 - \|F(\boldsymbol{x}^k)\|^2 = 0,
\end{aligned}$$

故有

$$\|F(\boldsymbol{x}^k) + F'(\boldsymbol{x}^k)E_k(\eta)\| = \eta\|F(\boldsymbol{x}^k)\|,\ \eta \in [\widetilde{\eta}_k, 1]. \tag{6.41}$$

因为

$$E_k(\widetilde{\eta}_k) = \boldsymbol{d}^k, \quad E_k(1) = \boldsymbol{0},$$

所以 QCGB 策略中沿 $\boldsymbol{d}^k$ 的回溯过程实质上就是沿参数曲线 $E_k(\eta)$ 的线搜索过程. 如果 $\boldsymbol{p}^k = \theta_k\boldsymbol{d}^k$ ($\theta_k \in (0, 1]$) 是由 QCGB 策略计算的步长, 则存在唯一的 $\eta_k \in [\widetilde{\eta}_k, 1]$, 使得 $\boldsymbol{p}^k = E_k(\eta_k)$ (由于执行了 QCGB 策略, 故在 $\bar{\boldsymbol{s}}^k$ 上的回溯过程中确定的 η_k 在以后的计算中不再用到. 因此, 在这里用符号 η_k 不会引起混淆). 对应于这里的 η_k, 由式 (6.41) 可得

$$\|F(\boldsymbol{x}^k) + F'(\boldsymbol{x}^k)\boldsymbol{p}^k\| = \eta_k\|F(\boldsymbol{x}^k)\|.$$

既然 $\boldsymbol{p}^k$ 满足式 (6.33), 由文献 [21] 中的命题 2.1 可得

$$\|F(\boldsymbol{x}^k + \boldsymbol{p}^k)\| \leqslant [1 - \alpha(1 - \eta_k)]\|F(\boldsymbol{x}^k)\|.$$

以上分析表明, NGQCGB 方法实质上属于 GIN 类方法 (算法 6.6). 这里指出, NGQCGB 方法中的迭代步长 $\boldsymbol{p}^k$ 要么是在沿着曲线

$$\tau_k(\eta) = \frac{1 - \eta}{1 - \bar{\eta}_k}\bar{\boldsymbol{s}}^k,\ \eta \in [\bar{\eta}_k, 1]$$

的回溯过程中确定的, 要么执行了 QCGB 策略, 即沿着曲线 $E_k(\eta)$ ($\bar{\eta}_k \leqslant \eta \leqslant 1$) 回溯而确定的. 下面引述文献 [25] 中的两个引理, 它们对于分析 NGQCGB 方法的收敛性是必要的.

引理 6.3 设 $F:\mathbb{R}^n \to \mathbb{R}^n$ 连续可微, $\boldsymbol{x} \in \mathbb{R}^n$. 如果 $F'(\boldsymbol{x})$ 可逆, 则对于任意 $\varepsilon > 0$, 都存在 $\delta > 0$, 使得当 $\boldsymbol{y} \in \mathbb{N}(\boldsymbol{x},\delta)$ 时, $F'(\boldsymbol{y})$ 可逆, 并且有

$$\|F'(\boldsymbol{y})^{-1} - F'(\boldsymbol{x})^{-1}\| < \varepsilon.$$

引理 6.4 设 $F:\mathbb{R}^n \to \mathbb{R}^n$ 连续可微, 则对于任意 $\boldsymbol{z} \in \mathbb{R}^n$ 及 $\varepsilon > 0$, 都存在 $\delta > 0$, 使得当 $\boldsymbol{x}, \boldsymbol{y} \in \mathbb{N}(\boldsymbol{z},\delta)$ 时, 有

$$\|F(\boldsymbol{x}) - F(\boldsymbol{y}) - F'(\boldsymbol{y})(\boldsymbol{x}-\boldsymbol{y})\| < \varepsilon\|\boldsymbol{x}-\boldsymbol{y}\|.$$

此外, 还要用到文献 [26] 中的一个结论.

引理 6.5 设 $F:\mathbb{R}^n \to \mathbb{R}^n$ 连续可微, $\boldsymbol{x} \in \mathbb{R}^n$ 满足 $F(\boldsymbol{x}) \neq \boldsymbol{0}$ 且 $F'(\boldsymbol{x})$ 可逆. 设 $\mathbb{K} = \mathrm{span}\{\boldsymbol{V}\}$ 为 $\mathbb{R}^n$ 的一个子空间, 这里 $\boldsymbol{V}$ 是 $\mathbb{K}$ 的标准正交基, 如果存在 $\boldsymbol{p} \in \mathbb{K}$, 满足

$$\|F(\boldsymbol{x}) + F'(\boldsymbol{x})\boldsymbol{p}\| \leqslant \eta\|F(\boldsymbol{x})\|,$$

其中 $\eta \in (0,1)$, 则

$$\|\boldsymbol{V}^{\mathrm{T}}\boldsymbol{g}(\boldsymbol{x})\| \geqslant \frac{1}{\kappa(F'(\boldsymbol{x}))}\frac{1-\eta}{1+\eta}\|\boldsymbol{g}(\boldsymbol{x})\|,$$

这里 $\kappa(F'(\boldsymbol{x}))$ 是矩阵 $F'(\boldsymbol{x})$ 的欧氏条件数.

现在研究 NGQCGB 方法的有关性质. 注意到如果对某个 k, 有 $F(\boldsymbol{x}^k) = \boldsymbol{0}$, 则 NGQCGB 迭代将立刻终止, 因为此时已经得到了式 (6.1) 的一个解. 故在以下的讨论中, 总假定对于所有的 k, 都有 $F(\boldsymbol{x}^k) \neq \boldsymbol{0}$. 因此, 如果 $\varepsilon_0 = 0$ 且 NGQCGB 方法没有发生中断, 则可以产生一个无穷序列 $\{\boldsymbol{x}^k\}$. 与文献 [21] 中引理 7.2 的证明方法完全类似, 由式 (6.41) 可得以下结论.

引理 6.6 设在 NGQCGB 方法的第 k 步迭代中, $F'(\boldsymbol{x}^k)$ 可逆, 并且存在 $\gamma > 0$, 使得

$$\frac{\langle F(\boldsymbol{x}^k),\ F'(\boldsymbol{x}^k)\boldsymbol{d}^k\rangle}{\|F(\boldsymbol{x}^k)\| \cdot \|F'(\boldsymbol{x}^k)\boldsymbol{d}^k\|} \geqslant \gamma,$$

则

$$\|E_k(\eta)\| \leqslant \frac{2(1-\eta)}{\gamma}\|F'(\boldsymbol{x}^k)^{-1}\| \cdot \|F(\boldsymbol{x}^k)\|,$$

其中 $\max\left\{\widetilde{\eta}_k, (1-\gamma^2)^{\frac{1}{2}}\right\} \leqslant \eta \leqslant 1$.

为了能够运用引理 6.6, 需要证明下面的结论, 其中 δ 存在性由引理 6.3 保证.

引理 6.7 设 $\{\boldsymbol{x}^k\} \subset \mathbb{R}^n$ 是由 NGQCGB 方法产生的一个无穷序列. 如果 $\{\boldsymbol{x}^k\}$ 有一个聚点 $\boldsymbol{x}^*$, 使得 $F'(\boldsymbol{x}^*)$ 可逆, 则存在与 k 无关的常数 $\lambda > 0$, 使得当 $\boldsymbol{x}^k \in \mathbb{N}(\boldsymbol{x}^*,\delta)$ 时,

$$\frac{\langle F(\boldsymbol{x}^k),\ F'(\boldsymbol{x}^k)\boldsymbol{d}^k\rangle}{\|F(\boldsymbol{x}^k)\| \cdot \|F'(\boldsymbol{x}^k)\boldsymbol{d}^k\|} \geqslant \lambda, \tag{6.42}$$

这里 $\delta > 0$ 为充分小的常数, 使得当 $\boldsymbol{x} \in \mathbb{N}(\boldsymbol{x}^*,\delta)$ 时, $F'(\boldsymbol{x})$ 可逆且 $\|F'(\boldsymbol{x})^{-1}\| \leqslant 2\|F'(\boldsymbol{x}^*)^{-1}\|$.

证　取 $\zeta = \|F'(\boldsymbol{x}^*)^{-1}\|$, 则由条件知, 当 $\boldsymbol{x} \in \mathbb{N}(\boldsymbol{x}^*, \delta)$ 时, $\|F'(\boldsymbol{x})^{-1}\| \leqslant 2\zeta$. 对于 $\boldsymbol{x}^k \in \mathbb{N}(\boldsymbol{x}^*\ \delta)$, 由假设 6.2 知

$$\|F(\boldsymbol{x}^k) + F'(\boldsymbol{x}^k)\bar{\boldsymbol{s}}^k\| \leqslant \eta_{\max}\|F(\boldsymbol{x}^k)\|,$$

故由引理 6.5 可得

$$\frac{\|\boldsymbol{V}_m^{\mathrm{T}}\boldsymbol{g}^k\|}{\|\boldsymbol{g}^k\|} \geqslant \frac{1}{\kappa(F'(\boldsymbol{x}^k))}\frac{1-\eta_{\max}}{1+\eta_{\max}},$$

其中 $\boldsymbol{V}_m$ 为第 k 次迭代中 Krylov 子空间 $\mathbb{K}_m(F'(\boldsymbol{x}^k), \boldsymbol{r}_0^k)$ 的标准正交基, $\kappa(F'(\boldsymbol{x}^k))$ 为矩阵 $F'(\boldsymbol{x}^k)$ 的条件数. 因为 $F'(\boldsymbol{x}^k)$ 非奇异且 $\widetilde{\boldsymbol{g}}^k \neq \boldsymbol{0}$, 所以 $F'(\boldsymbol{x}^k)\widetilde{\boldsymbol{g}}^k \neq \boldsymbol{0}$ 且有

$$\begin{aligned}
\max_{\substack{\boldsymbol{z}\in\mathbb{L}_k,\\ F'(\boldsymbol{x}^k)\boldsymbol{z}\neq\boldsymbol{0}}} \frac{|F(\boldsymbol{x}^k)^{\mathrm{T}}F'(\boldsymbol{x}^k)\boldsymbol{z}|}{\|F(\boldsymbol{x}^k)\|\cdot\|F'(\boldsymbol{x}^k)\boldsymbol{z}\|} &\geqslant \frac{|F(\boldsymbol{x}^k)^{\mathrm{T}}F'(\boldsymbol{x}^k)\widetilde{\boldsymbol{g}}^k|}{\|F(\boldsymbol{x}^k)\|\cdot\|F'(\boldsymbol{x}^k)\widetilde{\boldsymbol{g}}^k\|} \\
&= \frac{|(\boldsymbol{g}^k)^{\mathrm{T}}\boldsymbol{V}_m\boldsymbol{V}_m^{\mathrm{T}}\boldsymbol{g}^k|}{\|F(\boldsymbol{x}^k)\|\cdot\|F'(\boldsymbol{x}^k)\boldsymbol{V}_m\boldsymbol{V}_m^{\mathrm{T}}\boldsymbol{g}^k\|} \\
&\geqslant \frac{\|\boldsymbol{V}_m^{\mathrm{T}}\boldsymbol{g}^k\|^2}{\|F(\boldsymbol{x}^k)\|\cdot\|F'(\boldsymbol{x}^k)\|\cdot\|\boldsymbol{V}_m^{\mathrm{T}}\boldsymbol{g}^k\|} \geqslant \frac{\|\boldsymbol{V}_m^{\mathrm{T}}\boldsymbol{g}^k\|}{\|\boldsymbol{g}^k\|} \\
&\geqslant \frac{1}{\kappa(F'(\boldsymbol{x}^k))}\frac{1-\eta_{\max}}{1+\eta_{\max}} \geqslant \frac{1}{2\zeta\zeta_1}\frac{1-\eta_{\max}}{1+\eta_{\max}} \equiv \lambda,
\end{aligned}$$

其中 $\zeta_1 := \sup\limits_{\boldsymbol{x}\in\mathbb{N}(\boldsymbol{x}^*,\delta)}\|F'(\boldsymbol{x})\|$. 因此, 根据 $\boldsymbol{d}^k$ 的定义可得

$$\begin{aligned}
\|F(\boldsymbol{x}^k) + F'(\boldsymbol{x}^k)\boldsymbol{d}^k\|^2 &= \min_{\boldsymbol{z}\in\mathbb{L}_k}\|F(\boldsymbol{x}^k) + F'(\boldsymbol{x}^k)\boldsymbol{z}\|^2 \\
&= \min_{\substack{\boldsymbol{z}\in\mathbb{L}_k,\\ F'(\boldsymbol{x}^k)\boldsymbol{z}\neq\boldsymbol{0}}}\|F(\boldsymbol{x}^k) + F'(\boldsymbol{x}^k)\boldsymbol{z}\|^2 \\
&= \min_{\substack{\boldsymbol{z}\in\mathbb{L}_k,\\ F'(\boldsymbol{x}^k)\boldsymbol{z}\neq\boldsymbol{0}}}\min_{\mu\in\mathbb{R}}\|F(\boldsymbol{x}^k) + F'(\boldsymbol{x}^k)(\mu\boldsymbol{z})\|^2 \\
&= \min_{\substack{\boldsymbol{z}\in\mathbb{L}_k,\\ F'(\boldsymbol{x}^k)\boldsymbol{z}\neq\boldsymbol{0}}}\left(\|F(\boldsymbol{x}^k)\|^2 - \frac{|F(\boldsymbol{x}^k)^{\mathrm{T}}F'(\boldsymbol{x}^k)\boldsymbol{z}|^2}{\|F'(\boldsymbol{x}^k)\boldsymbol{z}\|^2}\right) \\
&= \left(1 - \max_{\substack{\boldsymbol{z}\in\mathbb{L}_k,\\ F'(\boldsymbol{x}^k)\boldsymbol{z}\neq\boldsymbol{0}}}\frac{|F(\boldsymbol{x}^k)^{\mathrm{T}}F'(\boldsymbol{x}^k)\boldsymbol{z}|^2}{\|F(\boldsymbol{x}^k)\|^2\cdot\|F'(\boldsymbol{x}^k)\boldsymbol{z}\|^2}\right)\|F(\boldsymbol{x}^k)\|^2 \\
&\leqslant (1-\lambda^2)\|F(\boldsymbol{x}^k)\|^2. \qquad (6.43)
\end{aligned}$$

上面的不等式表明

$$\lambda^2\|F(\boldsymbol{x}^k)\|^2 + 2\langle F(\boldsymbol{x}^k),\ F'(\boldsymbol{x}^k)\boldsymbol{d}^k\rangle + \|F'(\boldsymbol{x}^k)\boldsymbol{d}^k\|^2 \leqslant 0,$$

故

$$\frac{|\langle F(\boldsymbol{x}^k),\ F'(\boldsymbol{x}^k)\boldsymbol{d}^k\rangle|}{\|F(\boldsymbol{x}^k)\|\cdot\|F'(\boldsymbol{x}^k)\boldsymbol{d}^k\|} \geqslant \frac{1}{2}\left(\lambda^2\frac{\|F(\boldsymbol{x}^k)\|}{\|F'(\boldsymbol{x}^k)\boldsymbol{d}^k\|} + \frac{\|F'(\boldsymbol{x}^k)\boldsymbol{d}^k\|}{\|F(\boldsymbol{x}^k)\|}\right) \geqslant \lambda.$$

这里运用了不等式 $\langle F(\boldsymbol{x}^k), F'(\boldsymbol{x}^k)\boldsymbol{d}^k\rangle < 0$. □

下面的引理对 $\|E_k(\eta)\|$ 进行了估计.

引理 6.8 设 $\{\boldsymbol{x}^k\} \subset \mathbb{R}^n$ 是由 NGQCGB 方法产生的一个无穷序列. 如果 $\{\boldsymbol{x}^k\}$ 有一个无穷聚点 $\boldsymbol{x}^*$, 使得 $F'(\boldsymbol{x}^*)$ 可逆, 则存在与 k 无关的常数 $\gamma > 0$, 使得当 $\boldsymbol{x}^k \in \mathbb{N}(\boldsymbol{x}^*, \delta)$ 时,

$$\|E_k(\eta)\| \leqslant \gamma(1-\eta)\|F(\boldsymbol{x}^k)\|, \quad \eta \in [\widetilde{\eta}_k, 1], \tag{6.44}$$

这里 $\delta > 0$ 为充分小的常数, 使得当 $\boldsymbol{x} \in \mathbb{N}(\boldsymbol{x}^*, \delta)$ 时, $F'(\boldsymbol{x})$ 可逆且 $\|F'(\boldsymbol{x})^{-1}\| \leqslant 2\|F'(\boldsymbol{x}^*)^{-1}\|$.

证 由引理 6.7 可知, 存在与 k 无关的常数 $\lambda > 0$, 使得对所有 $\boldsymbol{x}^k \in \mathbb{N}(\boldsymbol{x}^*, \delta)$, 式 (6.42) 均成立. 因此, 对于 $\boldsymbol{x}^k \in \mathbb{N}(\boldsymbol{x}^*, \delta)$, 由引理 6.6 可得

$$\|E_k(\eta)\| \leqslant \frac{2\|F'(\boldsymbol{x}^k)^{-1}\|}{\lambda}(1-\eta)\|F(\boldsymbol{x}^k)\|, \tag{6.45}$$

其中 $\max\left\{\widetilde{\eta}_k, (1-\lambda^2)^{\frac{1}{2}}\right\} \leqslant \eta \leqslant 1$.

现令

$$\gamma_1 = \frac{4\zeta}{\lambda}, \quad \gamma_2 = \frac{4\zeta}{1-(1-\lambda^2)^{\frac{1}{2}}},$$

其中 $\zeta = \|F'(\boldsymbol{x}^*)^{-1}\|$. 于是, 当 $(1-\lambda^2)^{\frac{1}{2}} \leqslant \widetilde{\eta}_k \leqslant \eta \leqslant 1$ 或者 $\widetilde{\eta}_k < (1-\lambda^2)^{\frac{1}{2}} \leqslant \eta \leqslant 1$ 时, 由式 (6.45) 可得

$$\|E_k(\eta)\| \leqslant \gamma_1(1-\eta)\|F(\boldsymbol{x}^k)\|.$$

因此, 若令 $\gamma := \gamma_1$, 则此时式 (6.44) 成立. 现假定 $\widetilde{\eta}_k \leqslant \eta < (1-\lambda^2)^{\frac{1}{2}}$. 由式 (6.43) 可知

$$\|F(\boldsymbol{x}^k) + F'(\boldsymbol{x}^k)\boldsymbol{d}^k\| \leqslant (1-\lambda^2)^{\frac{1}{2}}\|F(\boldsymbol{x}^k)\|,$$

故有

$$\begin{aligned}
\|E_k(\eta)\| &\leqslant \|\boldsymbol{d}^k\| \leqslant \|F'(\boldsymbol{x}^k)^{-1}\|(\|F'(\boldsymbol{x}^k)\boldsymbol{d}^k + F(\boldsymbol{x}^k)\| + \|F(\boldsymbol{x}^k)\|) \\
&\leqslant 2\zeta(1+(1-\lambda^2)^{\frac{1}{2}})\|F(\boldsymbol{x}^k)\| \\
&= \frac{2\zeta\lambda^2}{1-(1-\lambda^2)^{\frac{1}{2}}}\|F(\boldsymbol{x}^k)\| \leqslant \frac{2\zeta(1-\eta^2)}{1-(1-\lambda^2)^{\frac{1}{2}}}\|F(\boldsymbol{x}^k)\| \\
&\leqslant \frac{4\zeta(1-\eta)}{1-(1-\lambda^2)^{\frac{1}{2}}}\|F(\boldsymbol{x}^k)\| = \gamma_2(1-\eta)\|F(\boldsymbol{x}^k)\|.
\end{aligned}$$

此时若令 $\gamma := \gamma_2$, 则式 (6.44) 同样成立. 最后, 令 $\gamma := \max\{\gamma_1, \gamma_2\}$, 则由上述证明可知式 (6.44) 成立. □

在以下的讨论中, 定义

$$\tau_k(\eta) := \frac{1-\eta}{1-\bar{\eta}_k}\bar{\boldsymbol{s}}^k, \quad \eta \in [\bar{\eta}_k, 1].$$

由文献 [21] 中的定理 6.1 及其证明过程可得如下关于 $\|\tau_k(\eta)\|$ 的估计式.

引理 6.9 设 $\{\boldsymbol{x}^k\} \subset \mathbb{R}^n$ 是由 NGQCGB 方法产生的一个无穷序列. 如果 $\{\boldsymbol{x}^k\}$ 有一个无穷聚点 $\boldsymbol{x}^*$, 使得 $F'(\boldsymbol{x}^*)$ 可逆, 则当 $\boldsymbol{x}^k \in \mathbb{N}(\boldsymbol{x}^*, \delta)$ 时,

$$\|\tau_k(\eta)\| \leqslant \gamma(1-\eta)\|F(\boldsymbol{x}^k)\|,$$

其中

$$\gamma = 2\|F'(\boldsymbol{x}^*)^{-1}\|\left(\frac{1+\eta_{\max}}{1-\eta_{\max}}\right),$$

而 $\delta > 0$ 为充分小的常数, 使得当 $\boldsymbol{x} \in \mathbb{N}(\boldsymbol{x}^*, \delta)$ 时, $F'(\boldsymbol{x})$ 可逆且 $\|F'(\boldsymbol{x})^{-1}\| \leqslant 2\|F'(\boldsymbol{x}^*)^{-1}\|$.

下面的定理叙述了 NGQCGB 方法产生的序列的收敛性与其中一个子列收敛性的关系.

定理 6.6 设 $\{\boldsymbol{x}^k\} \subset \mathbb{R}^n$ 是由 NGQCGB 方法产生的一个无穷序列. 如果 $\{\boldsymbol{x}^k\}$ 有一个无穷聚点 $\boldsymbol{x}^*$, 使得 $F'(\boldsymbol{x}^*)$ 可逆, 则 $\boldsymbol{x}^k \to \boldsymbol{x}^*$ $(k \to +\infty)$.

证 由引理 6.3 可知, 存在 $\delta > 0$, 使得当 $\boldsymbol{x} \in \mathbb{N}(\boldsymbol{x}^*, \delta)$ 时, $F'(\boldsymbol{x})$ 可逆且 $\|F'(\boldsymbol{x})^{-1}\| \leqslant 2\|F'(\boldsymbol{x}^*)^{-1}\|$. 设 $\boldsymbol{x}^k \in \mathbb{N}(\boldsymbol{x}^*, \delta)$, 并记 $\boldsymbol{p}^k = \boldsymbol{x}^{k+1} - \boldsymbol{x}^k$, 如果 $\boldsymbol{p}^k$ 是由 QCGB 策略产生的, 则由引理 6.8 知存在与 k 无关的常数 $\gamma' > 0$, 使得

$$\|\boldsymbol{p}^k\| = \|E_k(\eta_k)\| \leqslant \gamma'(1-\eta_k)\|F(\boldsymbol{x}^k)\|.$$

如果 $\boldsymbol{p}^k$ 是由 BL 策略产生的, 则由引理 6.9 知存在与 k 无关的常数 $\gamma'' > 0$, 使得

$$\|\boldsymbol{p}^k\| \leqslant \gamma''(1-\eta_k)\|F(\boldsymbol{x}^k)\|.$$

于是, 若令 $\gamma = \max\{\gamma', \gamma''\}$, 则对一切 $\boldsymbol{x}^k \in \mathbb{N}(\boldsymbol{x}^*, \delta)$, 总成立

$$\|\boldsymbol{p}^k\| \leqslant \gamma(1-\eta_k)\|F(\boldsymbol{x}^k)\|.$$

又因为 $\boldsymbol{x}^*$ 是 $\{\boldsymbol{x}^k\}$ 的一个聚点, 故由定理 6.5 可知 $\boldsymbol{x}^k \to \boldsymbol{x}^*$ $(k \to +\infty)$. □

对于由 NGQCGB 方法产生的序列 $\{\boldsymbol{x}^k\}$, 还需要进一步证明 $F(\boldsymbol{x}^k) \to \boldsymbol{0}$ $(k \to +\infty)$. 为此, 需要下面的引理[21], 其中 δ 的存在性由引理 6.4 保证.

引理 6.10 在 NGB 方法的第 k 步迭代中, 如果 $F(\boldsymbol{x}^k) \neq \boldsymbol{0}$, 并且存在 $\gamma > 0$, 使得

$$\|\tau_k(\eta)\| \leqslant \gamma(1-\eta)\|F(\boldsymbol{x}^k)\|, \quad \bar{\eta}_k \leqslant \eta \leqslant 1,$$

则沿着 $\bar{\boldsymbol{s}}^k$ 的 BL 循环将在有限步后终止, 并且最后所得到的 η_k 满足

$$1-\eta_k \geqslant \min\left\{1-\bar{\eta}_k, \ \frac{\delta\theta_l}{\gamma\|F(\boldsymbol{x}^k)\|}\right\},$$

其中 $\delta > 0$ 充分小, 使得当 $\boldsymbol{x} \in \mathbb{N}(\boldsymbol{x}^*, \delta)$ 时, 成立

$$\|F(\boldsymbol{x}) - F(\boldsymbol{x}^k) - F'(\boldsymbol{x}^k)(\boldsymbol{x}-\boldsymbol{x}^k)\| \leqslant \frac{1-\alpha}{\gamma}\|\boldsymbol{x}-\boldsymbol{x}^k\|.$$

显然, 由 NGQCGB 方法产生的迭代序列 $\{\boldsymbol{x}^k\}$ 的一个聚点 $\boldsymbol{x}^*$ 可能是由 BL 策略产生的某个子列的极限点, 也可能是由 QCGB 策略产生的某个子列的极限点. 不管是哪种情形, 都将证明 $F(\boldsymbol{x}^k) \to \boldsymbol{0}$ $(k \to +\infty)$.

定理 6.7 设 $\{\boldsymbol{x}^k\} \subset \mathbb{R}^n$ 是由 NGQCGB 方法产生的一个无穷序列. 如果 $\{\boldsymbol{x}^k\}$ 有一个无穷子列 $\{\boldsymbol{x}^{k_i}\}$ 是由 BL 策略产生的, 满足 $\boldsymbol{x}^{k_i} \to \boldsymbol{x}^*$ $(i \to +\infty)$ 且 $F'(\boldsymbol{x}^*)$ 可逆, 则 $F(\boldsymbol{x}^k) \to \boldsymbol{0}$ $(k \to +\infty)$.

证 令

$$\zeta := \|F'(\boldsymbol{x}^*)^{-1}\|, \quad \gamma := 2\zeta \cdot \frac{1+\eta_{\max}}{1-\eta_{\max}}.$$

由引理 6.3 和引理 6.4 可知, 存在 $\delta > 0$, 使得当 $\boldsymbol{x} \in \mathbb{N}(\boldsymbol{x}^*, \delta)$ 时, $F'(\boldsymbol{x})$ 可逆且 $\|F'(\boldsymbol{x})^{-1}\| \leqslant 2\zeta$, 同时成立

$$\|F(\boldsymbol{x}) - F(\boldsymbol{y}) - F'(\boldsymbol{y})(\boldsymbol{x}-\boldsymbol{y})\| \leqslant \frac{1-\alpha}{\gamma}\|\boldsymbol{x}-\boldsymbol{y}\|, \quad \forall \boldsymbol{x}, \boldsymbol{y} \in \mathbb{N}(\boldsymbol{x}^*, 2\delta). \tag{6.46}$$

于是由引理 6.9 可知, 当 $\boldsymbol{x}^k \in \mathbb{N}(\boldsymbol{x}^*, \delta)$ 时, 成立

$$\|\tau_k(\eta)\| \leqslant \gamma(1-\eta)\|F(\boldsymbol{x}^k)\|.$$

既然 $\boldsymbol{x}^{k_i} \to \boldsymbol{x}^*$ $(i \to +\infty)$, 因而定理 6.6 表明 $\boldsymbol{x}^k \to \boldsymbol{x}^*$ $(k \to +\infty)$. 特别地, $\boldsymbol{x}^{k_i-1} \to \boldsymbol{x}^*$ $(i \to +\infty)$. 因此, 存在整数 $N_i > 0$, 使得当 $i > N_i$, $\boldsymbol{x}^{k_i-1} \in \mathbb{N}(\boldsymbol{x}^*, \delta)$. 据式 (6.46) 可知, 当 $i > N_i$ 且 $\boldsymbol{x} \in \mathbb{N}(\boldsymbol{x}^{k_i-1}, \delta)$ 时, 有

$$\|F(\boldsymbol{x}) - F(\boldsymbol{x}^{k_i-1}) - F'(\boldsymbol{x}^{k_i-1})(\boldsymbol{x}-\boldsymbol{x}^{k_i-1})\| \leqslant \frac{1-\alpha}{\gamma}\|\boldsymbol{x}-\boldsymbol{x}^{k_i-1}\|.$$

故由引理 6.10 可知, 当 $i > N_i$ 时, 第 $k_i - 1$ 步非线性迭代中沿着 $\bar{\boldsymbol{s}}^{k_i-1}$ 的回溯将会在有限步后终止, 并有

$$\begin{aligned} 1-\eta_{k_i-1} &\geqslant \min\left\{1-\bar{\eta}_{k_i-1}, \ \frac{\delta\theta_l}{\gamma\|F(\boldsymbol{x}^{k_i-1})\|}\right\} \\ &\geqslant \min\left\{1-\eta_{\max}, \ \frac{\delta\theta_l}{\gamma m}\right\} \equiv \sigma > 0, \end{aligned}$$

其中

$$m := \sup_{\boldsymbol{x} \in \mathbb{N}(\boldsymbol{x}^*, \delta)} \|F(\boldsymbol{x})\|.$$

注意到 σ 与 i 无关, 并且 $\mathbb{N}(\boldsymbol{x}^*, \delta)$ 包含了 $\{\boldsymbol{x}^{k_i-1}\}$ 的无穷多项, 立即可得

$$\sum_{k \geqslant 0}(1-\eta_k) = +\infty.$$

于是, 由定理 6.4, 即可得 $F(\boldsymbol{x}^k) \to \boldsymbol{0}$ $(k \to +\infty)$. □

定理 6.8 设 $\{\boldsymbol{x}^k\} \subset \mathbb{R}^n$ 是由 NGQCGB 方法产生的一个无穷序列. 如果 $\{\boldsymbol{x}^k\}$ 有一个无穷子列 $\{\boldsymbol{x}^{k_i}\}$ 是由 QCGB 策略产生的, 满足 $\boldsymbol{x}^{k_i} \to \boldsymbol{x}^*$ $(k_i \to +\infty)$ 且 $F'(\boldsymbol{x}^*)$ 可逆, 则 $F(\boldsymbol{x}^k) \to \boldsymbol{0}$ $(k \to +\infty)$.

证 令 $\boldsymbol{z}^{k_i-1} = \boldsymbol{g}^{k_i} - \boldsymbol{g}^{k_i-1}$. 因 $\boldsymbol{x}^{k_i}$ 是由 QCGB 策略产生的, 故由式 (6.33) 及序列 $\{\|F(\boldsymbol{x}^k)\|\}$ 的单调递减性, 容易得到

$$\sum_{i \geqslant 0} -(\boldsymbol{g}^{k_i-1})^{\mathrm{T}}\boldsymbol{p}^{k_i-1} < +\infty$$

及

$$(\boldsymbol{z}^{k_i-1})^{\mathrm{T}}\boldsymbol{p}^{k_i-1} \geqslant -(1-\beta)(\boldsymbol{g}^{k_i-1})^{\mathrm{T}}\boldsymbol{p}^{k_i-1}, \quad i \geqslant 0.$$

以上不等式表明

$$\sum_{i\geqslant 0}\frac{[(\boldsymbol{g}^{k_i-1})^{\mathrm{T}}\boldsymbol{p}^{k_i-1}]^2}{(\boldsymbol{z}^{k_i-1})^{\mathrm{T}}\boldsymbol{p}^{k_i-1}} < +\infty. \tag{6.47}$$

而由假设 6.1 可得

$$(\boldsymbol{z}^{k_i-1})^{\mathrm{T}}\boldsymbol{p}^{k_i-1} \leqslant \|\boldsymbol{z}^{k_i-1}\|\|\boldsymbol{p}^{k_i-1}\| \leqslant \ell\|\boldsymbol{p}^{k_i-1}\|^2,\ i \geqslant 0, \tag{6.48}$$

其中 $\ell > 0$ 表示一个与下标无关的常数. 故由式 (6.47) 和式 (6.48) 有

$$\sum_{i\geqslant 0}\frac{[(\boldsymbol{g}^{k_i-1})^{\mathrm{T}}\boldsymbol{d}^{k_i-1}]^2}{\|\boldsymbol{d}^{k_i-1}\|^2} < +\infty.$$

所以

$$\frac{-(\boldsymbol{g}^{k_i-1})^{\mathrm{T}}\boldsymbol{d}^{k_i-1}}{\|\boldsymbol{d}^{k_i-1}\|} \to 0, \quad i \to +\infty.$$

另一方面, 令 $\zeta := \|F'(\boldsymbol{x}^*)^{-1}\|$, 并设 $\delta > 0$ 充分小, 使得当 $\boldsymbol{x} \in \mathbb{N}(\boldsymbol{x}^*, \delta)$ 时, $F'(\boldsymbol{x})$ 可逆, 并且 $\|F'(\boldsymbol{x})^{-1}\| \leqslant 2\zeta$. 于是, 由引理 6.7 可知, 存在与 k 无关的常数 $\lambda > 0$, 当 $\boldsymbol{x}^k \in \mathbb{N}(\boldsymbol{x}^*, \delta)$ 时, 成立

$$\frac{|\langle F(\boldsymbol{x}^k), F'(\boldsymbol{x}^k)\boldsymbol{d}^k\rangle|}{\|F(\boldsymbol{x}^k)\| \cdot \|F'(\boldsymbol{x}^k)\boldsymbol{d}^k\|} \geqslant \lambda.$$

因为当 $\boldsymbol{x}^k \in \mathbb{N}(\boldsymbol{x}^*, \delta)$ 时, 有

$$\|F(\boldsymbol{x}^k)^{\mathrm{T}}F'(\boldsymbol{x}^k)\| \cdot \|\boldsymbol{d}^k\| \leqslant \kappa(F'(\boldsymbol{x}^k))\|F(\boldsymbol{x}^k)\| \cdot \|F'(\boldsymbol{x}^k)\boldsymbol{d}^k\|.$$

故对于 $\boldsymbol{x}^{k_i-1} \in \mathbb{N}(\boldsymbol{x}^*, \delta)$, 有

$$\begin{aligned}\frac{-(\boldsymbol{g}^{k_i-1})^{\mathrm{T}}\boldsymbol{d}^{k_i-1}}{\|\boldsymbol{d}^{k_i-1}\|} &= \frac{|\langle F(\boldsymbol{x}^{k_i-1}), F'(\boldsymbol{x}^{k_i-1})\boldsymbol{d}^{k_i-1}\rangle|}{\|F(\boldsymbol{x}^{k_i-1})^{\mathrm{T}}F'(\boldsymbol{x}^{k_i-1})\| \cdot \|\boldsymbol{d}^{k_i-1}\|}\|F(\boldsymbol{x}^{k_i-1})^{\mathrm{T}}F'(\boldsymbol{x}^{k_i-1})\| \\ &\geqslant \frac{1}{\kappa(F'(\boldsymbol{x}^{k_i-1}))} \cdot \frac{|\langle F(\boldsymbol{x}^{k_i-1}), F'(\boldsymbol{x}^{k_i-1})\boldsymbol{d}^{k_i-1}\rangle|}{\|F(\boldsymbol{x}^{k_i-1})\| \cdot \|F'(\boldsymbol{x}^{k_i-1})\boldsymbol{d}^{k_i-1}\|} \cdot \|F(\boldsymbol{x}^{k_i-1})^{\mathrm{T}}F'(\boldsymbol{x}^{k_i-1})\| \\ &\geqslant \frac{\lambda}{2\zeta\zeta_1}\|F(\boldsymbol{x}^{k_i-1})^{\mathrm{T}}F'(\boldsymbol{x}^{k_i-1})\| \geqslant \frac{\lambda}{4\zeta^2\zeta_1}\|F(\boldsymbol{x}^{k_i-1})\|,\end{aligned} \tag{6.49}$$

其中,

$$\zeta_1 = \sup_{\boldsymbol{x}\in\mathbb{N}(\boldsymbol{x}^*,\delta)}\|F'(\boldsymbol{x})\|.$$

注意到

$$\frac{-(\boldsymbol{g}^{k_i-1})^{\mathrm{T}}\boldsymbol{d}^{k_i-1}}{\|\boldsymbol{d}^{k_i-1}\|} \to 0, \quad i \to +\infty,$$

故由式 (6.49) 得

$$F(\boldsymbol{x}^{k_i-1}) \to \mathbf{0}, \quad i \to +\infty.$$

再根据序列 $\{\|F(\boldsymbol{x}^k)\|\}$ 的单调递减性, 有 $F(\boldsymbol{x}^k) \to \mathbf{0}$, $k \to +\infty$. □

现在可以证明 NGQCGB 方法的全局收敛性.

定理 6.9 设 $\{\boldsymbol{x}^k\} \subset \mathbb{R}^n$ 是由 NGQCGB 方法产生的一个无穷序列. 如果 $\{\boldsymbol{x}^k\}$ 有一个无穷聚点 $\boldsymbol{x}^* \in \mathbb{R}^n$, 使得 $F'(\boldsymbol{x}^*)$ 可逆, 则 $\boldsymbol{x}^k \to \boldsymbol{x}^*$ $(k \to +\infty)$, $F(\boldsymbol{x}^*) = \mathbf{0}$, 而且对所有充分大的 k 都有 $\boldsymbol{x}^{k+1} = \boldsymbol{x}^k + \bar{\boldsymbol{s}}^k$.

证 由定理 6.6、定理 6.7 和定理 6.8, 易知 $\boldsymbol{x}^k \to \boldsymbol{x}^*$ $(k \to +\infty)$ 且 $F(\boldsymbol{x}^*) = \mathbf{0}$. 为证明定理的后半部分, 令

$$\zeta = \|F'(\boldsymbol{x}^*)^{-1}\|, \quad \gamma = 2\zeta \frac{1+\eta_{\max}}{1-\eta_{\max}}.$$

由引理 6.3 和引理 6.4 可知, 存在 $\delta > 0$, 使得当 $\boldsymbol{x} \in \mathbb{N}(\boldsymbol{x}^*, \delta)$ 时, $F'(\boldsymbol{x})$ 可逆且 $\|F'(\boldsymbol{x})^{-1}\| \leqslant 2\zeta$. 同时, 对于任何 $\boldsymbol{x}, \boldsymbol{y} \in \mathbb{N}(\boldsymbol{x}^*, 2\delta)$, 式 (6.46) 成立. 因为 $\boldsymbol{x}^k \to \boldsymbol{x}^*$ 且 $F(\boldsymbol{x}^k) \to \mathbf{0}$, 故存在整数 $K > 0$, 使得对于所有的 $k > K$ 有

$$\boldsymbol{x}^k \in \mathbb{S}_\delta(\boldsymbol{x}^*) := \left\{ \boldsymbol{x} \,\middle|\, \|\boldsymbol{x} - \boldsymbol{x}^*\| < \delta, \ \|F(\boldsymbol{x})\| < \frac{\theta_l \delta}{\gamma} \right\}.$$

现设 $k > K$. 如同定理 6.7 的证明过程一样, 易知在第 k 步非线性迭代中, 沿着 $\bar{\boldsymbol{s}}^k$ 的回溯结束时应有

$$1 - \eta_k \geqslant \min\left\{ 1 - \bar{\eta}_k, \ \frac{\theta_l \delta}{\gamma \|F(\boldsymbol{x}^k)\|} \right\}.$$

注意到

$$\frac{\delta \theta_l}{\gamma \|F(\boldsymbol{x}^k)\|} \geqslant 1,$$

故上述不等式表明 $1 - \eta_k \geqslant 1 - \bar{\eta}_k$, 从而 $\eta_k = \bar{\eta}_k$. 这说明沿着 $\bar{\boldsymbol{s}}^k$ 不用回溯就能得到满足充分下降条件的步长, 从而有 $\boldsymbol{x}^{k+1} = \boldsymbol{x}^k + \bar{\boldsymbol{s}}^k$. □

定理 6.9 说明, 如果 NGQCGB 方法产生的序列 $\{\boldsymbol{x}^k\}$ 收敛于式 (6.1) 的某个解 $\boldsymbol{x}^*$, 则 $\{\boldsymbol{x}^k\}$ 的最终收敛速度是由 $\{\bar{\eta}_k\}$ 的选取决定的. 而且, 在迭代的后期, NGQCGB 方法中的 QCGB 策略将不再起作用.

下面考虑重启动及其预处理方法. 之前, 研究和设计 NGQCGB 方法时, 没有考虑 GMRES 方法的重启动和预处理. 考虑到在实际应用中, 常常需要对 GMRES 方法采用重启动和预处理技术, 因此下面介绍在这两种情形下 NGQCGB 方法的推广. 事实上, 仔细研究 NGQCGB 方法的构造过程及收敛性分析发现, 如果可构造某个子空间, 使得非精确牛顿步能够落在这个子空间, 并且梯度在此子空间上的投影是可以计算的, 则 NGQCGB 方法就可以应用, 并且其收敛性也可以得到保证. 因此, 构造一个合适的子空间是 QCGB 策略的关键. 如果没有重启动和预处理, 并且 $\boldsymbol{s}_0^k = \mathbf{0}$, 则 Krylov 子空间的构造是标准的. 如果采用重启动或预处理, 则需要构造不同的子空间使得 NGQCGB 方法能够应用.

重启动 当 GMRES 方法每隔 m 步进行重启时, 每次重启时的迭代初值 $\boldsymbol{s}_0^k$ 是上一次迭代的近似值. 通常, 重启动之后, 新的迭代初值 $\boldsymbol{s}_0^k \neq \mathbf{0}$. 如果 $\boldsymbol{s}_0^k \neq \mathbf{0}$, 则通常情形

下 $\mathbb{K}_m \neq s_0^k + \mathbb{K}_m$. 注意到 $\bar{s}^k \in s_0^k + \mathbb{K}_m$, 可以令 $\widetilde{g}^k$ 为 g^k 在子空间 $\hat{\mathbb{K}}_m$ 上的投影, 其中

$$\hat{\mathbb{K}}_m := \text{span}\{\boldsymbol{V}_m, \boldsymbol{s}_0^k\}.$$

采用上述方式定义 $\widetilde{\boldsymbol{g}}^k$, NGQCGB 方法仍然可以采用无 Jacobi 矩阵计算的方式实现.

预处理 由于左预处理会影响线性方程组的残差, 因此只考虑右预处理, 也就是只关注如下的牛顿方程

$$(F'(\boldsymbol{x}^k)\boldsymbol{P})(\boldsymbol{P}^{-1}\boldsymbol{s}) = -F(\boldsymbol{x}^k)$$

或

$$F'(\boldsymbol{x}^k)\boldsymbol{P}\boldsymbol{z} = -F(\boldsymbol{x}^k),$$

其中

$$\boldsymbol{z} = \boldsymbol{P}^{-1}\boldsymbol{s}.$$

不失一般性, 假定 GMRES 的迭代初值 $\boldsymbol{z}_0^k = \boldsymbol{0}$, 并假定没有重启动. 在这种情形下, GMRES 方法产生的 Krylov 子空间如下:

$$\mathbb{K}_{m,\boldsymbol{P}}(F'(\boldsymbol{x}^k)\boldsymbol{P}, \boldsymbol{r}_0^k) := \text{span}\{\boldsymbol{r}_0^k,\ (F'(\boldsymbol{x}^k)\boldsymbol{P})\boldsymbol{r}_0^k,\ \cdots,\ (F'(\boldsymbol{x}^k)\boldsymbol{P})^{m-1}\boldsymbol{r}_0^k\},$$

这里 $\boldsymbol{r}_0^k = -F(\boldsymbol{x}^k)$. 同时注意到式 (6.17) 变成 $(F'(\boldsymbol{x}^k)\boldsymbol{P})\boldsymbol{V}_m = \boldsymbol{V}_{m+1}\widetilde{\boldsymbol{H}}_m$, 其中 $\boldsymbol{v}^1 = \boldsymbol{r}_0^k/\beta_k$, 而 $\beta_k = \|F(\boldsymbol{x}^k)\|$. 由于牛顿方程的近似解 $\bar{\boldsymbol{s}}^k = \boldsymbol{P}\bar{\boldsymbol{z}}^k$, 这里 $\bar{\boldsymbol{z}}^k \in \mathbb{K}_{m,\boldsymbol{P}}$ 满足

$$\|F(\boldsymbol{x}^k) + F'(\boldsymbol{x}^k)\boldsymbol{P}\bar{\boldsymbol{z}}^k\| \leqslant \bar{\eta}_k\|F(\boldsymbol{x}^k)\|,$$

因此 $\bar{\boldsymbol{s}}^k \in \boldsymbol{P}\mathbb{K}_{m,\boldsymbol{P}}$. 于是, 可以定义 $\widetilde{\boldsymbol{g}}^k$ 为 $\boldsymbol{g}^k$ 在 $\boldsymbol{P}\mathbb{K}_{m,\boldsymbol{P}}$ 上的投影. 既然 $\boldsymbol{P}\boldsymbol{V}_m$ 是子空间 $\boldsymbol{P}\mathbb{K}_{m,\boldsymbol{P}}$ 的基, 显然

$$\begin{aligned}
\widetilde{\boldsymbol{g}}^k &= (\boldsymbol{P}\boldsymbol{V}_m)(\boldsymbol{P}\boldsymbol{V}_m)^{\mathrm{T}}\boldsymbol{g}^k \\
&= (\boldsymbol{P}\boldsymbol{V}_m)(\boldsymbol{P}\boldsymbol{V}_m)^{\mathrm{T}}F'(\boldsymbol{x}^k)^{\mathrm{T}}F(\boldsymbol{x}^k) \\
&= (\boldsymbol{P}\boldsymbol{V}_m)(F'(\boldsymbol{x}^k)\boldsymbol{P}\boldsymbol{V}_m)^{\mathrm{T}}F(\boldsymbol{x}^k) \\
&= (\boldsymbol{P}\boldsymbol{V}_m)(\boldsymbol{V}_{m+1}\widetilde{\boldsymbol{H}}_m)^{\mathrm{T}}F(\boldsymbol{x}^k) \\
&= -\beta_k\boldsymbol{P}\boldsymbol{V}_m\widetilde{\boldsymbol{H}}_m^{\mathrm{T}}e_1.
\end{aligned}$$

如同没有预处理的情形一样, 预处理情形下 QCGB 策略仍然可以在不形成 Jacobi 矩阵的情况下加以实现.

6.2.4 NGLM 方法

前一小节提出的 NGQCGB 方法是在 NGB 方法的基础上配以一个可供选择的 QCGB 策略而得到的. NGQCGB 方法中的 QCGB 策略作为 NGB 方法的一种补救措施, 其实质是通过在子空间

$$\mathbb{L}_k = \text{span}\{\widetilde{\boldsymbol{g}}^k, \boldsymbol{p}^{k-1}\}$$

上极小化 $F(\boldsymbol{x})$ 在 $\boldsymbol{x}^k$ 的局部线性模型而得到一个方向 $\boldsymbol{d}^k$ (这里 $\widetilde{\boldsymbol{g}}^k$ 是 $\boldsymbol{g}^k := \nabla f(\boldsymbol{x}^k)$ 在 Krylov 子空间上的投影, $\boldsymbol{p}^{k-1} = \boldsymbol{x}^k - \boldsymbol{x}^{k-1}$), 即

$$\boldsymbol{d}^k \in \arg\min_{\boldsymbol{d}\in\mathbb{R}^n} \|F(\boldsymbol{x}^k) + F'(\boldsymbol{x}^k)\boldsymbol{d}\|.$$

然后, 再通过线搜索技巧确定一个满足“充分下降”条件的步长因子 θ_k, 并令 $\boldsymbol{x}^{k+1} = \boldsymbol{x}^k + \theta_k \boldsymbol{d}^k$. 注意到执行 QCGB 策略的前提是在当前的非精确牛顿方向 $\bar{\boldsymbol{s}}^k$ 上回溯 N_b 步以后仍没有得到一个“充分下降”步, 因此, 可以断定在 Newton–GMRES (NG) 方法中得到的当前的非精确牛顿方向 $\bar{\boldsymbol{s}}^k$ 不是一个好方向. 其原因可能是 $F(\boldsymbol{x})$ 在 $\boldsymbol{x}^k$ 处的性态不够好, 以至于用 NG 方法计算出的 $\bar{\boldsymbol{s}}^k$ 偏离 $f(\boldsymbol{x}) = \dfrac{1}{2}\|F(\boldsymbol{x})\|_2^2$ 的最速下降方向 $-\nabla f(\boldsymbol{x}^k)$ 太远; 也可能是 $\|\bar{\boldsymbol{s}}^k\|$ 太大, 以至于 $F(\boldsymbol{x})$ 在 $\boldsymbol{x}^k$ 处的线性模型与 $F(\boldsymbol{x}^k + \bar{\boldsymbol{s}}^k)$ 的吻合太差.

本小节考虑用 Levenberg–Marquardt (LM) 策略来确定非精确求解牛顿方程时的搜索方向和步长, 这种具有全局收敛性质的 Newton–GMRES 方法, 简称 NGLM 方法[27, 28]. 该方法是将 NGQCGB 中的 QCGB 策略用 LM 策略代替而得到的. 本质上, LM 策略是一种信赖域型的方法, 求解非线性方程组的信赖域方法是一种具有全局收敛性质的方法. 在每步迭代中, 这种方法首先确定当前迭代点 $\boldsymbol{x}^k$ 的一个半径为 δ_k 的邻域

$$\mathbb{N}(\boldsymbol{x}^k, \delta_k) := \{\boldsymbol{x} \mid \|\boldsymbol{x} - \boldsymbol{x}^k\| \leqslant \delta_k\},$$

然后通过求解信赖域模型

$$\min_{\|\boldsymbol{s}\|\leqslant\delta_k} \|F(\boldsymbol{x}^k) + F'(\boldsymbol{x}^k)\boldsymbol{s}\| \tag{6.50}$$

确定一个搜索方向 $\boldsymbol{s}^k$. 如果 $\boldsymbol{s}^k$ 满足某种下降条件, 则采用 $\boldsymbol{s}^k$, 并令 $\boldsymbol{x}^{k+1} = \boldsymbol{x}^k + \boldsymbol{s}^k$. 否则, 则剔除该 $\boldsymbol{s}^k$, 缩小邻域半径 δ_k, 并重新求解式 (6.50), 直到得到满足下降条件的 $\boldsymbol{s}^k$ 为止. 这里 $\|\cdot\|$ 可以取为 $\|\cdot\|_1$, $\|\cdot\|_2$ 或 $\|\cdot\|_\infty$. 最重要的一类信赖域方法是在式 (6.50) 中取 $\|\cdot\|_2$ 而得到的 LM 方法, 即

$$\min_{\|\boldsymbol{s}\|_2\leqslant\delta_k} \|F(\boldsymbol{x}^k) + F'(\boldsymbol{x}^k)\boldsymbol{s}\|_2.$$

该模型可以通过求解线性方程组

$$\left(F'(\boldsymbol{x}^k)^{\mathrm{T}} F'(\boldsymbol{x}^k) + \mu \boldsymbol{I}\right)\boldsymbol{s} = -F'(\boldsymbol{x}^k)^{\mathrm{T}} F(\boldsymbol{x}^k)$$

来表征, 其中 μ 是一个非负参数. 如果在 Newton–GMRES 方法中所产生的非精确牛顿方向 $\bar{\boldsymbol{s}}^k$ 上回溯 N_b 步以后, 仍然不能得到一个“充分下降”步, 则考虑在一个子空间上运用上述 LM 方法来寻找一个新的搜索方向. 这就是具有 LM 策略的 Newton–GMRES 方法 (NGLM 方法) 的基本思想.

NGLM 方法的备选策略是在一个子空间上应用 LM 方法产生充分下降步. 首先, 考虑子空间的构造. 在 NGB 方法的第 k 步迭代中, 根据以下两种不同情形, 可以分别构造出相应的子空间.

情形 1. $\boldsymbol{s}_0^k \in \mathbb{K}_m$. 在这种情形下, 令

$$\Omega_k = \mathrm{span}\{\widetilde{\boldsymbol{g}}^k, \boldsymbol{p}^{k-1}, \boldsymbol{v}\}, \tag{6.51}$$

其中 $\boldsymbol{p}^{k-1}=\boldsymbol{x}^k-\boldsymbol{x}^{k-1}$, $\widetilde{\boldsymbol{g}}^k=\boldsymbol{V}_m\boldsymbol{V}_m^{\mathrm{T}}\boldsymbol{g}^k$, 而 $\boldsymbol{v}$ 是 Krylov 子空间 $\mathbb{K}_m$ 的基 $\boldsymbol{V}_m$ 中满足

$$|\boldsymbol{v}^{\mathrm{T}}\boldsymbol{g}^k|=\max_{1\leqslant i\leqslant m}|(\boldsymbol{v}^i)^{\mathrm{T}}\boldsymbol{g}^k|$$

的单位向量. 这样选取的 $\boldsymbol{v}$ 是 $\boldsymbol{V}_m$ 中与 $\mathrm{span}\{\widetilde{\boldsymbol{g}}^k\}$ 夹角最小的向量. 由式 (6.17) 可知,

$$(\boldsymbol{v}^i)^{\mathrm{T}}\boldsymbol{g}^k=(\boldsymbol{v}^i)^{\mathrm{T}}F'(\boldsymbol{x}^k)^{\mathrm{T}}F(\boldsymbol{x}^k)=-\beta_k(\boldsymbol{v}^1)^{\mathrm{T}}F'(\boldsymbol{x}^k)(\boldsymbol{v}^i)=-\beta_k h_{1i},$$

故当

$$|h_{1\ell}|=\max_{1\leqslant i\leqslant m}|h_{1i}|$$

时, $\boldsymbol{v}=\boldsymbol{v}^\ell$, 其中 $(h_{11},h_{12}\cdots,h_{1m})$ 为上 Hessenberg 矩阵 $\widetilde{\boldsymbol{H}}_m$ 的第一行.

情形 2. $\boldsymbol{s}_0^k\notin\mathbb{K}_m$. 在这种情形下, 适当地扩大 Krylov 子空间 $\mathbb{K}_m$. 为此, 令

$$\widehat{\mathbb{K}}=\mathrm{span}\{\mathbb{K}_m,\boldsymbol{s}_0^k\},$$

并设

$$\widehat{\boldsymbol{V}}=\left(\hat{\boldsymbol{v}}^1,\hat{\boldsymbol{v}}^2,\cdots,\hat{\boldsymbol{v}}^{m+1}\right)\in\mathbb{R}^{n\times(m+1)}$$

为 $\widehat{\mathbb{K}}$ 的标准正交基. 由于 Krylov 子空间 $\mathbb{K}_m$ 的标准正交基 $\boldsymbol{V}_m$ 是已知的, 故取 $\hat{\boldsymbol{v}}^i=\boldsymbol{v}^i$, $i=1,2,\cdots,m$. 令 $\widetilde{\boldsymbol{g}}^k$ 为 $\boldsymbol{g}^k$ 在子空间 $\widehat{\mathbb{K}}$ 上的投影, 即

$$\widetilde{\boldsymbol{g}}^k=\widehat{\boldsymbol{V}}\widehat{\boldsymbol{V}}^{\mathrm{T}}F'(\boldsymbol{x}^k)^{\mathrm{T}}F(\boldsymbol{x}^k),$$

并选取 $\boldsymbol{v}$ 为 $\widehat{\mathbb{K}}$ 的标准正交基 $\widehat{\boldsymbol{V}}$ 中满足

$$|\boldsymbol{v}^{\mathrm{T}}\boldsymbol{g}^k|=\max_{1\leqslant i\leqslant m+1}|(\hat{\boldsymbol{v}}^i)^{\mathrm{T}}\boldsymbol{g}^k|$$

的单位向量. 与式 (6.51) 相似, 同样定义子空间 Ω_k. 若再记 $\boldsymbol{h}=\widehat{\boldsymbol{V}}^{\mathrm{T}}\boldsymbol{g}^k$, 则有

$$\begin{aligned}\boldsymbol{h}&=\widehat{\boldsymbol{V}}^{\mathrm{T}}F'(\boldsymbol{x}^k)^{\mathrm{T}}F(\boldsymbol{x}^k)\\&=\begin{pmatrix}\boldsymbol{V}_m^{\mathrm{T}}F'(\boldsymbol{x}^k)^{\mathrm{T}}F(\boldsymbol{x}^k)\\(\hat{\boldsymbol{v}}^{m+1})^{\mathrm{T}}F'(\boldsymbol{x}^k)^{\mathrm{T}}F(\boldsymbol{x}^k)\end{pmatrix}=\begin{pmatrix}-\beta_k\widetilde{\boldsymbol{H}}_m^{\mathrm{T}}\boldsymbol{e}_1\\(\hat{\boldsymbol{v}}^{m+1})^{\mathrm{T}}F'(\boldsymbol{x}^k)^{\mathrm{T}}F(\boldsymbol{x}^k)\end{pmatrix}.\end{aligned}$$

由此可得

$$\begin{aligned}\widetilde{\boldsymbol{g}}^k&=\widehat{\boldsymbol{V}}\begin{pmatrix}-\beta_k\widetilde{\boldsymbol{H}}_m^{\mathrm{T}}\boldsymbol{e}_1\\(\hat{\boldsymbol{v}}^{m+1})^{\mathrm{T}}F'(\boldsymbol{x}^k)^{\mathrm{T}}F(\boldsymbol{x}^k)\end{pmatrix}\\&=-\beta_k\boldsymbol{V}_m\widetilde{\boldsymbol{H}}_m^{\mathrm{T}}\boldsymbol{e}_1+\left[F(\boldsymbol{x}^k)^{\mathrm{T}}F'(\boldsymbol{x}^k)\hat{\boldsymbol{v}}^{m+1}\right]\hat{\boldsymbol{v}}^{m+1}.\end{aligned}$$

因为 $F'(\boldsymbol{x}^k)\hat{\boldsymbol{v}}^{m+1}$ 可用有限差分公式近似计算, 因此 $\widetilde{\boldsymbol{g}}^k$ 的形成只需额外增加一次函数的赋值即可. 故此方法亦无须形成 Jacobi 矩阵. 又由于

$$(\hat{\boldsymbol{v}}^i)^{\mathrm{T}}\boldsymbol{g}^k=(\hat{\boldsymbol{v}}^i)^{\mathrm{T}}F'(\boldsymbol{x}^k)^{\mathrm{T}}F(\boldsymbol{x}^k)=h_i,$$

故当

$$|h_\ell| = \max_{1\leqslant i\leqslant m+1} |h_i|$$

时, $\boldsymbol{v} = \hat{\boldsymbol{v}}^\ell$, 其中 h_i 为向量 $\boldsymbol{h}$ 的第 i 个分量, 向量 $\boldsymbol{h}$ 的前 m 个分量恰好构成了上 Hessenberg 矩阵 $\widetilde{\boldsymbol{H}}_m$ 的第一行.

现在, 考虑如下信赖域模型问题:

$$\begin{aligned} \min \quad & \|F(\boldsymbol{x}^k) + F'(\boldsymbol{x}^k)\boldsymbol{s}\|_2, \\ \text{s.t.} \quad & \boldsymbol{s} \in \Omega_k, \quad \|\boldsymbol{s}\|_2 \leqslant \delta_k, \end{aligned} \tag{6.52}$$

其中 $\delta_k > 0$ 是信赖域半径, Ω_k 是如式 (6.51) 所定义的子空间. 设 $\boldsymbol{W}_k$ 为 Ω_k 的标准正交基, $m(k) = \dim(\Omega_k)$ 为 Ω_k 的维数, 则式 (6.52) 可转化为

$$\begin{aligned} \min \quad & \|F(\boldsymbol{x}^k) + F'(\boldsymbol{x}^k)\boldsymbol{W}_k\boldsymbol{z}\|_2, \\ \text{s.t.} \quad & \boldsymbol{z} \in \mathbb{R}^{m(k)}, \quad \|\boldsymbol{z}\|_2 \leqslant \delta_k. \end{aligned} \tag{6.53}$$

记

$$\boldsymbol{B}_k = F'(\boldsymbol{x}^k)^{\mathrm{T}} F'(\boldsymbol{x}^k),$$

则式 (6.53) 等价于

$$\min_{\|\boldsymbol{z}\|_2\leqslant\delta_k} (\boldsymbol{W}_k^{\mathrm{T}}\boldsymbol{g}^k)^{\mathrm{T}}\boldsymbol{z} + \frac{1}{2}\boldsymbol{z}^{\mathrm{T}}(\boldsymbol{W}_k^{\mathrm{T}}\boldsymbol{B}_k\boldsymbol{W}_k)\boldsymbol{z}. \tag{6.54}$$

由最优性条件易得如下结论.

命题 6.1 *若 $F'(\boldsymbol{x}^k)$ 可逆, 则 $\boldsymbol{z}^k$ 为式 (6.54) 的解的充要条件是: 存在 $\mu_k \geqslant 0$, 使得*

$$(\boldsymbol{W}_k^{\mathrm{T}}\boldsymbol{B}_k\boldsymbol{W}_k + \mu_k\boldsymbol{I})\boldsymbol{z}^k = -\boldsymbol{W}_k^{\mathrm{T}}\boldsymbol{g}^k. \tag{6.55}$$

对于式 (6.54), 只要进行非精确求解即可. 事实上, 在实际计算中, 首先确定参数 μ_k, 再通过式 (6.55) 计算出相应的 $\boldsymbol{z}^k$, 然后令 $\tilde{\boldsymbol{s}}^k = \boldsymbol{W}_k\boldsymbol{z}^k$. 参数 μ_k 的确定, 对于算法的成功起着关键性的作用. 所采用的确定方式如下:

$$\mu_k = \rho_k\|F(\boldsymbol{x}^k)\|^\tau,$$

其中 $\tau \in (0,1]$ 为给定的常数, 在每次迭代开始时, 对于给定的 ρ_k, 即可计算出相应的 $\tilde{\boldsymbol{s}}^k$. 如果 $\tilde{\boldsymbol{s}}^k$ 满足充分下降条件, 则得到下一迭代点 $\boldsymbol{x}^{k+1} = \boldsymbol{x}^k + \tilde{\boldsymbol{s}}^k$. 否则, 适当增大 ρ_k 的值, 并重新计算相应的 $\tilde{\boldsymbol{s}}^k$, 直到得到满足充分下降条件的 $\tilde{\boldsymbol{s}}^k$ 为止. 这就是所说的 LM 策略. 在下面的讨论中, 定义函数 $F(\boldsymbol{x})$ 在点 $\boldsymbol{x}^k$ 处关于 $\boldsymbol{s}^k$ 的实际下降量 $\mathrm{Ared}_k(\boldsymbol{s}^k)$ 及预估下降量 $\mathrm{Pred}_k(\boldsymbol{s}^k)$ 分别为

$$\begin{aligned} \mathrm{Ared}_k(\boldsymbol{s}^k) &= \|F(\boldsymbol{x}^k)\| - \|F(\boldsymbol{x}^k + \boldsymbol{s}^k)\|, \\ \mathrm{Pred}_k(\boldsymbol{s}^k) &= \|F(\boldsymbol{x}^k)\| - \|F(\boldsymbol{x}^k) + F'(\boldsymbol{x}^k)\boldsymbol{s}^k\|. \end{aligned}$$

现在, 即可给出 NGLM 方法的具体描述.

算法 6.10 (NGLM 方法)

给定初值 $x^0 \in \mathbb{R}^n$, 精度 ε_0, 选取参数 $\eta_{\max} \in [0,1)$, $0<\alpha<1$,

及 $0<\tau \leqslant 1$, $0<\theta_l<\theta_u<1$, $N_b \geqslant 0$, $\vartheta>1$, 置 $p^{-1}:=0$, $k:=0$.

while $(\|F(x^k)\|>\varepsilon_0)$

选取 $\bar{\eta}_k \in [0,\eta_{\max}]$; 通过 GNE 计算非精确牛顿步 $\bar{s}^k$, 使满足

$$\|F(x^k)+F'(x^k)\bar{s}^k\| \leqslant \bar{\eta}_k\|F(x^k)\|;$$

在 $\bar{s}^k$ 上最多回溯 N_b 步, 得到 s^k 和及相应的 η_k;

if $\|F(x^k+s^k)\| \leqslant [1-\alpha(1-\eta_k)]\|F(x^k)\|$ **then**

令 $p^k:=s^k$;

else

① 执行 LM 过程:

② 构造子空间 $\Omega_k=\mathrm{span}\{\widetilde{g}^k, p^{k-1}, v\}$ 及相应的基 W_k,

取 $\rho_k=10^{-4}$, $r_k:=0$;

while $(r_k<\alpha)$

求解 $(W_k^{\mathrm{T}}B_kW_k+\mu_kI)z^k=-W_k^{\mathrm{T}}g^k$;

$\tilde{s}_k=W_kz^k$;

$r_k=\mathrm{Ared}_k(\tilde{s}_k)/\mathrm{Pred}_k(\tilde{s}_k)$, $\rho_k:=\vartheta\rho_k$;

end while

③ $p^k:=\tilde{s}_k$;

end if

$x^{k+1}:=x^k+p^k$; $k:=k+1$;

end while

注 6.4 算法 6.10 的步 ①~③ 就是所谓的 LM 策略, 在每次执行 LM 策略时, 首先取 $\rho_k=10^{-4}$, 然后在 LM 策略的循环体内不断地以 ϑ 倍来扩大 ρ_k. 循环终止的条件是 $\tilde{s}^k$ 对应的实际下降量 $\mathrm{Ared}_k(\tilde{s}^k)$ 与预估下降量 $\mathrm{Pred}_k(\tilde{s}^k)$ 的比值 r_k 大于常数 α.

为了证明 NGLM 方法的全局收敛性, 对非线性函数 $F:\mathbb{R}^n\to\mathbb{R}^n$ 做如下基本假设.

假设 6.3 (1) 对给定的点 $x^0\in\mathbb{R}^n$, 函数 $f(x)=\dfrac{1}{2}\|F(x)\|^2$ 在水平集 $\mathbb{L}(x^0)=\{x\mid f(x)\leqslant f(x^0)\}$ 上连续可微, 并且存在常数 $L>0$, 使得

$$\|\nabla f(x)-\nabla f(y)\|\leqslant L\|x-y\|, \quad \forall x,y\in\mathbb{L}(x^0);$$

(2) 对于由 NGLM 方法产生的序列 $\{\boldsymbol{x}^k\}$, 下述关系式总成立:

$$\|F(\boldsymbol{x}^k)+F'(\boldsymbol{x}^k)\bar{\boldsymbol{s}}^k\|\leqslant\eta_{\max}\|F(\boldsymbol{x}^k)\|,\quad k=0,1,2,\cdots,$$

其中 $\bar{\boldsymbol{s}}^k$ 为非精确牛顿步.

记

$$\begin{cases}\boldsymbol{z}^k(\mu)=-\left(\boldsymbol{W}_k^{\mathrm{T}}\boldsymbol{B}_k\boldsymbol{W}_k+\mu\boldsymbol{I}\right)^{-1}\boldsymbol{W}_k^{\mathrm{T}}\boldsymbol{g}^k;\\ \boldsymbol{s}^k(\mu)=\boldsymbol{W}_k\boldsymbol{z}^k(\mu); & 0\leqslant\mu<\infty.\\ \eta(\mu)=\dfrac{\|F(\boldsymbol{x}^k)+F'(\boldsymbol{x}^k)\boldsymbol{s}^k(\mu)\|}{\|F(\boldsymbol{x}^k)\|};\end{cases}\tag{6.56}$$

关于 $\boldsymbol{s}^k(\mu)$ 及 $\eta(\mu)$, 有以下几个结论.

性质 6.1 $\|\boldsymbol{s}^k(\mu)\|$ 关于 μ 严格单调下降.

证 为简化记号, 在证明中略去所有的下标, 并记

$$\bar{\boldsymbol{g}}=\boldsymbol{W}^{\mathrm{T}}\boldsymbol{g},\quad \boldsymbol{z}=\boldsymbol{z}^k(\mu),\quad \boldsymbol{s}=\boldsymbol{s}^k(\mu).$$

易知

$$\frac{\mathrm{d}\boldsymbol{z}}{\mathrm{d}\mu}=\left(\boldsymbol{W}^{\mathrm{T}}\boldsymbol{B}\boldsymbol{W}+\mu\boldsymbol{I}\right)^{-2}\bar{\boldsymbol{g}},\quad \frac{\mathrm{d}\boldsymbol{s}}{\mathrm{d}\mu}=\boldsymbol{W}\left(\boldsymbol{W}^{\mathrm{T}}\boldsymbol{B}\boldsymbol{W}+\mu\boldsymbol{I}\right)^{-2}\bar{\boldsymbol{g}},$$

从而

$$\begin{aligned}\frac{\mathrm{d}\|\boldsymbol{s}\|}{\mathrm{d}\mu}&=\frac{\boldsymbol{s}^{\mathrm{T}}\dfrac{\mathrm{d}\boldsymbol{s}}{\mathrm{d}\mu}}{\|\boldsymbol{s}\|}\\&=-\frac{1}{\|\boldsymbol{s}\|}\bar{\boldsymbol{g}}^{\mathrm{T}}\left(\boldsymbol{W}^{\mathrm{T}}\boldsymbol{B}\boldsymbol{W}+\mu\boldsymbol{I}\right)^{-1}\boldsymbol{W}^{\mathrm{T}}\boldsymbol{W}\left(\boldsymbol{W}^{\mathrm{T}}\boldsymbol{B}\boldsymbol{W}+\mu\boldsymbol{I}\right)^{-2}\bar{\boldsymbol{g}}\\&=-\frac{\bar{\boldsymbol{g}}^{\mathrm{T}}\left(\boldsymbol{W}^{\mathrm{T}}\boldsymbol{B}\boldsymbol{W}+\mu\boldsymbol{I}\right)^{-3}\bar{\boldsymbol{g}}}{\|\boldsymbol{s}\|}.\end{aligned}$$

由于 $\left(\boldsymbol{W}^{\mathrm{T}}\boldsymbol{B}\boldsymbol{W}+\mu\boldsymbol{I}\right)^{-3}$ 对称正定且 $\bar{\boldsymbol{g}}\neq\boldsymbol{0}$, 因此结论成立. □

性质 6.2 $\boldsymbol{s}^k(\mu)$ 与 $-\boldsymbol{g}^k$ 的夹角关于 μ 单调非增.

证 为简化记号, 在证明中略去所有的下标, 并记

$$F=F(\boldsymbol{x}^k),\quad \boldsymbol{J}=F'(\boldsymbol{x}^k),\quad \bar{\boldsymbol{g}}=\boldsymbol{W}^{\mathrm{T}}\boldsymbol{g},\quad \boldsymbol{s}=\boldsymbol{s}^k(\mu).$$

为证明结论成立, 只需证明

$$h(\mu):=\cos(\langle\boldsymbol{s},-\boldsymbol{g}\rangle)=-\frac{\boldsymbol{g}^{\mathrm{T}}\boldsymbol{s}}{\|\boldsymbol{g}\|\cdot\|\boldsymbol{s}\|}$$

关于 μ 单调递增. 由于

$$h'(\mu):=-\frac{1}{\|\boldsymbol{g}\|}\cdot\frac{\boldsymbol{g}^{\mathrm{T}}\dfrac{\mathrm{d}\boldsymbol{s}}{\mathrm{d}\mu}\|\boldsymbol{s}\|-\boldsymbol{g}^{\mathrm{T}}\boldsymbol{s}\dfrac{\mathrm{d}\|\boldsymbol{s}\|}{\mathrm{d}\mu}}{\|\boldsymbol{s}\|^2},$$

因此由性质 6.1 的证明可知

$$\begin{aligned}h'(\mu) &= -\frac{1}{\|\boldsymbol{g}\|\cdot\|\boldsymbol{s}\|^3}\Big\{(\boldsymbol{g}^{\mathrm{T}}\boldsymbol{s})\bar{\boldsymbol{g}}^{\mathrm{T}}(\boldsymbol{W}^{\mathrm{T}}\boldsymbol{B}\boldsymbol{W}+\mu\boldsymbol{I})^{-3}\bar{\boldsymbol{g}}+\\&\quad\bar{\boldsymbol{g}}^{\mathrm{T}}(\boldsymbol{W}^{\mathrm{T}}\boldsymbol{B}\boldsymbol{W}+\mu\boldsymbol{I})^{-2}\bar{\boldsymbol{g}}\|\boldsymbol{s}\|^2\Big\}\\&= \frac{1}{\|\boldsymbol{g}\|\cdot\|\boldsymbol{s}\|^3}\Big\{\left[\bar{\boldsymbol{g}}^{\mathrm{T}}(\boldsymbol{W}^{\mathrm{T}}\boldsymbol{B}\boldsymbol{W}+\mu\boldsymbol{I})^{-1}\bar{\boldsymbol{g}}\right]\left[\bar{\boldsymbol{g}}^{\mathrm{T}}(\boldsymbol{W}^{\mathrm{T}}\boldsymbol{B}\boldsymbol{W}+\mu\boldsymbol{I})^{-3}\bar{\boldsymbol{g}}\right]\\&\quad-\left[\bar{\boldsymbol{g}}^{\mathrm{T}}(\boldsymbol{W}^{\mathrm{T}}\boldsymbol{B}\boldsymbol{W}+\mu\boldsymbol{I})^{-2}\bar{\boldsymbol{g}}\right]^2\Big\}\\&:= \frac{1}{\|\boldsymbol{g}\|\cdot\|\boldsymbol{s}\|^3}G.\end{aligned}$$

设

$$(\boldsymbol{W}^{\mathrm{T}}\boldsymbol{B}\boldsymbol{W}+\mu\boldsymbol{I})^{-1}=\boldsymbol{Q}^{\mathrm{T}}\boldsymbol{\Lambda}\boldsymbol{Q},$$

其中 $\boldsymbol{Q}$ 为正交矩阵,

$$\boldsymbol{\Lambda}=\mathrm{diag}\big(\lambda_1,\lambda_2,\cdots,\lambda_{m(k)}\big),\quad \lambda_i>0,\quad 1\leqslant i\leqslant m(k),$$

并令

$$\boldsymbol{u}:=\boldsymbol{Q}\bar{\boldsymbol{g}}=(u_1,u_2,\cdots,u_{m(k)})^{\mathrm{T}},$$

则

$$\begin{aligned}G &= (\boldsymbol{u}^{\mathrm{T}}\boldsymbol{\Lambda}\boldsymbol{u})(\boldsymbol{u}^{\mathrm{T}}\boldsymbol{\Lambda}^3\boldsymbol{u})-(\boldsymbol{u}^{\mathrm{T}}\boldsymbol{\Lambda}^2\boldsymbol{u})^2\\&=\sum_{i=1}^{m(k)}\sum_{j=1}^{m(k)}(\lambda_i u_i^2\lambda_j^3u_j^2-\lambda_i^2u_i^2\lambda_j^2u_j^2)\\&=\sum_{i=1}^{m(k)}\sum_{j=1}^{m(k)}(\lambda_j^2-\lambda_i\lambda_j)\lambda_i\lambda_j u_i^2u_j^2.\end{aligned}$$

于是, 由 i,j 的对称性, 立得

$$\begin{aligned}G &= \frac{1}{2}\sum_{i=1}^{m(k)}\sum_{j=1}^{m(k)}(\lambda_i^2-2\lambda_i\lambda_j+\lambda_j^2)\lambda_i\lambda_j u_i^2u_j^2\\&=\frac{1}{2}\sum_{i=1}^{m(k)}\sum_{j=1}^{m(k)}(\lambda_i-\lambda_j)^2\lambda_i\lambda_j u_i^2u_j^2\geqslant 0,\end{aligned}$$

从而 $h'(\mu)\geqslant 0$, 即 $h(\mu)$ 关于 μ 单调递增. □

性质 6.3　$\eta(\mu)$ 关于 $\mu>0$ 严格单调递增.

证　为简化记号, 在证明中略去所有下标, 并记

$$F=F(\boldsymbol{x}^k),\quad \boldsymbol{J}=F'(\boldsymbol{x}^k),\quad \bar{\boldsymbol{g}}=\boldsymbol{W}^{\mathrm{T}}\boldsymbol{g},\quad \boldsymbol{s}=\boldsymbol{s}^k(\mu).$$

由具体计算可得

$$\begin{aligned}\eta'(\mu) &= \frac{\mathrm{d}}{\mathrm{d}\mu}\left(\frac{\|F+\boldsymbol{J}\boldsymbol{s}\|}{\|F\|}\right) = \frac{1}{\|F\|\cdot\|F+\boldsymbol{J}\boldsymbol{s}\|}(F+\boldsymbol{J}\boldsymbol{s})^{\mathrm{T}}\boldsymbol{J}\frac{\mathrm{d}\boldsymbol{s}}{\mathrm{d}\mu} \\ &= \frac{1}{\|F\|\cdot\|F+\boldsymbol{J}\boldsymbol{s}\|}(F+\boldsymbol{J}\boldsymbol{s})^{\mathrm{T}}\boldsymbol{J}\boldsymbol{W}(\boldsymbol{W}^{\mathrm{T}}\boldsymbol{B}\boldsymbol{W}+\mu\boldsymbol{I})^{-2}\bar{\boldsymbol{g}} \\ &= \frac{1}{\|F\|\cdot\|F+\boldsymbol{J}\boldsymbol{s}\|}(\bar{\boldsymbol{g}}^{\mathrm{T}}+\boldsymbol{s}^{\mathrm{T}}\boldsymbol{B}\boldsymbol{W})(\boldsymbol{W}^{\mathrm{T}}\boldsymbol{B}\boldsymbol{W}+\mu\boldsymbol{I})^{-2}\bar{\boldsymbol{g}} \\ &= \frac{1}{\|F\|\cdot\|F+\boldsymbol{J}\boldsymbol{s}\|}\Big[\bar{\boldsymbol{g}}^{\mathrm{T}}(\boldsymbol{W}^{\mathrm{T}}\boldsymbol{B}\boldsymbol{W}+\mu\boldsymbol{I})^{-2}\bar{\boldsymbol{g}}- \\ &\quad \bar{\boldsymbol{g}}^{\mathrm{T}}(\boldsymbol{W}^{\mathrm{T}}\boldsymbol{B}\boldsymbol{W}+\mu\boldsymbol{I})^{-1}\boldsymbol{W}^{\mathrm{T}}\boldsymbol{B}\boldsymbol{W}(\boldsymbol{W}^{\mathrm{T}}\boldsymbol{B}\boldsymbol{W}+\mu\boldsymbol{I})^{-2}\bar{\boldsymbol{g}}\Big] \\ &:= \frac{1}{\|F\|\cdot\|F+\boldsymbol{J}\boldsymbol{s}\|}G.\end{aligned}$$

这里, 定义

$$G = \bar{\boldsymbol{g}}^{\mathrm{T}}\big[\boldsymbol{I}-(\boldsymbol{W}^{\mathrm{T}}\boldsymbol{B}\boldsymbol{W}+\mu\boldsymbol{I})^{-1}\boldsymbol{W}^{\mathrm{T}}\boldsymbol{B}\boldsymbol{W}\big](\boldsymbol{W}^{\mathrm{T}}\boldsymbol{B}\boldsymbol{W}+\mu\boldsymbol{I})^{-2}\bar{\boldsymbol{g}}.$$

设

$$\boldsymbol{W}^{\mathrm{T}}\boldsymbol{B}\boldsymbol{W} = \boldsymbol{Q}^{\mathrm{T}}\boldsymbol{\Lambda}\boldsymbol{Q},$$

其中 $\boldsymbol{Q}$ 为正交矩阵,

$$\boldsymbol{\Lambda} = \mathrm{diag}(\lambda_1,\lambda_2,\cdots,\lambda_{m(k)}),\ \lambda_j>0,\ 1\leqslant j\leqslant m(k),$$

并令

$$\boldsymbol{u} := \boldsymbol{Q}\bar{\boldsymbol{g}} = (u_1,u_2,\cdots,u_{m(k)})^{\mathrm{T}},$$

则

$$\begin{aligned}G &= \boldsymbol{u}^{\mathrm{T}}(\boldsymbol{\Lambda}+\mu\boldsymbol{I})^{-2}\boldsymbol{u}-\boldsymbol{u}^{\mathrm{T}}(\boldsymbol{\Lambda}+\mu\boldsymbol{I})^{-1}\boldsymbol{\Lambda}(\boldsymbol{\Lambda}+\mu\boldsymbol{I})^{-2}\boldsymbol{u} \\ &= \sum_{j=1}^{m(k)}\left[\frac{u_j^2}{(\lambda_j+\mu)^2}-\frac{\lambda_j u_j^2}{(\lambda_j+\mu)^3}\right] \\ &= \sum_{j=1}^{m(k)}\frac{u_j^2}{(\lambda_j+\mu)^2}\left(1-\frac{\lambda_j}{\lambda_j+\mu}\right)>0,\end{aligned}$$

故 $\eta'(\mu)>0$, 亦即 $\eta(\mu)$ 关于 $\mu>0$ 严格单调递增. □

令

$$\widetilde{\eta}_k := \frac{\|F(\boldsymbol{x}^k)+F'(\boldsymbol{x}^k)\boldsymbol{s}^k(0)\|}{\|F(\boldsymbol{x}^k)\|} = \eta(0),$$

则易知 $\widetilde{\eta}_k\in[0,1)$. 由性质 6.3 知, 当 μ 从 0 连续变化到 $+\infty$ 时, $\eta(\mu)$ 相应地从 $\widetilde{\eta}_k$ 连续变化到 1. 如果再令

$$\boldsymbol{q}^k(\eta(\mu)) := \boldsymbol{s}^k(\mu),\quad 0\leqslant\mu<+\infty, \tag{6.57}$$

则

$$\|F(\boldsymbol{x}^k)+F'(\boldsymbol{x}^k)\boldsymbol{q}^k(\eta)\|=\eta\|F(\boldsymbol{x}^k)\|,\quad \eta\in[\widetilde{\eta}_k,1). \tag{6.58}$$

假定在 NGLM 方法的第 k 步执行 LM 策略, 并设相应的步长为

$$\boldsymbol{p}^k=\boldsymbol{s}^k(\mu_k)=-\boldsymbol{W}_k(\boldsymbol{W}_k^{\mathrm{T}}\boldsymbol{H}_k\boldsymbol{W}_k+\mu_k\boldsymbol{I})^{-1}\boldsymbol{W}_k^{\mathrm{T}}\boldsymbol{g}^k.$$

对应于这里的 μ_k, 令 $\eta_k:=\eta(\mu_k)$ (由于执行了 LM 策略, 故在 $\bar{\boldsymbol{s}}^k$ 上的回溯过程中所确定的 η_k 在以后的计算中无须用到. 因此, 在这里用符号 η_k 不会混淆), 其中 $\eta(\mu)$ 如式 (6.56) 所定义, 则由式 (6.58) 可得

$$\|F(\boldsymbol{x}^k)+F'(\boldsymbol{x}^k)\boldsymbol{p}^k\|=\eta_k\|F(\boldsymbol{x}^k)\|.$$

由算法 6.10 知

$$r_k=\frac{\mathrm{Ared}_k(\boldsymbol{p}^k)}{\mathrm{Pred}_k(\boldsymbol{p}^k)}\geqslant\alpha,\quad \alpha\in(0,1).$$

于是, 有

$$\|F(\boldsymbol{x}^k+\boldsymbol{p}^k)\|\leqslant\big[1-\alpha(1-\eta_k)\big]\|F(\boldsymbol{x}^k)\|.$$

上述分析表明, NGLM 方法归属于 GIN 类方法 (算法 6.6). 需要指出的是, NGLM 方法中的 $\boldsymbol{p}^k$ 或者由回溯策略沿着曲线

$$\tau_k(\eta)=\frac{1-\eta}{1-\bar{\eta}_k}\bar{\boldsymbol{s}}^k,\quad \eta\in[\bar{\eta}_k,1] \tag{6.59}$$

所确定, 或者由 LM 策略沿着曲线 $\boldsymbol{q}^k(\eta)\,(\widetilde{\eta}_k\leqslant\eta\leqslant 1)$ 所确定. 由引理 6.7 及其证明过程, 可得如下引理.

引理 6.11　设 $\{\boldsymbol{x}^k\}\subset\mathbb{R}^n$ 是由 NGLM 方法产生的一个无穷序列. 如果 $\{\boldsymbol{x}^k\}$ 有一个无穷聚点 $\boldsymbol{x}^*$, 使得 $F'(\boldsymbol{x}^*)$ 可逆, 则存在与 k 无关的常数 $\lambda>0$, 使得当 $\boldsymbol{x}^k\in\mathbb{N}(\boldsymbol{x}^*,\delta)$ 时,

$$\|F(\boldsymbol{x}^k)+F'(\boldsymbol{x}^k)\boldsymbol{s}^k(0)\|\leqslant\sqrt{1-\lambda^2}\|F(\boldsymbol{x}^k)\|$$

及

$$\frac{|\langle F(\boldsymbol{x}^k),\ F'(\boldsymbol{x}^k)\boldsymbol{s}^k(0)\rangle|}{\|F(\boldsymbol{x}^k)\|\cdot\|F'(\boldsymbol{x}^k)\boldsymbol{s}^k(0)\|}\geqslant\lambda, \tag{6.60}$$

这里 $\delta>0$ 为充分小的常数, 使得当 $\boldsymbol{x}\in\mathbb{N}(\boldsymbol{x}^*,\delta)$ 时, $F'(\boldsymbol{x})$ 可逆且 $\|F'(\boldsymbol{x})^{-1}\|\leqslant 2\|F'(\boldsymbol{x}^*)^{-1}\|$.

引理 6.12　如果 $F'(\boldsymbol{x}^k)$ 可逆, 则有

$$\frac{|\langle F(\boldsymbol{x}^k),\ F'(\boldsymbol{x}^k)\boldsymbol{s}^k(\mu)\rangle|}{\|F(\boldsymbol{x}^k)\|\cdot\|F'(\boldsymbol{x}^k)\boldsymbol{s}^k(\mu)\|}\geqslant\frac{1}{\kappa(F'(\boldsymbol{x}^k))^2}\cdot\frac{|\langle F(\boldsymbol{x}^k),\ F'(\boldsymbol{x}^k)\boldsymbol{s}^k(0)\rangle|}{\|F(\boldsymbol{x}^k)\|\cdot\|F'(\boldsymbol{x}^k)\boldsymbol{s}^k(0)\|},$$

这里 $\kappa(F'(\boldsymbol{x}^k))$ 表示矩阵 $F'(\boldsymbol{x}^k)$ 的谱条件数, $\boldsymbol{s}^k(\mu)$ 由式 (6.56) 定义.

证　由性质 6.2 知,

$$\frac{|\langle F(\boldsymbol{x}^k),\ F'(\boldsymbol{x}^k)\boldsymbol{s}^k(\mu)\rangle|}{\|F'(\boldsymbol{x}^k)^{\mathrm{T}}F(\boldsymbol{x}^k)\|\cdot\|\boldsymbol{s}^k(\mu)\|}\geqslant\frac{|\langle F(\boldsymbol{x}^k),\ F'(\boldsymbol{x}^k)\boldsymbol{s}^k(0)\rangle|}{\|F'(\boldsymbol{x}^k)^{\mathrm{T}}F(\boldsymbol{x}^k)\|\cdot\|\boldsymbol{s}^k(0)\|}.$$

注意到

$$\begin{aligned}\|F(\boldsymbol{x}^k)\|\cdot\|F'(\boldsymbol{x}^k)\boldsymbol{s}^k(\mu)\| &= \|F'(\boldsymbol{x}^k)^{-\mathrm{T}}F'(\boldsymbol{x}^k)^{\mathrm{T}}F(\boldsymbol{x}^k)\|\cdot\|F'(\boldsymbol{x}^k)\boldsymbol{s}^k(\mu)\| \\ &\leqslant \kappa(F'(\boldsymbol{x}^k))\|F'(\boldsymbol{x}^k)^{\mathrm{T}}F(\boldsymbol{x}^k)\|\cdot\|\boldsymbol{s}^k(\mu)\|, \\ \|F'(\boldsymbol{x}^k)^{\mathrm{T}}F(\boldsymbol{x}^k)\|\cdot\|\boldsymbol{s}^k(0)\| &= \|F'(\boldsymbol{x}^k)^{\mathrm{T}}F(\boldsymbol{x}^k)\|\cdot\|F'(\boldsymbol{x}^k)^{-1}F'(\boldsymbol{x}^k)\boldsymbol{s}^k(0)\| \\ &\leqslant \kappa(F'(\boldsymbol{x}^k))\|F(\boldsymbol{x}^k)\|\cdot\|F'(\boldsymbol{x}^k)^{\mathrm{T}}\boldsymbol{s}^k(0)\|,\end{aligned}$$

因此

$$\begin{aligned}\frac{|\langle F(\boldsymbol{x}^k),\ F'(\boldsymbol{x}^k)\boldsymbol{s}^k(\mu)\rangle|}{\|F(\boldsymbol{x}^k)\|\cdot\|F'(\boldsymbol{x}^k)\boldsymbol{s}^k(\mu)\|} &\geqslant \frac{1}{\kappa(F'(\boldsymbol{x}^k))}\cdot\frac{|\langle F(\boldsymbol{x}^k),\ F'(\boldsymbol{x}^k)\boldsymbol{s}^k(\mu)\rangle|}{\|F'(\boldsymbol{x}^k)^{\mathrm{T}}F(\boldsymbol{x}^k)\|\cdot\|\boldsymbol{s}^k(\mu)\|} \\ &\geqslant \frac{1}{\kappa(F'(\boldsymbol{x}^k))}\cdot\frac{|\langle F(\boldsymbol{x}^k),\ F'(\boldsymbol{x}^k)\boldsymbol{s}^k(0)\rangle|}{\|F'(\boldsymbol{x}^k)^{\mathrm{T}}F(\boldsymbol{x}^k)\|\cdot\|\boldsymbol{s}^k(0)\|} \\ &\geqslant \frac{1}{\kappa(F'(\boldsymbol{x}^k))^2}\cdot\frac{|\langle F(\boldsymbol{x}^k),\ F'(\boldsymbol{x}^k)\boldsymbol{s}^k(0)\rangle|}{\|F(\boldsymbol{x}^k)\|\cdot\|F'(\boldsymbol{x}^k)\boldsymbol{s}^k(0)\|}.\end{aligned}$$

证毕. □

用文献 [21] 中引理 7.2 的证明方法并结合曲线 $\boldsymbol{q}^k(\eta)$ 的性质——式 (6.58), 可得以下与引理 6.6 类似的结论.

引理 6.13 若在 NGLM 方法的第 k 步迭代中, $F'(\boldsymbol{x}^k)$ 可逆, 且存在 $\gamma>0$, 使得

$$\inf_{\widetilde{\eta}_k\leqslant\eta<1}\frac{|\langle F(\boldsymbol{x}^k),\ F'(\boldsymbol{x}^k)\boldsymbol{q}^k(\eta)\rangle|}{\|F(\boldsymbol{x}^k)\|\cdot\|F'(\boldsymbol{x}^k)\boldsymbol{q}^k(\eta)\|}\geqslant\gamma,$$

则当 $\max\{\widetilde{\eta}_k,(1-\gamma^2)^{\frac{1}{2}}\}\leqslant\eta\leqslant 1$ 时, 有

$$\|E_k(\eta)\|\leqslant\frac{2\|F'(\boldsymbol{x}^k)^{-1}\|}{\gamma}(1-\eta)\|F(\boldsymbol{x}^k)\|,$$

这里 $E_k(\eta)$ 由式 (6.40) 所定义.

引理 6.14 设 $\{\boldsymbol{x}^k\}\subset\mathbb{R}^n$ 是由 NGLM 方法产生的一个无穷序列. 若 $\{\boldsymbol{x}^k\}$ 有一个聚点 $\boldsymbol{x}^*$, 使得 $F'(\boldsymbol{x}^*)$ 可逆, 则存在与 k 无关的常数 $\gamma>0$, 使得当 $\boldsymbol{x}^k\in\mathbb{N}(\boldsymbol{x}^*,\delta)$ 时,

$$\|\boldsymbol{q}^k(\eta)\|\leqslant\gamma(1-\eta)\|F(\boldsymbol{x}^k)\|,\quad \eta\in[\widetilde{\eta}_k,1], \tag{6.61}$$

这里 $\boldsymbol{q}^k(\eta)$ 由式 (6.57) 定义, 而 $\delta>0$ 为充分小的常数, 使得当 $\boldsymbol{x}\in\mathbb{N}(\boldsymbol{x}^*,\delta)$ 时, $F'(\boldsymbol{x})$ 可逆且

$$\|F'(\boldsymbol{x})\|\leqslant 2\|F'(\boldsymbol{x}^*)\|,\quad \|F'(\boldsymbol{x})^{-1}\|\leqslant 2\|F'(\boldsymbol{x}^*)^{-1}\|,$$

证 由引理 6.11 知, 存在与 k 无关的常数 $\lambda>0$, 使得当 $\boldsymbol{x}^k\in\mathbb{N}(\boldsymbol{x}^*,\delta)$ 时, 式 (6.60) 成立. 现令

$$\zeta=\max\{\|F'(\boldsymbol{x}^*)\|,\ \|F'(\boldsymbol{x}^*)^{-1}\|\},$$

则由引理 6.12 知, 当 $\widetilde{\eta}_k \leqslant \eta \leqslant 1$ 时,

$$\begin{aligned}\frac{|\langle F(\boldsymbol{x}^k),\ F'(\boldsymbol{x}^k)\boldsymbol{q}^k(\eta)\rangle|}{\|F(\boldsymbol{x}^k)\|\cdot\|F'(\boldsymbol{x}^k)\boldsymbol{q}^k(\eta)\|} &= \frac{|\langle F(\boldsymbol{x}^k),\ F'(\boldsymbol{x}^k)\boldsymbol{s}^k(\mu)\rangle|}{\|F(\boldsymbol{x}^k)\|\cdot\|F'(\boldsymbol{x}^k)\boldsymbol{s}^k(\mu)\|}\\ &\geqslant \frac{1}{\kappa(F'(\boldsymbol{x}^k))^2}\cdot\frac{|\langle F(\boldsymbol{x}^k),\ F'(\boldsymbol{x}^k)\boldsymbol{s}^k(0)\rangle|}{\|F'(\boldsymbol{x}^k)^{\mathrm{T}}F(\boldsymbol{x}^k)\|\cdot\|\boldsymbol{s}^k(0)\|}\\ &\geqslant \frac{\lambda}{16\zeta^4} := \gamma > 0,\end{aligned}$$

故

$$\inf_{\widetilde{\eta}_k\leqslant\eta<1}\frac{|\langle F(\boldsymbol{x}^k), F'(\boldsymbol{x}^k)\boldsymbol{q}^k(\eta)\rangle|}{\|F(\boldsymbol{x}^k)\|\cdot\|F'(\boldsymbol{x}^k)\boldsymbol{q}^k(\eta)\|} \geqslant \gamma.$$

再由引理 6.13 可知, 当 $\max\{\widetilde{\eta}_k,(1-\gamma^2)^{\frac{1}{2}}\}\leqslant\eta\leqslant 1$ 时,

$$\begin{aligned}\|\boldsymbol{q}^k(\eta)\| &\leqslant \frac{2\|F'(\boldsymbol{x}^k)^{-1}\|}{\gamma}(1-\eta)\|F(\boldsymbol{x}^k)\|\\ &\leqslant \frac{64\zeta^5}{\lambda}(1-\eta)\|F(\boldsymbol{x}^k)\|\\ &:= \gamma_1(1-\eta)\|F(\boldsymbol{x}^k)\|.\end{aligned}$$

特别地, 当 $(1-\gamma^2)^{\frac{1}{2}}\leqslant\widetilde{\eta}_k\leqslant\eta\leqslant 1$ 或者当 $\widetilde{\eta}_k<(1-\gamma^2)^{\frac{1}{2}}\leqslant\eta\leqslant 1$ 时, 上述不等式成立. 故只需考虑 $\widetilde{\eta}_k\leqslant\eta<(1-\gamma^2)^{\frac{1}{2}}$ 的情形. 此时, 由引理 6.11 可知,

$$\|F(\boldsymbol{x}^k)+F'(\boldsymbol{x}^k)\boldsymbol{s}^k(0)\|\leqslant\sqrt{1-\lambda^2}\|F(\boldsymbol{x}^k)\|,$$

因此

$$\begin{aligned}\|\boldsymbol{q}^k(\eta(\mu))\| = \|\boldsymbol{s}^k(\mu)\| &\leqslant \|\boldsymbol{s}^k(0)\|\\ &\leqslant \|F'(\boldsymbol{x}^k)^{-1}\|(\|F(\boldsymbol{x}^k)+F'(\boldsymbol{x}^k)\boldsymbol{s}^k(0)\|+\|F(\boldsymbol{x}^k)\|)\\ &\leqslant 2\zeta(1+\sqrt{1-\lambda^2})\|F(\boldsymbol{x}^k)\|\\ &\leqslant 2\zeta\frac{1+\sqrt{1-\lambda^2}}{1-\sqrt{1-\gamma^2}}(1-\eta)\|F(\boldsymbol{x}^k)\|\\ &:= \gamma_2(1-\eta)\|F(\boldsymbol{x}^k)\|.\end{aligned}$$

现令 $\gamma=\max\{\gamma_1,\gamma_2\}$, 即得式 (6.61). □

对于由式 (6.59) 所定义的曲线 $\tau_k(\eta)$, 根据文献 [21] 中定理 6.1 的证明, 如下结论成立.

引理 6.15　设 $\{\boldsymbol{x}^k\}\subset\mathbb{R}^n$ 是由 NGLM 方法产生的一个无穷序列. 如果 $\{\boldsymbol{x}^k\}$ 有一个聚点 $\boldsymbol{x}^*$, 使得 $F'(\boldsymbol{x}^*)$ 可逆, 则当 $\boldsymbol{x}^k\in\mathbb{N}(\boldsymbol{x}^*,\delta)$ 时,

$$\|\tau_k(\eta)\|\leqslant\gamma(1-\eta)\|F(\boldsymbol{x}^k)\|,$$

其中

$$\gamma=2\|F'(\boldsymbol{x}^*)^{-1}\|\frac{1+\eta_{\max}}{1-\eta_{\max}},$$

而 $\delta>0$ 为充分小的常数, 使得当 $\boldsymbol{x}\in\mathbb{N}(\boldsymbol{x}^*,\delta)$ 时, $F'(\boldsymbol{x})$ 可逆且 $\|F'(\boldsymbol{x})^{-1}\|\leqslant 2\|F'(\boldsymbol{x}^*)^{-1}\|$.

定理 6.10 设 $\{\boldsymbol{x}^k\}\subset\mathbb{R}^n$ 是由 NGLM 方法产生的一个无穷序列. 如果 $\{\boldsymbol{x}^k\}$ 有一个聚点 $\boldsymbol{x}^*$, 使得 $F'(\boldsymbol{x}^*)$ 可逆, 则 $\boldsymbol{x}^k\to\boldsymbol{x}^*\ (k\to+\infty)$.

证 设 $\delta>0$ 充分小, 使得当 $\boldsymbol{x}\in\mathbb{N}(\boldsymbol{x}^*,\delta)$ 时, $F'(\boldsymbol{x})$ 可逆且

$$\|F'(\boldsymbol{x})\|\leqslant 2\|F'(\boldsymbol{x}^*)\|,\quad \|F'(\boldsymbol{x})^{-1}\|\leqslant 2\|F'(\boldsymbol{x}^*)^{-1}\|.$$

再设 $\boldsymbol{x}^k\in\mathbb{N}(\boldsymbol{x}^*,\delta)$, 并记 $\boldsymbol{p}^k=\boldsymbol{x}^{k+1}-\boldsymbol{x}^k$, 如果 $\boldsymbol{p}^k$ 是由 LM 策略所产生的, 则由引理 6.14 知, 存在与 k 无关的常数 $\gamma'>0$, 使得

$$\|\boldsymbol{p}^k\|:=\|\boldsymbol{q}^k(\eta_k)\|\leqslant\gamma'(1-\eta_k)\|F(\boldsymbol{x}^k)\|.$$

而如果 $\boldsymbol{p}^k$ 是由回溯策略所产生的, 则由引理 6.15 知, 存在与 k 无关的常数 $\gamma''>0$, 使得

$$\|\boldsymbol{p}^k\|\leqslant\gamma''(1-\eta_k)\|F(\boldsymbol{x}^k)\|.$$

于是, 若令 $\gamma=\max\{\gamma',\gamma''\}$, 则对一切 $\boldsymbol{x}^k\in\mathbb{N}(\boldsymbol{x}^*,\delta)$, 总有

$$\|\boldsymbol{p}^k\|\leqslant\gamma(1-\eta_k)\|F(\boldsymbol{x}^k)\|.$$

又因为 $\boldsymbol{x}^*$ 是 $\{\boldsymbol{x}^k\}$ 的一个聚点, 故由定理 6.5 可知 $\boldsymbol{x}^k\to\boldsymbol{x}^*\ (k\to+\infty)$. □

类似于定理 6.7 的证明, 可得如下定理.

定理 6.11 设 $\{\boldsymbol{x}^k\}\subset\mathbb{R}^n$ 是由 NGLM 方法产生的一个无穷序列. 如果 $\{\boldsymbol{x}^k\}$ 有一个无穷子列 $\{\boldsymbol{x}^{k_i}\}$ 是由回溯策略产生的, 满足 $\boldsymbol{x}^{k_i}\to\boldsymbol{x}^*\ (\boldsymbol{x}\to+\infty)$ 且 $F'(\boldsymbol{x}^*)$ 可逆, 则 $F(\boldsymbol{x}^k)\to\boldsymbol{0}\ (k\to+\infty)$.

引理 6.16 假设在 NGLM 方法的第 k 步迭代执行了 LM 策略, 若 $F'(\boldsymbol{x}^k)$ 可逆, 则

$$\frac{\|\boldsymbol{W}_k^{\mathrm{T}}\boldsymbol{g}^k\|}{\|\boldsymbol{g}^k\|}\geqslant\frac{1}{\kappa(F'(\boldsymbol{x}^k))}\cdot\frac{1-\eta_{\max}}{1+\eta_{\max}}.$$

证 据假设 6.3 (2) 及引理 6.5, 得

$$\frac{\|\boldsymbol{V}_m^{\mathrm{T}}\boldsymbol{g}^k\|}{\|\boldsymbol{g}^k\|}\geqslant\frac{1}{\kappa(F'(\boldsymbol{x}^k))}\cdot\frac{1-\eta_{\max}}{1+\eta_{\max}},$$

其中 $\boldsymbol{V}_m$ 是第 k 步非线性迭代中的 Krylov 子空间 $\mathbb{K}_m(F'(\boldsymbol{x}^k),\boldsymbol{r}_0^k)$ 的标准正交基. 注意到 $\boldsymbol{V}_m\boldsymbol{V}_m^{\mathrm{T}}\boldsymbol{g}^k\in\Omega_k$, 故

$$\|\boldsymbol{W}_k^{\mathrm{T}}\boldsymbol{g}^k\|=\|\boldsymbol{W}_k\boldsymbol{W}_k^{\mathrm{T}}\boldsymbol{g}^k\|\geqslant\|\boldsymbol{V}_m\boldsymbol{V}_m^{\mathrm{T}}\boldsymbol{g}^k\|=\|\boldsymbol{V}_m^{\mathrm{T}}\boldsymbol{g}^k\|.$$

由此, 引理得证. □

引理 6.17 假设在 NGLM 方法的第 k 步迭代执行了 LM 策略, 如果 $F(\boldsymbol{x}^k)\neq\boldsymbol{0}$, 并且存在 $\gamma>0$, 使得

$$\|\boldsymbol{q}^k(\eta)\|\leqslant\gamma(1-\eta)\|F(\boldsymbol{x}^k)\|,\quad \eta\in[\widetilde{\eta}_k,1],$$

其中 $\boldsymbol{q}^k(\eta)$ 由式 (6.57) 所定义, 则 LM 策略中的循环将在有限步后终止, 并且最后所得到的 ρ_k 满足

$$\rho_k\leqslant\max\left\{\vartheta,\ \frac{\vartheta\gamma}{\delta}\|F'(\boldsymbol{x}^k)\|^2\cdot\|F(\boldsymbol{x}^k)\|^{1-\tau}\right\},$$

这里 $\delta > 0$ 为充分小的常数, 使得当 $\boldsymbol{x} \in \mathbb{N}(\boldsymbol{x}^*, \delta)$ 时, 成立

$$\|F(\boldsymbol{x}) - F(\boldsymbol{x}^k) - F'(\boldsymbol{x}^k)(\boldsymbol{x} - \boldsymbol{x}^k)\| \leqslant \frac{1-\alpha}{\gamma}\|\boldsymbol{x} - \boldsymbol{x}^k\|.$$

证 为简化记号, 在证明中做如下约定:

$$F^k = F(\boldsymbol{x}^k), \quad \boldsymbol{J}_k = F'(\boldsymbol{x}^k).$$

设 $\eta \in [\widetilde{\eta}_k, 1]$, 满足 $\eta > 1 - \dfrac{\delta}{\gamma\|F^k\|}$, 则

$$\|\boldsymbol{q}^k(\eta)\| \leqslant \gamma(1-\eta)\|F(\boldsymbol{x}^k)\| < \delta,$$

并且由 $\boldsymbol{q}^k(\eta)$ 的性质——式 (6.58) 得

$$\begin{aligned}
r_k(\boldsymbol{q}^k(\eta)) = \frac{\mathrm{Ared}_k(\boldsymbol{q}^k(\eta))}{\mathrm{Pred}_k(\boldsymbol{q}^k(\eta))} &= \frac{\|F^k\| - \|F(\boldsymbol{x}^k + \boldsymbol{q}^k(\eta))\|}{\|F^k\| - \|F^k + \boldsymbol{J}_k\boldsymbol{q}^k(\eta))\|} \\
&\geqslant \frac{\|F^k\| - \|F^k + \boldsymbol{J}_k\boldsymbol{q}^k(\eta)\| - \|F(\boldsymbol{x}^k + \boldsymbol{q}^k(\eta)) - F^k - \boldsymbol{J}_k\boldsymbol{q}^k(\eta)\|}{\|F^k\| - \|F^k + \boldsymbol{J}_k\boldsymbol{q}^k(\eta)\|} \\
&\geqslant \frac{(1-\eta)\|F^k\| - \frac{1-\alpha}{\gamma}\|\boldsymbol{q}^k(\eta)\|}{(1-\eta)\|F^k\|} \\
&\geqslant \frac{(1-\eta)\|F^k\| - (1-\alpha)(1-\eta)\|F^k\|}{(1-\eta)\|F^k\|} = \alpha.
\end{aligned}$$

因为 $\eta(\mu)$ 是 μ 的单调增函数, 并且 $\lim\limits_{\mu\to+\infty}\eta(\mu) = 1$, 再注意到 LM 策略中的 μ 将随着迭代步数的增加而增大, 故 LM 循环必定会在执行有限次后终止. 设 ρ_k 是循环停止时的值. 如果 $\rho_k = \vartheta$, 则结论显然成立. 如果 $\rho_k > \vartheta$, 则循环体至少已执行了两次, 令 ρ_k^- 是 ρ_k 的前一个值, 并记

$$\mu_k^- = \rho_k^-\|F^k\|^\tau, \quad \eta_k^- = \eta(\mu_k^-).$$

则由前面的论证知, 必有

$$\eta_k^- \leqslant 1 - \frac{\delta}{\gamma\|F^k\|},$$

亦即有

$$\|F^k + \boldsymbol{J}_k\boldsymbol{s}^k(\mu_k^-)\| \leqslant \|F^k\| - \frac{\delta}{\gamma}.$$

从而

$$\begin{aligned}
\frac{\delta}{\gamma} &\leqslant \|F^k\| - \|F^k + \boldsymbol{J}_k\boldsymbol{s}^k(\bar{\mu_k})\| \\
&\leqslant \|\boldsymbol{J}_k\boldsymbol{s}^k(\mu_k^-)\| \leqslant \|\boldsymbol{J}_k\| \cdot \|\boldsymbol{s}^k(\mu_k^-)\| \\
&= \|\boldsymbol{J}_k\| \cdot \|\boldsymbol{W}_k(\boldsymbol{W}_k^{\mathrm{T}}\boldsymbol{B}_k\boldsymbol{W}_k + \mu_k^-\boldsymbol{I})^{-1}\boldsymbol{W}_k^{\mathrm{T}}\boldsymbol{J}_k^{\mathrm{T}}F^k\| \\
&\leqslant \|\boldsymbol{J}_k\| \cdot \|(\boldsymbol{W}_k^{\mathrm{T}}\boldsymbol{B}_k\boldsymbol{W}_k + \mu_k^-\boldsymbol{I})^{-1}\| \cdot \|\boldsymbol{W}_k^{\mathrm{T}}\boldsymbol{J}_k^{\mathrm{T}}F^k\| \\
&\leqslant \frac{\|\boldsymbol{J}_k\|^2 \cdot \|F^k\|}{\lambda_{\min}(\boldsymbol{W}_k^{\mathrm{T}}\boldsymbol{B}_k\boldsymbol{W}_k) + \mu_k^-} \leqslant \frac{\|\boldsymbol{J}_k\|^2 \cdot \|F^k\|}{\mu_k^-},
\end{aligned}$$

因此

$$\mu_k^- \leqslant \frac{\gamma}{\delta}\|\boldsymbol{J}_k\|^2 \cdot \|F^k\|.$$

于是, 可得

$$\rho_k^- \leqslant \frac{\gamma}{\delta}\|\boldsymbol{J}_k\|^2 \cdot \|F^k\|^{1-\tau},$$

故

$$\rho_k \leqslant \frac{\vartheta\gamma}{\delta}\|\boldsymbol{J}_k\|^2 \cdot \|F^k\|^{1-\tau}.$$

至此, 引理的结论得证. □

定理 6.12 设 $\{\boldsymbol{x}^k\} \subset \mathbb{R}^n$ 是由 NGLM 方法产生的一个无穷序列. 如果 $\{\boldsymbol{x}^k\}$ 有一个无穷子列 $\{\boldsymbol{x}^{k_i}\}$ 是由 LM 策略产生的, 满足 $\boldsymbol{x}^{k_i} \to \boldsymbol{x}^*$ $(i \to +\infty)$ 且 $F'(\boldsymbol{x}^*)$ 可逆, 则 $F(\boldsymbol{x}^k) \to \boldsymbol{0}$ $(k \to +\infty)$.

证 首先, 由定理 6.10 知

$$\boldsymbol{x}^k \to \boldsymbol{x}^* \ (k \to +\infty).$$

下面, 进一步证明

$$\liminf_{k\to+\infty}\|\boldsymbol{g}^k\| = 0. \tag{6.62}$$

假若此结论不成立, 则存在常数 $\varepsilon > 0$, 使得

$$\|\boldsymbol{g}^k\| > \varepsilon, \quad \forall\, k \geqslant 1.$$

令

$$\zeta = \max\{\|F'(\boldsymbol{x}^*)\|,\ \|F'(\boldsymbol{x}^*)^{-1}\|\}$$

并选取充分小的 $\delta_1 > 0$, 使得当 $\boldsymbol{x} \in \mathbb{N}(\boldsymbol{x}^*, \delta_1)$ 时, $F'(\boldsymbol{x})$ 可逆并且成立

$$\|F'(\boldsymbol{x})\| \leqslant 2\|F'(\boldsymbol{x}^*)\|, \quad \|F'(\boldsymbol{x})^{-1}\| \leqslant 2\|F'(\boldsymbol{x}^*)^{-1}\|.$$

由引理 6.14 知, 存在与 k 无关的常数 $\gamma > 0$, 使得当 $\boldsymbol{x}^k \in \mathbb{N}(\boldsymbol{x}^*, \delta_1)$ 时, 式 (6.61) 成立. 再选取 $\delta \in (0, \delta_1)$, 使得对于 $\forall\, \boldsymbol{x}, \boldsymbol{y} \in \mathbb{N}(\boldsymbol{x}^*, 2\delta)$, 成立

$$\|F(\boldsymbol{y}) - F(\boldsymbol{x}) - F'(\boldsymbol{x})(\boldsymbol{y} - \boldsymbol{x})\| \leqslant \frac{1-\alpha}{\gamma}\|\boldsymbol{y} - \boldsymbol{x}\|.$$

若 $\boldsymbol{x}^{k_i-1} \in \mathbb{N}(\boldsymbol{x}^*, \delta)$, 则一方面, 由引理 6.16 知

$$\begin{aligned}
\|\boldsymbol{W}_{k_i-1}^{\mathrm{T}}\boldsymbol{g}^{k_i-1}\| &\geqslant \frac{1}{\kappa(F'(\boldsymbol{x}^{k_i-1}))} \cdot \frac{1-\eta_{\max}}{1+\eta_{\max}}\|\boldsymbol{g}^{k_i-1}\| \\
&\geqslant \frac{1}{4\zeta^2} \cdot \frac{1-\eta_{\max}}{1+\eta_{\max}}\|\boldsymbol{g}^{k_i-1}\| \\
&\geqslant \frac{\varepsilon}{4\zeta^2} \cdot \frac{1-\eta_{\max}}{1+\eta_{\max}} := c_1 > 0,
\end{aligned}$$

由于

$$\begin{aligned}\boldsymbol{p}^{k_i-1} &= \boldsymbol{s}^{k_i-1}(\mu_{k_i-1}) \\ &= -\boldsymbol{W}_{k_i-1}(\boldsymbol{W}_{k_i-1}^{\mathrm{T}}\boldsymbol{B}_{k_i-1}\boldsymbol{W}_{k_i-1} + \rho_{k_i-1}\|\boldsymbol{F}^{k_i-1}\|^{\tau}\boldsymbol{I})^{-1}\boldsymbol{W}_{k_i-1}^{\mathrm{T}}\boldsymbol{g}^{k_i-1} \\ &\to \boldsymbol{0},\end{aligned}$$

从而必有

$$\rho_{k_i-1} \to +\infty \ (k_i \to \infty). \tag{6.63}$$

另一方面, 又由引理 6.17 可知,

$$\begin{aligned}\rho_{k_i-1} &\leqslant \max\left\{\vartheta,\ \frac{\vartheta\gamma}{\delta}\|F'(\boldsymbol{x}^{k_i-1})\|^2 \cdot \|F(\boldsymbol{x}^{k_i-1})\|^{1-\tau}\right\}. \\ &\leqslant \max\left\{\vartheta,\ \frac{4\vartheta\gamma\zeta^2}{\delta}\|F(\boldsymbol{x}^0)\|^{1-\tau}\right\}. \\ &:= c_2 < +\infty.\end{aligned}$$

这与式 (6.63) 相矛盾. 故式 (6.62) 成立. 因为 $\boldsymbol{x}^k \to \boldsymbol{x}^*$ $(k \to +\infty)$, 所以

$$\lim_{k\to+\infty} \|\boldsymbol{g}^k\| = 0.$$

再注意到 $F'(\boldsymbol{x}^*)$ 可逆, 可立得 $F(\boldsymbol{x}^k) \to \boldsymbol{0}$ $(k \to +\infty)$. □

最后, 基于定理 6.10到定理 6.12, 即可得到 NGLM 方法的全局收敛性定理. 由于其证明类似于定理 6.9 的证明, 故略去不证.

定理 6.13 设 $\{\boldsymbol{x}^k\} \subset \mathbb{R}^n$ 是由 NGLM 方法产生的一个无穷序列. 如果 $\{\boldsymbol{x}^k\}$ 有一个聚点 $\boldsymbol{x}^*$, 使得 $F'(\boldsymbol{x}^*)$ 可逆, 则 $\boldsymbol{x}^k \to \boldsymbol{x}^*$ $(k \to +\infty)$ 且 $F(\boldsymbol{x}^*) = \boldsymbol{0}$. 另外, 当 k 充分大时, $\boldsymbol{x}^{k+1} = \boldsymbol{x}^k + \bar{\boldsymbol{s}}^k$.

定理 6.13 表明, NGLM 方法的最终收敛速度完全取决于控制序列 $\{\bar{\eta}_k\}$. 特别地, 在迭代序列收敛的情形下, LM 策略在迭代的后期将不再起任何作用.

习 题 6

1. 用 Newton–GMRES 方法解方程组:

$$F(\boldsymbol{x}) = \begin{pmatrix} x_1^2 + x_2 - 37 \\ x_1 - x_2^2 - 5 \\ x_1 + x_2 + x_3 - 3 \end{pmatrix} = \begin{pmatrix} 0 \\ 0 \\ 0 \end{pmatrix}.$$

取初始点 $\boldsymbol{x}^0 = (5,5,5)^{\mathrm{T}}$.

2. 设 $F:\mathbb{R}^n \to \mathbb{R}^n$ 连续可微, $\boldsymbol{x}^* \in \mathbb{R}^n$ 满足 $F(\boldsymbol{x}^*) = \boldsymbol{0}$ 且 $F'(\boldsymbol{x}^*)$ 非奇异, 并设 $0 < \eta_{\max} < t < 1$ 是给定的常数. 试证明: 如果算法 6.1 中的强制序列 $\{\bar{\eta}_k\}$ 满足 $\bar{\eta}_k \leqslant \eta_{\max} < t < 1$, 则存在 $\varepsilon > 0$, 使当 $\boldsymbol{x}^0 \in \mathbb{N}(\boldsymbol{x}^*, \varepsilon)$ 时, 非精确牛顿法 (算法 6.1) 产生的迭代序列 $\{\boldsymbol{x}^k\}$ 收敛于 $\boldsymbol{x}^*$, 并且

$$\|\boldsymbol{x}^{k+1} - \boldsymbol{x}^*\|_{\star} \leqslant t\|\boldsymbol{x}^k - \boldsymbol{x}^*\|_{\star},$$

其中 $\|\boldsymbol{w}\|_\star = \|F'(\boldsymbol{x}^*)\boldsymbol{w}\|_2$.

3. 设 $F:\mathbb{R}^n \to \mathbb{R}^n$ 连续可微, $\boldsymbol{x}^* \in \mathbb{R}^n$ 满足 $F(\boldsymbol{x}^*) = \boldsymbol{0}$ 且 $F'(\boldsymbol{x}^*)$ 非奇异, 并设 $0 < \eta_{\max} < t < 1$ 是给定的常数. 试证明: 如果由非精确牛顿法 (算法 6.1) 产生的迭代序列 $\{\boldsymbol{x}^k\}$ 收敛于 $\boldsymbol{x}^*$, 则

(1) 当 $\bar{\eta}_k \to 0$ 时, $\{\boldsymbol{x}^k\}$ 超线性收敛于 $\boldsymbol{x}^*$;

(2) 当 $\bar{\eta}_k = O(\|F(\boldsymbol{x}^k)\|)$ 且 $F'(\boldsymbol{x})$ 在 $\boldsymbol{x}^*$ 满足 Lipschitz 条件时, $\{\boldsymbol{x}^k\}$ 二阶收敛于 $\boldsymbol{x}^*$.

4. 设 $F:\mathbb{R}^n \to \mathbb{R}^n$ 连续可微, $\boldsymbol{x}^* \in \mathbb{R}^n$. 试证明: 如果且 $F'(\boldsymbol{x}^*)$ 非奇异, 则对于任意的 $\varepsilon > 0$, 都存在 $\delta > 0$, 使当 $\boldsymbol{x} \in \mathbb{N}(\boldsymbol{x}^*, \delta)$ 时, $F'(\boldsymbol{x})$ 非奇异, 且有

$$\|F'(\boldsymbol{x})^{-1} - F'(\boldsymbol{x}^*)^{-1}\|_2 < \varepsilon.$$

5. 设 $F:\mathbb{R}^n \to \mathbb{R}^n$ 连续可微. 试证明: 对于任意的 $\boldsymbol{w} \in \mathbb{R}^n$ 和 $\varepsilon > 0$, 都存在 $\delta > 0$, 使得当 $\boldsymbol{x}, \boldsymbol{y} \in \mathbb{N}(\boldsymbol{w}, \delta)$ 时, 有

$$\|F(\boldsymbol{y}) - F(\boldsymbol{x}) - F'(\boldsymbol{x})(\boldsymbol{y} - \boldsymbol{x})\|_2 < \varepsilon\|\boldsymbol{y} - \boldsymbol{x}\|_2.$$

6. 设 $F:\mathbb{R}^n \to \mathbb{R}^n$ 连续可微, $\boldsymbol{x} \in \mathbb{R}^n$ 满足 $F(\boldsymbol{x}) \neq \boldsymbol{0}$ 且 $F'(\boldsymbol{x})$ 非奇异. 再设 $\mathbb{K} = \mathrm{span}\{\boldsymbol{V}\}$ 为 $\mathbb{R}^n$ 的一个子空间, 其中 $\boldsymbol{V}$ 是 $\mathbb{K}$ 的标准正交基. 试证明: 如果存在 $\boldsymbol{s} \in \mathbb{K}$, 满足

$$\|F(\boldsymbol{x}) + F'(\boldsymbol{x})\boldsymbol{s}\|_2 \leqslant \eta\|F(\boldsymbol{x})\|_2,$$

其中 $\eta \in (0,1)$, 则

$$\|\boldsymbol{V}^{\mathrm{T}}F'(\boldsymbol{x})^{\mathrm{T}}F(\boldsymbol{x})\|_2 \geqslant \frac{1-\eta}{\kappa(F'(\boldsymbol{x}))(1+\eta)}\|F'(\boldsymbol{x})^{\mathrm{T}}F(\boldsymbol{x})\|_2,$$

这里 $\kappa(F'(\boldsymbol{x}))$ 是矩阵 $F'(\boldsymbol{x})$ 的谱条件数.

第 7 章 解张量方程的迭代方法

解多线性方程组在工程与科学计算中具有重要的应用[29]. 多线性方程组本质上是一类特殊的非线性方程组, 它可以表示成张量–向量乘积的形式, 因而通常也称为张量方程. 设 $\mathbb{F}$ 是一个数域 (实数域 $\mathbb{R}$ 或复数域 $\mathbb{C}$), $\boldsymbol{b} \in \mathbb{F}^n$, $\mathcal{A}$ 是一个 m 阶 n 维张量, 即 $\mathcal{A} \in \mathbb{F}^{[m,n]} := \mathbb{F}^{n\times n\times\cdots\times n}$. (例如, $\mathcal{A} \in \mathbb{F}^{[3,10]} = \mathbb{F}^{10\times 10\times 10}$ 是一个 3 阶 10 维张量). 那么, 一个多线性方程组可以表示为

$$\mathcal{A}\boldsymbol{x}^{m-1} = \boldsymbol{b}, \tag{7.1}$$

这里 $\mathcal{A}\boldsymbol{x}^{m-1} \in \mathbb{F}^n$ 是一个向量, 其第 i 个分量定义为

$$\begin{aligned}\left(\mathcal{A}\boldsymbol{x}^{m-1}\right)_i &= \sum_{i_2=1}^{n}\cdots\sum_{i_m=1}^{n} a_{ii_2\cdots i_m} x_{i_2}\cdots x_{i_m} \\ &:= \sum_{i_2,\cdots,i_m=1}^{n} a_{ii_2\cdots i_m} x_{i_2}\cdots x_{i_m},\ i = 1,2,\cdots,n.\end{aligned}$$

容易发现式 (7.1) 是线性方程组的高阶推广, 且当 $m > 2$ 时, 它关于 $\boldsymbol{x} = (x_1, x_2, \cdots, x_n)^{\mathrm{T}}$ 是非线性的. 例如[30, 31], 对于 $\mathcal{A} \in \mathbb{R}^{[3,2]}$, $\boldsymbol{x} = (x_1, x_2)^{\mathrm{T}}$, 张量方程 $\mathcal{A}\boldsymbol{x}^2 = \boldsymbol{b}$ 写成分量形式为

$$\begin{cases} a_{111}x_1^2 + (a_{112} + a_{121})x_1x_2 + a_{122}x_2^2 = b_1, \\ a_{211}x_1^2 + (a_{212} + a_{221})x_1x_2 + a_{222}x_2^2 = b_2, \end{cases}$$

它是关于 x_1 和 x_2 的多项式方程组.

7.1 张量的基本概念

一个 m 阶 n 维张量 $\mathcal{A} = (a_{i_1i_2\cdots i_m})$ 由 n^m 个复数 (实数) 组成:

$$a_{i_1i_2\cdots i_m} \in \mathbb{F},$$

这里 $i_j = 1, 2, \cdots, n$; $j = 1, 2, \cdots, m$. 显然, 一个矩阵是一个 2 阶张量.

定义 7.1 (对称张量和半对称张量) 对一个 m 阶 n 维张量 $\mathcal{A} = (a_{i_1i_2\cdots i_m})$, 如果

$$a_{i_1i_2\cdots i_m} = a_{\pi(i_1i_2\cdots i_m)}, \qquad \forall \pi \in \Pi_m$$

成立, 这里 Π_m 是 m 个指标 $i_1i_2\cdots i_m$ 的置换群, 则称 $\mathcal{A}$ 为对称张量. 如果对任意的 $i_1 \in \mathbb{N}$, 使得

$$a_{i_1i_2\cdots i_m} = a_{i_1\pi'(i_2\cdots i_m)}, \qquad \forall \pi' \in \Pi_{m-1},$$

这里 Π_{m-1} 是 $m-1$ 个指标 $i_2\cdots i_m$ 的置换群, $\mathbb{N}=\{1,2,\cdots,n\}$, 则称 $\mathcal{A}$ 为半对称张量.

如果 $\mathcal{A}$ 的所有元素都是非负 (正) 的, 则称之为非负 (正) 张量. 对于张量 $\mathcal{A}=(a_{i_1i_2\cdots i_m})$, 下标全相同的元素 $a_{ii\cdots i}(i=1,2,\cdots,n)$ 称为 $\mathcal{A}$ 对角元, 否则称为非对角元. 若张量 $\mathcal{D}$ 的非对角元全为 0, 则称其为对角张量, 即

$$\mathcal{D}_{i_1i_2\cdots i_m}=\begin{cases} d_{i_1i_2\cdots i_m}, & \text{如果 } i_1=i_2=\cdots=i_m, \\ 0, & \text{否则}. \end{cases}$$

类似地, m 阶 n 维单位张量 $\mathcal{I}$ 定义为

$$\mathcal{I}_{i_1i_2\cdots i_m}=\begin{cases} 1, & \text{如果 } i_1=i_2=\cdots=i_m, \\ 0, & \text{否则}. \end{cases}$$

定义 m 阶 n 元齐次多项式 $f(\boldsymbol{x})$ 为

$$f(\boldsymbol{x})=\sum_{i_1,i_2,\cdots,i_m\in\mathbb{N}} a_{i_1i_2\cdots i_m}x_{i_1}x_{i_2}\cdots x_{i_m}, \tag{7.2}$$

这里 $\boldsymbol{x}=(x_1,x_2,\cdots,x_n)^{\mathrm{T}}\in\mathbb{R}^n$, $\mathbb{N}=\{1,2,\cdots,n\}$. 当 m 为偶数时, 若

$$f(\boldsymbol{x})>0, \quad \forall\,\boldsymbol{0}\neq\boldsymbol{x}\in\mathbb{R}^n,$$

则称 $f(\boldsymbol{x})$ 是正定的. 利用张量与向量乘积形式, m 阶 n 元多项式 $f(\boldsymbol{x})$ 可以表示为

$$f(\boldsymbol{x})=\mathcal{A}\boldsymbol{x}^m=\boldsymbol{x}^{\mathrm{T}}\mathcal{A}\boldsymbol{x}^{m-1},$$

这里 $\mathcal{A}=(a_{i_1i_2\cdots i_m})$, $i_j\in\mathbb{N}$, $j=1,2,\cdots,m$.

定义 7.2 张量 $\mathcal{A}\in\mathbb{F}^{[m,n]}$ 与矩阵 $\boldsymbol{B}\in\mathbb{F}^{n\times n}$ 的 k–模式积 $\mathcal{A}\times_k\boldsymbol{B}$ 定义为

$$(\mathcal{A}\times_k\boldsymbol{B})_{i_1\cdots i_{k-1}i_ki_{k+1}\cdots i_m}=\sum_{j_k=1}^{n} a_{i_1\cdots i_{k-1}j_ki_{k+1}\cdots i_m}b_{i_kj_k}, \tag{7.3}$$

这里 $i_1,\cdots,i_m\in\mathbb{N}$. 显然, $\mathcal{A}\times_k\boldsymbol{B}$ 仍然是一个 m 阶 n 维张量.

进一步, 记

$$\begin{aligned} \mathcal{A}\boldsymbol{B}^{m-1}&=\mathcal{A}\times_2\boldsymbol{B}\times_3\cdots\times_m\boldsymbol{B}, \\ \boldsymbol{B}_1^{\mathrm{T}}\mathcal{A}\boldsymbol{B}_2^{m-1}&=\mathcal{A}\times_1\boldsymbol{B}_1\times_2\boldsymbol{B}_2\times_3\cdots\times_m\boldsymbol{B}_2, \end{aligned}$$

其中 $\boldsymbol{B},\boldsymbol{B}_1,\boldsymbol{B}_2\in\mathbb{F}^{n\times n}$. 特别地, 对于对角矩阵 $\boldsymbol{X}=\mathrm{diag}(x_1,x_2,\cdots,x_n)$, 有

$$(\mathcal{A}\boldsymbol{X}^{m-1})_{i_1i_2\cdots i_m}=a_{i_1i_2\cdots i_m}x_{i_2}x_{i_3}\cdots x_{i_m}. \tag{7.4}$$

定义一个对角张量 $\mathcal{D}$ 与另一个张量 $\mathcal{A}$ 的 “复合” 张量为:

$$(\mathcal{D}\mathcal{A})_{i_1i_2\cdots i_m}=d_{i_1i_1\cdots i_1}a_{i_1i_2\cdots i_m}.$$

定义 7.3 若 $\lambda \in \mathbb{F}$ 与 $\boldsymbol{x} \in \mathbb{F}^n$ 满足

$$\mathcal{A}\boldsymbol{x}^{m-1} = \lambda \boldsymbol{x}^{[m-1]},$$

则称 λ 为张量 $\mathcal{A}$ 的 H–特征值, $\boldsymbol{x}$ 为相应的特征向量, 这里 $\boldsymbol{x}^{[m-1]} \in \mathbb{F}^n$ 是一个向量

$$\boldsymbol{x}^{[m-1]} = (x_1^{m-1}, x_2^{m-1}, \cdots, x_n^{m-1})^{\mathrm{T}}.$$

张量 $\mathcal{A}$ 的所有特征值集合 $\sigma(\mathcal{A})$ 称为 $\mathcal{A}$ 的谱集.

张量 $\mathcal{A}$ 的谱半径定义为

$$\rho(\mathcal{A}) := \max_{\lambda \in \sigma(\mathcal{A})} |\lambda|.$$

定义 7.4 (张量内积与 F–范数) 设 $\mathcal{A}, \mathcal{B} \in \mathbb{R}^{[m,n]}$, 其内积定义为

$$\langle \mathcal{A}, \mathcal{B} \rangle = \sum_{i_1=1}^{n} \sum_{i_2=1}^{n} \cdots \sum_{i_m=1}^{n} a_{i_1 i_2 \cdots i_m} b_{i_1 i_2 \cdots i_m}, \tag{7.5}$$

其 F–范数定义为

$$\|\mathcal{A}\|_{\mathrm{F}} = \sqrt{\langle \mathcal{A}, \mathcal{A} \rangle}.$$

类似于 Z–矩阵、M–矩阵、比较阵和 H–矩阵的概念, 也可以定义 $\mathcal{Z}$–张量、$\mathcal{M}$–张量、比较张量和 $\mathcal{H}$–张量.

定义 7.5 设 $\mathcal{A} = (a_{i_1 i_2 \cdots i_m}) \in \mathbb{F}^{[m,n]}$. 若 $\mathcal{A}$ 的对角元非负 $(\geqslant 0)$, 非对角元非正 $(\leqslant 0)$, 则称 $\mathcal{A}$ 为 $\mathcal{Z}$–张量.

定义 7.6 设 $\mathcal{A} = (a_{i_1 i_2 \cdots i_m}) \in \mathbb{F}^{[m,n]}$. 若存在非负张量 $\mathcal{B}$ 和正数 $s \geqslant \rho(\mathcal{B})$ 使得 $\mathcal{A} = s\mathcal{I} - \mathcal{B}$, 则称 $\mathcal{A}$ 为 $\mathcal{M}$–张量. 若 $s > \rho(\mathcal{B})$, 则称 $\mathcal{A}$ 为强 $\mathcal{M}$–张量 (或非奇异的 $\mathcal{M}$–张量).

定义 7.7 设 $\mathcal{A} = (a_{i_1 i_2 \cdots i_m}) \in \mathbb{F}^{[m,n]}$. 如果 $m(\mathcal{A}) = (m_{i_1 i_2 \cdots i_m})$ 满足条件

$$m_{i_1 i_2 \cdots i_m} = \begin{cases} |a_{i_1 i_2 \cdots i_m}|, & 若\ (i_2, i_3, \cdots, i_m) = (i_1, i_1, \cdots, i_1), \\ -|a_{i_1 i_2 \cdots i_m}|, & 若\ (i_2, i_3, \cdots, i_m) \neq (i_1, i_1, \cdots, i_1), \end{cases}$$

则称 $m(\mathcal{A})$ 为 $\mathcal{A}$ 的比较张量.

定义 7.8 设 $\mathcal{A} = (a_{i_1 i_2 \cdots i_m}) \in \mathbb{F}^{[m,n]}$. 如果 $\mathcal{A}$ 的比较张量 $m(\mathcal{A})$ 是 $\mathcal{M}$–张量, 则称 $\mathcal{A}$ 是 $\mathcal{H}$–张量. 进一步, 如果 $m(\mathcal{A})$ 是强 $\mathcal{M}$–张量, 则称 $\mathcal{A}$ 是强 $\mathcal{H}$–张量.

由定义 7.5 和 7.6 可知, $\mathcal{M}$–张量是 $\mathcal{Z}$–张量的特殊情形. 关于 $\mathcal{M}$–张量, 有下面几个常用的等价条件.

引理 7.1 设 $\mathcal{A} = (a_{i_1 i_2 \cdots i_m}) \in \mathbb{R}^{[m,n]}$ 是一个 $\mathcal{Z}$–张量, 那么下面 4 个条件等价:

(1) $\mathcal{A}$ 是非奇异的 $\mathcal{M}$–张量;

(2) $\mathcal{A}$ 的所有特征值的实部是正的;

(3) 存在正向量 $\boldsymbol{x} > \boldsymbol{0}$, 使得 $\mathcal{A}\boldsymbol{x}^{m-1} > \boldsymbol{0}$;

(4) 存在非负向量 $\boldsymbol{x} \geqslant \boldsymbol{0}$, 使得 $\mathcal{A}\boldsymbol{x}^{m-1} > \boldsymbol{0}$.

7.2 $\mathcal{M}$–张量方程的可解性

$\mathcal{M}$–张量方程是指式 (7.1) 中的“系数张量” $\mathcal{A}$ 是 $\mathcal{M}$–张量, 这类方程组有着广泛的应用背景. 下面先给出有关张量方程组解集的定义. 式 (7.1) 的解集记为

$$\mathcal{A}^{-1}\boldsymbol{b} := \{\boldsymbol{x} \in \mathbb{F}^n \mid \mathcal{A}\boldsymbol{x}^{m-1} = \boldsymbol{b}\}.$$

这里 $\mathcal{A}^{-1}\boldsymbol{b}$ 只是一个记号, 表示解的集合而不是某一个解. 进一步, 如果 $\mathcal{A}$ 和 $\boldsymbol{b}$ 都是实的, 则可以相应地定义实解集合、非负解集和正解集合如下:

$$\begin{aligned}
(\mathcal{A}^{-1}\boldsymbol{b})_{\mathbb{R}} &:= \{\boldsymbol{x} \in \mathbb{R}^n \mid \mathcal{A}\boldsymbol{x}^{m-1} = \boldsymbol{b}\},\\
(\mathcal{A}^{-1}\boldsymbol{b})_{+} &:= \{\boldsymbol{x} \in \mathbb{R}^n_{+} \mid \mathcal{A}\boldsymbol{x}^{m-1} = \boldsymbol{b}\},\\
(\mathcal{A}^{-1}\boldsymbol{b})_{++} &:= \{\boldsymbol{x} \in \mathbb{R}^n_{++} \mid \mathcal{A}\boldsymbol{x}^{m-1} = \boldsymbol{b}\}.
\end{aligned}$$

若式 (7.1) 中的 $\mathcal{A}$ 是 $\mathcal{M}$–张量, 即存在非负张量 $\mathcal{B}$ 和实数 $s \geqslant \rho(\mathcal{B})$ 使得 $\mathcal{A} = s\mathcal{I} - \mathcal{B}$, 那么当右端向量 $\boldsymbol{b}$ 非负时, 方程组具有非负解, 并且等价于下列不动点方程

$$\begin{aligned}
& s\mathcal{I}\boldsymbol{x}^{m-1} = \mathcal{B}\boldsymbol{x}^{m-1} + \boldsymbol{b}\\
\Longrightarrow\ & s\boldsymbol{x}^{[m-1]} = \mathcal{B}\boldsymbol{x}^{m-1} + \boldsymbol{b}\\
\Longrightarrow\ & \boldsymbol{x} = \left(s^{-1}\mathcal{B}\boldsymbol{x}^{m-1} + s^{-1}\boldsymbol{b}\right)^{\left[\frac{1}{m-1}\right]},
\end{aligned}$$

这里 $\boldsymbol{v}^{[\alpha]} := (v_1^\alpha, v_2^\alpha, \cdots, v_n^\alpha)^{\mathrm{T}}$. 于是可得不动点迭代

$$\boldsymbol{x}^{k+1} = T_{s,\mathcal{B},\boldsymbol{b}}(\boldsymbol{x}^k) := \left(s^{-1}\mathcal{B}\,(\boldsymbol{x}^k)^{m-1} + s^{-1}\boldsymbol{b}\right)^{\left[\frac{1}{m-1}\right]},\ k = 0, 1, 2, \cdots. \tag{7.6}$$

易知上述不动点迭代的每一个不动点都是式 (7.1) 的一个解, 反之亦然.

式 (7.6) 的收敛性分析需要有关“锥”的概念. 设 $\mathbb{E}$ 是一个是 Banach 空间, 如果 $\mathbb{P}$ 是 $\mathbb{E}$ 中的非空闭凸集, 且满足

(1) $\boldsymbol{x} \in \mathbb{P}, \lambda \geqslant 0 \Longrightarrow \lambda\boldsymbol{x} \in \mathbb{P}$;

(2) $\boldsymbol{x} \in \mathbb{P}, -\boldsymbol{x} \in \mathbb{P} \Longrightarrow \boldsymbol{x} = \boldsymbol{0}$;

则称 $\mathbb{P}$ 是一个锥. 进一步, 一个锥 $\mathbb{P}$ 可以定义 $\mathbb{E}$ 中的一个“半序”: $\boldsymbol{x} \leqslant \boldsymbol{y}$, 它表示 $\boldsymbol{y}-\boldsymbol{x} \in \mathbb{P}$. 设 $\{\boldsymbol{x}^k\} \subseteq \mathbb{E}$ 是任一递增且有上界的序列, 即存在 $\bar{\boldsymbol{x}} \in \mathbb{E}$, 满足

$$\boldsymbol{x}^1 \leqslant \boldsymbol{x}^2 \leqslant \cdots \leqslant \boldsymbol{x}^k \leqslant \cdots \leqslant \bar{\boldsymbol{x}}.$$

如果存在 $\boldsymbol{x}^* \in \mathbb{E}$ 使得 $\|\boldsymbol{x}^k - \boldsymbol{x}^*\| \to 0\,(k \to \infty)$, 则称 $\mathbb{P}$ 为正则锥. 令映射 $T: \mathbb{D} \subseteq \mathbb{E} \to \mathbb{E}$, 若由 $\boldsymbol{x} \leqslant \boldsymbol{y}\,(\boldsymbol{x}, \boldsymbol{y} \in \mathbb{D})$ 可推出 $T(\boldsymbol{x}) \leqslant T(\boldsymbol{y})$, 则称 T 是 $\mathbb{D}$ 上的递增映射. 显然, 由式 (7.6) 所定义的映射 $T_{s,\mathcal{B},\boldsymbol{b}}$ 是 $\mathbb{R}^n_+$ 上的单调递增映射. 对于正则锥上的递增映射, 有下面的不动点定理[32].

定理 7.1 设 $\mathbb{P}$ 是有序 Banach 空间 $\mathbb{E}$ 中的正则锥, $[\boldsymbol{u},\boldsymbol{v}]\subseteq\mathbb{E}$ 是一个有界的有序区间. 假定 $T:[\boldsymbol{u},\boldsymbol{v}]\to\mathbb{E}$ 是一个递增的连续映射, 且满足

$$\boldsymbol{u}\leqslant T(\boldsymbol{u}),\quad \boldsymbol{v}\geqslant T(\boldsymbol{v}), \tag{7.7}$$

那么, T 在 $[\boldsymbol{u},\boldsymbol{v}]$ 上至少有一个不动点. 此外, 存在一个"最小"不动点 $\boldsymbol{x}_*$ 和一个"最大"不动点 $\boldsymbol{x}^*$, 使得对所有不动点 $\bar{\boldsymbol{x}}$ 均满足 $\boldsymbol{x}_*\leqslant\bar{\boldsymbol{x}}\leqslant\boldsymbol{x}^*$, 并且对于迭代法

$$\boldsymbol{x}^{k+1}=T(\boldsymbol{x}^k),\quad k=0,1,\cdots. \tag{7.8}$$

若取初始点 $\boldsymbol{x}^0=\boldsymbol{u}$, 即

$$\boldsymbol{u}=\boldsymbol{x}^0\leqslant\boldsymbol{x}^1\leqslant\cdots\leqslant\boldsymbol{x}_*,$$

则 $\{\boldsymbol{x}^k\}$ 收敛于 $\boldsymbol{x}_*$; 若取初始点 $\boldsymbol{x}^0=\boldsymbol{v}$, 即

$$\boldsymbol{v}=\boldsymbol{x}^0\geqslant\boldsymbol{x}^1\geqslant\cdots\geqslant\boldsymbol{x}^*,$$

则 $\{\boldsymbol{x}^k\}$ 收敛于 $\boldsymbol{x}^*$.

我们指出, 利用不动点定理 7.1, 可以研究式 (7.1) 正解的存在性. 下面的定理揭示了非奇异 $\mathcal{M}$–张量方程的一个重要而有趣的性质.

定理 7.2 若 $\mathcal{A}$ 是一个非奇异的 $\mathcal{M}$–张量, 那么对任意的正向量 $\boldsymbol{b}$, 式 (7.1) 存在唯一的正解.

证 由于式 (7.1) 的非负解一定是映射 $T_{s,\mathcal{B},\boldsymbol{b}}$ 的不动点

$$T_{s,\mathcal{B},\boldsymbol{b}}:\mathbb{R}^n_+\to\mathbb{R}^n_+,\ \boldsymbol{x}\mapsto\left(s^{-1}\mathcal{B}\boldsymbol{x}^{m-1}+s^{-1}\boldsymbol{b}\right)^{\left[\frac{1}{m-1}\right]}. \tag{7.9}$$

注意到 $\mathbb{R}^n_+$ 是正则锥, $T_{s,\mathcal{B},\boldsymbol{b}}$ 是递增的连续映射. 当 $\mathcal{A}$ 是非奇异的 $\mathcal{M}$–张量时, 即 $s>\rho(\mathcal{B})$, 必存在正向量 $\boldsymbol{z}\in\mathbb{R}^n_{++}$, 使得 $\mathcal{A}\boldsymbol{z}^{m-1}>\boldsymbol{0}$. 记

$$\underline{\gamma}=\min_{1\leqslant i\leqslant n}\frac{b_i}{(\mathcal{A}\boldsymbol{z}^{m-1})_i},\quad \overline{\gamma}=\max_{1\leqslant i\leqslant n}\frac{b_i}{(\mathcal{A}\boldsymbol{z}^{m-1})_i}.$$

那么,

$$\underline{\gamma}\mathcal{A}\boldsymbol{z}^{m-1}\leqslant\boldsymbol{b}\leqslant\overline{\gamma}\mathcal{A}\boldsymbol{z}^{m-1}.$$

由此可得

$$\underline{\gamma}^{\frac{1}{m-1}}\boldsymbol{z}\leqslant T_{s,\mathcal{B},\boldsymbol{b}}(\underline{\gamma}^{\frac{1}{m-1}}\boldsymbol{z})\quad 及\quad \overline{\gamma}^{\frac{1}{m-1}}\boldsymbol{z}\geqslant T_{s,\mathcal{B},\boldsymbol{b}}(\overline{\gamma}^{\frac{1}{m-1}}\boldsymbol{z}).$$

根据定理 7.1, 映射 $T_{s,\mathcal{B},\boldsymbol{b}}$ 至少存在一个不动点 $\bar{\boldsymbol{x}}$, 且满足

$$\boldsymbol{0}<\underline{\gamma}^{\frac{1}{m-1}}\boldsymbol{z}\leqslant\bar{\boldsymbol{x}}\leqslant\overline{\gamma}^{\frac{1}{m-1}}\boldsymbol{z},$$

进一步, 可以证明, 当 $\boldsymbol{b}>\boldsymbol{0}$ 时, 正的不动点是唯一的. 事实上, 若 $\boldsymbol{x},\boldsymbol{y}$ 均为 $T_{s,\mathcal{B},\boldsymbol{b}}$ 的正的不动点, 即

$$\boldsymbol{0}<\boldsymbol{x}=T_{s,\mathcal{B},\boldsymbol{b}}(\boldsymbol{x}),\quad \boldsymbol{0}<\boldsymbol{y}=T_{s,\mathcal{B},\boldsymbol{b}}(\boldsymbol{y}),$$

记 $\eta=\min\limits_{1\leqslant i\leqslant n}\dfrac{x_i}{y_i}$, 那么 $\boldsymbol{x}\geqslant\eta\boldsymbol{y}$ 且对某些 j 有 $x_j=\eta y_j$. 若 $\eta<1$, 则 $\mathcal{A}(\eta\boldsymbol{y})^{m-1}=\eta^{m-1}\boldsymbol{b}<\boldsymbol{b}$. 于是有

$$T_{s,\mathcal{B},\boldsymbol{b}}(\eta\boldsymbol{y})=\left(s^{-1}\mathcal{B}(\eta\boldsymbol{y})^{m-1}+s^{-1}\boldsymbol{b}\right)^{\left[\frac{1}{m-1}\right]}>\eta\boldsymbol{y}.$$

然而, 由于 $T_{s,\mathcal{B},\boldsymbol{b}}$ 是递增的非负映射, 因此有

$$[T_{s,\mathcal{B},\boldsymbol{b}}(\eta\boldsymbol{y})]_j\leqslant[T_{s,\mathcal{B},\boldsymbol{b}}(\boldsymbol{x})]_j=x_j=\eta y_j,$$

矛盾. 故必有 $\eta\geqslant 1$, 即 $\boldsymbol{x}\geqslant\boldsymbol{y}$. 类似地, 可证明 $\boldsymbol{y}\geqslant\boldsymbol{x}$. 因此 $\boldsymbol{x}=\boldsymbol{y}$. 证毕. □

利用文献 [33] 的定理 3, 可将定理 7.2 改写如下.

定理 7.3 设 $\mathcal{A}$ 是一个 $\mathcal{Z}$–张量, 那么 $\mathcal{A}$ 是非奇异 $\mathcal{M}$–张量当且仅当对任意的正向量 $\boldsymbol{b}$, 集合 $(\mathcal{A}^{-1}\boldsymbol{b})_{++}$ 是单点集.

证 必要性显然可由定理 7.2 证明, 只证明充分性. 若对任意的正向量 $\boldsymbol{b}$, $(\mathcal{A}^{-1}\boldsymbol{b})_{++}$ 是单点集, 那么一定存在一个正向量 $\boldsymbol{x}$, 满足 $\mathcal{A}\boldsymbol{x}^{m-1}>\boldsymbol{0}$. 根据文献 [33] 的定理 3, $\mathcal{Z}$–张量 $\mathcal{A}$ 必定是非奇异 $\mathcal{M}$–张量. 证毕. □

若引进记号 $\mathcal{A}_{++}^{-1}\boldsymbol{b}$ 表示右端项为式 (7.1) 的唯一正解, 那么 $\mathcal{A}_{++}^{-1}:\mathbb{R}_{++}^n\to\mathbb{R}_{++}^n$ 是正锥 $\mathbb{R}_{++}^n$ 上偏序"$\geqslant$"意义下的一个单调递增映射, 即若 $\boldsymbol{b}_1\geqslant\boldsymbol{b}_2>\boldsymbol{0}$, 则有 $\mathcal{A}_{++}^{-1}\boldsymbol{b}_1\geqslant\mathcal{A}_{++}^{-1}\boldsymbol{b}_2>\boldsymbol{0}$.

下面讨论奇异 $\mathcal{M}$–张量的情形, 即 $\mathcal{A}=s\mathcal{I}-\mathcal{B}$, $s=\rho(\mathcal{B})$. 类似于非奇异 $\mathcal{M}$–张量情形的推导, 可得下面的定理.

定理 7.4 设 $\mathcal{A}$ 是一个 $\mathcal{M}$–张量. 若存在非负向量 $\boldsymbol{v}$ 使得 $\mathcal{A}\boldsymbol{v}^{m-1}\geqslant\boldsymbol{b}$, 则集合 $(\mathcal{A}^{-1}\boldsymbol{b})_+$ 非空.

一般来说, 定理 7.4 中的非负解集 $(\mathcal{A}^{-1}\boldsymbol{b})_+$ 多于一个元素, 这些非负解位于 $\mathbb{R}^n$ 中的一个超曲面上.

我们也可以讨论具有非正右端向量的非奇异 $\mathcal{M}$–张量方程解的存在性问题. 当系数张量 $\mathcal{A}$ 是偶数阶非奇异 $\mathcal{M}$–张量时, 可以归结为定理 7.4 的情形. 事实上, 此时 $\mathcal{A}\boldsymbol{x}^{m-1}=\boldsymbol{b}$ 等价于 $\mathcal{A}(-\boldsymbol{x})^{m-1}=-\boldsymbol{b}$, 这是一个具有非负右端向量的非奇异 $\mathcal{M}$–张量方程. 然而, 当系数张量 $\mathcal{A}$ 是奇数阶时, 情况要复杂得多.

定理 7.5 设 $\mathcal{A}$ 是一个 $\mathcal{Z}$–张量, 那么当且仅当 $\mathcal{A}$ 不倒转任一向量的符号, 即若 $\boldsymbol{x}\neq\boldsymbol{0}$ 且 $\boldsymbol{b}=\mathcal{A}\boldsymbol{x}^{m-1}$, 存在某个下标 i, 使得

$$x_i^{m-1}b_i>0$$

时, $\mathcal{A}$ 是非奇异 $\mathcal{M}$–张量.

证 必要性. 用反证法. 假定 $\boldsymbol{x}\neq\boldsymbol{0}$ 且 $\boldsymbol{b}=\mathcal{A}\boldsymbol{x}^{m-1}$, 对所有下标 i, 均有 $x_i^{m-1}b_i\leqslant 0$. 令 $\mathbb{J}$ 是满足 $x_j\neq 0$ 的最大指标的集合, $\mathcal{A}_{\mathbb{J}}$ 是 $\mathcal{A}$ 相应的主子张量. 则有

$$\boldsymbol{b}_{\mathbb{J}}=\mathcal{A}_{\mathbb{J}}\boldsymbol{x}_{\mathbb{J}}^{m-1}.$$

因 $x_i^{m-1}b_i \leqslant 0$ 且 $x_j \neq 0,\ j \in \mathbb{J}$, 故存在非负对角张量 $\mathcal{D}$ 满足

$$\boldsymbol{b}_{\mathbb{J}} = -\mathcal{D}\boldsymbol{x}_{\mathbb{J}}^{m-1}.$$

于是有 $(\mathcal{A}_{\mathbb{J}} + \mathcal{D})\boldsymbol{x}_{\mathbb{J}}^{m-1} = \boldsymbol{0}$, 这与 $\mathcal{A}$ 是非奇异 $\mathcal{M}$–张量矛盾.

充分性. 用反证法. 假定 $\mathcal{A}$ 不是非奇异 $\mathcal{M}$–张量, 那么它必有特征向量 $\boldsymbol{x}$ 满足 $\mathcal{A}\boldsymbol{x}^{m-1} = \lambda\boldsymbol{x}^{[m-1]}$ 且 $\lambda \leqslant 0$. 这样, $\mathcal{A}$ 就倒转了向量 $\boldsymbol{x}$ 的符号. 因此, 若 $\mathcal{A}$ 不倒转任一向量的符号, 则 $\mathcal{A}$ 一定是非奇异 $\mathcal{M}$–张量. □

注 7.1　由定理 7.5 可知, 当 m 为奇数时, 对于非奇异 $\mathcal{M}$–张量 $\mathcal{A}$, 不存在实向量 $\boldsymbol{x}$ 满足 $\boldsymbol{b} = \mathcal{A}\boldsymbol{x}^{m-1}$ 为非正, 因为 $\boldsymbol{x}^{[m-1]}$ 总是非负的, 亦即当 $\boldsymbol{b} \leqslant \boldsymbol{0}$ 时, 奇数阶非奇异 $\mathcal{M}$–张量 $\mathcal{A}\boldsymbol{x}^{m-1}=\boldsymbol{b}$ 在实数域内无解.

7.3　半对称张量方程的 LM 方法

本节考虑求解式 (7.1) 的 LM 方法. 对给定的半对称张量 $\mathcal{A} = (a_{i_1 i_2 \cdots i_m}) \in \mathbb{R}^{[m,n]}$ 以及向量 $\boldsymbol{b} \in \mathbb{R}^n$, 令

$$F(\boldsymbol{x}) = \mathcal{A}\boldsymbol{x}^{m-1} - \boldsymbol{b}, \tag{7.10}$$

并且

$$f(\boldsymbol{x}) = \frac{1}{2}\|F(\boldsymbol{x})\|^2 = \frac{1}{2}\|\mathcal{A}\boldsymbol{x}^{m-1} - \boldsymbol{b}\|^2. \tag{7.11}$$

如果式 (7.1) 有实解, 那么对任意 $m > 2$, 式 (7.1) 的解等价于下面优化问题的全局最优解

$$\min_{\boldsymbol{x}\in\mathbb{R}^n} f(\boldsymbol{x}) = \frac{1}{2}\|\mathcal{A}\boldsymbol{x}^{m-1} - \boldsymbol{b}\|^2. \tag{7.12}$$

因为 $\mathcal{A}$ 是半对称张量, 则 $F'(\boldsymbol{x}) = (m-1)\mathcal{A}\boldsymbol{x}^{m-2}$. 令

$$J(\boldsymbol{x}) = F'(\boldsymbol{x}) = (m-1)\mathcal{A}\boldsymbol{x}^{m-2} \tag{7.13}$$

以及

$$g(\boldsymbol{x}) = \nabla f(\boldsymbol{x}) = J(\boldsymbol{x})^{\mathrm{T}}F(\boldsymbol{x}). \tag{7.14}$$

现在, 我们给出一个求解式 (7.1) 的 LM 算法.

算法 7.1 (用 LM 算法求解式(7.1))

步 1. 输入 $\mathcal{A}$, $\varepsilon > 0$, $\sigma, \beta, \rho \in (0,1)$ 以及初始迭代点 $\boldsymbol{x}^0$. 令 $k := 0$.

步 2. 用式 (7.10)、式(7.13)、式(7.14) 计算 $\boldsymbol{F}^k = F(\boldsymbol{x}^k)$, $\boldsymbol{J}_k = J(\boldsymbol{x}^k)$, $\boldsymbol{g}^k = \boldsymbol{J}_k^{\mathrm{T}}\boldsymbol{F}^k$. 令

$$\mu_k = \|\boldsymbol{F}^k\|^2. \tag{7.15}$$

步 3. 如果 $\|\boldsymbol{g}^k\| \leqslant \varepsilon$, 停算, 输出 $\boldsymbol{x}^k$.

步 4. 通过求解下面方程确定步长 $\boldsymbol{d}^k$:

$$(\boldsymbol{J}_k^{\mathrm{T}}\boldsymbol{J}_k + \mu_k\boldsymbol{I})\boldsymbol{d}^k = -\boldsymbol{g}^k. \tag{7.16}$$

步 5. 若 $\boldsymbol{d}^k$ 满足

$$\|F(\boldsymbol{x}^k+\boldsymbol{d}^k)\| \leqslant \rho\|F(\boldsymbol{x}^k)\|, \tag{7.17}$$

置 $\boldsymbol{x}^{k+1} := \boldsymbol{x}^k+\boldsymbol{d}^k$, 转步 7.

步 6. 令 ℓ_k 为满足下式的最小非负整数 ℓ:

$$f(\boldsymbol{x}^k+\beta^\ell \boldsymbol{d}^k) \leqslant f(\boldsymbol{x}^k)+\sigma\beta^\ell(\boldsymbol{g}^k)^{\mathrm{T}}\boldsymbol{d}^k.$$

令 $\alpha_k := \beta^{\ell_k}$, $\boldsymbol{x}^{k+1} := \boldsymbol{x}^k+\alpha_k\boldsymbol{d}^k$.

步 7. 置 $k := k+1$, 转步 2.

下面考虑算法 7.1 的全局收敛性和局部二阶收敛性. 先给出局部误差界的定义.

定义 7.9 令 $\mathbb{N}(\boldsymbol{x}^*,r) \subset \mathbb{R}^n$ 且 $\mathbb{N}(\boldsymbol{x}^*,r)\cap\mathbb{X}^* \neq \varnothing$. 如果存在一个正常数 $c_1>0$, 使得

$$\|F(\boldsymbol{x})\| \geqslant c_1 \operatorname{dist}(\boldsymbol{x},\mathbb{X}^*), \quad \forall \boldsymbol{x}\in\mathbb{N}(\boldsymbol{x}^*,r),$$

这里 $\operatorname{dist}(\boldsymbol{x},\mathbb{X}^*)=\inf\limits_{\boldsymbol{y}\in\mathbb{X}^*}\|\boldsymbol{y}-\boldsymbol{x}\|$ 且 $\mathbb{X}^*$ 是式 (7.12) 的解集, 则称 $\|F(\boldsymbol{x})\|$ 在 $\mathbb{N}(\boldsymbol{x}^*,r)$ 上提供了式 (7.12) 的一个局部误差界. 我们用 $\bar{\boldsymbol{x}}^k\in\mathbb{X}^*$ 表示满足 $\|\bar{\boldsymbol{x}}^k-\boldsymbol{x}^k\|=\operatorname{dist}(\boldsymbol{x}^k,\mathbb{X}^*)$ 的解向量.

进一步, 给出如下的假设.

假设 7.1 (a) 存在解 $\boldsymbol{x}^*\in\mathbb{X}^*$. (b) $\|F(\boldsymbol{x})\|$ 提供了集合 $\mathbb{N}(\boldsymbol{x}^*,r)$ 上的局部误差界, 即存在一个正常数 $c_1>0$ 满足

$$\|F(\boldsymbol{x})\| \geqslant c_1 \operatorname{dist}(\boldsymbol{x},\mathbb{X}^*), \tag{7.18}$$

这里 $\mathbb{N}(\boldsymbol{x}^*,r)=\{\boldsymbol{x}\in\mathbb{R}^n \mid \|\boldsymbol{x}-\boldsymbol{x}^*\|\leqslant r\}$ 且 $0<r<1$.

注意到, 如果 $J(\boldsymbol{x})$ 在某个解处是非奇异的, 那么这个解是个孤立解, 所以 $\|F(\boldsymbol{x})\|$ 在其邻域提供了一个局部误差界. 然而, 反过来却不成立, 可以参考文献 [8] 的例子. 因而, 局部误差界要比非奇异条件弱.

设 $\mathcal{A}=(a_{i_1i_2\cdots i_m})$ 是 m 阶 n 维实张量, 令

$$\mathcal{A}_{i_1}=(a_{i_1i_2\cdots i_m})_{1\leqslant i_2,i_3,\cdots,i_m\leqslant n},$$

且

$$\mathcal{A}_{i_1i_2}=(a_{i_1i_2\cdots i_m})_{1\leqslant i_3,i_4,\cdots,i_m\leqslant n}.$$

引理 7.2 假设 $\mathcal{A}$ 是 m 阶 n 维实张量, 如果 $\Omega\subset\mathbb{R}^n$ 是有界闭集, 那么 $h(\boldsymbol{x})=\mathcal{A}\boldsymbol{x}^m$ 在 Ω 是 Lipschitz 连续的.

证 因为 $\Omega\subset\mathbb{R}^n$ 是有界闭集, 则存在常数 M_1, 使得 $\|\boldsymbol{x}\|<M_1$ 对所有的 $\boldsymbol{x}\in\Omega$ 都成立.

对 m 用数学归纳法. 当 $m=1$, $h(\boldsymbol{x})=\sum\limits_{i=1}^n a_ix_i$ 时, 对任意的 $\boldsymbol{x},\boldsymbol{y}\in\Omega$, 有

$$
\begin{aligned}
|h(\boldsymbol{x})-h(\boldsymbol{y})| &= \left|\sum_{i=1}^{n} a_i x_i - \sum_{i=1}^{n} a_i y_i\right| \\
&= \left|\sum_{i=1}^{n} a_i(x_i-y_i)\right| \leqslant \sum_{i=1}^{n}|a_i|\cdot|x_i-y_i| \\
&\leqslant \max_i |a_i| \sum_{i=1}^{n}|x_i-y_i| \\
&= \max_i |a_i|\cdot\|\boldsymbol{x}-\boldsymbol{y}\|_1 \\
&\leqslant M_2\|\boldsymbol{x}-\boldsymbol{y}\|_2
\end{aligned}
$$

成立, 最后一个式子成立是根据向量范数的等价性.

设命题对所有的 $m\leqslant \ell-1$ 成立且 Lipschitz 常数为 M_3. 当 $m=\ell$, 可推得

$$
\begin{aligned}
|h(\boldsymbol{x})-h(\boldsymbol{y})| &= |\mathcal{A}\boldsymbol{x}^{\ell}-\mathcal{A}\boldsymbol{y}^{\ell}| \\
&= \left|\sum_{i_1,i_2,\cdots,i_\ell=1}^{n} a_{i_1 i_2\cdots i_\ell} x_{i_1}x_{i_2}\cdots x_{i_\ell} - \sum_{i_1,i_2,\cdots,i_\ell=1}^{n} a_{i_1 i_2\cdots i_\ell} y_{i_1}y_{i_2}\cdots y_{i_\ell}\right| \\
&= \left|\sum_{i_1=1}^{n}(x_{i_1}\mathcal{A}_{i_1}\boldsymbol{x}^{\ell-1}-y_{i_1}\mathcal{A}_{i_1}\boldsymbol{y}^{\ell-1})\right| \\
&= \left|\sum_{i_1=1}^{n}\left[(x_{i_1}-y_{i_1})\mathcal{A}_{i_1}\boldsymbol{x}^{\ell-1}+y_{i_1}(\mathcal{A}_{i_1}\boldsymbol{x}^{\ell-1}-\mathcal{A}_{i_1}\boldsymbol{y}^{\ell-1})\right]\right| \\
&\leqslant \sum_{i_1=1}^{n}(|x_{i_1}-y_{i_1}|\cdot\|\mathcal{A}_{i_1}\boldsymbol{x}^{\ell-1}\|+|y_{i_1}|\cdot\|\mathcal{A}_{i_1}\boldsymbol{x}^{\ell-1}-\mathcal{A}_{i_1}\boldsymbol{y}^{\ell-1}\|) \\
&\leqslant \sum_{i_1=1}^{n}(\|\boldsymbol{x}-\boldsymbol{y}\|_2\cdot\|\mathcal{A}_{i_1}\boldsymbol{x}^{\ell-1}\|+|y_{i_1}|\cdot M_3\|\boldsymbol{x}-\boldsymbol{y}\|_2) \\
&\leqslant M_4\|\boldsymbol{x}-\boldsymbol{y}\|_2.
\end{aligned}
$$

最后两个不等式成立是因为 $\|\mathcal{A}_{i_1}\boldsymbol{x}^{\ell-1}\|$ 在 $\Omega\subset\mathbb{R}^n$ 有界且 $|x_{i_1}-y_{i_1}|\leqslant\|\boldsymbol{x}-\boldsymbol{y}\|_2$, 这里 M_4 仅仅依赖于 $\mathcal{A}$ 与 $\Omega\subset\mathbb{R}^n$. 这样, 对任意的正整数 m, $|h(\boldsymbol{x})-h(\boldsymbol{y})|<M\|\boldsymbol{x}-\boldsymbol{y}\|_2$ 对所有的 $\boldsymbol{x},\boldsymbol{y}\in\Omega$ 成立, 从而 $h(\boldsymbol{x})=\mathcal{A}\boldsymbol{x}^m$ 在 Ω 上是 Lipschitz 连续的. □

推论 7.1　设 $\mathcal{A}$ 是 m 阶 n 维实张量. 如果 $\Omega\subset\mathbb{R}^n$ 是有界闭集, 那么 $\mathcal{A}\boldsymbol{x}^{m-1}$ 与 $\mathcal{A}\boldsymbol{x}^{m-2}$ 在 Ω 上都是 Lipschitz 连续的.

证　对任意的 $\boldsymbol{x},\boldsymbol{y}\in\Omega$, 由引理 7.2 与向量范数等价性, 可知

$$
\begin{aligned}
\|\mathcal{A}\boldsymbol{x}^{m-1}-\mathcal{A}\boldsymbol{y}^{m-1}\| &\leqslant C_1\|(\mathcal{A}_{i_1}\boldsymbol{x}^{m-1}-\mathcal{A}_{i_1}\boldsymbol{y}^{m-1})_{1\leqslant i_1\leqslant n}\|_\infty \\
&= C_1\max_{1\leqslant i_1\leqslant n}|\mathcal{A}_{i_1}\boldsymbol{x}^{m-1}-\mathcal{A}_{i_1}\boldsymbol{y}^{m-1}| \\
&\leqslant C_1\max_{1\leqslant i_1\leqslant n}M_{i_1}\|\boldsymbol{x}-\boldsymbol{y}\|_2 \\
&= M_5\|\boldsymbol{x}-\boldsymbol{y}\|_2
\end{aligned}
$$

与

$$\begin{aligned}\|\mathcal{A}\boldsymbol{x}^{m-2}-\mathcal{A}\boldsymbol{y}^{m-2}\| &\leqslant C_2\|(\mathcal{A}_{i_1i_2}\boldsymbol{x}^{m-2}-\mathcal{A}_{i_1i_2}\boldsymbol{y}^{m-2})_{1\leqslant i_1,i_2\leqslant n}\|_\infty\\ &= C_2\max_{1\leqslant i_1\leqslant n}\sum_{i_2=1}^{n}|\mathcal{A}_{i_1i_2}\boldsymbol{x}^{m-2}-\mathcal{A}_{i_1i_2}\boldsymbol{y}^{m-2}|\\ &\leqslant C_2\max_{1\leqslant i_1,i_2\leqslant n}\sum_{i_2=1}^{n}M_{i_1i_2}\|\boldsymbol{x}-\boldsymbol{y}\|_2\\ &= M_6\|\boldsymbol{x}-\boldsymbol{y}\|_2\end{aligned}$$

成立, 这里 M_5, M_6 仅与 $\mathcal{A}$ 与 Ω 有关. 这样可得 $\mathcal{A}\boldsymbol{x}^{m-1}$ 与 $\mathcal{A}\boldsymbol{x}^{m-2}$ 在 Ω 是 Lipschitz 连续的.

由推论 7.1, 可得如下结论.

推论 7.2 设 $\mathcal{A}$ 是 m 阶 n 维实半对称张量. 如果 $F(\boldsymbol{x})=\mathcal{A}\boldsymbol{x}^{m-1}-\boldsymbol{b}$, 那么

(1) $F(\boldsymbol{x})$ 有任意阶导数.

(2) $F(\boldsymbol{x})=\mathcal{A}\boldsymbol{x}^{m-1}-\boldsymbol{b}$ 与 $J(\boldsymbol{x})=(m-1)\mathcal{A}\boldsymbol{x}^{m-2}$ 在 $\mathbb{N}(\boldsymbol{x}^*,r)$ 上 Lipschitz 连续, 即存在正常数 L, 对任意的 $\boldsymbol{x},\boldsymbol{y}\in\mathbb{N}(\boldsymbol{x}^*,r)$, 下列不等式成立

$$\|J(\boldsymbol{x})-J(\boldsymbol{y})\|\leqslant L\|\boldsymbol{x}-\boldsymbol{y}\|_2,$$
$$\|F(\boldsymbol{x})-F(\boldsymbol{y})\|\leqslant L\|\boldsymbol{x}-\boldsymbol{y}\|_2,$$

这里 $\mathbb{N}(\boldsymbol{x}^*,r)=\{\boldsymbol{x}\in\mathbb{R}^n\,|\,\|\boldsymbol{x}-\boldsymbol{x}^*\|\leqslant r\}$ 以及 $0<r<1$.

证 (1) 由于 $F(\boldsymbol{x})=\mathcal{A}\boldsymbol{x}^{m-1}-\boldsymbol{b}$ 是多元多项式, 所以 $F(\boldsymbol{x})$ 有任意阶导数.

(2) 因为 $\mathbb{N}(\boldsymbol{x}^*,r)$ 是有界闭集, 由推论 7.1 可得, $F(\boldsymbol{x})=\mathcal{A}\boldsymbol{x}^{m-1}-\boldsymbol{b}$ 与 $J(\boldsymbol{x})=(m-1)\mathcal{A}\boldsymbol{x}^{m-2}$ 在 $\mathbb{N}(\boldsymbol{x}^*,r)$ 上是 Lipschitz 连续的. □

注 7.2 由推论 7.2 不难发现, $g(\boldsymbol{x})=J(\boldsymbol{x})^{\mathrm{T}}F(\boldsymbol{x})$ 在 $\mathbb{N}(\boldsymbol{x}^*,r)$ 上也是 Lipschitz 连续的.

下面我们证明由算法 7.1 生成的序列 $\{\boldsymbol{x}^k\}$ 收敛于价值函数 $f(\boldsymbol{x})$ 的稳定点.

定理 7.6 设 $\mathcal{A}$ 是一个实半对称张量. 如果算法 7.1 产生的序列 $\{\boldsymbol{x}^k\}$ 有一个聚点 $\boldsymbol{x}^*$, 则 $g(\boldsymbol{x}^*)=\boldsymbol{0}$.

证 若对于充分大的 $\bar{k}$, 当 $k\geqslant\bar{k}$ 时均有式 (7.17) 成立, 即

$$\|F(\boldsymbol{x}^k)\|\leqslant\rho\|F(\boldsymbol{x}^{k-1})\|\leqslant\cdots\leqslant\rho^{k-\bar{k}}\|F(\boldsymbol{x}^{\bar{k}})\|,$$

从而有

$$\lim_{k\to\infty}\|F(\boldsymbol{x}^k)\|=0,$$

即有 $g(\boldsymbol{x}^*)=J(\boldsymbol{x}^*)^{\mathrm{T}}F(\boldsymbol{x}^*)=\boldsymbol{0}$.

设对任意的 $k>0$, $\boldsymbol{x}^k$ 由 Armijo 搜索确定. 根据算法 7.1 的步 4, 有

$$(\boldsymbol{g}^k)^{\mathrm{T}}\boldsymbol{d}^k=-(\boldsymbol{g}^k)^{\mathrm{T}}(\boldsymbol{J}_k^{\mathrm{T}}\boldsymbol{J}_k+\mu_k\boldsymbol{I})^{-1}\boldsymbol{g}^k<0,$$

即 $\boldsymbol{d}^k$ 是 $f(\boldsymbol{x})$ 的下降方向. 从而由算法 7.1 的步 5, 可得

$$f(\boldsymbol{x}^{k+1}) \leqslant f(\boldsymbol{x}^k) \implies \|F(\boldsymbol{x}^{k+1})\|^2 \leqslant \|F(\boldsymbol{x}^k)\|^2,$$

即序列 $\{\|F(\boldsymbol{x}^k)\|^2\}$ 单调下降, 故其极限存在. 设 $\lim\limits_{k\to\infty} \|F(\boldsymbol{x}^k)\|^2 = \bar{\gamma} \geqslant 0$. 若 $\bar{\gamma} = 0$, 则结论已证. 下设 $\bar{\gamma} > 0$, 则有 $\mu_k = \|F(\boldsymbol{x}^k)\|^2 \geqslant \bar{\gamma}$. 根据 Armijo 搜索的定义, 必有下面的不等式成立

$$f(\boldsymbol{x}^k + (\alpha_k/\beta)\boldsymbol{d}^k) > f(\boldsymbol{x}^k) + \sigma(\alpha_k/\beta)(\boldsymbol{g}^k)^{\mathrm{T}}\boldsymbol{d}^k.$$

于是有

$$\begin{aligned}\sigma(\alpha_k/\beta)(\boldsymbol{g}^k)^{\mathrm{T}}\boldsymbol{d}^k &< f(\boldsymbol{x}^k + (\alpha_k/\beta)\boldsymbol{d}^k) - f(\boldsymbol{x}^k)\\ &= (\alpha_k/\beta)\boldsymbol{g}(\boldsymbol{x}^k + \theta(\alpha_k/\beta)\boldsymbol{d}^k)^{\mathrm{T}}\boldsymbol{d}^k,\ \theta \in (0,1).\end{aligned}$$

利用 $g(\boldsymbol{x})$ 的 Lipschitz 连续性, 由上式可得

$$-(1-\sigma)(\boldsymbol{g}^k)^{\mathrm{T}}\boldsymbol{d}^k < \left[\boldsymbol{g}(\boldsymbol{x}^k + \theta(\alpha_k/\beta)\boldsymbol{d}^k) - \boldsymbol{g}^k\right]^{\mathrm{T}}\boldsymbol{d}^k \leqslant L\theta(\alpha_k/\beta)\|\boldsymbol{d}^k\|^2,$$

故由此可得

$$\alpha_k \geqslant -\frac{(1-\sigma)\beta}{L\theta}\frac{(\boldsymbol{g}^k)^{\mathrm{T}}\boldsymbol{d}^k}{\|\boldsymbol{d}^k\|^2} := -\delta\frac{(\boldsymbol{g}^k)^{\mathrm{T}}\boldsymbol{d}^k}{\|\boldsymbol{d}^k\|^2}.$$

于是由 Armijo 搜索式得

$$\begin{aligned}f(\boldsymbol{x}^{k+1}) = f(\boldsymbol{x}^k + \alpha_k\boldsymbol{d}^k) &\leqslant f(\boldsymbol{x}^k) + \sigma\alpha_k(\boldsymbol{g}^k)^{\mathrm{T}}\boldsymbol{d}^k\\ &\leqslant f(\boldsymbol{x}^k) - \sigma\delta\frac{((\boldsymbol{g}^k)^{\mathrm{T}}\boldsymbol{d}^k)^2}{\|\boldsymbol{d}^k\|^2},\end{aligned}$$

上式即

$$\sigma\delta\frac{((\boldsymbol{g}^k)^{\mathrm{T}}\boldsymbol{d}^k)^2}{\|\boldsymbol{d}^k\|^2} \leqslant f(\boldsymbol{x}^k) - f(\boldsymbol{x}^{k+1}),$$

由此可得

$$\sum_{k=1}^{\infty}\frac{((\boldsymbol{g}^k)^{\mathrm{T}}\boldsymbol{d}^k)^2}{\|\boldsymbol{d}^k\|^2} < \infty.$$

于是有

$$\lim_{k\to\infty}\frac{((\boldsymbol{g}^k)^{\mathrm{T}}\boldsymbol{d}^k)^2}{\|\boldsymbol{d}^k\|^2} = 0. \tag{7.19}$$

再根据算法 7.1 的步 4, 有

$$((\boldsymbol{g}^k)^{\mathrm{T}}\boldsymbol{d}^k)^2 = \left[(\boldsymbol{d}^k)^{\mathrm{T}}(\boldsymbol{J}_k^{\mathrm{T}}\boldsymbol{J}_k + \mu_k\boldsymbol{I})\boldsymbol{d}^k\right]^2 \geqslant \mu_k^2\|\boldsymbol{d}^k\|^4 \geqslant \bar{\gamma}^2\|\boldsymbol{d}^k\|^4.$$

由上式及式 (7.19) 可推得

$$\lim_{k\to\infty}\|\boldsymbol{d}^k\| = 0, \tag{7.20}$$

于是由式 (7.16) 立得 $g(\boldsymbol{x}^*) = \boldsymbol{0}$. □

注 7.3 定理 7.6 仅要求 $\mathcal{A}$ 是一个实半对称张量, 弱于文献 [30] 中要求的 $\mathcal{A}$ 实对称张量以及 $\mathcal{A}\boldsymbol{x}^{m-2}$ 对所有的 $\boldsymbol{x}\in\mathbb{R}^n\setminus\{\boldsymbol{0}\}$ 是非奇异矩阵.

由 $J(\boldsymbol{x})$ 的 Lipschitz 连续性, 容易得到

$$\|F(\boldsymbol{y})-F(\boldsymbol{x})-J(\boldsymbol{x})(\boldsymbol{y}-\boldsymbol{x})\|\leqslant L\|\boldsymbol{x}-\boldsymbol{y}\|_2^2,\quad \forall\,\boldsymbol{x},\boldsymbol{y}\in\mathbb{N}(\boldsymbol{x}^*,r). \tag{7.21}$$

引理 7.3 若假设 7.1 的条件成立, 如果 $\boldsymbol{x}^k\in\mathbb{N}\left(\boldsymbol{x}^*,\dfrac{r}{2}\right)$, 那么式 (7.16) 的解 $\boldsymbol{d}^k$ 满足

$$\|\boldsymbol{d}^k\|\leqslant c_2\|\boldsymbol{x}^k-\bar{\boldsymbol{x}}^k\|_2.$$

证 由于式 (7.16) 的解 $\boldsymbol{d}^k$ 可由求解下面的优化问题得到

$$\min_{\boldsymbol{d}\in\mathbb{R}^n}\varphi_k(\boldsymbol{d})=\|F(\boldsymbol{x}^k)+J(\boldsymbol{x}^k)\boldsymbol{d}\|^2+\mu_k\|\boldsymbol{d}\|^2, \tag{7.22}$$

所以可以推出

$$\varphi_k(\boldsymbol{d}^k)\leqslant\varphi_k(\boldsymbol{x}^k-\bar{\boldsymbol{x}}^k). \tag{7.23}$$

进而, 由 $\boldsymbol{x}^k\in\mathbb{N}(\boldsymbol{x}^*,\dfrac{r}{2})$, 可知下式成立

$$\|\bar{\boldsymbol{x}}^k-\boldsymbol{x}^*\|\leqslant\|\bar{\boldsymbol{x}}^k-\boldsymbol{x}^k\|+\|\boldsymbol{x}^k-\boldsymbol{x}^*\|\leqslant 2\|\boldsymbol{x}^k-\boldsymbol{x}^*\|\leqslant r,$$

这样可以推出 $\bar{\boldsymbol{x}}^k\in\mathbb{N}(\boldsymbol{x}^*,r)$. 根据 $\varphi_k(\boldsymbol{d})$ 的定义, 由式 (7.21)、式(7.23) 以及假设 7.1, 可得

$$\begin{aligned}
\|\boldsymbol{d}^k\|^2&\leqslant\frac{\varphi_k(\boldsymbol{d}^k)}{\mu_k}\leqslant\frac{\varphi_k(\bar{\boldsymbol{x}}^k-\boldsymbol{x}^k)}{\mu_k}\\
&\leqslant\frac{1}{\mu_k}\left(\|J(\boldsymbol{x}^k)(\bar{\boldsymbol{x}}^k-\boldsymbol{x}^k)+F(\boldsymbol{x}^k)\|^2+\mu_k\|\bar{\boldsymbol{x}}^k-\boldsymbol{x}^k\|^2\right)\\
&\leqslant\frac{1}{\mu_k}\left(L^2\|\bar{\boldsymbol{x}}^k-\boldsymbol{x}^k\|^4+\mu_k\|\bar{\boldsymbol{x}}^k-\boldsymbol{x}^k\|^2\right).
\end{aligned}$$

由式 (7.15) 与式 (7.18), 可得

$$\mu_k=\|F(\boldsymbol{x}^k)\|^2\geqslant c_1^2\|\bar{\boldsymbol{x}}^k-\boldsymbol{x}^k\|^2.$$

这样,

$$\|\boldsymbol{d}^k\|^2\leqslant\frac{L^2}{c_1^2}\|\bar{\boldsymbol{x}}^k-\boldsymbol{x}^k\|^2+\|\bar{\boldsymbol{x}}^k-\boldsymbol{x}^k\|^2=\frac{L^2+c_1^2}{c_1^2}\|\bar{\boldsymbol{x}}^k-\boldsymbol{x}^k\|^2,$$

从而可推出

$$\|\boldsymbol{d}^k\|\leqslant c_2\|\bar{\boldsymbol{x}}^k-\boldsymbol{x}^k\|, \tag{7.24}$$

这里 $c_2=\dfrac{\sqrt{L^2+c_1^2}}{c_1}$. □

引理 7.4 若假设 7.1 的条件成立, 如果 $\boldsymbol{x}^k\in\mathbb{N}(\boldsymbol{x}^*,\dfrac{r}{2})$, 则 (7.16) 的解 $\boldsymbol{d}^k$ 满足

$$\|J(\boldsymbol{x}^k)\boldsymbol{d}^k+F(\boldsymbol{x}^k)\|\leqslant c_3\|\bar{\boldsymbol{x}}^k-\boldsymbol{x}^k\|^2.$$

证　由 $\varphi_k(\boldsymbol{d})$ 的定义以及式 (7.21)、式(7.23) 和假设 7.1, 有

$$\begin{aligned}\|J(\boldsymbol{x}^k)\boldsymbol{d}^k+F(\boldsymbol{x}^k)\|^2 &\leqslant \varphi_k(\boldsymbol{d}^k)\leqslant \varphi_k(\bar{\boldsymbol{x}}^k-\boldsymbol{x}^k)\\ &\leqslant \|J(\boldsymbol{x}^k)(\bar{\boldsymbol{x}}^k-\boldsymbol{x}^k)+F(\boldsymbol{x}^k)\|^2+\mu_k\|\bar{\boldsymbol{x}}^k-\boldsymbol{x}^k\|^2\\ &\leqslant L^2\|\bar{\boldsymbol{x}}^k-\boldsymbol{x}^k\|^4+\mu_k\|\bar{\boldsymbol{x}}^k-\boldsymbol{x}^k\|^2\end{aligned}$$

成立. 注意到

$$\mu_k=\|F(\boldsymbol{x}^k)\|^2=\|F(\bar{\boldsymbol{x}}^k)-F(\boldsymbol{x}^k)\|^2\leqslant L^2\|\bar{\boldsymbol{x}}^k-\boldsymbol{x}^k\|^2,$$

那么, 可推得下式成立

$$\|J(\boldsymbol{x}^k)\boldsymbol{d}^k+F(\boldsymbol{x}^k)\|^2\leqslant L^2\|\bar{\boldsymbol{x}}^k-\boldsymbol{x}^k\|^4+L^2\|\bar{\boldsymbol{x}}^k-\boldsymbol{x}^k\|^4=2L^2\|\bar{\boldsymbol{x}}^k-\boldsymbol{x}^k\|^4.$$

令 $c_3=\sqrt{2}L$, 则有

$$\|J(\boldsymbol{x}^k)\boldsymbol{d}^k+F(\boldsymbol{x}^k)\|\leqslant c_3\|\bar{\boldsymbol{x}}^k-\boldsymbol{x}^k\|^2.$$

引理得证. □

引理 7.5　若假设 7.1 的条件成立, 如果 $\boldsymbol{x}^{k+1},\boldsymbol{x}^k\in\mathbb{N}(\boldsymbol{x}^*,\dfrac{r}{2})$, 则存在常数 $c_4>0$ 满足

$$\operatorname{dist}(\boldsymbol{x}^{k+1},\mathbb{X}^*)\leqslant c_4\operatorname{dist}(\boldsymbol{x}^k,\mathbb{X}^*)^2. \tag{7.25}$$

证　因

$$\begin{aligned}\varphi_k(\boldsymbol{d}^k)\leqslant\varphi_k(\bar{\boldsymbol{x}}^k-\boldsymbol{x}^k)&=\|\boldsymbol{F}^k+\boldsymbol{J}_k(\bar{\boldsymbol{x}}^k-\boldsymbol{x}^k)\|^2+\mu_k\|\bar{\boldsymbol{x}}^k-\boldsymbol{x}^k\|^2\\ &\leqslant L^2\|\bar{\boldsymbol{x}}^k-\boldsymbol{x}^k\|^4+L^2\|\bar{\boldsymbol{x}}^k-\boldsymbol{x}^k\|^4\\ &\leqslant 2L^2\|\bar{\boldsymbol{x}}^k-\boldsymbol{x}^k\|^4,\end{aligned}$$

于是有

$$\begin{aligned}\|F(\boldsymbol{x}^{k+1})\|&=\|F(\boldsymbol{x}^k+\boldsymbol{d}^k)\|\\ &=\|(\boldsymbol{F}^k+\boldsymbol{J}_k\boldsymbol{d}^k)+[F(\boldsymbol{x}^k+\boldsymbol{d}^k)-\boldsymbol{F}^k-\boldsymbol{J}_k\boldsymbol{d}^k]\|\\ &\leqslant\|\boldsymbol{F}^k+\boldsymbol{J}_k\boldsymbol{d}^k\|+L\|\boldsymbol{d}^k\|^2\leqslant\sqrt{\varphi_k(\boldsymbol{d}^k)}+L\|\boldsymbol{d}^k\|^2\\ &\leqslant\sqrt{2}L\|\bar{\boldsymbol{x}}^k-\boldsymbol{x}^k\|^2+c_2^2L\operatorname{dist}(\boldsymbol{x}^k,\mathbb{X}^*)^2\\ &=(\sqrt{2}+c_2^2)L\operatorname{dist}(\boldsymbol{x}^k,\mathbb{X}^*)^2,\end{aligned}$$

故

$$\operatorname{dist}(\boldsymbol{x}^{k+1},\mathbb{X}^*)\leqslant\frac{1}{c_1}\|F(\boldsymbol{x}^{k+1})\|\leqslant c_4\operatorname{dist}(\boldsymbol{x}^k,\mathbb{X}^*)^2,$$

这里 $c_4=(\sqrt{2}+c_2^2)L/c_1$. 证毕. □

下面来证明算法 7.1 的局部二阶收敛性.

定理 7.7　若假设 7.1 的条件成立, 则由算法 7.1 产生的序列 $\{\boldsymbol{x}^k\}$ 二阶收敛于式 (7.10) 的某个解.

证 因为 $\boldsymbol{x}^* \in \mathbb{X}^*$, 故存在充分大的正数 $\bar{k}$ 使 $\boldsymbol{x}^{\bar{k}} \in \mathbb{N}(\boldsymbol{x}^*, r)$ 且满足

$$\|F(\boldsymbol{x}^{\bar{k}})\| \leqslant \frac{\rho c_1^2}{L c_4},$$

这里参数 r, c_1, c_4, ρ, L 的定义如前. 下面证明对所有的 $k \geqslant \bar{k}$, 式 (7.17) 成立. 由 $\boldsymbol{x}^{\bar{k}} \in \mathbb{N}(\boldsymbol{x}^*, r)$, 可知 $\boldsymbol{x}^k \in \mathbb{N}(\boldsymbol{x}^*, r)$, $\forall k \geqslant \bar{k}$. 由式 (7.18) 和式 (7.25), 可得

$$\begin{aligned}
\frac{\|F(\boldsymbol{x}^{k+1})\|}{\|F(\boldsymbol{x}^k)\|} &= \frac{\|F(\boldsymbol{x}^{k+1}) - F(\bar{\boldsymbol{x}}^{k+1})\|}{\|F(\boldsymbol{x}^k)\|} \leqslant \frac{L\|\boldsymbol{x}^{k+1} - \bar{\boldsymbol{x}}^{k+1}\|}{c_1 \mathrm{dist}(\boldsymbol{x}^k, \mathbb{X}^*)} \\
&= \frac{L \mathrm{dist}(\boldsymbol{x}^{k+1}, \mathbb{X}^*)}{c_1 \mathrm{dist}(\boldsymbol{x}^k, \mathbb{X}^*)} \leqslant \frac{L c_4}{c_1} \mathrm{dist}(\boldsymbol{x}^k, \mathbb{X}^*) \\
&\leqslant \frac{L c_4}{c_1^2} \|F(\boldsymbol{x}^k)\| \leqslant \frac{L c_4}{c_1^2} \|F(\boldsymbol{x}^{\bar{k}})\| \leqslant \rho,
\end{aligned}$$

此即 $\forall k \geqslant \bar{k}$, 有

$$\|F(\boldsymbol{x}^{k+1})\| \leqslant \rho \|F(\boldsymbol{x}^k)\|.$$

从而算法 7.1 对于所有充分大的 k 取步长 $\alpha_k = 1$.

由式 (7.18)、式 (7.21) 以及引理 7.3 和引理 7.4, 可知

$$\begin{aligned}
c_1 \|\bar{\boldsymbol{x}}^{k+1} - \boldsymbol{x}^{k+1}\| &\leqslant \|F(\boldsymbol{x}^{k+1})\| = \|F(\boldsymbol{x}^k + \boldsymbol{d}^k)\| \\
&\leqslant \|J(\boldsymbol{x}^k)\boldsymbol{d}^k + F(\boldsymbol{x}^k)\| + L\|\boldsymbol{d}^k\|^2 \\
&\leqslant c_3 \|\bar{\boldsymbol{x}}^k - \boldsymbol{x}^k\|^2 + L c_2^2 \|\bar{\boldsymbol{x}}^k - \boldsymbol{x}^k\|^2 \\
&= O(\|\bar{\boldsymbol{x}}^k - \boldsymbol{x}^k\|^2).
\end{aligned}$$

上式表明 $\{\boldsymbol{x}^k\}$ 二阶收敛于解集 $\mathbb{X}^*$.

再根据 $\mathrm{dist}(\boldsymbol{x}^k, \mathbb{X}^*)$ 的定义和引理 7.5, 可知

$$\begin{aligned}
\|\bar{\boldsymbol{x}}^k - \boldsymbol{x}^k\| &\leqslant \|\bar{\boldsymbol{x}}^{k+1} - \boldsymbol{x}^k\| \leqslant \|\bar{\boldsymbol{x}}^{k+1} - \boldsymbol{x}^{k+1}\| + \|\boldsymbol{x}^{k+1} - \boldsymbol{x}^k\| \\
&= \|\bar{\boldsymbol{x}}^{k+1} - \boldsymbol{x}^{k+1}\| + \|\boldsymbol{d}^k\| = \mathrm{dist}(\boldsymbol{x}^{k+1}, \mathbb{X}^*) + \|\boldsymbol{d}^k\| \\
&\leqslant c_4 \mathrm{dist}(\boldsymbol{x}^k, \mathbb{X}^*)^2 + \|\boldsymbol{d}^k\| = c_4 \|\bar{\boldsymbol{x}}^k - \boldsymbol{x}^k\|^2 + \|\boldsymbol{d}^k\|.
\end{aligned} \tag{7.26}$$

由式 (7.26), 对充分大的 k, 可推出

$$\|\bar{\boldsymbol{x}}^k - \boldsymbol{x}^k\| \leqslant O(\|\boldsymbol{d}^k\|).$$

利用式 (7.24) 可得, $\|\boldsymbol{d}^k\| = O(\|\bar{\boldsymbol{x}}^k - \boldsymbol{x}^k\|)$ 对所有充分大的 k 成立. 从而由引理 7.5, 有

$$\|\boldsymbol{d}^{k+1}\| = O(\|\bar{\boldsymbol{x}}^{k+1} - \boldsymbol{x}^{k+1}\|) \leqslant O(\|\bar{\boldsymbol{x}}^k - \boldsymbol{x}^k\|^2) \leqslant O(\|\boldsymbol{d}^k\|^2),$$

这表明 $\{\boldsymbol{x}^k\}$ 二阶收敛于式 (7.1) 的某个解 $\boldsymbol{x}^*$. 证毕. □

注 7.4　算法 7.1 可用于求实半对称张量的 H–特征对. 设 $\mathcal{A}$ 是 m 阶 n 维实半对称张量, 则 $\mathcal{A}$ 的 H–特征对 $(\boldsymbol{x},\lambda)$ 满足

$$\mathcal{A}\boldsymbol{x}^{m-1}=\lambda\boldsymbol{x}^{[m-1]}. \tag{7.27}$$

令

$$F(\boldsymbol{x},\lambda)=\mathcal{A}\boldsymbol{x}^{m-1}-\lambda\mathcal{I}\boldsymbol{x}^{m-1},$$

这里 $\mathcal{I}=(\delta_{i_1i_2\cdots i_m})$ 为单位张量, 即

$$\delta_{i_1i_2\cdots i_m}=\begin{cases}1, & \text{如果 } i_1=i_2=\cdots=i_m,\\ 0, & \text{否则}.\end{cases}$$

当 $m>2$ 时, 式(7.27) 等价于非线性方程组

$$F(\boldsymbol{x},\lambda)=\mathbf{0}. \tag{7.28}$$

显然, 式(7.28) 的任意解都是实半对称张量 $\mathcal{A}$ 的 H–特征对. 定义

$$f(\boldsymbol{x},\lambda)=\frac{1}{2}\|F(\boldsymbol{x},\lambda)\|^2. \tag{7.29}$$

若优化问题

$$\min_{\boldsymbol{x}\in\mathbb{R}^n,\ \lambda\in\mathbb{R}} f(\boldsymbol{x},\lambda)$$

的最优值为 0, 则对应的最优解为张量 $\mathcal{A}$ 的 H–特征对. 由于 $\mathcal{A}$ 是半对称张量, 则

$$J(\boldsymbol{x},\lambda)=\Big((m-1)(\mathcal{A}\boldsymbol{x}^{m-2}-\lambda\mathcal{I}\boldsymbol{x}^{m-2}),\quad -\mathcal{I}\boldsymbol{x}^{m-1}\Big)\in\mathbb{R}^{n\times(n+1)}.$$

下面给出数值例子来说明算法 7.1 的性能. 算法借助于 Bader 和 Kolda 开发的 MATLAB 张量工具箱 [34].

例 7.1　随机生成一个 m 阶 n 维实张量 $\mathcal{A}$, 其值在 $(0,1)$ 上服从于均匀分布. 用精确解 $\boldsymbol{x}^*=2*\text{ones}(n,1)$ 生成右端向量 $\boldsymbol{b}$, 求解张量方程 $\mathcal{A}\boldsymbol{x}^{m-1}=\boldsymbol{b}$.

利用算法 7.1 求解例 7.1 的数值结果如表 7.1 所示. 表 7.1 表明算法 7.1 是有效的. 从表 7.1 中, 我们发现当张量阶数不变, 迭代次数与 CPU 时间随着张量维数的增加而增加. 同样, 当张量维数不变时, 迭代次数与 CPU 时间随着张量阶数的增加而增加.

表 7.1　例 7.1 的数值结果

m	n	迭代次数 (k)	CPU 时间 (单位为 s)	残差 $(\Vert\boldsymbol{b}-\mathcal{A}(\boldsymbol{x}^k)^{m-1}\Vert)$
3	10	49	0.2891	2.3230e-10
3	20	114	0.7395	1.3961e-09
3	30	190	1.2317	7.6656e-10
4	10	128	0.9286	2.1206e-07
4	20	514	4.5800	2.7706e-11
4	30	1150	10.3312	1.4258e-10
5	10	506	3.4173	3.8501e-11
6	10	2672	27.3012	7.3628e-10

习 题 7

1. 已知张量 $\mathcal{A} \in \mathbb{R}^{[4,2]}$, 向量 $\boldsymbol{x} = (x_1, x_2)^{\mathrm{T}}$, $\boldsymbol{b} = (b_1, b_2)^{\mathrm{T}}$, 写出张量方程 $\mathcal{A}\boldsymbol{x}^3 = \boldsymbol{b}$ 的分量形式.

2. 已知张量 $\mathcal{A} = (a_{i_1 i_2 i_3}) \in \mathbb{R}^{[3,2]}$, 矩阵 $\boldsymbol{B} = (b_{j_1 j_2}) \in \mathbb{R}^{2\times 2}$, 计算模式积 $\mathcal{A} \times_2 \boldsymbol{B}$.

3. 已知 $\mathcal{A} \in \mathbb{R}^{[m,n]}$ 是非奇异的 $\mathcal{M}$–张量, 证明 $\mathcal{A}$ 的所有特征值的实部均大于 0.

4. 证明: 若 $\mathcal{A} \in \mathbb{R}^{[m,n]}$ 是非奇异的 $\mathcal{M}$–张量, 那么对任意的正向量 $\boldsymbol{b} \in \mathbb{R}^n$, 张量方程 $\mathcal{A}\boldsymbol{x}^{m-1} = \boldsymbol{b}$ 均存在唯一的正解.

5. 设 $\mathcal{A} \in \mathbb{R}^{[3,10]}$ 是半对称张量, 证明函数 $f(\boldsymbol{x}) = \mathcal{A}\boldsymbol{x}^3$ 及其梯度映射 $\nabla f(\boldsymbol{x}) = 3\mathcal{A}\boldsymbol{x}^2$ 均 Lipschitz 连续.

6. 设非负张量 $\mathcal{A} \in \mathbb{R}^{[3,2]}$, 其中

$$a_{i_1 i_2 i_3} = |\sin(i_1 + i_2 + i_3)|, \ i_1, i_2, i_3 = 1, 2,$$

计算张量 $\mathcal{A}$ 的 F–范数 $\|\mathcal{A}\|_{\mathrm{F}}$.

参考文献

[1] 冯果忱. 非线性方程组迭代解法. 上海: 上海科技技术出版社, 1989.

[2] 黄象鼎, 曾钟钢, 马亚南. 非线性数值分析的理论与方法. 武汉: 武汉大学出版社, 2004.

[3] 李庆扬, 莫孜中, 祁力群. 非线性方程组的数值解法. 北京: 科学出版社, 1987.

[4] 谷同祥, 安恒斌, 刘兴平, 徐小文. 迭代方法和预处理技术 (上册). 北京: 科学出版社, 2015.

[5] 谷同祥, 徐小文, 刘兴平, 安恒斌, 杭旭登. 迭代方法和预处理技术 (下册). 北京: 科学出版社, 2015.

[6] 马昌凤. 最优化方法及其 Matlab 程序设计. 北京: 科学出版社, 2010.

[7] Mor J J, Garbow B S, Hillstrom K E. Testing unconstrained optimization software. ACM Transactions on Mathematical Software, 1981, 7(1): 17-41.

[8] Yamashita N, Fukushima M. On the rate of convergence of the Levenberg-Marquardt method. Computing [Suppl], 2001, 15: 237-249.

[9] Fan J Y, Yuan Y X. On quadratic convergence of the Levenberg-Marduardt method without nonsingularity assuption. Computing, 2005, 74: 23-39.

[10] Behling R, Iusem A. The effect of calmness on the solution set of systems of nonlinear equations. Mathematical Programming, 2013, 137: 155-165.

[11] Stewart G W, Sun J G. Matrix Perturbation Theory, Computer Science and Scientific Computing. Boston: Academic Press, 1990.

[12] Fan J Y, Pan J Y. Convergence properties of a self-adaptive Levenberg-Marduardt algorithm under local error bound condition. Computational Optimization and Applications, 2006, 34: 47-62.

[13] Fan J Y. The modified Levenberg-Marduardt method for nonlinear equations with cubic convergence. Mathematics of Computation, 2012, 81: 447-466.

[14] Chen L. A high-order modified Levenberg-Marduardt method for systems of nonlinear equations with fourth-order convergence. Applied Mathematics and Computation, 2016, 285: 79-93.

[15] Fan J Y. A Shamanskii-like Levenberg-Marduardt method for nonlinear equations. Computational Optimization and Applications, 2013, 56: 63-80.

[16] Griewank A. The 'global' convergence of Broyden-like methods with a suitable line search. Journal of the Australian Mathematical Society Series B, 1986, 28: 75-92.

[17] Li D H, Fukushima M. A derivative-free line search and global convergence of Broyden-like method for nonlinear equations. Optimization Methods and Software, 2000, 13(3): 181-201.

[18] Eisenstat S C, Walker H F. Choosing the forcing terms in an inexact FORCING Newton method. SIAM Journal on Scientific Computing, 1996, 17(1): 16-32.

[19] An H B, Mo Z Y, Liu X P. A choice of forcing terms in inexact Newton method. Journal of Computational and Applied Mathematics, 2007, 200(1): 47-60.

[20] Ortega J M, Rheinboldt W C. Iterative Solution of Nonlinear Equations in Several Variable. New York: Academic Press, 1970.

[21] Eisenstat S C, Walker H F. Globally convergent inexact Newton methods. SIAM Journal on Optimization, 1994, 4: 393-422.

[22] Bellavia S, Morini B. A globally convergent Newton-GMRES subspace method for systems of nonlinear equations. SIAM Journal on Scientific Computing, 2001, 23: 940-960.

[23] An H B, Bai Z Z. A globally convergent Newton-GMRES method for large sparse systems of nonlinear equations. Applied Numerical Mathematics, 2007, 57(3): 235-252.

[24] Yuan Y X, Store J. A subspace study on conjugate gradient algorithms. Journal of Applied Mathematics and Mechanics, 1995, 75(11): 69-77.

[25] Niethammer W, Pillis J de, Varga R S. Convergence of block iterative methods applied to sparse least-squares problems. Linear Algebra and its Applications, 1984, 58(1): 327-341.

[26] Brown P N, Saad Y. Convergence theory on nonlinear Newton-Krylov algorithms. SIAM Journal on Optimization, 1994, 4: 297-330.

[27] 安恒斌, 白中治. NGLM: 一类全局收敛的 Newton-GMRES 方法. 计算数学, 2005, 27(2): 151-174.

[28] 白中治, 安恒斌. 关于 Newton-GMRES 方法的有效变型与全局收敛性研究. 数值计算与计算机应用, 2005, 26(4): 291-300.

[29] Li X T, Ng M K. Solving sparse non-negative tensor equations: algorithms and applications. Frontiers of Mathematics in China, 2015, 10(3): 649-680.

[30] Ding W Y, Wei Y M. Solving multi-linear systems with M-tensors. Journal of Scientific Computing, 2016, 68: 689-715.

[31] Zhang L P, Qi L Q, Zhou G L. M-tensors and some applications. SIAM Journal on Matrix Analysis and Applications, 2014, 35(2): 437-452.

[32] Aubry P, Lazard D, Maza M M. On the theories of triangular sets. Journal of Symbolic Computation, 1999, 28: 105-124.

[33] Ding W Y, Qi L Q, Wei Y M. M-tensors and nonsingular M-tensors. Linear Algebra and its Applications, 2013, 439(10): 3264-3278.

[34] Bader B W, Kolda T G and other. MATLAB Tensor Toolbox, Version 2.6 [CP]. Available online at https://www.tensortoolbox.org, 2010.